최신 수질관리

박정규 · 김종찬 · 서유덕 · 오종민
이수구 · 이상호 · 이준호 · 이태호

도서출판 동화기술

머리말 Preface

요사이 급속한 산업발달과 국민생활수준의 향상으로 물의 수요가 급증하고 있으며, 각종 폐수와 가정하수로 수질오염은 더욱 심화되고 있는 실정이다.

특히 우리나라와 같이 강우의 분포가 특정지역에 편중되는 경우 물의 불균형을 다소나마 해결하고자 대규모 저수지와 같은 수공구조물을 설치하여 물을 이용하고 있으나 저수지 역시 부영양화 등과 같은 수질오염 상태에 직면하고 있다.

수질오염은 인간생활과 산업활동 등에 의한 각종 오염물질의 영향으로 발생되었으며, 이로 인하여 인간을 포함한 생태계가 기존의 균형을 잃어버린 상태, 즉 환경파괴의 현상이 발생하게 되었다.

특히 도시주변의 하천은 주변도시의 생활하수와 공단주변의 중금속 등에 의해 오염되기가 쉬운데 이러한 수질오염을 그대로 방치해 둔다는 것은 국가적인 손실이다. 그러므로 환경전문가들은 양질의 수자원을 보호하기 위한 최적수질관리계획을 수립하여야 한다.

본 서에서는 이러한 수질관리에 필요한 물의 물리·화학 및 생물학적 특성의 기본원리를 쉽고 정확하게 서술하였다. 본 서가 환경분야에 종사하는 실무자나 처음으로 환경분야에 입문하는 대학생들에게 유용하게 활용되기를 기대하며 수질관리에 있어서 하나의 조그만 밀알이 되기를 기원한다.

끝으로 본 서의 출판을 위해 노력해 주신 도서출판 동화기술 회장님과 편집부에게 깊이 감사드린다.

목 차 Contents

1장 물과 수자원

2장 물의 특성

3장 물의 오염

4장 물오염의 해석

5장 수처리공정

6장 수질관리

1 물과 수자원

지구상의 모든 생물은 물 없이 생존할 수 없으며 어떤 종류의 동물이나 식물보다 인류는 특히 물에 의해 생존의 제약을 받고 있다. 물은 인간에게 유용한 반면 치명적인 피해를 입히기도 하는데. 산업화가 이루어지면서 치수분야와 이수분야에만 관심을 가지다 보니 수질적인 면이 심각한 상태가 되었다.

본 장에서는 물의 기원과 중요성을 살펴보고 지구상에 존재하는 물의 순환과정과 물의 분포특성, 그리고 우리나라의 수자원 이용현황 등을 소개하고자 한다.

1.1 물의 중요성

1.1.1 물

1) 물(H_2O) : 수소와 산소의 결합물이다.

2) 고대 그리스 철학자 탈레스는 물은 만물의 근원이라는 일원성을 주장
   Aristoteles : 만물의 근원은 땅(地), 물(水), 불(火), 공기(空氣) → 사원설

3) 생물체의 중량에 70~80% 차지(인체 70%, 어류 80%, 미생물 95%)
   - 인간 : 수분 1~3% 부족 → 갈증
     5% 부족 → 혼수상태
     12% 부족 → 사망
   - 약 2.5 L 정도 섭취하고 배출 / 1일 1인(성인)

4) 지구표면의 3/4이 바다, 빙원, 호소, 하천으로 구성

5) UN 산하기구인 국제인구행동연구소(PAI : Population Action International)에 의한 물 사용 가능량에 따른 국가분류
   ① 물기근 국가(만성적인 물 부족) : 물 사용 가능량 1,000 m^3/년·인 미만
   ; 지부티, 쿠웨이트, 몰타, 카타르, 바레인, 싱가포르, 이스라엘, 사우디아라비아, 아랍에미리트연방, 요르단, 예멘, 튀니지, 카포베르데, 케냐, 부룬디, 알제리, 르완다, 말라위, 소말리아 등 19개국
   ② 물부족 국가(주기적인 물 압박) : 물 사용 가능량 1,000~1,700 m^3/년·인
   ; 리비아, 모로코, 이집트, 오만, 키프로스, 남아프리카공화국, 한국, 폴란드 (8개국)

③ 물풍요 국가(지역적, 특수한 물문제만 경험) : 물 사용 가능량 1,700 m^3/년·인 이상
; 미국, 영국, 일본, 벨기에 등 121개국

1.1.2 물의 중요성

고도의 산업발전과 인구증가로 인해 물은 귀중한 자원으로 인간생활에 필수적인 자원일 뿐만 아니라 산업활동의 중요한 역할을 담당하고 있다. 물의 이용방법은 시대에 따라서 그 양상이 변화되어 점진적인 발전을 거듭하였으며 경제규모의 대규모화, 고도의 산업 발달, 도시의 인구집중 등으로 음용수는 물론 생활, 공업, 농업 및 기타 용수들의 사용량이 급증하고 있다. 특히 산업 및 농업이 크게 발전하지 못한 상태에서 급속한 경제성장과 사회발전을 이룩한 국가들에서는 수자원의 개발여부가 경제적인 발전이나 국민의 생활에 매우 큰 영향을 미치게 되었다. 물은 대체가 불가능한 자원으로서 양적인 측면과 질적인 측면에서 시간적·공간적 분포에 제한을 받고 있다.

물의 중요성은 Gulf전에서 유감없이 나타났다. 이라크군이 쿠웨이트를 점령하여 다국적군과 대치하고 있을 때 이라크군의 물을 찾는 다급한 외침소리가 한 아마추어 무선기에 잡힌 이후 이라크군의 철수가 곧 이루어질 것으로 예견할 수 있었다.

1992년 11월 미국 뉴욕의 유엔 본부에서 열린 제 47차 유엔 총회 환경회의에서는 세계 각지에서 맑은 물이 고갈되면서 종합적인 수자원 관리가 요구되고 있는 현실을 감안하여 매년 3월 22일을 세계 물의 날(The World Day for Water)로 제정하고 결의안을 채택하였다. 그 결의안의 취지를 살펴보면 우선 첫째로는 모든 경제활동이 거의 물의 공급과 질에 의존하고 있으므로 수자원개발이 경제 생산력과 사회복지에 기여하는 정도가 매우 크다는 사실을 인정하자는 내용이며, 둘째는 빠른 시일 내에 물 부족사태에 도달하거나 경제개발의 한계에 직면하고 있음을 인지하고 물이 세계적인 차원에서 공공의 관심사가 되어야 한다는 것이었다. 1995년 8월 스웨덴 스톡홀름에서 개최된 국제 물 심포지엄에서는 21세기에는 국가간 분쟁의 원인은 물이 될 것이며 전 세계인구의 40% 사람들이 식수문제로 고통을 받고 있는 것으로 조사되었다. 따라서 수자원은 21세기의 큰 과제로 등장하였다.

위의 내용에서 나타난 바와 같이 물은 생명을 유지하고 보전하며 인류에게 절대적 가치를 지니고 있으므로 우리가 관심을 가지고 영원히 보존해야 될 자산이라 할 수 있다.

1.2 물의 순환과 분포

지구상의 물은 강수, 침투, 유출 및 증발 등의 순환과정을 반복하는데, 이 순환과정은 물의 이동이 일정하게 연속적으로 이루어진다는 의미가 아니라 순환과정을 통하여 변동성을 갖는다는 의미이다. 물은 지구상에서 풍부한 자원중의 하나이며 대기중의 수증기, 해수, 호소수, 토양수분 및 지하수 등과 고체의 형태인 빙하와 눈으로 존재한다. 본 절에서는 물의 순환과정과 순환주기 및 분포상태 등에 대하여 설명하고자 한다.

1.2.1 물의 순환

지구상에서의 물의 순환(water cycle)은 대기중의 수분이 응축되어 지상에 비, 눈 등의 형태로 떨어지는 것으로 시작된다. 비나 눈은 지상에 도달한 후 지표 또는 지하로 흐르며 그 중 일부는 지표나 수목의 잎 등에서 직접 증발하고 나머지 일부는 바다로 흘러간 후 증발해서 다시 구름이 되어 비와 눈의 생성 원인이 된다. 자연계에서 물을 순환하게 하는 근원은 태양에너지이며 태양열에 의해 지구표면의 물이 증발되어 상승하게 되는 것이다.

이와 같은 물의 순환은 지금은 잘 알려진 현상이나 17세기 전까지는 하천과 바다의 물이 비나 눈이 된다는 것을 상상할 수 없었다. 17세기 중반 유럽에서 강수량이 증발량과 균형을 이루고 있는 것과 지중해의 증발량이 지중해로 흘러 들어가는 하천의 총 유출량과 거의 같다는 것이 입증됨으로써 처음으로 물이 대기층과 지상 사이를 순환하고 있다는 생각이 일반화 되었다.

지구상의 물은 수증기와 이것을 응축한 구름, 안개, 비, 눈 등과 같은 대기중의 물, 그리고 하천수, 해수, 호소수와 같은 지표수 및 흡착수, 모관수, 불투수층 위의 심층수과 같은 지하수로 대별할 수 있다. 해수의 증발로 인해 대기중의 구름이나 안개는 기온이 낮아질수록 물방울이 응축되어 지상에 내리게 된다. 지표에 내리는 물을 강수라 하며, 강수의 일부분은 지표수가 되어 하천을 통해 호소나 바다로 흘러가고 일부는 지상에 침투하여 흙입자들과 흡착된 흡착수 형태로 되기도 한다. 나머지는 깊은 대수층까지 내려가서 지하수가 되며 지하수 역시 마지막에는 바다에 도달하게 된다.

지표수는 끊임없이 증발하며 지하수도 바다에 도달하기 전에 식물의 뿌리와 흙의 모세관현상에 의해 증발되어 다시 대기중의 수증기가 된다. 그림 1.2.1은 이와 같은 물의 순환과정을 그림으로 나타낸 것이다.

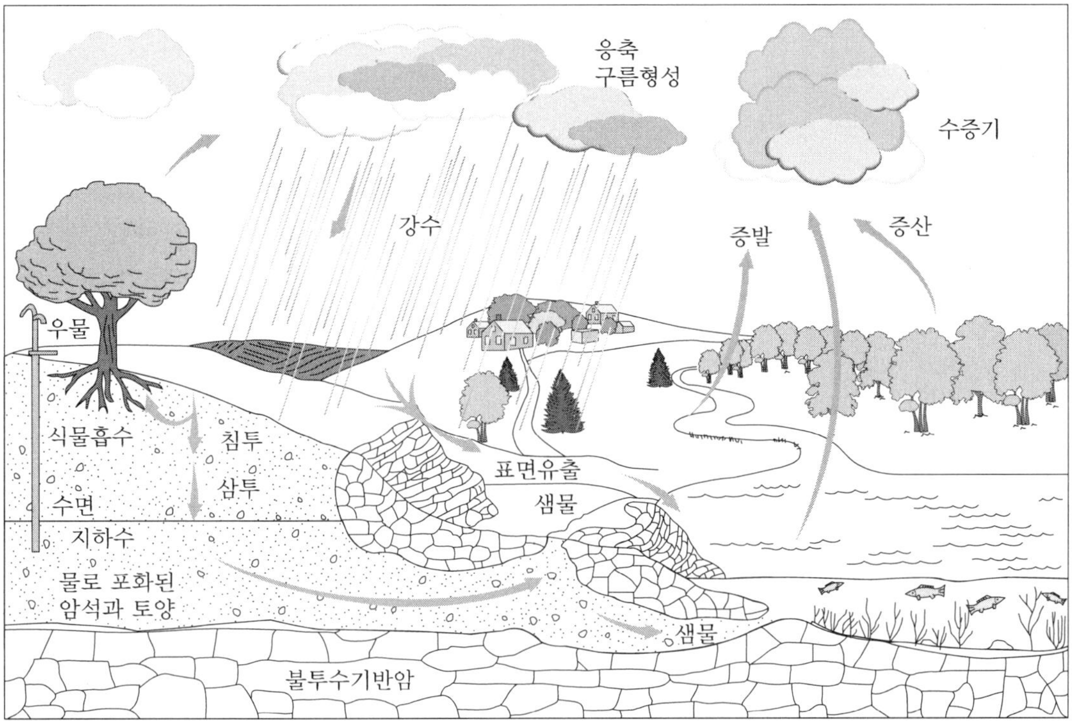

그림 1.2.1 물의 순환과정

(1) 강 수

물의 순환과정 중에서 강수(precipitation)는 구름이 응결되어 떨어지는 모든 형태의 수분을 말한다. 강수를 형성하기 위한 조건으로는 공기를 이슬점(dew point)까지 냉각시킬 수 있어야 하며 물방울을 형성시킬 수 있는 응결핵이 있어야 하고 응결된 소규모 단위의 수분입자들을 점점 크게 할 수 있어야 한다. 또한 충분한 강도를 가진 수분을 집적할 수 있어야 한다. 강우는 따뜻한 공기의 상승요인에 따라 대류형, 정풍형으로 분류된다. 대류형 강우는 따뜻한 공기가 대류현상에 의해 차가운 공기 속으로 자연히 상승할 때 형성되는 강우이며, 정풍형 강우는 따뜻한 기단이 차가운 기단 위로 진행할 때 발생되는 온난전선형과 빠르게 이동하는 차가운 기단에 의해 따뜻한 기단이 강제로 상승할 때 발생되는 한냉전선형이 있다. 마지막으로 산악형 강우는 습윤한 기단을 운반하는 바람이 산맥을 넘지 못하고 산맥에 부딪쳐 기단이 상승할 때 발생되는 강우로서 반대편 사면은 일반적으로 매우 건조한 상태가 된다. 강수의 종류에는 직경이 약 0.5 mm 이상인 물방울로 형성되는 비를 비롯하여 대기중의 수증기가 직접 얼음으로 변하여 생성되는 눈과 설편 및 여러 개의 얼음이 동시에 엉켜서 형성된 덩어리 모양의 우박과, 직경이 0.1~0.5 mm인 부슬비 등이 있으며 사막 등과 같은 건조지역에서 가용 강수량의 큰 비중을 차지하고 있는 이슬, 서리 등은 지표면의 수분이 직접 응결된 상태의 강수이다.

(2) 유 출

지상에 내린 강우의 일부는 지상의 식물에 의해 차단되고 웅덩이에 모이면 지면 저류상태가 되며 나머지 일부는 땅속으로 침투하여 지하수대까지 내려간다. 지면이 완전히 습윤상태가 되면 지표면에서의 흐름인 유출(runoff)이 시작된다. 이 표면유출은 지표면의 토양 속에 침투하여 지상에 가까운 상층부를 통해 하천으로 흐르는 강수로서 지하수위보다 높은 층을 흐르는 유출을 말한다.

지하수 유출은 강수가 지표면을 침투·삼투하여 지하수를 형성하게 되고 이렇게 형성된 지하수에 의해 함양된 부분이 유출되는 것을 말한다. 이러한 유출은 기상학적 특성과 그 유역의 지형학적 특성에 따라 매우 큰 영향을 받는다. 기상학적 특성으로는 강우의 형태, 강우강도, 지속시간, 강우의 시간적·공간적 분포 및 강우의 진행방향 등이 있으며 지형학적 특성으로는 유역의 면적과 지질, 형상계수, 지표면 피복상태 및 토지이용상태, 지표면 경사 등이 있다.

(3) 증발산

증발현상(evaporation)은 수면 또는 습한 토양의 물분자가 태양이 방사하는 에너지에 의해 기체화되는 과정을 말하며, 물 1 g이 증발하는데 필요한 열량은 약 600 cal 정도이다. 물은 동물이 생명을 유지하는 데 없어서는 안 될 중요한 물질일 뿐만 아니라 식물이 살아가는 데도 필수적인 존재이다. 식물은 태양의 열에너지, 이산화탄소 및 물을 이용하여 세포물질을 합성하는 탄소동화작용을 하며 이 과정에서 식물체의 수분이 수증기 형태로 대기 중에 방출된다. 이러한 현상을 증산(transpiration)이라고 하며 증발과 증산을 통해 물이 수증기로 변하는 과정을 총칭해서 증발산(evapotranspiration)이라고 한다.

증발산 현상에 중요한 영향을 미치는 인자들로서는 공기의 온도, 바람, 상대습도, 대기압, 수질 및 수표면의 성질과 형상들이 있다. 온도가 증가함에 따라 운동에너지와 포화증기압이 상승하게 되어 증발을 촉진시키게 되며 바람은 기화한 물분자들을 증발수면으로 이동시켜 실제증기압을 감소시키므로 증발률을 증가시킨다. 상대습도의 증가는 공기가 수표면으로부터 물분자의 이탈을 촉진시키므로 증발률의 증가요인이 된다. 한편 오염된 물은 물 속의 오염물질로 인하여 포화증기압이 낮아지므로 그 결과 순수한 물보다 증발률은 감소하게 된다.

(4) 침투·삼투

지상에 내린 강우는 지표면의 식생과 토양을 적시게 되며 지표면이 완전히 포화상태에 도달한 후 지표층에 스며들거나 불투수층 위를 흘러 유출에 도달하게 된다. 지표면층에 스며든 빗물은 토양 속에 존재하는 미세한 공극을 통하여 중력에 의해 지하로 스며들거나 모관력과 흡착력에 의해 지하로 스며들게 되는데 이러한 과정을 침투(infiltration)라고 말하며 토양 속에 스며든 이후로부터는 중력에 의해 지하로 이동하게 되는데 이 과정을 삼투(percolation)라고 한다.

침투 및 삼투현상에 영향을 미치는 인자로서는 토양의 종류, 포화층 두께, 토양의 함유수분, 식생피복 등이 있다. 토양의 종류에 따라 간극크기와 간극의 분포상태 등이 서로 상이하기 때문에 토양의 종류에 따라 침투율이 많은 영향을 받으며 포화층 두께가 두꺼울수록 물이 통과하는데 생기는 마찰력이 증가되어 침투할 수 있는 능력이 감소된다.

토양의 함유수분은 토양공극의 모관력에 매우 큰 영향을 미치게 되므로 함유수분 정도에 따라 침투능력이 변하게 된다. 만약 토양 속에 콜로이드와 같은 물질이 존재하면 토양속의 간극을 감소시키게 되므로 침투에 큰 영향을 미친다. 식생 피복상태는 토양의 공극을 보존하는 역할을 하게 되므로 기온이 따뜻한 계절에는 마찰력이 적어 추운 계절보다 침투에 더 좋은 조건이라고 할 수 있다.

(5) 물의 순환기간

지구상에 존재하는 물은 일정기간을 두고 순환하고 있으며 이 순환기간은 각각의 형태로 존재하고 있는 물이 순환해서 완전히 한 바퀴 순회하는 기간으로 세계학자들 사이에 다소 차이가 있으나

표 1.2.1 물의 순환기간

구분	표면적(10^6, km^2)	체적(10^6,km^3)	체적(%)	등가깊이(m)	순환기간
바 다	361	1,370	94	2,500	3,600년
호 소	155	0.13	<0.01	0.25	10년
늪	<0.1	<0.01	<0.01	0.007	1~10년
하 천	<0.1	<0.01	<0.01	0.003	2주
토 양	130	0.07	<0.01	0.13	2주~1년
지하수	130	60	4	120	2주~10,000년
만년빙하 및 빙산	17.8	30	2	60	10~10,000년
대 기	504	0.01	<0.01	0.025	10일
생 물	<0.1	<0.01	<0.01	0.001	1주

일반적인 순환기간을 살펴보면(표 1.2.1) 바닷물은 3,600년, 빙하 혹은 빙산은 1,500년, 호수의 물은 10년, 토양속의 수분은 2~50주간, 하천의 물은 2주간, 대기속의 수증기는 10일, 지하수는 10,000년이 순환기간이라고 한다. 지금 지구상에 1년을 단위기간으로 해서 얼마의 수량이 사용가능한가를 추정해 보고자 한다. 즉, 인간이 가장 많이 이용하고 있는 하천수의 경우, 그 주기는 2주이고 존재하는 수량은 1,200 km^3이므로 연간 총 유출량 1,200 km^3을 365/14배한 것으로, 약 313,000 km^3 정도가 된다. 어쩌면 현재 우리가 마시는 물이 과거에는 선녀와 나무꾼에서 나오는 선녀의 목욕물인지도 모르는 일이다.

1.2.2 물의 분포

물의 순환과정에서 살펴본 바와 같이 지구상의 물은 대기층과 지상 사이에서 일정한 기간을 가지며 순환한다. 물은 지구상에서 풍부한 자원으로 지구상의 바다 표면적은 361.305 $\times 10^6$ km^2으로 육지표면적 131.060$\times 10^6$ km^2의 약 2.76배가 된다. 1979년 L. Vovich는 지구상의 물의 분포를 표 1.2.2와 같이 추정하였다.

그 결과를 살펴보면 지구상에 분포하고 있는 물의 총량은 1,359.078$\times 10^6$ km^3으로 약 97.2%를 해양수가 차지하고 있다. 이 양을 지구표면적의 등가깊이로 환산하면 3,660 m가 되며, 나머지 2.5%는 담수로서 약 3/4인 29.176$\times 10^6$ m^3 정도는 만년빙하, 대륙빙하 및 빙산의 형태로 존재하고 있다. 1/4인 지표수, 지하수 및 대기권 내의 수분형태로 대기권과 지상 사이에 존재하고 있다.

표 1.2.2 지구상의 물의 분포

구 분	표면적(km^2)	총 수량(km^3)	백분율(%)
지표수			
담수호	854,700	125,040	0.009
염수호	699,300	104,200	0.008
하천		1,250.4	0.0001
지하수	129,500,000		
토양수		66,686	0.0005
지하수		4,168,000	0.31
심층지하수		4,168,000	0.31
육상 총량			
만년빙하	17,871,000	29,176,000	2.15
대기층(수평선)	51,023,000	12,920.8	0.001
해양	361,305,000	1,321,256,000	97.2
계	561,253,000	1,359,078,000	100

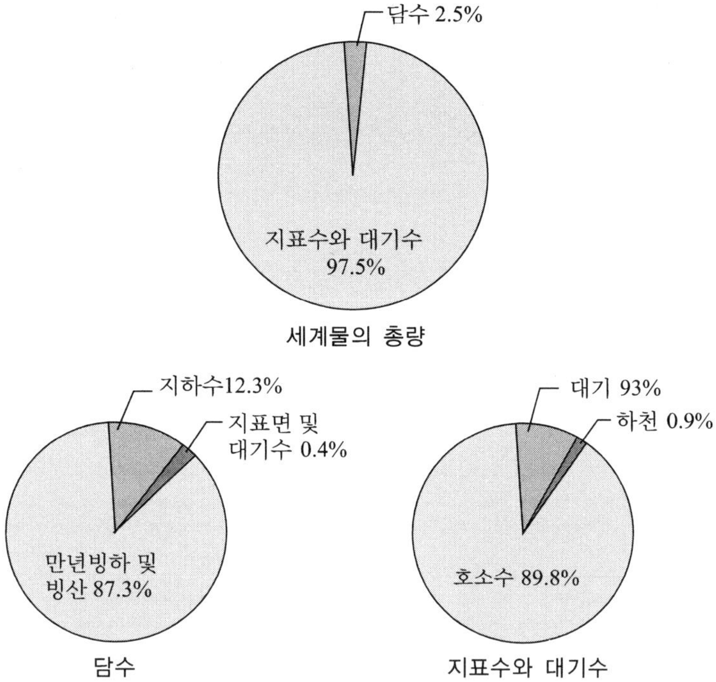

그림 1.2.2 세계의 물의 분포 (Morris, 1968)

그림 1.2.2는 전세계 물의 분포를 담수, 지표수와 대기수로 구분하여 도해적으로 나타낸 것으로서 현재 지구상의 물을 공급하고 있는 담수량은 33.97×10^6 km³이다.

표 1.2.3은 지구상의 담수의 분포를 근사적으로 추정한 것으로서 대륙빙, 만년빙 혹은 빙산의 형태로 존재하는 물은 29.18×10^6 km³으로 남극이나 Greenland 등지에 분포되어 있다. 지구상의 하천수량은 대략 1,250 km³으로 추산되고 있으며 이 양은 지구상의 전표면적에 비하여 매우 적은 양이지만 물의 이용 측면에서는 매우 중요한 수량이다.

표 1.2.3 세계 물분포 추정량

구 분	체적($10^6 \times km^3$)	%
만년빙하 : 빙산	29.18	77.33
지하수(800 m 이내)	4.15	11.07
지하수(800 m 이상)	4.15	11.07
하천, 호소	0.12	0.32
토양수, 침투수	0.067	0.18
대기	0.013	0.03
계	37.50	100

토양수는 0.067×10^6 km³으로 지구 표면적의 등가깊이로 환산하면 18 cm가 되고 800 m 이내의 저수량은 4.15×10^6 km³으로 하천수의 3,000배에 달한다. 기상학적 순환이 일어나고 있는 지상 약 12,000 m 이내에는 약 0.013×10^6 km³ 정도의 수량이 존재하고 있다.

1.3 수자원 특성

지구상에 있는 자연의 물 중에서 사람이 자원으로 이용할 수 있는 물을 수자원(water resources)이라고 하며 사람의 생활 환경과 산업의 발전에 이용되는 물로 정의된다. 수자원은 우수, 지표수, 지하수 및 해수로 구분할 수 있다. 본 절에서는 각각의 수자원 특성을 양적인 측면과 질적인 측면으로 나누어 살펴보고자 한다.

1.3.1 빗 물

빗물(rain water)은 사실상 증류수이다. 즉, 이것은 일단 증발되어 응축된 물인 것이다. 증류과정이란 것은 모든 종류의 액체를 정화시키는 데 있어서 가장 훌륭한 방법으로 알려져 있다. 그러나 이때 모든 비휘발성 물질은 잔류하게 된다. 그러므로 이론적으로 빗물은 다른 어떤 종류의 자연수보다 절대적인 순도에 가깝다고 할 수 있다. 그러나 엷은 안개방울이 처음에는 공기중의 먼지와 같은 미립자를 핵으로 하여 형성되는 것을 보면 빗물은 응축하는 순간부터 불순물을 수용하게 된다고 볼 수 있다.

빗방울은 가스를 흡수하며, 해안 가까이에서는 부유염류(suspended salts)를 용해하기도 하며, 공기중으로 강하하면서 보다 낮은 대기층에 부유하고 있는 어떤 종류의 불순물과 미생물들을 포함하게 된다. 빗방울이 지표에 닿기 전에 수용한 불순물은 때에 따라서는 상당한 양이 될 수도 있으나 위생학적 관점에서 볼 때 실제로는 무시할 수 있는 양이다.

(1) 빗물의 분포

대기권은 일종의 대기의 대양이라고 할 수 있으나 함유된 물의 양은 비교적 적은 편이며 지구상의 빗물의 양은 12,921 km³ 정도로, 주로 눈에 보이지 않는 수증기 형태로 존재한다. 그리고 공기의 흐름에 의해 육지 위로 이동하기도 한다. 만약 지구상의 빗물이 동시에 강하된다면 지구표면을 2.4 cm 정도로 덮을 수 있을 것으로 추정된다. 대기중의 물은 대기에 의해 연속적으로 제거되면서 지구표면에 낙하한다. 그리고 동일량의 식물의 증발산과 수표면 및 지표면 증발에 의해 대기수(大氣水)로 되돌아온다. 그러므로 대기수는 거의 일정한 양을 유지하게 된다. 매년 지구에 강하되는 강수량은 470,948 km^3이며 바다에 떨어지는 강수량은 370,952 km^3이고 100,032 km^3은 육지에 강하된다. 육지의 연평균 강우 깊이는 68.6 cm 정도이며 해양에 내리는 강수량은 해양에서 증발되는 증발량보다 9% 정도가 적다. 그 이유는 바다에서 증발된 수증기가 바람 등에 의해 육지로 이동해서 강하되기 때문이다. 중요한 것은 대기중의 물은 연속적으로 제거되며 연속적으로 되돌아온다는 것이다.

(2) 빗물의 특성

빗물은 연수(soft water)이기 때문에 세탁에 유용하며 석회염(lime salts)이 없으므로 취사에도 바람직하다. 그러나 전반적으로 볼 때 도시급수를 위한 수원으로서 지표수 또는 지하수보다는 그 가치가 희박한 것으로 생각된다. 이와 같은 우수의 성질을 살펴보면 다음과 같다.

1) 용해가스 성분

빗물은 용해성분이 적기 때문에 완충작용(buffering action)이 작고 대기로부터 용해된 CO_2의 영향이 현저하여 때때로 pH 4 정도에 머무는 수가 있다. 즉, 1기압의 대기와 평형인 증류수의 pH는 25℃에서 pH 5.7로 계산되며 우수는 이보다도 낮다. 도시에서는 화석연료의 연소로부터 발생되는 황화물이 우수의 pH값을 낮추고 있다. 빗물에 포함되어 있는 각종 가스는 포화되어 있는 경우도 있고 불포화상태인 경우도 있으며 이것은 빗방울 생성의 기구에 관련된 것으로 각 온도별 우수중의 용해공기의 조성상태는 표 1.3.1과 같다.

표 1.3.1 각 온도에서 있어서 빗물중의 용해공기의 조성

	0℃	10℃	20℃	공기의 조성
N_2	63.20	63.49	63.69	79.01(+Ar)
O_2	33.88	34.05	34.17	20.95
CO_2	2.92	2.46	2.14	0.04

2) 빗물의 주성분

빗물의 주성분은 해수의 주성분과 거의 동일하다고 할 수 있다. 즉, Na^+, K^+, Ca^{2+}, Mg^{2+}, SO_4^{2-}, Cl^- 등이다. 육수의 주성분인 SiO_2, HCO_3^-는 주성분이라고 하기 곤란하다. 주성분은 일반적으로 0.7 mg/L 이상으로 함유되며 Cl^-은 때때로 10 mg/L 이상에 이르는 경우도 있다.

해안으로부터의 거리와 우수의 수질 간에 어떤 관계가 있는 것으로 알려지고 있는데 해안에 가까운 곳의 우수는 염분함량의 변화가 크며 매우 적은 것으로부터 다량의 염분, 예를 들면 수천 mg/L에 이르고 있는 것까지 볼 수 있다. 내륙에서는 일반적으로 염분량이 적다.

3) 산성비

일반적으로 대기 중에는 이산화탄소가 약 390 ppm 정도 존재하며 대기 중의 물방울과 반응하여 탄산이 된다. 이로 인하여 순수한 빗물은 pH 약 5.6을 나타낸다고 EPA에서 보고하고 있다. 그러나 산업이 발달하고 인구가 증가함에 따라 대기중에 인위적으로 방출된 다량의 황산화물, 질소산화물 등이 대기중에서 복잡한 화학반응을 거쳐 황산, 질산, 염산과 같은 산성물질이 되어 빗물의 pH가 5.6 이하의 산성비를 내리게 한다.

이러한 산성물질은 지표상으로 직접 강하되기도 하지만 빗물의 산성도를 증가시켜 산성비로 지표상에 강하하여 자연 및 생활환경에 심각한 악영향을 초래하게 된다. 이러한 산성비의 주요 원인물질은 황산, 질산, 염산 등으로 알려져 있으며 빗물의 산성도가 증가하는 요인은 다음과 같다. 발전소, 공장 및 차량의 증가로 인한 화석연료 사용량의 증가와 공장규모에 따른 공장 굴뚝높이의

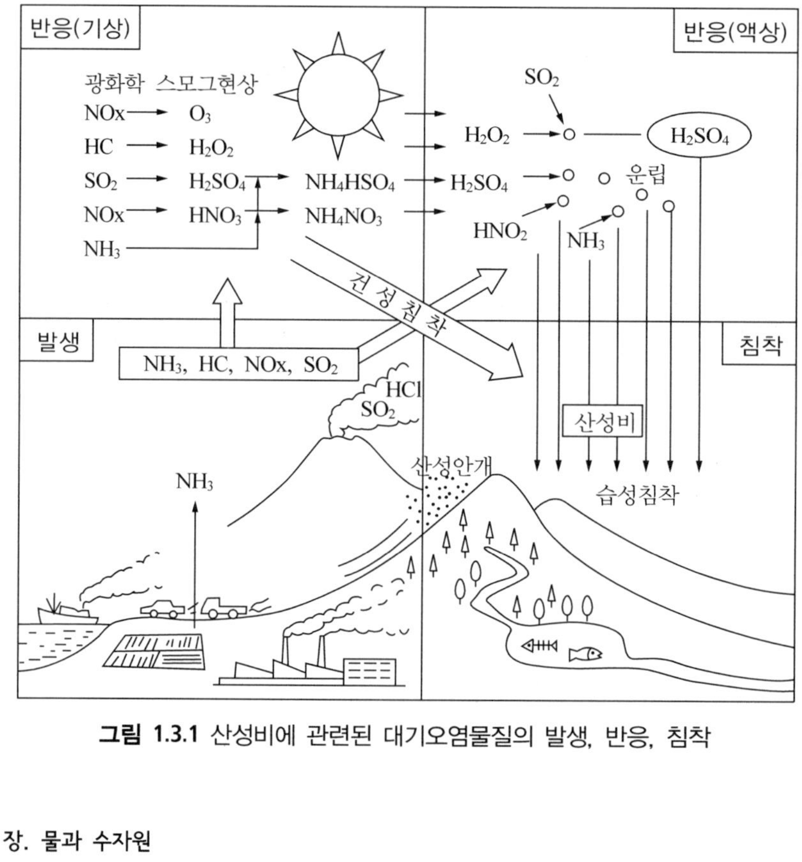

그림 1.3.1 산성비에 관련된 대기오염물질의 발생, 반응, 침착

증가로 광역적인 오염이 초래된다. 그리고 지역에 따른 계절적인 화학발전량과 차량운행의 증가 등으로 요약할 수가 있는데, 이러한 요인으로 인해서 산성비에 의한 직접적인 피해도 예상되지만, 넓은 지역에 일시적으로 동시에 직접 또는 간접적으로 악영향을 미치므로 국가적 또는 국제적 차원의 환경오염 문제로 대두되고 있다. 현재 유럽과 미국 등 세계 선진 국가에서는 산성비 영향을 최소화하기 위하여 많은 연구가 이루어지고 있다.

산성비의 주요 원인물질로서는 유황산화물, 질소산화물 및 염산을 들 수 있으며, 이 물질들이 빗물에 용해되면 다음과 같은 반응을 한다고 알려져 있다.

$$2SO_2 + O_2 \rightleftarrows 2SO_3$$

$$SO_3 + H_2O \rightleftarrows H_2SO_4$$

$$H_2SO_4 \rightleftarrows 2H^+ + SO_4^{2-}$$

$$2NO + O_2 \rightleftarrows 2NO_2$$

$$3NO_2 + H_2O \rightleftarrows 2H^+ + 2NO_3^- + NO$$

$$4NO_2 + 2H_2O + O_2 \rightarrow 4H^+ + 4NO_3^-$$

또한 염소화합물 및 대기중에 존재하는 풍송염 입자로부터 생성된 SO_4^{2-}, NO_3^-, Cl^- 등이 빗물의 pH를 떨어뜨리게 되는 것이다.

$$2NaCl + H_2SO_4 \rightarrow 2H^+ + Na_2SO_4 + 2Cl^-$$

$$NaCl + HNO_3 \rightarrow H^+ + NaNO_3 + Cl^-$$

산성비에 관한 본격적이고 조직적인 연구는 이미 1950년대 초부터 스칸디나비아와 영국의 학자들에 의해서 시작되었다. 한편, 비는 때때로 알칼리성을 띨 수도 있다. 그 주요 원인물질에는 비산재(fly ash)가 있으며 암모니아도 산성비를 중화시키는 중요한 염기이다. 후자의 경우는 연소 과정보다는 주로 생물화학적 과정에 의해 생성되는 것으로 밝혀졌으며 전원지역의 농장에서 발생되는 NH_3가 덴마크와 스웨덴 남부지방의 비의 산성을 감소시키는 주요한 원인이 되고 있음이 발표된 바 있다. 텍사스주 중부지역에서 채취한 시료에서는 pH 5.8~7.3을 보였는데, 이것은 강풍으로 치솟아 오른 알칼리성 먼지가 원인일 것으로 추정하고 있다.

산성비 현상은 산성 안개 또는 스모그 등이 기류를 타고 이동하기 때문에 대기오염이 심한 지역에 국한되는 것이 아니라 전혀 예상 밖의 멀리 떨어진 지역에서도 발생하게 된다.

산성비는 수계와 토양을 산성화시키는 직접적인 원인이 되므로 그것이 수중 및 육상생물에 미치는 영향은 매우 클 것으로 예상된다. 호소의 산성화는 플랑크톤의 종류에 변화를 가져오며, 특히 산성호소에서는 저서동물의 수와 어류의 영양원인 무척추동물의 개체수가 급격히 감소되었다는 보고가 있다. 어류감소의 원인은 성어에 대한 직접적인 피해보다는 알과 치어에 미치는 독성 때문인 것으로 판단된다.

식물 생태계에 대해서는 초목의 잎과 토양으로부터 Ca^{2+}, Mg^{2+}, K^{+} 등 필수영양분의 용출속도를 증가시킨다고 믿고 있다. 따라서 토양의 산성화는 식물의 성장에 유해한 결과를 가져오게 된다. 연무공기 중의 산성 안개는 건물, 기념비 및 대리석이나 석회석으로 만든 조형물에 손상을 입히는데, 그것은 산이 이들 물체의 주성분인 $CaCO_3$을 침식하기 때문이다.

우리나라의 경우를 살펴보면, 유럽 각국에 비해 훨씬 늦은 1980년대에 와서야 관심을 갖게 되었다. 환경청에서는 1980년부터 서울의 20개 지역에 내리는 우수를 측정하기 시작하였으며, 1983년부터는 전국 48개소에 산성비 시료 채취기를 설치하여 빗물의 pH를 측정하고 있다. 표 1.3.2는 2008년 이후의 우리나라 주요도시별 산성비 현황을 나타낸 것으로 산성우의 pH값은 4.7~5.7로 지역에 따라 큰 편차를 보이고 있다.

표 1.3.2 주요 도시의 빗물의 산도 (단위 : pH)

주요 도시별	2008년 평균(pH)	2009년 평균(pH)	2010년 평균(pH)	주요 도시별	2008년 평균(pH)	2009년 평균(pH)	2010년 평균(pH)
서울	4.8	4.7	4.6	강릉	6.1	4.7	4.8
안산	4.5	4.7	4.8	제천	–	–	–
인천	4.8	4.7	5.0	괴산	5.0	5.0	4.7
부산	5.1	4.7	4.5	공주	5.2	4.6	4.6
울산	4.7	4.6	4.6	익산	4.8	4.8	5.2
광주	4.7	4.9	5.4	목포	4.6	4.5	5.1
여수	4.8	4.5	4.5	광양	4.4	4.6	4.7
대구	5.5	5.0	4.5	창원	4.5	4.6	4.7
대전	4.5	4.6	4.8	제주	4.3	5.0	5.4
원주	6.2	4.8	4.6	태안	5.0	4.5	4.7
포천	5.1	4.8	5.1	안동	5.4	5.1	4.9
춘천	5.4	4.5	4.7	김천	6.0	4.9	4.8

환경백서, 2011

처음 산성비가 문제시 되었을 때 사람들은 해결책으로 공장 굴뚝을 높이면 되는 것으로 생각했다. 즉 공장이나 화력발전소 등에서 방출되는 아황산가스나 질소산화물을 높은 굴뚝을 사용하여 높은 상공에서 날려 보내면 산성비 문제를 해결할 수 있을 것으로 생각했던 것이다. 그러나 아무리 높은 곳으로 오염물질을 방출한다고 하더라도 결국은 지구 주위의 대기권에 머물게 될 것이며, 그것은 산성비의 원인이 될 수밖에 없다. 따라서 지금은 방출되는 산성비 원인물질의 양을 줄이는 방향으로 개념이 바뀌고 있다.

대기로 방출되는 인위적인 산성물질의 양을 줄이는 방법에는 원자력이나 태양열과 같이 유황이 관련되지 않은 에너지원을 이용하는 방법, 유황이 덜 함유된 석탄이나 석유를 사용하기 위한 탈황 공정을 개발 및 개선하는 방법, 연소과정에서 질소산화물이 적게 생기도록 하는 방법, 그리고 배기가스 내의 아황산가스나 질소산화물을 제거하는 방법 등을 생각할 수 있다.

현재 산성비 피해에 대한 대책으로 많은 나라에서는 산성비로 오염된 호소나 지역에 생석회, 소석회, 탄산칼슘, 염기성 재, 백운석 등의 알칼리성 물질을 살포하여 중화시키는 방법을 쓰고 있다. 그러나 독일의 경우 석회지층을 갖고 있는 알프스에서도 산성비의 피해가 발생하고 있기 때문에 현재로서는 산성비 피해에 대한 완전한 기술적 대책은 없다고 할 수 있다.

4) 토우 및 방사능 물질

폭우가 있을 때는 해수의 염분을 많이 함유한 비가 내린다. 이것은 비가 다량의 풍송염을 용해한 것으로 생각된다. 예를 들면 1949년 9월 1일 태풍 때에 일본에서 최대 50 mg/L 내외의 비를 관측한 일이 있다. 또 중국대륙 일대의 황염을 함유한 비에는 다량의 규산이 검출되고 있으며, 우리나라의 충남, 호남 및 제주 지방 등 서해일원과 경남 해안지방 등을 포함한 극동지방에서는 3~5월경 중국 황하유역의 황토지대에서 건조한 바람이 불면 공중에서 서풍을 타고 온 황사가 강풍과 비에 섞여 내린다. 이것을 토우라고 부르며 이 토우는 농작물에 피해를 주고 인체에도 안질, 호흡기 질환을 유발하는 등 해를 가져오는 예가 있다.

우수의 방사능을 측정한 것은 이미 1902년이었다. 근래에 와서는 강대국의 핵실험에 의한 인공 방사능이 우수 중에 다량으로 검출되고 있는 실정이므로 우리나라에서도 이에 대한 연구 조사가 급속히 진전되었으며, 현재 에너지 연구소의 후원으로 서울, 부산 등 전국 여러 지점에서 정기적으로 측정하고 있다. 땅 속으로부터는 항상 대기 중으로 Radon 등의 방사성 가스가 방출되며 이것이 붕괴하여 방사성 물질들이 공중에 떠돌다가 우수에 용해된다.

1.3.2 지표수

지표수(surface water)는 하천수, 호소수 및 저수지수 등의 물로서 담수호, 염수호 및 하천수로 구성된다. 지표수의 구성은 매우 유동적이며 집수역의 특성에 크게 의존한다. 비주거지대의 암반층이나 모래, 자갈 위를 흘러내리는 물은 옥토 위를 흐르거나 늪에 고여 있던 물에 비하면 유기성 불순물을 훨씬 적게 함유하고 있다. 이러한 지표수를 양적인 측면의 분포와 질적인 측면의 특성으로 구분하여 설명하고자 한다.

(1) 지표수의 분포

지표수는 표면세척물과 운반물질에 의해서 직접 오염에 노출되어 있다. 따라서 위험하고 항상 의심스러운 것이지만 손쉽게 대량공급이 가능하기 때문에 대부분의 도시상수도 수원은 강이나 호수 또는 저수지로부터 취수된 지표수에 의존하고 있는 실정이다. 이 같은 지표수의 분포특성을 하천수, 호소수 및 빙하로 구분하여 살펴보고자 한다.

표 1.3.3 지구상의 물수지

구분	용적(km³)	유출고(mm)	강우량비(%)
연해부			
강수량	101,000	859	19.4
하천유출	36,380	312	7.0
증발	64,620	547	12.4
내륙부			
강수량	7,400	248	1.4
증발*	7,400	238	1.4
세계의 해양			
강수량	411,600	1,140	79.2
하천의 유입량	36,380	101	7.0
증발	448,220	1,240	86.2
지구전체			
강수량	520,000	1,020	100
증발	520,000	1,020	100

* 하천유출에서는 750 km³의 증발량을 포함함

1) 하천수

지구상의 생물이 살아가는 데 필요한 하천수(stream water)는 수자원 개발의 대상으로 가장 많이 이용되고 있으며 지구상에는 1,250.4 km³이 존재하는 것으로 추정된다. 전체 물의 분포중 0.0001%에 지나지 않으나 이용적인 측면에서도 매우 소중한 수자원이다. 지구상의 육지를 연해부와 내륙부로 나누어 각각의 지역에 속하는 하천의 유출량을 추정한 결과를 표 1.3.3에 나타내었다.

바다에 유입되는 물의 총량은 연간 36,380 km³이며 내륙의 호수 등에 유입하는 하천의 유출량은 750 km³이다. 그러나 내륙의 호소 등에 유입하는 유출량은 바다로 유입되지 않고 그대로 증발한다. 해양으로의 하천 유출률은 약 10%, 세계 전체로서의 하천 유출률은 약 34% 정도이다. 그러나 이 하천의 유출량은 각 대륙별로 균등하게 분포되어 있지 않으며, 강우는 해양을 따라 적도를 중심으로 한 지역에 많은 것으로 나타났다. 남미의 아마존강은 연간 유출량이 6,300 km³이며, 아프리카의 콩고강은 총유출량이 1,750 km³ 정도로 조사되었다. 세계 대륙별 하천 유출량을 비교해보면 표 1.3.4와 같다. 각 대륙마다 하천의 총 유출량에 대한 근거자료가 서로 다르고 각 국가별로 구한 유출량을 집계한 것이기 때문에 세계의 하천 총 유출량은 349,000억톤이며, 앞의 표 1.2.3보다 큰 것으로 조사되었다. 이 표에 의하면 남미 대륙의 총유출량은 100,000억톤을 웃돌아 전 세계의 총 유출량의 30%에 달하고 있으며, 아시아와 북중미가 그 다음으로 각각 20%, 아프리카대륙, 구소련 순으로 되어있다. 북중미와 러시아의 하천 유출률이 높은 것은 이 지역이 고위도 지역으로 증발량이 적은 것도 원인이지만, 그 지역의 숲의 상태, 기온, 습도 등의 기상조건에 크게 영향을 받고 있는 것으로 추측된다.

표 1.3.4 세계대륙별 수문현황

대륙	면적 (10^6,km²)	강수량 (km³)	우량깊이(mm)	유출률	총유출량(km³)	비율(%)
북중미	24.0	17,900	800	0.5	7,150	20
남미	17.7	30,600	1,730	0.3	10,200	29
아프리카	30.5	23,800	780	0.2	6,050	18
유럽(구소련제외)	5.0	3,400	680	0.3	1,020	3
구소련	22.4	7,600	380	0.7	3,300	9
아시아(구소련제외)	27.0	23,400	870	0.3	7,020	20
대양주	8.6	1,300	150	0.1	130	1
합계(평균)	135.2	108,000	(850)	(0.35)	34,900	100

2) 호소수

호소(lake)는 자연적으로 형성된 것과 인공적으로 만들어진 것이 있다. 자연적인 호소에는 침식작용, 화산활동 및 물의 흐름에 의해 형성된 것 등이 있으며, 인공적인 호소에는 물의 불균형 상태를 조금이나마 해결해 보고자 만든 호소로 홍수조절, 각종 용수공급, 수력발전 및 관광운하 등의 목적을 가진 다목적 호소가 있다.

미국, 캐나다 및 북미지역에 위치한 담수호는 Superior호, Great Bear호 등이 있으며, 담수호 수량은 32,510.4 km³으로 전체 담수량의 26%를 차지하고 있다. Nyasa, Tanganyaki 및 Victoria호 등이 있는 아프리카의 담수호 수량은 36,261.6 km³으로 전체 담수량의 29%를 차지하고 있다.

아시아에서 수심이 가장 깊은 시베리아의 Baikcal 호수는 수량이 26,258.4 km³으로 전체 담수량의 20% 정도로 나머지 호수를 포함하여 전체 21%를 차지하고 있으며, 미국, 캐나다 등의 북미지역과 아프리카, 아시아 지역의 수량이 전체 담수호 수량의 75%를 차지하고 있다.

표 1.3.5 세계의 맑은 호수

호수의 이름	국명	최대 맑기(m)
마주우	일본	41.6
바이칼	구소련	40.5
데이호오	미국	32.7
다자와	일본	30.0
그레이터	미국	27.0
화아펜	독일	25.0
코소끄르	몽고	24.6

* 최대 맑기는 육안으로 물 속을 들여다 볼 수 있는 한계를 m로 나타낸 것이다.

표 1.3.6 세계의 주요 호수

호수이름	수면높이(m)	넓이(km^2)	최대깊이(m)
아시아주			
가스피바다	26	438,000	946
아랄바다	50	68,000	68
바이칼호	462	33,000	1,523
발하쉬호	274	18,400	21
사해(死海)	394	920	309
뚱팅호(洞庭湖)	–	5,500	–
투오투호	–	3,300	–
아메리카주			
수피리어호	183.6	33,200	307
휴론호	177.3	59,150	223
미시간호	177.3	57,250	265
그레이트베어호	103	31,500	137
그레이트슬레이브호	119	30,000	200
이리호	174.9	25,820	64
혼테리오호	75.1	18,760	225
티티카카호	3,810	6,900	272
그레이트솔트호	1,286	4,700	11
유럽주			
라도가호	5	18,100	250
오네가호	39	9,836	124
베너호	44	5,546	89
바라톤호	106	596	11
레만호	372	582	310
보덴호	395	539	252
미에싸호	121	392	443
아프리카주			
빅도리아호	1,134	68,800	79
탕가니카호	782	31,900	1,435
니아사호	463	30,800	706
차드호	295	16,000	12
오스트리아주			
아르호	12	15,000	–

염수호의 총 수량은 104,200 km³으로 전체 수량의 0.008%이며 이 중 아시아에 있는 Caspian 해가 80,192 km³으로 약 77%를 차지하는 것으로 나타났다. 표 1.3.5와 1.3.6은 세계의 맑은 호수와 주요 호수를 나타낸 것이다.

3) 빙하

높은 산이나 극지방에 내린 많은 눈들이 녹지 않고 쌓인 만년설은 오랜 시간이 지나면 밑부분은 얼음이 되어 낮은 쪽으로 서서히 움직이는데 이러한 것을 빙하라 한다. 특히 높은 산의 빙하는 골짜기를 따라 흐르면서 U자 계곡을 형성한다. 빙하에는 그린랜드나 남극대륙과 같이 넓은 지역에 발달한 대륙빙하와 알프스, 록키, 히말라야 등과 같은 산맥의 골짜기를 따라 흘러내리는 곡빙하 및

표 1.3.7 세계의 주요 빙하

빙하명	지방	면적(km²)	최대의 길이(m)	밑단의 높이(m)
남극대륙빙하	남극대륙	13,500,000	–	0
그린란드	그린란드	1,650,000	–	0
스피치베르겔	스피치베르겔제도	20,000	–	0
스발바르북동도	스피치베르겔제도	10,800	–	0
바트나이외글	아이슬란드	8,800	–	60
세베르나야젬랴북도	세베르나야젬랴	5,000	–	0
말라스피나	알레스카	5,000	100	0
파타고니아	아르헨티나	4,000	–	0
노바야젬랴북도	노바야젤랴	2~3,000	–	0
페젱코	파미르북서	1,350	77	2,904
시아첸	예라코람	1,150	75	3,700
요스테달즈브테	노르웨이	855	–	70
그랜틀란드	그랜틀란드	800	–	–
리히트호펜	페르겔렌섬	700	–	0
스바르티넌	노르웨이	450	–	100
케나이반도	알레스카	300	–	0
이니르첵	텐산산맥	–	71	2,940
바토로	케라코람북서카프카즈	282	57.5	2,460
엘브루스카로테	메필린산맥	200	–	2,340
수시트나	뉴질란드남도	–	45	920
테즈멘	텐산산맥	15,605	29	718
페트로	힌두쿠시	134	168	3,780
힌두쿠시	히말라야	–	31.5	–
강고트리	알프스	–	30	3,900
알레치	파키스탄	115	26.8	1,360
가르모	히말라야	–	–	–
첾	브리티시콜럼비아	50	25	4,070
워싱턴		–	24	150

곡빙하가 산록에 이르러 넓이가 넓어진 산록빙하 등이 있다.

지구상에 존재하는 빙하는 지구상의 전체 물 분포의 2.15%로 29,176,000 km^3이며, 이 양은 전체 담수량의 87.3%를 차지하는 양이다. 표면적은 17.8×10^6 km^2 이며 지구면적으로 나눈 등가깊이는 60 m이며, 10년에서 10,000년의 순환기간을 가지고 순환하는 수자원량이다. 표 1.3.7은 세계의 주요 빙하를 나타낸 것이다.

(2) 지표수의 특성

지표수는 오염으로부터 항상 노출된 상태로서 부유성 유기물질 함량이 높으며 각종 미생물의 번식 등이 활발한데, 공기성분이 용해되어 있어 용존산소가 높으며 그 유역의 특성에 따라 수질 특성이 많은 영향을 받게 된다.

1) 하천수

하천은 어떤 지역에서는 배수로이며 해안과 하수가 관개용으로 사용되고 있는 지대를 제외하면 물에 실려 나가는 폐기물은 결국 하천으로 모이게 마련이다. 대부분의 하천은 그 유역에 1개 이상의 주거지역을 갖고 있으며, 선진국들은 이미 오래전부터 하천오염방지를 위해 관계 법규를 제정하여 강력한 규제를 실시해 오고 있으나, 우리 정부가 하천오염을 법으로 규제하기 시작한 것은 매우 최근의 일이다. 물론 이와 같은 조치는 최근 우리나라의 산업정책에 의한 급속한 공업화 과정에서 파생된 각종 환경문제의 심각성에서 비롯된 것이다.

임의의 하천 단면에 흐르는 유량에 직접적인 영향을 미치는 지역의 한계를 유역(watershed or basin)이라고 한다. 따라서 임의의 하천은 그 지점 고유의 유역을 가지게 되며 유역의 크기는 하류로 내려갈수록 커져서 바다에 이르게 되면 최대가 된다. 유역면적(drainage area)은 유역의 경계선으로 둘러싸인 면적으로, 인접한 지역에서는 지형적인 분수계(topographic water divide)가 유역의 한계선이 된다.

유역을 엄밀한 의미에서 규정한다면 특정의 수체(water body)나 특정지점으로 흘러 들어가는 하천수 중에는 그대로 표면을 흘러온 것만으로 한정되지 않고 일단 지하에 침투하였다가 다시 지표면에 나와서 흐르고 있는 것도 있다. 이와 같은 경우에 특정지점에 대한 유역을 결정하는 것은 사실상 어렵다. 예를 들면 인접한 유역에 내린 강수가 지하에 침투한 뒤에 지질구조에 따라서는 다른 유역에 하천수로서 유출하는 경우도 있기 때문이다.

유역계 또는 분수계는 일반적으로 능선에 따라 경계를 설정하지만 평지부에서는 그 경계가 확실치 않을 때도 있으며, 바다나 호수에 인접한 지역에서는 어느 하천 유역에도 포함되지 않고 직접 바다나 호수로 유입하는 지역도 있다.

① **하천수의 조성**

하천수의 조성은 수원으로부터 우리가 마시기까지 또는 그 하천수의 유하지점에 따라 크게 변동하고 있다. 이러한 수질의 복잡한 변동은 지표수와 지하수의 혼합에 주로 기인하며 혼입되는 폐기물이 또한 주요한 인자가 된다. 그리고 이들은 각각 다양한 불순물을 수반한다. 혼입되는 지하수는 대체로 암석과의 오랜 접촉으로 인해서 광물질을 포함하게 되며 동시에 경도(hardness)를 높인다. 그리고 토양, 늪, 하수 및 산업폐수 등은 유기물질과 또한 약간의 용해된 광물질을 포함하며 진흙(clay), 토양, 광물질과 세균 및 기타 미생물들도 포함하고 있다. 일반적으로 하천수의 광물질 함유는 지질학적 조성(geological formation)에서 기인하며 유기물 함유는 그 지역(유역)의 지문학적 특성(physiographical characteristics)과 인구밀도에 의존한다.

하천수는 대체로 그 근원을 비주거지역에 두고 있기 때문에 상류 가까이에서는 보통 오염도가 낮다. 불순물의 양은 하류로 내려갈수록 증가하며, 하천이 하구에 가까울수록 커짐에 따라 하안의 취락은 그 규모가 커지고 수적으로 증가하는 경향을 보인다. 따라서 오염은 자정작용(self-purification)의 능력한계를 초과해서 수량의 증가보다 더 빨리 증대될 수도 있는 것이다. 하천수의 조성은 횡적으로도 큰 차이가 있을 수 있다. 이것은 유하속도가 작은 하천에서 볼 수 있는데, 지류가 합류되거나 대량의 하·폐수가 배출·유입되는 지점 이하에서 지속된다. 하천수는 또한 폭우가 있을 때에도 그 성질이 광범위하게 급변하는 수가 있다. 이때 청정한 하천수에 있어서는 용해된 광물성 성분이 희석되지만 반면에 유기물질, 부유물질 및 세균 등은 그 양과 수가 증가하게 된다. 이미 상당히 오염된 하천에 있어서는 홍수는 모든 하천내 성분물질을 희석하게 되므로 상대적인 감소를 일으킨다.

② **하천수의 주요성분**

하천수의 주성분은 우수에 함유된 성분과 그 지역의 지질학적 특성에 따라 암석토양의 풍화생성물인 K^+, Ca^{2+}, Mg^{2+} 등을 함유하고 있으며 지표는 일반적으로 산화상태로 되기 쉬운 경향을 가지고 있다. 이와는 반대로 땅 속에서는 환원상태인 철(Fe^{2+}), 망간(Mn^{2+})이 용해되어 있기 쉽다. 또 산소를 소비하여 유기물을 분해함으로써 생긴 CO_2가 땅 속에서는 다량으로 지하수에 용해되어 있기 때문에 땅 속에서 용해 및 풍화 작용이 촉진되며 생물학적 작용에 의해서 생긴 N_2 가스 등이 땅속에서 물에 용해된다. 또한 하천수가 천연적 여과층인 토양층을 통과하는 경우 불용해성 현탁물질과 콜로이드 등은 제거되어 암석 토양 등의 용해성분과 접축하므로 유기물질은 흡착되고 물 속의 이온과 암석토양 중의 이온 사이에는 이온교환이 이루어진다. 따라서 현저한 화학반응은 없어도 땅 속을 통과하는 사이 용해성분이 변하는 경우도 있다. 그리고 지표식물에 의해 형성된 유기물질이 하천수로 유입되는 경우 토양입자에 흡착되거나 용해되어 강우 초기에 한꺼번에 많은 양이 씻겨 나오면서 하천수의 수질을 악화 시킨다. 하천수의 주요성분을 각 지역별로 살펴보면 표 1.3.8과 같다.

하천수의 수질은 매우 유동적이며 그 영향인자로서는 유량, 지질, 및 계절 등이 있다. 하천수질은 유량과 매우 밀접한 관계가 있으며 지질의 경우 용해되기 쉬운 암석인 석회암 지대를 통과한 인자들에 의해 좌우된다. 또한 수질이 계절적으로 변동하는 것은 기상현황에 따른 결과로 추정된다. 하천수의 수질을 종합해 보면 직접오염에 노출되어 있어 오염도가 높고 위험하며 항상 의심스럽지만 대량공급이 가능하므로 상수원의 주요 취수원이 되고 있다. 그리고 지하수에 비해 경도가 낮으며 철, 망간 등의 무기이온 함량이 낮고, 용존산소의 함유도가 비교적 높은 편이다.

표 1.3.8 Clarke에 의한 세계하천수(호소수)의 평균성분

성분	일본	북미	남미	유럽	아시아	아프리카	세계평균
CO_3(%)	33.9	33.4	32.5	40.0	36.1	32.8	35.2
SO_4(%)	14.9	15.3	8.0	12.0	13.0	8.7	12.1
Cl(%)	8.8	7.4	5.8	3.4	5.3	5.7	5.7
SiO_2(%)	12.4	8.6	18.9	8.7	9.5	17.9	11.7
NO_2(%)	1.6	1.2	0.6	0.9	1.0	0.6	1.9
Ca(%)	12.9	19.4	18.9	23.2	21.2	19.0	20.4
Mg(%)	4.5	4.9	2.6	2.4	3.4	2.7	3.4
Na(%)	8.2	7.5	5.0	4.3	6.0	4.9	5.8
K(%)	2.5	1.8	2.0	2.8	2.0	2.4	2.1
$(FeAl)_2O_3$	0.3	0.7	5.7	2.4	2.0	5.5	2.7
경도(독일)(도)	2.3	10.0	–	8.2	–	4.1	–
염분(mg/L)(함량비)	83.0	341.0		205.0		151.0	
$Cl+SO_4+CO_3$	0.21	0.14	0.13	0.06	0.10	0.12	0.1
SO_4/CO_3	0.35	0.26	0.15	0.19	0.22	0.16	0.21
SiO_2/CO_3+SO_4	0.34	0.19	0.50	0.19	0.21	0.47	0.27
$Mg+Ca/CO_3+SO_4$	0.85	0.89	0.91	0.56	0.89	0.91	0.90
Mg/Ca	0.58	0.41	0.23	0.17	0.26	0.23	0.27
K/NaCl	0.60	0.40	0.80	0.80	0.50	1.20	0.60

2) 호소수

호소수는 하천수와 지하수의 유입으로 이루어지며, 하천과는 달리 유속이 거의 없는 정체된 수역 공간이다. 따라서 하천수와는 또다른 수질 특성을 나타낸다. 호소수는 일반적으로 하천수에 비해 호수에 머무르는 시간이 많으며 수심이 깊다. 그러므로 호소수는 빛에너지를 많이 받아 식물성 플랑크톤의 성장에 매우 적합한 환경이 된다.

호소수는 각 계절의 수온차에 의해 수심에 따라 각기 다른 밀도를 형성하여 층을 형성하게 된다. 최상부층은 수온이 일정하고 바람이 없는 경우 물의 움직임이 없으나, 바람이 있으면 호소 전체에 연직방향의 큰 순환이 일어난다. 따라서 호소나 저수지에서는 수온의 계절적 변화와 마찬가지로 연직방향의 계절적 변화가 존재한다. 호소수는 대부분 폐쇄성 혹은 준폐쇄성 상태이므로 일단 유기물질 등이 유입되면 부영양화 혹은 녹조현상 등이 발생될 가능성이 크고 유속이 하천에 비하여 매우 느리므로 자체 정화능력도 하천에 비하여 현저히 떨어진다.

1.3.3 지하수

(1) 특성

· 지표수보다 수질변동이 적고 유속이 느리고 수온변화가 적다.
· 무기물 함량이 높고 공기용해도가 낮고 알카리도 및 경도가 높다.
· 자정속도가 느리고 유량변화가 적다.
· 토양수 내 유기물질 분해에 따라 CO_2를 생성한다.
· 국지적인 환경조건의 영향을 크게 받는다(지층, 지역적 수질차가 크다).
· 염분함량이 지표수보다 약 30% 이상 높다.
· 미생물이 거의 없고 오염물질이 적다.
· 주로 세균(혐기성 세균)에 의한 유기물 분해작용이 일어난다.
· SS 및 탁도가 낮고 환원상태이다.
· 얕은 깊이의 지하수일수록 경도가 낮다(천층수).

(2) 지하수 종류

① **천층수**(Sub-surface water)

· 지하로 침투한 물이 제1불투수층 위에 고인 물로서 자유면 지하수를 천층수라 함

· 공기와의 접촉가능성에 의해 미생물의 호기성 활동
· 하폐수 등이 지반의 균열 등으로 유입되어 오염될 가능성이 있고 지표면 가까이 위치하기 때문에 공기의 투과가 양호하여 산화가 활발하게 이루어짐

② **심층수**(Ground water)

· 지하의 제1불투수층과 제2불투수층 사이의 피압면 지하수
· 유기물의 분해가 혐기성 상태에서 발생
· 대지의 정화작용이 왕성하여 무균 또는 이에 가까운 상태의 수질, 공기 부족으로 환원작용을 받는 것이 특징
· 양수과정에서 외부적인 오염으로 인해 상당수의 세균 함유 가능성

③ **복류수**(River bed water)

· 하천, 저수지 혹은 호수의 바닥 또는 주변 자갈, 모래층에 함유
· 여과작용으로 지표수에 비해 비교적 수질이 양호, 안정적인 수량을 다량 확보할 수 있음
· 천층수와 유사하며 수량이 풍부하고, Fe^{2+}, Mn^{2+} 등도 많지 않다.

④ **용천수**(Spring water)

· 피압 지하수면이 지표면 상부에 있을 경우 지하수는 우물로부터 용출, 이를 용천수라 함
· 지하수가 자연적으로 지표에 솟아 나온 것, 수질도 지하수와 비슷함. 용천수는 천연적으로 여과된 물로 청정하고 세균도 적다.
· 수량이 적어 한 곳에서 대량으로 얻지 못해 상수원으로는 부적절

(3) 지하수에 대한 용어

① **지하수면**(地下水面, groundwater table)

대기압과 지하수의 수압이 같아지는 지점들을 연결한 자유면으로 자유면 대수층의 최상부를 말함

② **피압대수층**(被壓帶水層, confined aquifer)

투수층이 낮은 지층(예 ; 점토층)이 상부를 피복하고 있어 지하수면을 갖지 않으며 지하수가 대기압 이상의 압력을 갖는 대수층

③ **대수층**(帶水層, aquifer)

물로 포화되어 있는 지층 중에서 투수성과 저류성이 커 경제적으로 개발·이용할 수 있는 상당한 양의 지하수를 배출할 수 있는 지층을 말하며, 미 고결상태의 모래나 자갈 등으로 이루어진 지층이 대표적인 예이다.

④ **자분정**(自噴井, flowing well, flowing artesian well)

펌프나 기타 양수를 목적으로 하는 장비를 사용치 않고서도 지하수가 지표로 용출되는 우물을 말한다. 자분정은 용출 원인에 따라 지하수가 수압에 의해 지표로 용출되는 피압 자분정(artesian flowing well)과 지하수가 용출될 정도의 수압을 받지 않으나 가스와 혼합하여 가스 자체의 부력에 의해 용출되는 가스분출 자분정(gas lift flowing well)으로 구분할 수 있다.

1.3.4 해수

바다는 지구상에서 가장 많은 물을 가진 곳으로 강수가 육지에 강하되어 침투, 삼투, 증발 및 유출을 거쳐 최종적으로 도달하는 곳이다. 그리고 육지에서 일어나는 순환과 이동의 기본적 근원이 되는 지점으로 지구환경에 매우 중요한 것이다. 모든 수자원은 궁극적으로 바다에 도달하게 되므로 바다는 매우 중요한 수자원이다.

(1) 해수의 분포

지구상의 바다는 태평양, 대서양, 인도양 및 북극해 등으로 나눈다. 태평양과 대서양 및 인도양을 3대양이라고 하며, 이 3대양의 면적이 전체 바다 넓이의 89%를 차지하고 있다. 해양과 육지의 강수량과 증발량을 비교해 보면 아래 표 1.3.9와 같다.

표 1.3.9 해양과 육지의 강수량 및 증발량

구분	육지	바다
면적	136×10^6 km²	374×10^6 km²
강수량(P)	750 mm/year	870 mm/year
증발량(E)	545 mm/year	940 mm/year
P−E	+205 mm/year	−70 mm/year

위의 표에서 보인 것과 같이 지구상에 내리는 총강수량은 0.42×10^6 km^3이며 그 중 0.32×10^6 km^3은 해양에 떨어지고 0.10×10^6 km^3은 육지에 강하한다. 해양에 내리는 강수량은 해양에서의 증발량보다 9% 정도가 적으며, 이 부족부분은 지표수에 의해 보충된다. 하천수로부터 바다로 유입되는 수량은 매년 0.038×10^6 km^3 정도가 된다. 아래 표 1.3.10은 각 대양의 물수지를 나타낸 것으로서 대서양의 경우 인접 대륙으로부터 200 mm/year 정도가 유입되는 것으로 나타났다. 표 1.3.11은 세계의 주요 해양과 만을 나타낸 것이다.

표 1.3.10 대양의 물수지

대양	강수량 (mm/year)	인접대륙으로부터 유입량 (mm/year)	증발량 (mm/year)	다른 대양과의 교환수량 (mm/year)
대서양	780	200	1,040	−60
북극해	240	230	120	350
인도양	1,010	70	1,380	−300
태평양	1,210	60	1,140	130

표 1.3.11 세계의 주요 해양과 만

구분	면적(10^3 km^2)	체적(10^3 km^3)	최대깊이(m)
태평양	165,246	707,555	1,034
대서양	82,441	323,613	9,218
인도양	73,443	291,030	7,450
북극해	44,090	16,980	5,440
오스트레일리아만	8,143	9,873	7,315
멕시코만	4,319	9,573	7,238
지중해	2,966	4,238	4,595
베링해	2,268	3,259	4,085
오호츠크해	1,528	1,279	3,374
동지나해	1,249	0.235	2,681
허드슨만	1,232	0.158	229
북해	0.575	0.054	680
홍해	0.438	0.215	2,212
발트해	0.422	0.023	427

(2) 해수의 특성

해수의 평균 소금 농도는 35,000 ppm으로 바닷물 1 L에 소금이 평균 35 g 정도 녹아 있으며 이 바닷물 속의 소금을 지구 표면적으로 환산하면 30 m 정도의 등가 깊이가 되는 양이다. 바다 표면의 수온 분포는 저위도에서 고온, 고위도에서는 저온이 일반적이지만 실제로는 해류의 영향에 따라 큰 차이를 나타낸다. 멕시코 만류가 흐르는 북아메리카 동쪽 해안이나 일본 남부의 해류는 같은 위도의 평균 수온보다 약간 높은 편이다. 또 표면의 수온은 태양열로 인해 보통 고온이며 수심이 깊어질수록 온도는 내려간다. 전체 바다의 54% 정도가 표면 수온이 20℃ 이상이며, 열대해역에서는 25~30℃를 나타내기도 한다. 바닷물 전체로는 그 88%가 0~10℃이다.

1) 해류

해수의 순환은 매우 복잡한 현상으로 해류가 수직방향과 수평방향으로 운동하는 데 영향을 미치는 요인들은 매우 많으며 복잡하다. 해류는 조류(tidal current), 쓰사미(tsusami), 심해류(deep ocean current) 및 상승류(upwelling) 등이 있다. 조류는 지구와 달리 태양의 인력에 의해 발생되며 그 영향은 수천 km에 이르러 대륙간을 연결시키기도 한다. 조류의 발생으로 인해 해안지형이 변화되며 선박의 항해 및 해안환경에 큰 영향을 미치게 된다.

쓰사미는 해저의 화산활동으로 인해 발생되며, 심해류는 해수의 온도와 염분의 농도에 의한 밀도차에 의해 형성되는 것으로 난류와 한류가 있다. 상승류는 바람과 해양 및 육지의 상호작용에 의해 하수가 저부에서 상부로 상승하는 해류로서 PO_4^{3-}가 많은 곳의 해수에 잘 발생된다. 그 원인은 해안 바닥에 Fe^{3+}와 결합되어 있는 PO_4^{3-}가 용해되어 표면으로 분산되기 때문이다.

2) 해수의 주요성분

해수의 주요 화학적 성분을 살펴보면 Cl^-, Na^+, SO_4^{2-}, Mg^{2+}, Ca^{2+}, K^+ 및 HCO_3^-이며, 기타 성분으로는 Br, Sr, B, F, Rb, Al, Li, Ba, I, SiO_2, N, Zn, Pb 등이 있다. 해수의 pH는 약 8.2 정도이고 HCO_3^-의 완충용액이며 해수 내의 용존 유기물질의 양은 평균 0.5 ppm이다. 해양에서 중요한 영양소인 질소는 대기중으로부터 N_2, NH_3-N 또는 NOx로 흡입되어 화학적으로 안정된 상태이지만 해양미생물에 의해 합성되어 NH_3-N와 유기질소가 된다. 해수에서의 질소분포 형태는 NO_2-N와 NO_3-N 형태로 65% 정도 존재하며 나머지 35%는 NH_3-N와 유기질소의 형태로 존재한다. 해수의 탄소함유량은 해수내 염의 약 2% 정도이며 대기로부터 CO_2 형태로 유입되어 CO_2, HCO_3^-, CO_3^{2-}로 용존한다. 새벽에는 해수표면에 CO_2의 농도가 높으며 일출시 미생물의 탄소동화작용으로 CO_2의 농도가 급격히 감소된다. 자정이후 CO_2의 감소가 둔화되고 O_2의 농도는 증가한다. 일몰시 O_2의 농도는 감소하고 미생물의 호흡작용으로 인해 CO_2의 농도가 다시 증가한다. 일반적으로 수온이 높은 해수에는 CO_2의 농도가 낮게 유지되는데 그 이유는 수온이 높으면 탄소동화작용이 활발히 일어나기 때문이다.

1.4 우리나라의 수자원

물은 국민생활과 산업경제활동에 필수불가결의 기본 요소이며 대체할 수 없는 자원으로 존립기반이 된다. 따라서 국토의 관리와 지역발전을 위한 모든 계획을 수립하는데 가장 중시되는 기본 요소이다. 본 절에서는 우리나라 수자원 특성, 수자원 이용과 개발현황 및 기타 수자원 등에 대하여 기술하고자 한다.

1.4.1 우리나라 수자원의 특성

우리나라 수자원은 전국토면적 99,450 km²에 내리는 강수량 1,274 mm를 적용하면 약 1,240억 m^3로, 이 중 42%가 손실되고 58%가 유출된다. 이러한 수자원은 시간적·공간적 분포의 변동이 심하여 관리에 어려움이 많은 실정이다. 이러한 우리나라의 수자원 특성을 강수, 유출량, 지하수 및 해안으로 나누어 서술하고자 한다.

(1) 강수

우리나라의 기후 구분으로는 아시아 몬순지대에 속하며 연평균 강수량은 1,274 mm이다. 이 양은 세계 연평균 강수량의 1.3배 정도이지만 1인당 강수총량 3,400 m³에는 1/11밖에 되지 않는 양이다. 세계 각국의 강수량과 1인당 강수량을 비교해보면 표 1.4.1과 같다.

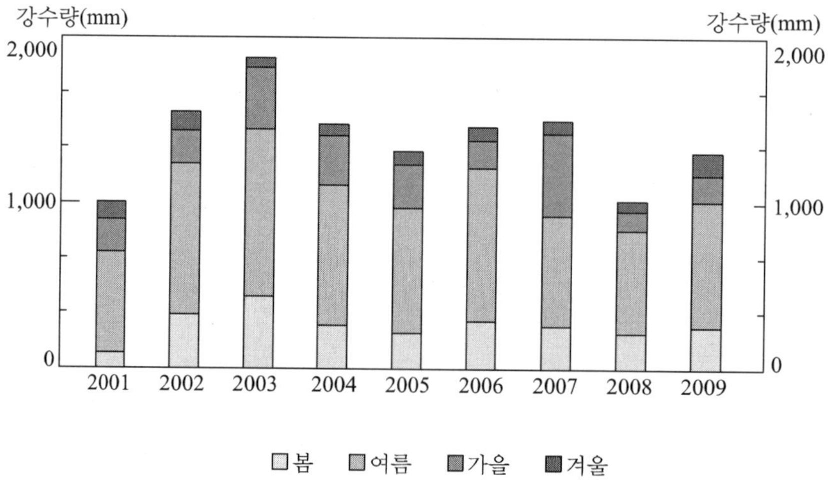

그림 1.4.1 우리나라의 계절별 연평균 강수량 추이(2001~2009년)

표 1.4.1 세계 각국의 강수량 및 1인1일당 강수량 비교 (단위 : mm)

국명	인구 (만인)	면적 (천 km^2)	연강수량 (mm/년)	강수 총량 (억m^3 /년)	인구 1인당 강수량(m^3 /년)
캐나다	2,283	9,976	522	52,075	228,099
미국	21,361	9,363	760	71,159	33,313
영국	5,600	241	1,064	2,564	4,579
프랑스	5,291	551	750	4,133	7,811
서독	6,183	248	803	1,991	3,220
이탈리아	5,581	301	1,000	3,010	5,393
스페인	3,547	496	600	2,976	8,390
스웨덴	820	450	700	3,150	38,415
오스트리아	752	84	1,191	1,000	13,298
스위스	640	41	1,470	603	9,422
구소련	25,430	22,345	502	112,172	44,110
루마니아	2,118	238	700	1,666	7,866
유고슬라비아	2,133	256	975	2,496	11,702
중국	82,786	9,597	660	63,340	7,651
필리핀	4,183	299	2,360	7,056	16,868
태국	4,133	514	1,420	7,299	17,660
인도네시아	12,759	1,904	2,620	49,885	39,098
인도	57,422	3,230	1,170	37,791	6,581
이란	3,301	1,648	250	4,120	12,481
사우디아라비아	891	2,150	100	2,150	24,130
이집트	3,723	1,001	65	651	1,749
쿠웨이트	98	22	120	26	2,653
호주	1,334	7,684	460	35,346	264,963
뉴질랜드	310	269	2,010	5,407	174,419
일본	11,193	377.4	1,788	6,749	6,030
한국	4,283	99.5	1,274	1,267	3,000
세계	389,000	135,830	973	1,321,626	33,975

2000년부터 2009년까지 전국 강수량의 변화를 기상통계연감을 통해 살펴보면(그림 1.4.1) 최저 1009.4 mm/year(2001년)에서 1,886.9 mm/year(2003년)로 그 변화 폭이 크며 최근 30년간 연평균 강수량을 살펴보면 일반적으로 증가하는 추세로 나타났다.

연평균 강수량이 10년 평균 강수량 기준으로 1년에 0.9%씩 증가하는 추세를 보였으며, 계절별로는 여름철의 강수량이 1년에 1.3%로 가장 큰 증가율을 나타냈다.

주요 유역별 월강수량 분포를 보면, 다우기인 6월부터 9월까지의 강수량이 연강수량의 약 2/3을 차지하는 반면 과우기인 10월부터 이듬해 3월까지의 강수량은 연강수량의 1/5에 불과하여 홍수시에는 하류지역에 수해를 일으키며 대부분 바다에 유입되고 평상시에는 하천의 물부족 현상으로 각종 용수공급에 어려움을 겪고 있다.

이러한 특성은 기타 다른 국가들 보다 매우 불리한 상태이며 주요 국가별 월별 강우량을 비교해 보면 그림 1.4.2와 같다. 이러한 우리나라의 강수량 편기 특성은 우리나라 수자원 확보문제에 매우 어려운 과제이며 이러한 과제를 해결하기 위해서는 댐과 같은 대규모 수공구조물을 건설하여 갈수기에 이용하는 것도 하나의 방법이 될 수 있다.

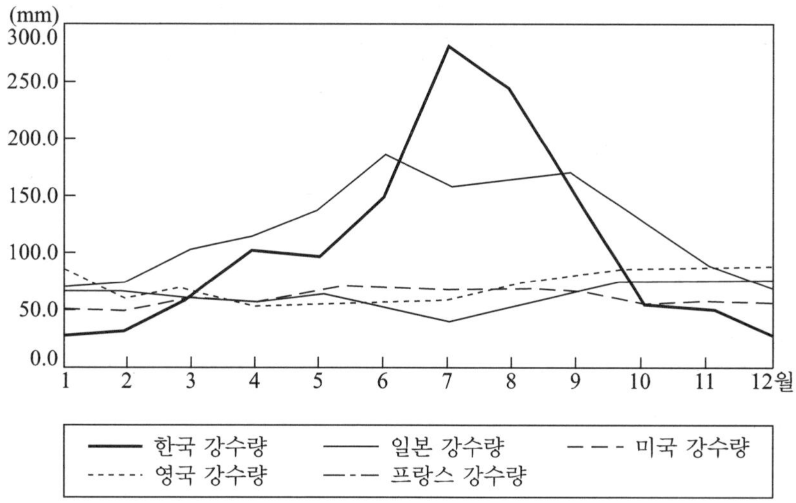

그림 1.4.2 주요 국가별 월별 강우량 비교

수량이 비교적 풍부한 한강, 낙동강, 금강, 영산강, 섬진강 등 5대강 유역 면적이 전 국토면적의 70%에 해당하며, 하천 유출수에 의한 혜택을 충분히 받지 못하고 있는 나머지 30%의 해안지역에 대한 물부족 현상에 신중히 대처하여야 한다.

(2) 하천

하천(stream)은 지표에 내린 강수가 모여서 지표를 흐르는 수로를 하천이라고 하며 하천에 흐르는 물을 하천수라 한다. 하천에 흐르는 유량은 하천 유역의 크기와 형태, 강수량, 지형, 암석 및 피복상태에 따라 결정된다.

우리나라 하천의 대부분은 유역면적이 작고 유로연장이 짧으며 산지가 많아 하천의 경사도 급하다. 특히 동해안 쪽에서는 수로가 짧고 급경사이기 때문에 유량이 하류에 도달하는 시간이 빨라 하천을 범람하거나 토사가 하상에 퇴적된다. 표 1.4.2는 우리나라 주요 하천의 제반특성을 나타낸 것이다. 다음 표에서 하천형상계수(shape factor : F)는 유역의 형상을 수량적으로 나타내는 것으로 유역면적(A)과 유로연장(L)의 관계로 $F = A/L^2$로 정의되며, F가 크면 유로연장에 비해 폭이 크므로 하천유량이 하류에 도달하는 시간은 짧으나 최대유량은 크고 F가 적으면 반대 경향이 있다. 하천밀도는 본류나 지류의 총 하천 길이를 면적으로 나눈 것으로서 유역 내의 지류가 어느 정도인지를 나타내는 지수이고 비유량은 한 지점의 유량(m^3/sec)을 유역넓이(km^2)로 나눈 값이다.

표 1.4.2 우리나라의 주요 하천의 특성

하천명	유역면적 A(km^2)	유로연장 L(km)	하천밀도 D	평균폭 B(km)	형상계수 F
한강	26,219	470	0.019	51.13	0.099
낙동강	23,852	525	0.023	45.44	0.087
금강	9,886	401	0.040	24.65	0.061
임진강	8,118	254	0.031	36.97	0.126
섬진강	4,897	212	0.043	23.10	0.109
예성강	4,048	174	0.043	23.26	0.134
영산강	2,798	115	0.042	24.12	0.208
성천강	2,338	99	0.042	23.62	0.239
북청남대천	2,056	57	0.028	36.07	0.633
안역천	1,722	76	0.044	22.66	0.298
삽교천	1,619	61	0.047	26.54	0.435
만경강	1,602	99	0.061	16.35	0.167
서천북대강	1,420	117	0.082	12.14	0.104
길주남대천	1,420	99	0.069	14.34	0.145
동진강	1,034	45	0.042	23.71	0.567

하상계수는 최대유량과 최소유량의 비로 하천유량의 안전도를 수량적으로 나타내는 지표로서 하상계수가 크면 최대 유량과 최소유량의 차이가 크므로 하천수를 이용하는 데 어려움이 있으며 홍수 시에는 매우 곤란하다.

우리나라 하천은 여름에 최고 수위를 나타내는 하천이지만 아프리카의 콩고강이나 남미대륙의 아마존강의 경우처럼 일년 내내 수위변화가 없는 하천도 있다. 하천유황의 변동정도를 표시하는 지표인 하상계수는 대하천의 주요 지점에서 최대유량과 최소유량의 비로 정의되는데 우리나라의 주요 하천을 살펴보면 한강이 1 : 393, 낙동강이 1 : 372, 금강이 1 : 299로 이집트 나일강의 1 : 30,

중국 양자강의 1 : 22, 독일의 라인강 1 : 14와 비교해 볼 때 우리나라 하천의 유량변동이 매우 심함을 알 수 있다. 표 1.4.3은 한국 주요 하천과 외국의 주요 하천에 대하여 하상계수를 비교하여 나타낸 것이다.

표 1.4.3 하상계수 비교표

하천	국명	하상계수	하천	국명	하상계수
한강	한국	393	양자강	중국	22
낙동강	한국	372	매콩강	월남	35
금강	한국	299	갠지스강	인도	35
섬진강	한국	734	나일강	이집트	30
영산강	한국	682	세느강	프랑스	23
대동강	한국	404	라인강	독일	14
재녕강	한국	715	템스강	영국	8
임진강	한국	785	이근강	일본	236
예성강	한국	1320	미조리강	미국	75

우리나라 하천의 연평균 유출량을 살펴보면 679억톤으로 이 양은 연평균 강수총량 1,267억톤의 55%에 해당된다. 도서지역의 유출량 43억톤을 포함하면 총유출량은 697억톤이 된다. 유출계수는 비교적 큰 값으로 미국이나 유럽에 비해 비교적 유역이 작고 유역경사가 급하며 유로연장이 짧은 지형특성과 집중호우에 의해 일시에 유출되는 수문특성을 나타낸다.

주요 유역별 연평균 유출량을 살펴보면 한강의 유출량은 194억 톤, 낙동강은 139억 톤, 금강에서는 62억 톤, 영산강에서는 26억 톤이고, 섬진강에서는 38억 톤이다.

(3) 지하수

우리나라의 지하수는 중요한 수자원으로 양질이며 수온 변화가 적은 귀중한 자원으로 상수도 보급 이전에는 생활용수의 주공급원이었으나 최근에는 수산양식용, 냉각용, 시설원예용 등으로 이용되고 있다. 최근에는 지표수의 개발이 어려운 지역에서는 지하댐을 건설하여 지하수를 저류시켜 지하수 이용의 효율을 증대시키고 있다.

우리나라 지하수의 총량은 22,275억 톤으로 추정되고 있으나 유효부존량 즉, 대수층의 유효공극 내에 존재하는 물의 총량은 18,676.3억 톤으로 추정되었다. 우리나라의 경우 대규모 대수층의 발달이 빈약하여 대규모 지하수의 개발은 어려운 실정이며 지역특성에 적합한 중소규모의 지하수 개발은 어느 정도 가능할 것으로 생각된다. 표 1.4.4와 1.4.5는 우리나라 10대 유역에 대한 지하수의 부존량과 유효 부존량을 나타낸 것이다.

표 1.4.4 우리나라의 지하수 부존량 (단위 : 억 m^3)

유역	충적층	풍화층	화성암류	변성암류	퇴적암류	계
한강	135	216	2,251	3,458	1,993	8,053
낙동강	161	216	1,116	1,240	6,879	9,612
금강	81	65	1,380	1,009	194	2,729
영산강	26	32	504	31	360	953
섬진강	18	43	511	533	358	1,463
안성천	20	20	301	117	30	488
만경강	20	14	288	89	52	463
삽교천	19	14	278	132	0	443
동진강	18	10	283	0	12	323
형산강	9	10	103	3	353	478
제주도	14	18	453	0	0	485
기타	170	173	1,638	1,731	3,073	6,785
계	691	831	9,106	8,343	13,304	32,275

표 1.4.5 우리나라의 지하수 유효부존량 (단위 : 억 m^3)

유역	충적층	풍화층	화성암류	변성암류	퇴적암류	계
한강	49.9	84	1,170.4	1,798.3	1,325.4	4,428.0
낙동강	59.4	4	580.1	644.8	4,683.5	6,051.8
금강	29.7	252	717.7	524.4	132.2	1,429.2
영산강	9.5	12.6	262.0	15.9	245.1	545.1
섬진강	6.5	16.8	265.6	277.2	243.8	809.9
안성천	7.2	7.6	156.5	61.0	20.2	252.5
만경강	7.5	5.5	149.6	46.0	35.2	243.8
삽교천	7.2	5.5	144.7	68.6	0.0	226.0
동진강	0.6	3.9	147.0	0.0	0.8	165.5
형산강	3.5	3.9	53.6	1.7	240.3	303.0
제주도	5.3	6.7	235.3	0.0	0.0	247.5
기타	62.5	67.2	251.8	900.0	2,092.5	3,974.0
계	254.6	323.1	4,734.3	7,337.9	9,026.2	18,676.3

지하수 부존량 중 강수의 침투에 의해 보충될 수 있는 지하구역 내의 재순환 가능량은 약 1,170 억 톤으로 이 양은 사용 가능한 양이라 할 수 있다. 하지만 부존량을 정확하게 추정하기는 매우 어려운 과제로 실제 수자원으로는 별 의미가 없는 양이다.

(4) 해안

우리나라는 3면이 바다와 접한 반도국가로서 동해, 서해 및 남해가 있다. 동해는 태평양의 연해로 러시아와 일본열도에 둘러싸여 있으며, 북반부는 수심이 깊고 지형이 단조롭지만 남반부는 수심이 얕고 지형도 복잡하며 평균수심은 1,700 m이다. 서해는 중국의 요동반도와 산동반도를 연결한 선으로 발해만과 제주도와 양자강하구를 연결하는 선으로 구분하고 있으며 평균 수심이 103 m이다. 남해는 일반적으로 진도 서단과 제주도 서단을 연결하는 선으로 황해와 구분하고 제주도 동단 반도와 일본 구주의 고토오 열도를 연결하는 선으로 동지나해와 경계하여 대한해협으로 동해와 구분된다.

표 1.4.6 우리나라 근해의 면적 및 수심

	면적 (10^4 km^2)	용적 (10^4 km^3)	평균수심 (m)	최대수원	
				수심(m)	위치
동해	100.8	169.8	1,700	4,049	43°00′ N,127°39′ E
서해	40.4	1.76	44	103	홍도서방해역
남해	7.5	0.76	101	227	영도남동 17NM

1.4.2 우리나라의 수자원 이용현황

우리나라 수자원 총량은 2006년 현재 연간 1,240억 톤으로 이 중 증발, 침투 등으로 손실되는 양은 42%인 517억 톤이고, 홍수시 단시간에 바다로 유실되는 양은 31%인 386억 톤으로 실제 이용되는 수자원량은 전체 수자원량의 27%인 337억 톤 정도이다. 용도별로 살펴보면 생활용수가 76억 톤으로 33%정도이며 공업용수로는 26억 톤으로 8%, 농업용수로는 160억 톤으로 가장 많은 47%를 차지하고 있다. 그리고 주운 및 염해방지 기능에서 희석용수의 개념으로 점차 변화되고 있는 하천유지 용수로는 75억 톤(22%)을 사용하고 있다. 용수수요에 대한 공급상황을 살펴보면 하천수에서 172억 톤으로 총 수자원 총량의 14%로 수자원 이용에 대부분을 차지하고 있고, 다목적댐에 의한 공급량은 103억 톤으로 총수자원량의 8%를 차지하고 있다. 지하수에서는 26억 톤으로 2%를 차지하고 있으나 대부분 복류수나 천정수로 하천수의 일부로 볼 수 있어 순수한 심층지하수는 매우 적을 것이다. 우리나라 수자원 이용 현황은 그림 1.4.3과 같다.

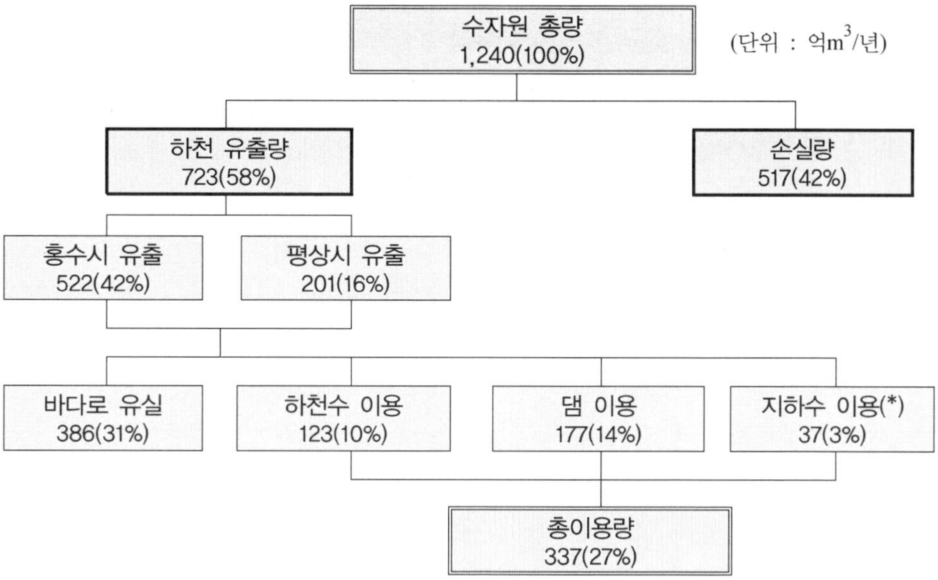

[주] 지하수 이용(*) : 제주도 지하염수 이용량 1,472백만m^3이 제외된 양임

구 분	이용량(억m^3)	비율(%)
계	337	100
생활용수	76	33
공업용수	26	8
농업용수	160	47
유지용수	75	22

그림 1.4.3 수자원 이용현황(2006, 건설교통부)

표 1.4.7은 세계 각국의 수자원 부존량 및 이용 현황을 나타낸 것으로서 우리나라의 수자원 이용률은 42%로 외국에 비해 다소 높은 것으로 나타났다. 그 이유는 우리나라 강우특성이 6~9월 사이에 총강수량의 2/3가 집중되는 불균형 상태를 조금이나마 해결하고자 노력한 결과라고 할 수 있다.

우리나라 수자원 이용 상태를 하천 혹은 댐과 지하수 및 온천수 그리고 기타 수자원으로 나누어 세부적으로 살펴보고자 한다.

표 1.4.7 각국의 수자원 부존량 및 이용현황

국명	연평균강수량 (mm)	연평균유출고 (mm)	유출율	연평균유출량 (km^3)	이수량 (km^3)	물 이용율
말레이지아	2,850	1,370	0.48	456	9.4	0.02
필리핀	2,360	1,076	0.45	323	29.5	0.09
인도	1,170	543	0.47	1,780	355.0	0.20
이란	250	67	0.25	118	81.3	0.69
한국	1,274	701	0.55	68.9	29.9	0.42
일본	1,788	1,190	0.67	449	86.7	0.49
아시아	726	293	0.40	13,200		
미국	760	263	035	2,460	447.2	0.18
캐나다	522	313	0.60	3,122	18.4	0.006
파나마	3,300	1,896	0.58	144	14.4	0.10
니카라과	2,140	1,339	0.63	174	1.6	0.01
북아메리카	670	287	0.43	6,000		
영국	1,064	506	0.48	122	10.9	0.09
프랑스	750	305	0.41	168	26.4	0.16
서독	803	310	0.39	77	13.9	0.18
동독	600	150	0.13	16	6.1	0.38
화란	750	294	0.39	10	1.6	0.16
벨기에	50	361	0.42	11	0.8	0.07
핀란드	550	297	0.54	100	1.1	0.01
불가리아	672	162	0.24	18	5.1	0.28
체코	717	219	0.30	28	4.1	0.15
헝가리	640	65	0.10	6	4.0	0.66
폴란드	583	157	0.27	49	3.9	0.16
루마니아	700	156	0.22	37	3.0	0.08
유럽	734	319	0.43	3,100		
탄자니아	930	120	0.14	113	0.5	1.005
아프리카	686	139	0.20	4,200		
오스트렐리아	460	45	0.10	343	16.9	0.05
러시아	500	198	0.40	4,350	230.6	0.05

* 출처; 한국수자원공사, 한국물학술 단체연합회, 물부족 어떻게 할 것인가? 「96세계물의 날 기념 심포지움」 1996.3.22

1.4.3 우리나라의 수자원 전망

최근 약 40년간의 우리나라 수자원 이용현황 변화를 기준으로 물 수급 상황과 수자원량 이용 가능량에 대해 전망해 보고자 한다.

(1) 이용현황 변화

1965년부터 2003년까지의 우리나라 수자원 총량과 이용 변화를 정리하면 아래 표 1.4.8과 같다. 이것은 건설교통부(현재의 국토해양부)에서 2006년 6월에 수립한 「수자원장기종합계획(2006~2020)」에 수록된 내용이다.

표 1.4.8 우리나라의 수자원 이용현황 (단위 : 억m^3/년)

구분 \ 연도	1965년	1980년	1990년	1994년	1998년	2003년
수자원 총량	1,100	1,140	1,267	1,267	1,276	1,240
총 이용량	51.2(100%)	153(100%)	249(100%)	301(100%)	331(100%)	337(100%)
생활용수	2.3(4%)	19(12%)	42(17%)	62(21%)	73(22%)	76(23%)
공업용수	4.1(8%)	7(5%)	24(10%)	26(8%)	29(9%)	26(8%)
농업용수	44.8(88%)	102(67%)	147(59%)	149(50%)	158(48%)	160(47%)
유지용수	–	25(16%)	36(14%)	64(21%)	71(21%)	75(22%)

우리나라의 연간 강수량은 약 1,245 mm로 세계 평균(880 mm)의 1.4배에 달하나 높은 인구밀도로 인해 1인당 강수량은 2,591 m^3/년으로 매우 적은 편이다. 표 1.4.9는 주요 국가의 강수량 현황을 나타낸 것이다.

표 1.4.9 주요 국가의 강수량 현황

구 분	한국	일본	미국	영국	중국	세계 평균
연평균강수량(mm)	1,245	1,718	736	1,220	627	880
1인당 강수량(톤/년)	2,591	5,107	25,022	4,969	4,693	19,635

※ 강수량은 세계 평균의 1.4배이나, 1인당 강수량은 세계 평균의 1/8에 불과
 – 2005년 "일본의 수자원"에서 인용, 한국은 2003년 기준

(2) 수자원량 전망

표 1.4.10은 2025년의 인구를 최저, 중간, 최대인구를 기준으로 이용 가능한 수자원량을 전망한 것이다.

「수자원장기종합계획(2006~2020)」에 의하면 우리나라 연간 이용 가능한 수자원량은 2002년의 1인당 가용 수자원량이 1,493 m^3이었는데 2025년 1,340 m^3으로, 약 10% 정도 감소할 것으로 전망되었다.

표 1.4.10 우리나라 이용가능 수자원량 전망

구 분	2002년	2025년		
		최저인구	중간인구	최대인구
인구(천명)	46,740	50,650	52,065	53,409
1인당 가용수자원량(m^3)	1,493	1,378	1,340	1,307

또 수요별 용수공급에 대하여도 2006년부터 5년 단위로 전망하였는데 수요량에 비해 공급량이 다소 부족한 것으로 예측되었다(표 1.4.11).

표 1.4.11 우리나라의 수요별 용수공급 전망 (단위 : 억m^3/년)

구 분 \ 연 도		2006년	2011년	2016년	2020년
수요량		344	355	358	356
용도별	생활용수	79	81	82	82
	공업용수	28	32	35	34
	농업용수	160	158	157	156
	유지용수	77	84	84	84
공급량		340	352	353	352
과부족량	권역별	△4	△3	△5	△4
	지역별	△8	△8	△10	△9

1.5 수자원 확충

1.5.1 중수도

(1) 중수도의 개념

중수도는 간단히 정의하면 한번 사용한 물을 처리하여 다시 이용하는 것을 의미한다. 과거 우리나라에서 수질이 양호한 허드렛물을 모았다가 처리없이 다시 이용하는 것도 넓은 의미로 생각하면 중수도라 할 수 있으나 근대적인 의미의 중수도는 18세기 유럽에서 오수를 관개용수로 이용하면서부터 시작되었다.

우리나라는 1960년대 이후 계속되는 경제개발계획에 의해 대도시로 인구가 집중되는 현상이 가속화되고 경제 및 산업발전에 따른 생활수준의 향상으로 인하여 물수요의 급격한 증가를 초래하였다. 이로 인해 수자원 확보를 위하여 새로운 수자원을 개발하거나 현재 이용가능한 수자원의 이용촉진을 위해 오염으로부터 수자원을 보호하는 등 한정된 수원을 보다 효율적으로 이용하는 방안이 다각적으로 이루어지고 있는 실정이다.

가용 수자원의 효율적인 이용방안 중 한번 이용한 물을 재처리하여 이용하는 처리수 재이용은 가용수 자원의 확보뿐만 아니라 배출되는 오염물질 역시 줄일 수 있으므로 그 이용이 급증할 것으로 예상된다.

이미 미국과 같은 선진국에서는 1979년에 2.6×10^6 m^3/day의 오수처리수를 재이용하고 있으며 일본 동경도의 경우 1984년부터 연건축면적 30,000 m^2 이상이거나 물사용량이 100 m^3/day인 건물에 대해서 중수도 설치를 법적으로 권장하고 있는 실정이다.

우리나라에서도 1992년 12월 15일 공고된 중수도시행령을 보면 일정 규모 이상의 건물에 대해서 중수도 시설을 권장하고 있으며 이에 따른 세액감면과 융자제도의 편의를 도모하고 있다.

(2) 중수도 이용방식

중수도에 이용하는 원수는 각 나라마다 약간씩의 차이를 가지고 있으나 보통 빌딩오수, 하수처리장 유출수, 산업폐수 등이 이용되고 있으며 미국의 경우에는 현재 재이용 원수(Reuse Source Water)로 하수처리장 유출수만을 이용하고 있다.

1) 우리나라 및 일본의 중수도 순환체계

중수도 이용방식은 이용하는 원수 및 이용범위에 따라 개별순환방식, 지역순환방식, 광역순환방식 등으로 나눌 수 있으며 우리나라의 경우 역시 일본의 중수도 개념을 주로 도입하고 있으므로 이를 적용할 수 있다. 산업폐수 재이용의 경우 그 공장내의 단위공정에서 재이용하는 경우와 공장에 설치되어 있는 공장폐수 종말처리장의 유출수를 다시 처리하여 이용하는 경우로 구분할 수 있다.

① **개별순환방식**

개별순환방식은 사무소, 빌딩 등에 있어 그 건물에서 발생하는 오수를 자가처리하여 빌딩내에서 다시 이용하는 것을 의미한다. 그 과정은 다음 그림 1.5.1과 같다. 1990년 일본의 경우 약 126,838 m^3/day 용량의 중수가 840개 빌딩에서 개별순환방식으로 재이용되었고 이는 1987년 590개 빌딩에서 67,356 m^3/day의 중수가 이용된 것에 비하면 급속도로 그 이용량이 증가하고 있음을 알 수 있다. 우리나라에서는 2006년 현재 서울 잠실의 롯데월드를 비롯하여 약 201개소에서 중수도를 가동하고 있는 것으로 나타나 있다.

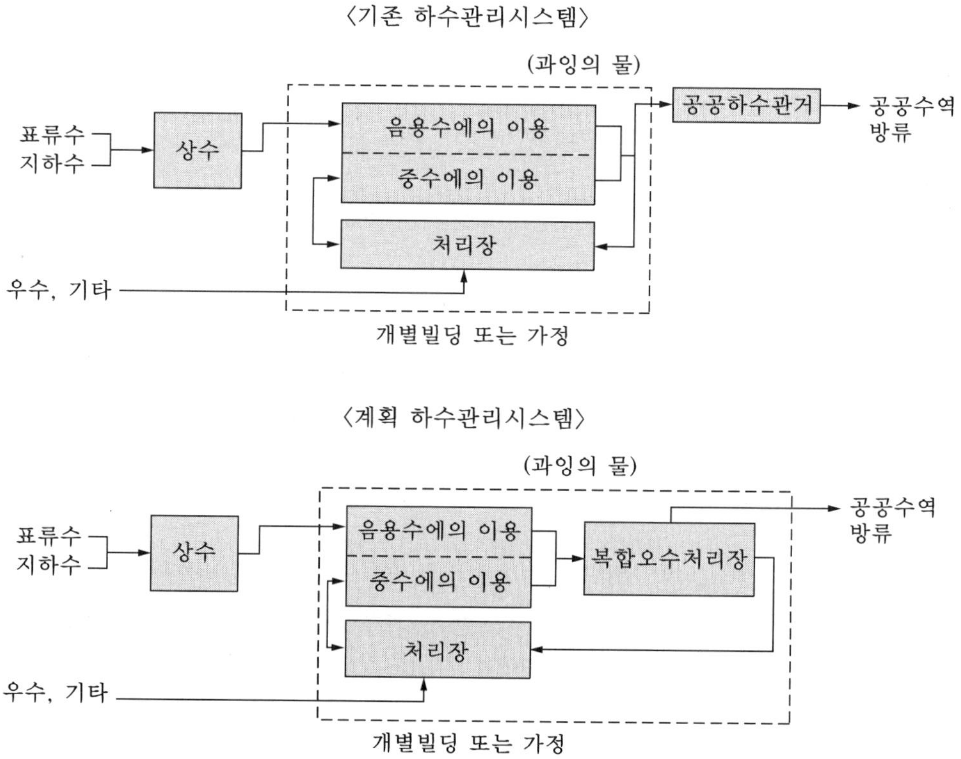

그림 1.5.1 개별순환방식(Individual Recirculation System)

② **지역순환방식**

지역순환방식이란 비교적 한 곳에 집중되어 있는 좁은 지구 즉, 아파트 단지나 새로 건설되는 주거지역 등에 있어 사업자와 건축물 등의 소유자가 공동으로 중수도를 운영하고 해당 건축물의 수요에 따라 중수를 급수하는 방식을 말한다. 그 개념도를 그림 1.5.2에 나타내었다. 우리나라에서는 현재 산본 신도시에 지역순환방식의 중수도를 시범적으로 도입 이용할 계획이다. 일본의 경우는 1990년도에 127개 지역에서 56,476 m^3/day 용량의 재이용수를 지구순환방식으로 이용하고 있는 것으로 나타나 있다.

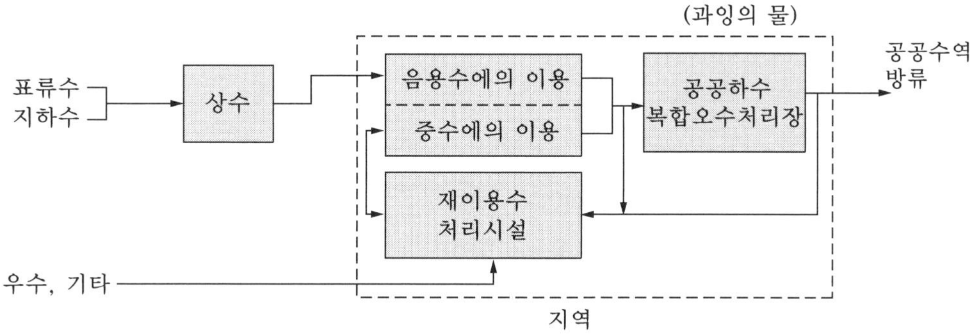

그림 1.5.2 지역순환방식(Regional Recirculation System)

③ **광역순환방식**

광역순환방식이란 일정지역내에서 해당지역내의 빌딩과 주택 등 일반적인 중수의 수요에 따라 중수도로부터 광역적, 대규모적으로 공급하는 방식을 말한다. 주로 대규모 하수종말처리장 유출수나 공단폐수 종말처리장 유출수를 다시 처리하여 이용한다. 우리나라에서는 아직 도입되지 않았으나 일본의 경우는 1990년 402개 지역에서 약 44,957 m^3/day 용량의 중수(中水)가 생산되어 이용된 것으로 나타나 있다. 광역순환방식의 개념도를 그림 1.5.3에 나타내었다.

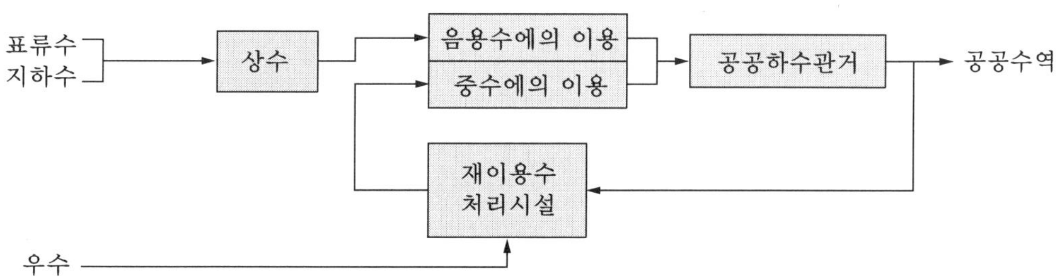

그림 1.5.3 광역순환방식(Large Region Recirculation System)

2) 미국의 중수도 순환체계

미국에서는 재이용 계획을 수립하는 초기단계에서 가장 중요한 사항은 아래와 같고 이에 따라 수립된 중수도 시스템은 다음 그림 1.5.4와 같다. 중수도를 설치하는 데 있어서 먼저 대략적으로 주위에 존재하는 수원이 재이용에 적합한가를 파악하고 사용목적에 따라 재이용수의 수량과 수질을 비교·분석하여야 한다.

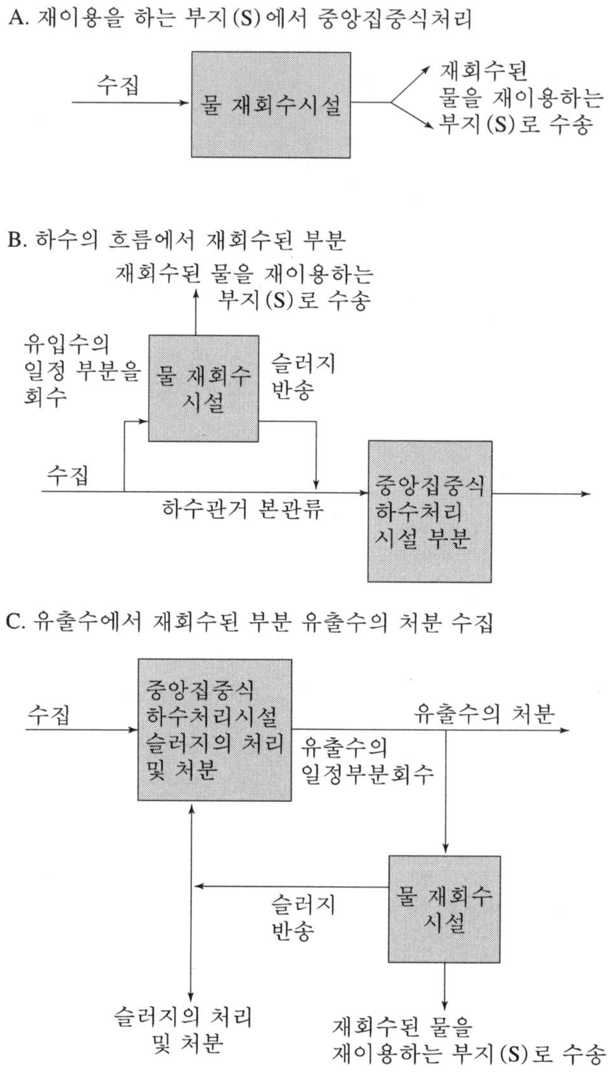

그림 1.5.4 중수도 이용 흐름도

(3) 중수도의 이용

중수도는 도시생활 잡용수에서 산업용수로의 이용, 농업용수로의 이용 등 그 이용용도가 아주 다양하고 각 나라에 따라서 주요한 용도가 또한 조금씩 다르게 나타난다.

일본의 경우는 주로 대도시에서의 물수요량이 많아 도시생활 잡용수로의 이용이 많고, 미국의 경우는 지역에 따라 그 용도가 각각 다른데 건조지역인 Florida 지역이나 Texas 지역에서는 농업용수의 부족으로 인하여 농업용수로 재이용수를 사용하는 경우가 많고, 또한 지하수를 과도하게 이용하여 일어나는 지하수의 저하로 해수의 침입이 심각하여 이를 저지하기 위해 재이용수를 지하수로 침투시키는 등의 방법으로도 재이용수를 이용하고 있다.

1) 일본

일본은 인구밀도가 높고 수자원이 부족한 관계로 아주 일찍부터 재이용을 시작하였다. 물 요구량을 줄이기 위해서는 대단위 주거단지나 상업용 또는 학교건물 등의 변소수세용수를 재이용수로 이용하는 방법이 가장 최적인 것으로 연구되었다. 2007년 일본의 하수도 보급률은 약 72%로 선진국보다 낮은 실정으로 계속적으로 도시정비가 진행되고 있는 상황이므로 하수도 정비과정에서나 새로운 빌딩을 건설할 때 재이용설비를 갖추기가 아주 용이하다.

표 1.5.1 일본의 중수도 이용현황

용 도	이용률(%)
화장실 수세수	37
냉각수	9
정원관개용	15
세차용수	7
청소용수	16
유량의 보충	6
기 타	10
합 계	100

(출처) Murakami, 1989년

2) 미국

미국에서의 중수도 이용용도는 크게 다음과 같이 나누어 볼 수 있다.

- 농업용수
- 산업용수
- 도시생활용수
- 레크리에이션용수
- 조경용수
- 지하수로의 재충전용수
- 음용수로의 공급용수

① 농업용수로의 이용

농업관개용수는 미국 정수전체량의 약 40%로서 많은 부분을 차지한다. 더구나 농업이 주요 산업인 서부지역은 그 비율이 훨씬 더 높아지는데 농업이 주요 산업인 4개주 Montana, Colorado, Idaho, California 등은 약 90%를 상회하는 것으로 나타난다.
California주의 농업용수 사용현황을 토대로 농업용수의 사용용도는 다음과 같다.

- 잡곡 및 섬유, 종자식물(37%)
- 목장지대(12%)
- 과수원(3%)
- 식용작물(2%)
- 종묘원 및 잔디용(2%)
- 기타(44%)

② 도시생활용수로의 이용

도시생활용수로의 이용은 위와 같이 아주 다양하다. 이러한 재이용수는 음용수와는 다른 배관을 통해서 사용자에게 전달된다. 다시 말하면 물에 관계된 배관은 하수설비, 정수설비, 중수설비 세 가지로 나누어지고 재이용수의 배수설비는 정수 배수설비와 비슷하게 유지·운용된다. 정수설비를 두 가지로 나눈다는 의미에서 이중배수설비(Dual Distribution)라고 불린다. 미국에서 가장 오래된 이중배수설비는 Florida주의 St.Petersburg로서 1977년부터 운전을 개시하여 재이용수를 공급하고 있다.

- 도시공원에의 관개, 레크리에이션 센타·체육시설·학교녹지·운동장·공공건물주위의 정원이나 조경시설, 고속도로 주변의 조정지역
- 단일 거주지역이나 다세대 거주지역의 조경지역에의 관개, 일반적인 세수용수
- 상업지역이나 사무소 건물지역, 산업지역 주위의 조경용수
- 골프장에의 관개
- 농약, 제초제, 액체 성분의 비료 등을 섞는 물이나 차량 세척시설과 같이 상업용으로 이용
- 관상용 조경용수, 호수나 연못과 같은 물을 이용한 시설에의 이용
- 건물 등의 건설시 이용되는 콘크리트용 물이나 먼지를 제거하기 위해 뿌리는 살수용수
- 화재보호용
- 상업용이나 산업용 빌딩에서 변기세척용수

③ 산업용수로의 이용

산업용수로의 재이용은 미국이나 기타 여러 개발국가에서 재이용수 이용의 중요한 시장으로 대두되고 있다. 1985년 현재 미국의 어떤 지역은 전체 물공급량의 약 8%가 산업용수로 이용되지만 또 어떤 지역은 전체 도시 물공급량의 약 43%가 산업용수로 이용되고 있다.

재이용수는 수도수 수질이 필요하지 않은 산업체가 밀집되어 있는 지역에서 아주 유리한데 보통 이러한 산업체들이 중수원수를 생산해 내는 하수종말처리장 가까이에 많이 위치하고 있다. 산업용수로의 재이용은 두 가지로 나눌 수 있는데 공장내에서 산업폐수를 재이용하는 것과 산업폐수처리장이나 하수처리장 시설의 유출수를 재이용하는 것이다.

공장내에서의 재이용은 대개 산업체 공정의 부분에 속하여 각각의 경우로 이루어질 수밖에 없다. 제철소, 양조공업, 전자공업 등과 같은 산업체는 물사용량을 줄이기 위해서나 엄격한 배출수 수질기준을 맞추기 위해 자체내에서 처리하여 재이용한다. 자체적인 재이용 이외에 재이용하는 용도는 다음과 같다.

- 냉각용수
- 보일러 보급용수
- 공정용수
- 공장구내의 관개 및 유지

④ 레크리에이션 및 환경조경용수

레크리에이션용으로 재이용수를 이용하는 경우는 골프장에 설치되어 있는 물에 의한 장애구역과 같은 조경용 연못의 유지용수로의 사용에서부터 수영이나 낚시, 보트 타기에 적합한 장소를 제공하는 용도까지 다양하다. 또한 환경조경용수로 이용하는 경우는 야생동물의 서식지를 제공하는 습지의 생성, 민물고기의 양식, 인공눈제조, 장식용 분수의 설치 등 그 용도가 다양하다. 이와 같은 용도로 재이용수를 이용할 때는 어느 정도 신체와 접촉하느냐에 따라 각 수질기준이 다르게 적용된다. California주의 경우 전체 재이용수의 약 7%가 위의 용도로 이용되고, Florida주의 경우는 약 9%가 위의 용도로 사용된다.

- 자연습지 등의 건설이나 개조
- 레크리에이션이나 조경을 위한 저수지 및 인공호
- 하천수 유지용수
- 다른 레크리에이션용 - 민물고기의 양식이나 인공눈 제조

⑤ 지하수로의 재충전

지하수로 재이용수를 재충전하는 목적은 다음 5가지로 요약할 수 있다.

- 해안 대수층에 재충전하여 염수의 침입을 막기 위하여
- 미래의 이용을 위한 고도처리를 위하여
- 대수층 수량의 증가를 위하여
- 재이용수의 보관을 위하여
- 지반침하를 제어하고 저지하기 위하여

⑥ 음용수로의 공급용수

음용수로 재이용수가 이용되는 경우는 간접적인 이용과 직접적인 이용으로 나눌 수 있다. 간접적인 음용수로의 재이용은 처리된 하수가 물의 흐름을 따라 하천 등에 유입되거나 지하수로 유입되었다가 하류에서 다시 채취되어 음용수로 쓰이는 경우이고, 직접적인 이용은 재처리 시설의 유출수가 바로 배수체계로 연결되는 경우이다. 어쨌든 위 경우는 청청한 원수를 이용한 음용수에 비해서 덜 바람직하고, 하수처리의 효율성에 따른 역학조사 등이 완벽하지 않은 위험성이 존재하나 몇몇 건조지역에서 부단히 연구 시도되고 있다.

(4) 우리나라의 중수도 현황

급속한 도시화, 생활수준향상 및 산업발전으로 물 수요량이 끊임없이 늘어남에 따라 앞으로 예상되는 물 부족에 대비하고 하수발생량을 줄이기 위해 쓰고 버리는 물을 정화하여 잡용수나 공업용수로 다시 사용토록 하는 중수도제도를 도입하였다.

1991년 수도법에 중수도제도를 신설하여 국가 또는 지방자치단체는 물을 다량으로 사용하는 시설물에 중수도시설의 설치를 권장하도록 하였고, 1994년에는 중수도 설치와 유지관리방안을 제시한 "중수도시설기준 및 유지관리지침"을 보급하였다. 또한 중수도시설 설치를 확대하기 위하여 1994년부터 조세감면규제법에 의거, 중수도 설치자는 조세감면을 받을 수 있도록 하였다.

이러한 법률개정에도 불구하고 현재까지의 중수도 보급현황은 아직 초보적인 단계에 머물고 있는데 이는 중수도시설의 설치가 현행 수도법상에 의무조항이 아닌 권고사항으로 명시되어 있기 때문이기도 하다. 따라서, 정부에서는 물수요관리를 강화하기 위하여 물을 많이 쓰는 일정규모 이상의 건축물 및 공장에 대하여 사용수량의 10% 이상을 재이용할 수 있는 중수도시설의 설치를 의무화하도록 수도법을 개정하여 2001년도 하반기부터 시행하고 있다.

표 1.5.2 우리나라 중수도 시설현황(2006년 말 현재)

구 분	개 소	처리용량(m^3/일)	비고(처리용량 1만m^3/일 이상 기관)
계	201	2,719,876	
서울시	39	14,010	
부산시	13	5,451	
대구시	2	4,160	
인천시	9	26,320	
광주시	7	6,850	
대전시	5	1,525	
울산시	2	416	
경기도	36	59,067	삼성전자 25,000
강원도	7	19,550	
충청북도	1	165	
충청남도	8	23,350	삼성SDI 12,490
전라북도	7	100,410	페이퍼코리아 65,000 한국노스케스코크 27,000
전라남도	7	149,960	광양제철 135,000
경상북도	33	1,300,936	포스코 1,155,300 경산하수종말처리 40,000 등
경상남도	6	9,440	
제주도	3	295	
한국수자원공사	16	997,971	포스코 849,300

자료 : 상수도통계 2006 (환경부, 2007.12)

표 1.5.3 우리나라의 중수도 용도별 수질기준

구 분	수세식 변소용수	살수용수	조경용수	세차·청소용수
대장균군수	불검출/100 mL	불검출/100 mL	불검출/100 mL	불검출/100 mL
잔류염소(결합)	0.2 mg/L 이상	0.2 mg/L 이상	–	0.2 mg/L 이상
외관	이용자가 불쾌감을 느끼지 아니할 것	이용자가 불쾌감을 느끼지 아니할 것	이용자가 불쾌감을 느끼지 아니할 것	이용자가 불쾌감을 느끼지 아니할 것
탁도	2NTU를 넘지 아니할 것	2NTU를 넘지 아니할 것	2NTU를 넘지 아니할 것	2NTU를 넘지 아니할 것
생물학적 산소요구량 (BOD)	10 mg/L를 넘지 아니할 것	10 mg/L를 넘지 아니할 것	10 mg/L를 넘지 아니할 것	10 mg/L를 넘지 아니할 것
냄새	불쾌한 냄새가 나지 아니할 것	불쾌한 냄새가 나지 아니할 것	불쾌한 냄새가 나지 아니할 것	불쾌한 냄새가 나지 아니할 것
pH	5.8~8.5	5.8~8.5	5.8~8.5	5.8~8.5
색도	20도를 넘지 아니할 것	–	–	20도를 넘지 아니할 것
화학적 산소요구량 (COD, Mn 기준)	20 mg/L를 넘지 아니할 것	20 mg/L를 넘지 아니할 것	20 mg/L를 넘지 아니할 것	20 mg/L를 넘지 아니할 것

비고

1. 총대장균, 잔류염소, 탁도, 냄새는 먹는 물 공정시험방법에 따라 분석하여야 한다.
2. 생물학적 산소요구량, pH, 색도, 화학적 산소요구량은 수질오염 공정시험방법에 따라 분석하여야 한다.

2006년 말 현재 우리나라에 설치되어 가동 중에 있는 중수도시설은 전국에 201개소이며 처리용량은 2,719,876 m^3/일로 표 1.5.2에 그 현황을 나타내었으며, 표 1.5.3과 같이 중수도의 수질기준을 용도별로 정하고 있다.

1.5.2 빗물 재이용

(1) 도시화와 물순환

도시화의 진전에 따른 불투수면의 증가로 도시홍수 유발, 지하수 고갈, 하천 유지용수 부족, 수질오염 등 물순환계의 불균형이 심화되고 있다. 따라서 자연적으로 가용한 수자원의 의존도를 줄여나가면서 하수처리수 재이용, 빗물 이용 등 지속 가능한 물의 순환이용을 적극 추진하여 건전한 물순환체계를 회복하여야 할 것이다.

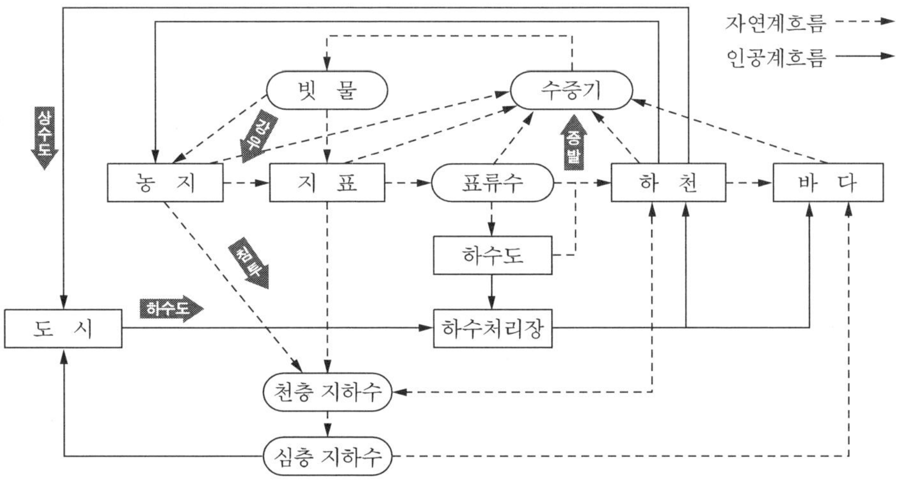

그림 1.5.5 물순환체계 개념도

물순환계란 자연적 또는 인공적인 물 흐름과 물에 의하여 운반되는 물질의 흐름 시스템을 말하며, 강우, 증발산, 지표면유출, 지하침투, 저류 등에 의한 자연적 순환과 상수도(하천 취수, 지하수 양수), 하수도(우·오수배제) 등에 의한 인공적 순환으로 구분할 수 있다(그림 1.5.5).

도시화가 물순환계에 미치는 영향은 다음과 같다.

- 도시홍수의 증가 : 집중강우시 첨두유량이 커지면서 유출시간이 단축된다.
- 각종 용수 부족 : 물 수요가 증대하며 수자원의 부족량이 많아진다.
- 수계오염 : 완전히 처리되지 못한 오수나, 합류식 관거의 월류수, 비점오염원에서의 오염물질이 유입됨으로써 수용하천의 오염이 계속된다.
- 하천유량의 감소 및 건천화 : 지하의 지하수 보수량 및 기저유량이 감소한다.
- 생태계의 변화 : 도시 불투수층의 증가로 토양환경이 악화되며, 생물의 서식처가 줄어든다.
- 도시 미기후의 변화 : 증발산량의 감소로 도시의 '열섬효과(heat island)'가 가중된다.

(2) 물 순환계의 회복

1) 자연적 회복방안

① 빗물관리

빗물을 저류조에 저장하여 잡용수 등으로 이용하는 직접적 이용과, 빗물을 지하에 침투시켜 지하수 보수량 지원, 지반침하 및 하류 홍수방지 등에 기여케 하는 간접적 이용이 있으며, 이

수 및 방재 효과를 기대할 수 있다.

② **녹지공간 확충**

도심지 내에 공원 등의 녹지공간을 확충하여 빗물 침투에 따른 지하수 보수량 지원, 표면 유출량 및 비점오염원 폐수의 발생량 저감, 그리고 침수피해 예방과 도시의 쾌적한 제고 등을 기대할 수 있다.

2) 인공적 회복방안

- 개별·지역 또는 광역 하수 재이용
- 강변여과 취수, 해수 담수화 등 대체 수자원 개발
- 수돗물의 절수 및 누수방지
- 하수관거 불명수 유입방지, 초기우수 저류 및 합류식 관거의 월류수 저감
- 식수전용 또는 홍수조절용 소규모 댐·저수지 축조

(3) 우리나라의 빗물 이용현황

다음의 표 1.5.4 및 표 1.5.5에 우리나라 2007년 현재의 빗물관리시설에 대하여 용도별 및 시도별 설치현황을 정리하였다.

표 1.5.4 우리나라 용도별 빗물관리시설 설치현황

구 분	개소수	저류시설용량(m^3)	용 도	비고
계	372개소	243,242		
월드컵경기장	5개소	27,250	잔디살수용, 조경용수	
공공건물	20개소	5,211	소방, 조경, 청소용수 등	
일반건물	62개소	21,538	소방, 조경, 청소용수 등	
학 교	69개소	11,302	조경, 운동장 살수, 화장실 등	
공동주택	139개소	50,124	소방, 조경, 청소, 치수 등	
개인주택	61개소	114	조경, 청소용수	
공 원	2개소	937	조경	
치수용 저류시설	14개소	126,765		

표 1.5.5 우리나라 시도별 빗물관리시설 설치현황				
구 분	개소수	시설용량(m^3)	주요시설	비고
계	372개소	243,242		
서울특별시	293개소	175,449	스타시티 등	
대전광역시	5개소	24,835	대전월드컵경기장 등	용량 미확인 1개소
대구광역시	6개소	125	평화정공 등	용량 미확인 1개소
인천광역시	5개소	1,556	문학경기장 등	
광주광역시	2개소	500	김대중컨벤션센터 등	
울산광역시	2개소	1,480	울산종합체육관 등	
경기도	42개소	29,865	수원월드컵경기장 등	용량 미확인 5개소
충청남도	1개소	–	–	용량 미확인
충청북도	1개소	180	옥천군 문화체육시설센터	
강원도	1개소	30	인제군 신병교육대	
경상남도	1개소	200	통영 한진로즈힐아파트	
전라북도	2개소	1,381	전주월드컵경기장 등	
제주도	11개소	7,641	서귀포월드컵경기장 등	

(4) 외국의 빗물 이용사례

아래의 표 1.5.6에 외국의 빗물 이용사례를 정리하여 소개하였다.

표 1.5.6 외국의 빗물 이용사례	
국 명	이용사례
일 본	동경시내 750여개 공공건물과 개인주택에 빗물이용시설 도입 스미다市 : 화장실 용수(집수면적 5,000 m^2, 저류용량 1,000 m^3) 코쿠기칸 : 화장실·냉각수(집수면적 8,400 m^2, 저류용량 1,000 m^3) 요코하마, 사이마타 등의 월드컵경기장
대 만	경작용 빗물저장소 3,800여개 수용능력 14만 m^3, 이용량 500만 m^3 이상 도시빗물 집수장치 저수용량 약 2만 m^3, 연평균 대체용량 약 70만 m^3
독 일	종합적인 지역단위 빗물이용시스템 이용 코블렌쯔 기술대학(100 m^3 규모, 화장실, 조경, 소방용수로 사용)

(5) 빗물이용 관련규정

1) 빗물이용시설 설치의무

수도법 제16조 (빗물이용시설의 설치)

① 종합운동장·실내체육관 등 지붕의 면적이 넓은 시설물 중 대통령령으로 정하는 시설물을 신축(대통령령으로 정하는 규모 이상으로 증축·개축 또는 재축하는 경우를 포함한다)하려는 자는 빗물이용시설을 설치·운영하여야 한다.

② 빗물이용시설의 시설기준 및 관리, 그 밖에 필요한 사항은 환경부령으로 정한다.

③ 국가와 지방자치단체는 빗물이용시설을 설치한 시설물의 소유자에게 그 빗물이용시설의 설치비용을 지원할 수 있고, 지방자치단체는 조례로 정하는 바에 따라 수도 요금을 경감할 수 있다.

2) 빗물이용시설 설치대상

수도법 시행령 제26조 (빗물이용시설의 설치대상)

① 법 제16조제1항에서 "대통령령으로 정하는 시설물"이란 「체육시설의 설치·이용에 관한 법률 시행령」 별표 1에 따른 운동장 또는 체육관으로서 지붕면적이 2,400 m^2 이상이고, 관람석 수가 1,400석 이상인 시설물을 말한다.

② 법 제16조제1항에서 "대통령령으로 정하는 규모"란 지붕면적이 2,400 m^2이고 관람석 수가 1,400석인 경우를 말한다.

3) 빗물이용시설 시설기준

수도법 시행규칙 제7조 (빗물이용시설의 시설기준 등)

① 법 제16조제2항에 따른 빗물이용시설은 다음 각 호의 시설을 갖추어야 한다.

1. 지붕에 떨어지는 빗물을 모을 수 있는 집수시설
2. 비가 내리기 시작한 후 처음 내린 빗물을 배제할 수 있는 시설이거나 빗물에 섞여 있는 이물질을 제거할 수 있는 여과장치 등 처리시설
3. 처리시설에서 처리된 빗물을 일정 기간 저장할 수 있는 빗물 저류조(저류조)로서 다음 각 목의 요건을 갖춘 것

   가. 제곱미터 단위로 표시한 지붕 면적에 0.05 m를 곱한 규모 이상의 용량

   나. 물의 증발이나 이물질이 섞이지 아니하도록 되어 있어야 하며 햇빛을 막을 수 있는 구조

   다. 내부 청소에 적합한 구조

4. 처리한 빗물을 화장실 등 빗물을 사용하는 곳으로 운반할 수 있는 펌프·송수관·배수관 등 송수·배수 시설

② 제1항 각 호의 시설에 대하여는 제3조제2항을 준용한다.

③ 빗물이용시설을 다음 각 호의 기준에 따라 관리하여야 한다.

1. 음용(飮用) 등 다른 용도에 사용되지 아니하도록 배관의 색을 다르게 하고 표시를 분명히 하여야 한다.
2. 제1항 각 호의 시설은 연 2회 이상 주기적으로 점검하고 이물질 제거 등 청소를 하여야 한다.

④ 빗물이용시설의 관리자는 관리대장을 만들어 빗물사용량, 누수 및 정상가동 점검, 청소일시 등을 적어야 한다.

1.5.3 해수 담수화

해수는 지구상에 존재하는 전체수량의 대부분을 차지하고 있는 풍부한 수자원이다. 그러나 이 수자원을 각종 용수로 사용하는 데는 염도가 높아 냉각용 등 특수한 경우를 제외하고는 사용할 수 없다. 해수의 담수화 과정은 광물성분을 제거하는 탈염화(demineralization)공정과 이온을 제거하는 탈이온(deionization) 과정을 결합한 것이다. 염분을 제거하는 방법으로는 특수한 막의 성질을 이용하는 역삼투막법(R/O설비), 전기투석법이 있으며 물을 수증기나 얼음 등으로 변화시켜 이용하는 증발법과 투과기화법 등이 있다. 세계 최초의 담수화 공장은 1960년대 쿠웨이트에 4,000 m³/day의 용량을 갖춘 해수담수화 공장이 최초이며, 일본의 경우 1988년 기준으로 85,887 m³/day의 담수화 능력을 갖추고 있어 주로 도서지방의 수원 및 공업용수로 이용하고 있다.

우리나라에 해수 담수화 플랜트가 최초 도입된 것은 1980년대 후반으로 보령화력에 820 m³/일 용량이 설치되어 실험적으로 운영된 바 있으며, 남부 섬지방에서 먹는 물로 활용하기 위한 초소형의 담수화 시설 이외에는 거의 없는 실정이다. 또한 해수 외에 염도가 낮은 염수, 수질이 나쁜 하천수 및 폐수 등을 공업용수로 활용하기 위한 담수화 플랜트가 일부 있다.

외국의 경우 중동지역에서는 절대적으로 부족한 물을 확보하기 위해 대용량으로 해수를 담수화시키는 사업이 추진되어 왔으며 해수담수화 용량은 사우디아라비아, 미국, 아랍에미리트연방 순으로 이들 나라가 해수의 담수화 생산용량의 절반 이상을 차지하고 있는 실정이다.

우리나라의 경우 강수량의 편중이 심하고 일부 해안지역과 도서지역에서는 상습적인 가뭄피해를 입고 있다. 이러한 지역에 해수 담수화 공장을 건설하여 부족한 수자원 량을 충족시키는 방법은 수자원의 이용 측면에서도 바람직할 것이다.

1.5.4 특수 수자원

특수 수자원으로는 지하수의 일종인 온천수, 용천수, 간헐천, 광천수 및 약수 등이 있다. 현재까지 개발된 온천수의 특성에 대하여 언급하고자 한다.

(1) 온천수

온천수(hot spring)는 지하수의 일종으로 지표에서 자연적으로 용출되거나 인공적인 시추를 실시하여 끌어올린 지하수의 수온이 20℃ 이상되는 지하수를 온천으로 규정하고 있다. 수온의 하한 기준치는 국가별로 차이는 있으나 일반적으로 20℃~25℃ 이상을 온천으로 규정하고 있다. 온천수는 물리적 성질로서 온도와 점성, 밀도 및 전기전도도 등과 화학적 성질 등이 지역별로 다소 차이가 있다. 우리나라에서는 온천이 40여개가 되며 그 대부분(85% 정도)이 극히 단순한 조성을 보이고

표 1.5.7 한국의 온천별 특성

온천명	온천분류					비고
	온도(℃)		pH	산도	화학성분	
척산	42	고온천	8.76	알칼리성	단순천	
오색	32	미온천	7.89	약알칼리성	단순천	
이천	29	미온천	8.29	약알칼리성	단순천	수영장
온양	58	고온천	9.15	알칼리성	단순천	
도고	24	냉광천	7.75	약알칼리성	염화토류황산수소천	수영장
덕산	44	고온천	9.01	알칼리성	단순천	
수안보	53	고온천	8.30	약알칼리성	염화토류황화수소천	
운홍리	24	냉광천	8.87	알칼리성	단순천	
유성	50	고온천	8.89	알칼리성	단순천	
덕구	40	온 천	9.03	알칼리성	단순천	노천장
백암	52	고온천	9.43	알칼리성	염화토류황화수소천	수영장
자양	23	냉광천	9.10	알칼리성	함황화수소천	
포항	42	온 천	7.70	약알칼리성	함석고식염천	
경산	29	미온천	8.04	약알칼리성	단순천	
영산	30	미온천	8.54	알칼리성	함석고황화수소천	양어, 수영장
부곡	74	고온천	9.16	알칼리성	함황화수소천	난방, 수영장
마금산	48	고온천	7.84	약알칼리성	함석고수소천	양어
정리	21	냉광천	9.00	알칼리성	함석고수소천	
동래	63	고온천	8.17	약알칼리성	함석고수소천	
해운대	61	고온천	7.70	약알칼리성	함석고수소천	수영장

있으며 그 가운데 약 50%(전체수의 약 43%)가 미량의 유황분을 함유한 온천이며 나머지 15%에 해당하는 온천은 모두 NaCl이 주성분인 식염천에 속하는 온천이다. 표 1.5.7은 우리나라 주요 온천의 특성을 나타낸 것이다.

(2) 간헐천

간헐천(geyser)은 열수와 수증기, 기타 가스를 일정한 간격으로 두고 주기적으로 분출하는 온천으로 특히 화산지대에서 볼 수 있다. 지하의 깊은 곳에서 상승한 고온의 물이나 수증기가 보통의 지하수와 비교적 지층이 얇은 곳에서 혼합될 때 일어나는 현상으로 간헐천의 온도는 그 지방의 물의 끓는점보다 높다. 지하의 열이 높으면 연속적으로 분출되는 비등천(沸騰泉)이 되고 열이 식어 수온이 끓는점 이하가 되면 보통의 온천이 된다. 분출 주기는 몇 분, 몇 주일, 분출 높이는 수 m에서 수십 m에 이르며, 아이슬란드의 Great Geyser, 미국의 Yellow stone 국립공원, 뉴질랜드의 로토루아 등이 유명하다.

(3) 광천수

광천수(mineral water)의 광천이라는 개념은 대단히 광범위한데 여기에는 온천도 포함된다. 즉, 광물성 물질의 함유량이 1 g/L 이상 또는 방사성 물질을 규정 이상 함유하고 있는 용천수로서 수온과는 무관하다. 광천수는 지층 속에서 솟아나는 샘물로서, 가스상 또는 고형물질을 대량으로 함유하고 있으며 용천수원에서 보통 25℃ 이상을 온천, 그 이하를 냉천이라 하는데 일반적으로 후자를 광천수라 한다. 따라서 요즘 광천수라는 이름으로 판매되는 이른바 생수는 병포장 음료수(bottle water)의 의미로 받아 들여야 할 것이다. 최근 우리나라에서도 생수가 시판되고 있으나 미국이나 유럽처럼 그 지역여건에 따른 수질요건 내지는 규격안이 없으므로 이를 관리하는 데 어려움이 많은 실정이다.

(4) 약수

약수(藥水)는 일반적으로 유리탄산, 철분 등 어떤 물질이 많이 들어 있어 마시면 특정 질병이 치유가 되는 광천수를 의미한다. 그러나 실제로 약효성분을 과학적으로 분석한 결과 보고는 아직까지 없었다. 우리나라의 경우 세계 광천학계에서 세계 3대 과언으로 꼽히기도 한 무균 단순탄산천인 초정리 광천수가 있다.

2 물의 특성

수질이 어떠한가를 알기 위한 측정방법은 여러 가지로 분류될 수 있지만, 대부분의 경우 흔히 물리적, 화학적 및 생물학적으로 분류되며, 또한 총괄적 측정과 특정적 측정으로 구분할 수 있다. 총괄적 특정(gross measure)에서는 개별적인 물리적, 화학적 및 생물학적의 특정한 구분이 없다. 예로는 부유물질(SS), 냄새, 알칼리도, 경도, 생물화학적 산소요구량(BOD) 등이 있다. 일반적으로 총괄적인 인자는 측정 및 설명이 가장 용이하므로 수질을 묘사하는 데 가장 보편적으로 사용된다. 특정적 측정(specific measure)은 단일특성(예를 들면, 독성유기화합물, 중금속 이온, 어류종)에 관심 있을 때 특별한 용도로 수질을 묘사하기 위해 사용된다.

물의 특성과 관련하여 통찰력을 제공하기 위해 먼저 수문학적 순환과 그러한 특성과의 관계에 대해 살펴보고, 그 특성을 나타내기 위한 방법들에 대해 소개하고자 한다.

2.1 물의 수문학적 특성

그림 2.1.1에 나타낸 바와 같이 물의 수문학적 특성은 물리적 환경을 통해 순환하는 물의 흐름을 나타낸다. 그러나 수문학적 현상의 순환적 특성을 쉽게 파악할 수 있지만, 시간과 수질이라는 두 인자를 놓쳐서는 안 된다. 시간의 크기는 지표수와 지하수의 천연적인 저장능력이 순환에서 중요한 시간적 지체를 부여할 수 있기 때문에 중요하다. 호수는 많은 경우 수백년의 체류시간을 가지며, 지하수 저류조는 유출로 사용될 때까지 소멸원이 될 수 있다. 특히 순환의 어떤 지점에서든지 수질은 동력학적 변수이다.

물은 증기 상태에서만 순수하고 응축하자마자 불순물이 축적되기 시작한다. 구름을 형성하는 작은 물방울에 기체가 녹으며 이러한 기체는 수질에 많은 영향을 준다. 최근까지 가장 중요한 용해성 기체는 산소(O_2)와 이산화탄소(CO_2)였다. 황을 포함한 화석 연료와 내연기관의 사용이 증가하면서 이산화황(SO_2)과 질소화합물(NO_x)이 발생하고 있다. 작은 물방울에 이러한 기체가 용해되면, 무기산이 생기고 강우의 수소 이온 함량이 정상 상태의 수십 배에서 수천 배까지 증가하게 된다. 유럽, 미국 북서부, 캐나다에서 pH 4의 비가 일반적으로 보고되었다. 기체는 강우 전에 먼 거리를 이동하기 때문에 종종 산성비의 원인과 영향이 각기 다른 나라에서 나타나기도 한다.

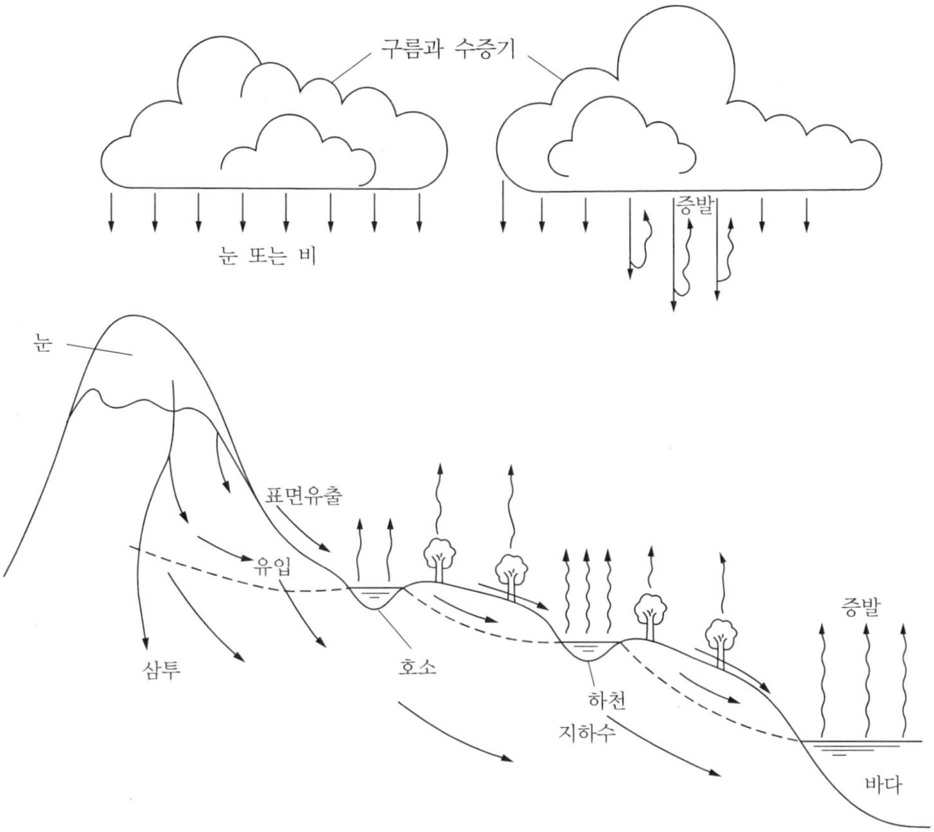

그림 2.1.1 물의 수문학적 순환특성

2.1.1 개 론

지표에 도달하자마자 물은 땅으로 침투하여 지하수가 되기도 하고, 작은 개울, 시내, 하천을 따라 지표를 흘러가기도 한다. 무기물은 지하수와 지표수 둘 다에 녹지만 일반적으로 무기물은 토양과 더 많이 접하는 지하수에서 더 높은 용해염 농도를 나타낸다. 물에서 많은 양이 일상적으로 발견되는 화학적 불순물에는 칼슘염, 마그네슘염, 나트륨염, 칼륨염, 중탄산염, 염소산염, 황산염, 질산염이 포함된다. 납, 구리, 비소, 망간과 같은 미량 이온과 다양한 유기 화합물 또한 일반적으로 나타난다. 유기 화합물은 네 가지 주요한 발생원인 식물성과 동물성 물질의 분해, 농업 배수, 폐수, 유해 폐기물 배출의 부적절한 관리로 인해 발생한다. 화합물에는 휴믹물질에서부터 세제, 살충제, 제초제, 용매로 사용되는 합성 유기물까지 다양한 범위가 포함된다.

2.1.2 지하수의 특성

많은 지하수대에서, 농업 관개를 위해 양수되어진 많은 지하수의 양이 재충전율을 크게 넘어서고 있다. 물은 소비적인 사용, 증발산, 표면 유출에 의해 없어지기 때문에 지하수위가 떨어지게 된다. 동시에 지하수내 불순물 농도는 증발산, 토양으로부터 염의 용출, 비료 사용으로 증가한다. 예를 들어 미국 서부의 지하수내 질산 농도가 높은 것은 대개 거의가 비료 사용과 관련이 있다. 대부분의 지하수대는 일정 기간의 사용 기간을 갖는 것으로 예상되며 그 시점은 염의 농도가 작물 생산량을 심각하게 감소시키는 수준이 될 때까지일 것이다. 지하수 수질 관리에 대해 몇 가지 방법이 발달되어 왔지만 그의 적용은 초기단계에 있다.

2.1.3 지표수의 특성

지표수의 특성 또한 시간과 공간에 따라 변화한다. 지표수 유출에 의해 광물질이 용해되기 때문에 불순물의 농도가 증가한다 : 실트와 파편들은 지표수에 의해 이동되어 종종 강을 흐리거나 탁하게 만든다. 흐름이 느린 구역이나 정체수역에서 식물과 조류 증식으로 심미적 특성이 상당하게 변화된다. 지표수는 대부분의 나라에서 액상폐기물을 처분하는 데 사용된다. 폐수는 수질에 중요한 영향을 주고 존재하는 불순물의 종류를 증가시킨다. 증발은 이 물질들을 농축시키고 잔류물은 소멸원(sinks)에 퇴적된다. 주요 소멸원은 바다이지만 일부 내륙 소멸원 또한 존재한다. 이들 가운데 유명한 것으로 Utah주의 Great Salt Lake, Palestine 지방의 Dead Sea, 이란-소련 국경의 Caspian Sea가 있다. 관심이 되는 소멸원으로 Imperial Canal의 큰 단락에 의해 1905년에 생성된 남부 California의 Imperial Valley에 위치한 Salton Sea가 있다. 초기에 큰 재난으로 보였던 Salton Sea는 중요한 위락 지역이 되었다.

2.2 물의 물리적 특성

수질에 대한 대부분의 우리들의 느낌은 화학적 및 생물학적 특성보다는 물리적인 특성에 바탕을 두고 있다. 우리 모두는 물이 맑고 색과 냄새가 없기를 바란다. 대부분의 자연수는 매우 탁한데 종종 식물이 분해되면서 나오는 탄닌과 기타 유기물질에 의해 색을 띠고 있다 : 역세척수, 진흙탕이나 늪지는 특징적인 냄새로 주목을 받는다. 수중의 물리적 오염도를 평가하기 위한 일반항목들을 표 2.2.1에 나타내었다.

표 2.2.1 수중의 불순물을 평가하기 위한 일반항목

항 목	약어/정의	용 도
탁 도	NTU	물의 투명도 평가
고 형 물		하수의 재사용 가능성 평가와 처리를 위해 가장 적절한 공정의 결정 ; TDS 시험은 공공, 산업, 농업용수로 수원을 이용할 수 있는지 적합성을 평가
총고형물	TS	
총휘발성 고형물	TVS	
부유고형물	SS	
휘발성 부유고형물	VSS	
총 용존고형물(TS－SS)	TDS	
침전성 고형물	mL/L(SVI)	고형물이 중력에 의해 침전될 시간 결정 ; 시험결과는 침전시설 설계에 이용
색	연노랑~연갈색, 회색, 검은색	물에 천연 또는 인공의 색도 유발물질의 존재여부 평가(하수의 상태 평가)
냄 새	MDTOC[†]	냄새가 문제될 것인지 판단
온 도	℃	생물학적 또는 다른 처리 공정의 설계 ; 여러 기체의 포화농도를 결정

* Minimum Detectable Threshold Odor Concentration(MDTOC) : 최소냄새검지한계농도

2.2.1 탁 도

탁도(turbidity)란 물의 탁한 정도를 나타내는 것으로 백도토(kaolin) 1 mg이 증류수 1 L에 용해되어 있을 때의 탁도를 1도 또는 1 ppm이라 한다. 즉, 탁도는 수중의 현탁물질에 의해서 빛이 흡수되거나 산란되는 정도를 측정하는 것으로 물질의 크기와 표면특성에 영향을 받는다. 또한 탁도는 난류의 크기에 의존하면 콜로이드 상태로부터 거친 부유물질에 이르기까지 광범위한 범위에 걸친 부유물질에 의해 생겨난다. 비교적 잔잔한 상태로 있는 호수나 기타 수체에서는 탁도의 대부분이 콜로이드와 극히 작은 분산질 때문에 생겨나며 강과 같이 흐르는 물에서는 비교적 거친 분산질에 기인한다.

물이 산에서 평원으로 흘러내림에 따라 경작과 같은 토양을 일구는 작업으로부터 탁도를 일으키는 물질이 강으로 유입된다. 홍수 때에는 상당한 표토가 하천으로 유입된다. 이 중 많은 양이 본질적으로 무기질이지만 상당량의 유기질도 포함되어 있다. 강이 바다 쪽으로 흘러 여러 도시지역을 통과하게 되고, 이 때문에 가정하수와 산업폐수가 처리된 상태로 또는 미처리된 상태로 강물에 유입된다. 특정 산업폐수도 대량의 유기물질과 기타 무기물질을 유입시켜 탁도를 일으킨다. 빗물이 도로면을 씻어 내리게 되면, 많은 무기질과 약간의 유기질이 원인이 되어 탁도를 일으키게 된다. 강

에 유입되는 유기질은 세균의 먹이가 되며, 이렇게 하여 성장한 세균과 세균을 먹고 사는 기타 미생물이 탁도를 높인다.

이상과 같은 관점에서 탁도를 일으키는 물질은 순수하게 무기질에서부터 본질적으로 유기질에 이르기까지 그 범위가 넓다고 말할 수 있을 것이다.

(1) 탁도의 위생학적 의의

공공급수를 받는 소비자들은 탁도가 없는, 즉 맑은 물을 기대하고 요구할 권리가 있다. 사람들은 가정하수가 매우 혼탁하다는 것을 잘 알고 있다. 음료수에도 탁도가 나타나면 하수오염의 가능성과 자동적으로 연관이 되며 건강장애도 가끔 관련이 된다. 이러한 두려움은 역사적으로 확실한 근거를 가지고 있다. 이전에 상수도 산업을 괴롭혀 왔던 수인성 전염병을 알고 있는 사람이면 누구나가 이 사실을 인정하게 된다.

물의 여과는 탁도가 높아지면 보다 어렵고 경제적 부담이 늘게 된다. 완속사여과의 사용은 고탁도가 여과지의 여과지속시간을 단축시키고 세정비용을 높이기 때문에 대부분의 세정장에서 비실용적이다. 급속사여과지의 안전운전은 원수를 여과지에 보내기 앞서서 화학적 응집에 의한 탁도의 효과적 제거에 의존한다. 이것을 잘못하여 특수구조의 여과지를 사용하지 않으면 여과지의 여과수명을 단축시키게 되며 저질의 물을 생산하게 된다.

공공급수의 소독은 보통 염소나 오존을 사용하여 시행한다. 소독을 효과적으로 하기 위해서는 소독제와 이것으로 말미암아 죽게 되는 생물 사이에 반드시 접촉이 있어야 한다. 혼탁한 물에서는 대부분의 유해 유기체가 소독제의 작용에 노출되어 있다. 그러나 탁도가 하수의 고형질에 기인되는 경우에는 많은 병원성 유기체가 입자에 둘러싸여 소독제로부터 보호된다. 이와 같은 이유 때문에 우리나라와 일본은 최대 허용값을 2도로 정하고 미국의 USPHS에서는 공공급수를 위한 최대허용값을 5도로 정하고 있다.

(2) 탁도자료의 적용

자연수에서는 탁도는 고형물의 빛의 흡수정도에 따라 갈색 혹은 기타의 색으로 나타나며 하천이나 호수에서 빛의 투과와 광합성을 방해하기도 한다. 또한 탁도 유발물질들이 하상에 침전되어 하천의 식물군, 동물군에 악영향을 미치게 된다. 그러므로 이러한 자연수를 이용하기 위해서는 탁도를 제거해야 하며, 용수로 사용된 하수를 처리하여 다시 수계시스템으로 방류할 경우에도 탁도를 제거하여 방류하여야 한다. 즉, 탁도는 상수와 폐수처리에서 주요 처리과정을 결정하는 중요한 지표가 된다.

1) 급수

원수공급에 있어서 탁도변동에 관한 지식은 환경공학 기술자에게는 가장 중요하다. 공공급수로 사용하기 이전에 화학적응집 및 여과에 의한 특별처리의 필요성 여부를 결정하기 위해 실무자들은 탁도를 기타자료와 관련하여 검토한다. 고지나 산정에서 물을 끌어오는 경우에는 탁도가 아주 낮아서 염소소독 이외의 처리가 요구되지 않는 수도 있으나 강에서 끌어올리는 물은 높은 탁도 때문에 보통 화학응집이 필요하다. 응집에 필요한 화학약품의 종류와 주입량으로 처리효율을 결정하기 위해 탁도를 이용한다. 따라서, 가장 효과적이며 경제적인 약품을 선정하여 사용할 수 있다. 이와 같은 정보자료는 약품을 주입하고 또 저장하는 시설을 설계하는데 필요하다.

탁도의 측정은 상수처리에 있어서 소요되는 약품의 양을 추산하는데도 필요하다. 저수시설이 없이 수계에 직접 방류하는 경우 약품의 양은 매우 중요하다. 여과 직전에 침전시킨 물의 탁도를 측정하는데, 급속사여과지에 대한 과부하를 방지하기 위해 약품주입량을 결정하는데 아주 편리하다. 또한 여과수의 탁도 측정은 불완전한 여과작업을 점검하는데도 필요하다.

2) 하수 및 산업폐수의 처리

보통 폐수처리장에서 부유고형물 제거효율을 측정하기 위해 부유고형물을 측정된다. 이 측정은 많은 시간이 소요되며, 화학적 처리방법을 이용하고 있는 처리장에서는 약품주입량을 수시로 변화시키지 않으면 안되지만, 필요한 탁도의 측정자료를 빠르게 얻을 수 있으므로 유용하게 이용될 수 있다. 이것을 사용함으로써 약품주입량은 최소한의 약품량으로 조절할 수 있으며 양질의 배출수를 얻을 수 있다.

2.2.2 고형물

용존 가스를 제외하고 수중의 오염물질은 모두 고형물의 유입이 원인이다. 고형물은 그것들의 크기와 화학적 특성에 의해 다음과 같이 구분할 수 있다.

(1) 고형물의 크기

수중의 고형물은 그 크기에 의해 침전성, 부유성, 콜로이드성, 용존성으로 구분될 수 있다(그림 2.2.1). 침전성 고형물은 눈금실린더에서 30분 후에 침전된 고형물의 양을 측정함으로써 측정할 수 있다. 진흙은 대표적인 콜로이드성 부유고형물이다. 고형물질은 두 개의 큰 그룹, 용존성 고형물과 부유성 고형물로 나눌 수 있는데 약 1.2 μm의 공극 크기의 막여과를 이용하여 구분한다. 여과막을

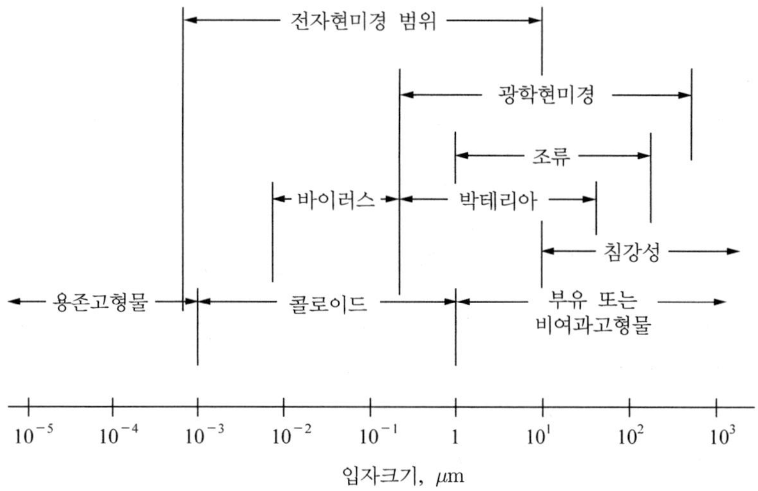

그림 2.2.1 수중 고형물의 입자 크기 분류도

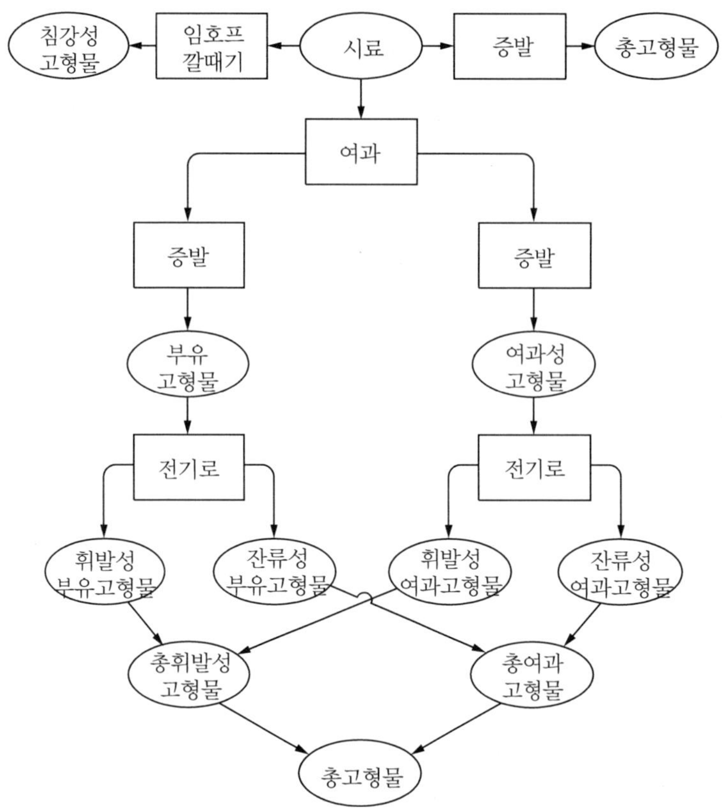

그림 2.2.2 수중 고형물질의 분류 및 상관관계

통과하는 입자는 용존성이고, 여과되어 남는 입자는 부유성으로 간주한다. 고형물의 여러 가지 분류상 용어와 상관관계를 그림 2.2.2에 나타내었다.

(2) 고형물의 화학적 특성

고형물은 또한 비휘발성인지 휘발성인지에 따라, 또는 가연성인지 불연성인지에 따라 구분된다. 휘발성 고형물은 550℃의 온도에서 휘발되어지는 고형물을 말하는데 통상 휘발성 고형물은 유기성으로 간주하기 때문에 이 휘발(또는 연소)실험을 고형물의 유무기 특성을 판단하는 데 사용하기도 한다.

2.2.3 냄 새

물과 관련이 있는 냄새는 일반적으로 유기물질이 분해되거나 광천수의 경우 박테리아에 의한 황의 환원으로 H_2S가스가 나오면서 발생한다. 유기물질은 저부침적물에 많이 축적되며 혐기성 박테리아에 의해 적절한 조건하에서 분해되어 유독한 기체를 발생시키게 되는데, 육상으로부터 씻겨 들어온 동·식물의 유체 부스러기, 미생물, 방류된 하수 처리수 등이 근원물질이 된다.

썩은 달걀 냄새로 잘 알려진 H_2S를 비롯하여 독특한 냄새들을 나타내는 물질들을 표 2.2.2에 나타내었다. 이러한 냄새는 종종 복합적으로 발생하나 각각의 냄새를 분리하여 구분하기가 매우 어려우며, 또한 냄새를 검출하고 농도를 정량하는 것은 더욱 어렵다. 냄새에 대한 민감도는 사람에 따라 매우 다르며 냄새에 계속적으로 노출되면 민감도는 감소된다. 그러므로 냄새 발생원 주위에서 일하는 사람은 방문자보다 그것에 대한 민감도가 작으나, 특이한 냄새에 대해서는 민감도가 커질 수 있다.

표 2.2.2 수중 냄새물질의 분류

냄새물질	화 학 식	냄새 묘사
아민류(Amines)	$CH_3(CH_2)_n\,NH_2$	비린내
암모니아(Ammonia)	NH_3	암모니아 냄새
디아민류(Damines)	$NH_2(CH_2)_n\,NH_2$	고기 썩는 냄새
황화수소(Hydrogen sulfide)	H_2S	달걀 썩는 냄새
머캅탄류(Mercaptans)	CH_3SH ; $CH_3(CH_2)_n\,SH$	스컹크분비물 냄새
유기황(Organic sulfide)	$(CH_3)_2S$; CH_3SSCH_3	채소 썩는 냄새
스카톨(Skatole)	$C_8H_5NHCH_3$	분변 냄새

냄새 측정방법(ASTM Method D1391-51)은 희석에 기초한 최소냄새검지한계농도(MDTOC)를 결정하여 수행되는데 측정실험은 쉽지 않으며 상당히 주관적일 수 있다.

2.2.4 온 도

온도는 많은 수질 변수에 영향을 준다. 화학적·생화학적 반응 속도는 온도에 따라 크게 증가한다. 온도가 상승함에 따라 기체 용해도는 감소하고 미네랄 용해도는 증가한다. 수중 생물의 증식과 호흡 속도는 온도에 따라 증가 또는 감소하고, 대부분의 생물은 번식하고 경쟁하는 데 특정한 온도 범위를 가지고 있다. 호수는 표면에서 바닥까지 온도가 변화하며 물고기의 수도 온도에 따라 변화한다. 송어와 같은 냉수 어종은 깊은 곳에서 살고 반면에 배스와 같은 온수 어종은 물가 근처의 얕은 지역에서 서식한다. 하천 하류의 개체수는 저수지 배출수에 의해 영향을 받는다. 저수지 표면에서 배출된 물은 따뜻해서 따뜻한 물에서 사는 종이 늘어나게 된다. 바닥에서의 물 배출은 반대의 영향을 줄 것이다. 그 결과는 수생 생물종의 자연도태를 넘어서게 된다. 물이 관개에 이용될 때 물의 온도는 씨앗의 발아를 일으키기에 충분히 높아야 한다.

2.2.5 색 도

순수한 물은 색깔이 없으나 자연수는 이 물질에 의해 색을 띄게 된다. 색도를 유발하는 물질은 나뭇잎, 침엽수 및 목재 등 다양한 단계의 부패(또는 분해)된 상태의 유기물이다. 색도는 매우 다양한 식물성 추출물질들로 이루어진다. Lignin의 분해에서 유래되는 tannin, humin산과 humin염 등이 색도의 주체로 생각되고 있다. 철분은 때때로 humin 철염(ferric humate)으로 나타나며 높은 색도를 나타낸다.

자연색도는 원래 물 속에서 음대전된 콜로이드 입자로 존재한다. 이 사실 때문에 색도는 보통 알루미늄 또는 철과 같은 3가 금속이온을 가진 염을 첨가하는 응집방법으로서 쉽게 제거될 수 있다. 물의 색도를 측정하는 색도 표준액은 백금－코발트법으로 염화백금산칼륨(K_2PtCl_6) 2.49g을 염산으로 용해시켜 전량을 1 L로 하며 백금 1 mg/L에 의해 나타나는 자연적인 색을 1도라 하며 색도의 표준단위로 이용한다.

지표수는 유색 부유물질 때문에 색도가 높은 것처럼 보일 수 있으나 실제는 그렇지 않다. 적색 점토지대에서 유출된 강물은 홍수가 있을 때 특히 높은 색도를 띤다. 부유물질에 기인되는 색도를 외양색도(apparent color)라고 하며, 콜로이드질인 식물성 또는 유기성 유출물에서 기인되는 색도와는 구별된다. 후자는 진색도(true color)라고 부른다. 수질분석에서는 이러한 두 가지의 색도를 구별

하는 것이 중요하다. 지표수는 많이 착색된 폐수로 인한 오염에 의해서 색도가 높아질 수가 있다. 이들 중에서 유의할 것은 직물공장의 염색작업과 제지산업의 펄프제조공장에서 나오는 폐수들이다. 염료폐수는 다양한 색깔을 가지고 있어 쉽게 인지되며 추적된다. 펄프제조업은 용해상태의 리그린 유도체와 기타 물질들을 포함한 다량의 폐액을 배출하는데, 리그린 유도체는 색도가 높고 생물학적으로 저항성이 매우 크다. 다량의 리그린 물질들은 자연수계로 분포되어 상당히 먼 거리에 걸쳐 색깔을 나타내고 있다. 따라서 펄프공장 폐수로부터 색도를 제거하는 경제적인 방법을 찾는 데에 많은 연구가 진행되고 있다.

늪이나 숲에서 부패가 진행되고 있는 자연물질에서 유래되는 색도물질을 함유하는 물은 유해성 또는 독성을 가졌다고 생각되지 않는다. 그러나 천연성 색도물질은 뇨의 색깔과 유사한 황자색을 띠고 있으며, 그 때문에 음료수로 사용하는 소비자들에게는 자연적으로 혐오감을 줄 수도 있다.

위생적으로는 안전한 물을 생산하는 것은 공사 간에 생산자의 책임이 따른다. 물의 소비자는 비록 그 물이 위생학적 관점으로 보아 안전하다고 할지라도 공공급수가 미적으로 허용되지 않는다면 음료수를 다른 데서 찾으려고 할 것이다. 물이 미적으로 허용되지 않는 곳에서는 소비자들은 가끔 안전한 가정급수를 회피하고, 전혀 처리되지 않는 샘터나 사설 우물로부터 물을 얻어 쓰게 되는데 이 경우에 이들이 사용하는 물은 병원미생물의 오염에 놓여있게 될 수도 있는 것이다. 이 때문에 사람이 사용하고 있는 물은 색도에 제한을 두고 있으며, 우리나라와 일본은 음료수를 쓸 경우 2도 이하로 규제하고 있다.

가정급수로 이용되고 있는 지표수는 깨끗하고 색깔을 띄지 않는 물이어야 한다. 많은 산업공정에서도 무색수가 요구되는데, 색도제거 문제도 경비가 소요되는 항목이 된다. 따라서 새로운 급수를 개발하는 수공기술자는 화학적 처리가 요구되지 않을 정도로 색도가 낮은 적합한 급수를 찾도록 노력하여야 한다. 만약, 적합한 급수를 찾는데 성공하였다면 더 이상의 화학처리가 필요하지 않다는 것을 소비자들에게 인식시킬 때 색도자료를 이용해야 할 것이다. 그렇지 못한 경우에는 적절한 수질의 용수를 제조하기위해 비용이 많이 드는 화학적 응집 및 모래여과가 반드시 필요하며 다른 자료와 함께 색도자료를 이용하여야 한다.

상수처리장을 설계하기 이전에 사용해야 할 최적약품과 소요량을 확실히 알아두는 연구가 선행되어야 한다. 색도가 높은 물을 취급하는 데는 색도측정이 약품주입량 결정의 기본 역할을 하게 된다. 이와 같은 자료는 약품주입기의 선정과 저장공간의 설계를 위해서 미리 확보되어있지 않으면 안되는 것이다. 물과 관련 있는 많은 색은 실제 색이 아니라 콜로이드성 부유물질에 의해 나타나는 것이다. 홍차의 색이 그러한 발색의 예이다. 실제 색은 용존 물질에서 기인하는데, 대부분 유기물이다. 자연수에서의 대부분의 색도는 식물 분해로부터 추출된 용존 타닌에서 나온다. 이것은 옅은 갈색을 띤다. 많은 공업 폐수가 색을 가졌기 때문에 만약 적절히 처리되지 않는다면 방류하천으로 색도가 전달될 수도 있다.

2.3 물의 화학적 특성

2.3.1 무기성 물질

수질의 화학적 측정은 칼슘, 마그네슘, 납과 같은 특정 이온의 존재를 분석하는 것이다. 알칼리도 및 경도와 같은 총괄적인 화학적 측정법은 수질을 판정하는 데 사용된다. 대부분의 일반적인 수질 측정은 이온들 사이의 결합과 상호 작용을 반영하며, 수질의 화학적 특성을 평가하기 위해 사용되는 일반적인 항목 및 분석기준을 표 2.3.1에 나타내었다.

표 2.3.1 수질의 화학적 특성 평가를 위한 지표

항 목	용어(화학기호)	분석기준
		무기성분
용존양이온	Ca^{2+}, Mg^{2+}, K^{+}, Na^{+}	
용존음이온	HCO_3^-, Cl^-, OH^-, NO_3^-, SO_4^{2-}	물의 이온성 화학물질 조성, 적절한 용도 평가
pH	$pH = \log 1/[H^+]$	수용액의 산도와 염기도 측정
알칼리도	$\Sigma(HCO_3^- + CO_3^{2-} + OH^-)$	산을 중화하는 물의 능력을 측정
산도		물을 중화하기 위해 요구되는 알칼리물질량 측정
경도	Σ(다가의 양이온)	물의 비누 소비능과 스케일 형성 경향을 측정
질소와 인	T-N, T-P	영양물질 존재여부와 분해정도 측정
중금속		재이용 가능성 및 독성영향 평가
		유기성분
총유기탄소	TOC	유기물질의 존재여부, BOD시험을 대체가능
특정 유기화합물		살충제, 용제, 기타 유기화합물의 존재여부
생화학적산소요구량	BOD	생물학적 분해 및 안정화를 위한 산소량 측정
질소계산소요구량	NOD	질소계 유기물질의 생물학적 산화위한 산소량
화학적산소요구량	COD	완전히 산화, 안정화하기 위한 산소량 측정

(1) 수중의 주요 이온

모든 자연수는 용존성 이온을 포함하고 있다. 지표수와 지하수의 수많은 분석을 바탕으로 다음 이온종이 대부분의 물에 존재하는 대표적인 화학적 구성요소라는 것이 알려져 있다.

양이온	음이온
칼 슘(Ca^{2+}) 마그네슘(Mg^{2+}) 나트륨 이온(Na^{+}) 칼륨 이온(K^{+})	중탄산 이온(HCO_3^-) 황산 이온(SO_4^{2-}) 염소 이온(Cl^-) 질산 이온(NO_3^-)

전형적으로 이온종은 여러 가지 금속 퇴적물과 물이 접촉함으로써 수중에 용존하게 되는데 대표적인 것이 칼슘, 마그네슘, 나트륨의 중탄산염, 황산염, 염화물이다. 이들 화합물이 무엇에 기인한 것인지를 표 2.3.2에 요약 정리하였다. 물론 이러한 분포는 지질학적 위치와 물의 체류 시간에 따라 변화한다.

표 2.3.2 수중 화합물의 용존 기원

성 분	기 원
중탄산칼슘[$Ca(HCO_3)_2$]	석회암, 대리석, 백악, 방해석, 백운석, 탄산칼륨을 함유하고 있는 기타 광물질의 분해
중탄산마그네슘[$Mg(HCO_3)_2$]	마그네싸이트, 백운석, 백운석회암, 기타 탄산마그네슘을 함유하고 있는 광물질의 분해
중탄산나트륨[$Na(HCO_3)$]	생산제품인 중탄산나트륨으로 알려진 백염 ; 일부 자연수에 존재
황산칼슘($CaSO_4$)	석고, 설화석고, 투명석고와 같은 광물질
황산마그네슘($MgSO_4$)	7수화물형태($MgSO_4 \cdot 7H_2O$)는 Epsom salt로 알려져 있는데, 염지층이나 광산에서 epsomite로 발견됨 ; 1수화물형태($MgSO_4 \cdot H_2O$)는 염화칼륨, 황산칼륨을 갖는 복염으로 여러 광물에서 발생됨
황산나트륨(Na_2SO_4)	염호수, 염광산, 염지층, 기타 ; 10수화물형태($Na_2SO_4 \cdot 10H_2O$)는 Glauber's 염으로 알려져 있음
염화칼슘($CaCl_2$)	천연 염수, 염지층, 기타 화학공장의 부산물
염화마그네슘($MgCl_2$)	천연 염수, 염지층, 기타에서 발견되는 무수화물형태
염화나트륨($NaCl$)	염지층, 염호수, 천연수, 다른 천연 소금물

이러한 이온종 구성 성분을 분석할 때 그 분석 결과를 양이온과 음이온의 균형을 이용하여 검토하여야 하는데 만약 뚜렷한 차이를 나타낸다면 각 구성 요소의 분석에서 오차가 발생되어 하나 이상의 이온종이 분석에서 무시되었다고 추정할 수도 있다. 만약 전기적 중성의 원리인 전하수지식

(Σ양이온 = Σ음이온, eq/L으로서)에서의 차이가 허용한계를 초과한다면 분석을 다시 수행하여야 한다. 화학적 분석에서 전하수지의 허용 한계는 다음의 식 (2.3.1)을 이용해 구할 수 있는데 이것은 화학 분석의 표준편차를 고려한 값에서 나온 것이다.

$$|\Sigma \text{양이온} - \Sigma \text{음이온}| \le (0.1065 + 0.0155 \times \Sigma \text{음이온}) \qquad (2.3.1)$$

(2) 미량 이온종

물에서 발견되는 미량 이온종은 다음과 같다.

양이온	음이온
알루미늄(Al^{3+})	중황산염(HSO_4^-)
암모늄(NH_4^+)	중아황산염(HSO_3^-)
비소(As^{3+})	탄산염(CO_3^{2-})
바륨(Ba^{2+})	불화물(F^-)
보론(붕산, BO_4^{3-})	수산화물(OH^-)
구리(Cu^{2+})	인산염(mono-$H_2PO_4^-$)
철(제1철, Fe^{2+})	인산염(di-HPO_4^{2-})
철(제2철, Fe^{3+})	인산염(tri-PO_4^{3-})
망간(Mn^{2+})	황화물(S^{2-})
	아황산염(SO_3^{2-})

주요 이온종과 마찬가지로 미량 이온종의 대부분은 여러 가지 미네랄 침전물과 물의 접촉으로부터 발생한다. 또한 암모늄, 탄산, 황과 같은 미량 이온종의 일부는 박테리아와 조류의 활동 때문에 존재할 수도 있다.

(3) 수중의 비이온종

모든 자연 지표수와 지하수에서 발견되는 주요 비이온성 무기물로는 SiO_2로 표현되는 규산을 들 수 있다. SiO_2는 부유고형물 상태로 존재하는 규산염과는 달리 용존 상태인 것으로 가정한다. 규산의 존재는 특히 산업에 이용될 때 문제점을 발생시키는데, 보일러와 열 교환장치에서 심각한 스케일 문제를 야기하는 것이 대표적인 예이다.

(4) 인위적 원인에 의한 무기성 이온종

자연수에는 주요 및 미량 이온종 이외에 인위적 기원의 다양한 무기종(주로 중금속) 또한 발견된다. 이러한 주요 무기물을 다음 표에 나타내었다.

이러한 성분은 일차적으로 미생물, 식물, 동물에 대한 독성 때문에 문제가 된다. 일반적으로 이러한 성분은 부적절하게 운전된 산업 폐기물의 배출 때문에 존재하게 되는데, 높은 농도가 종종 폐수 슬러지에서 발견된다. 예를 들어 도금 폐수에는 일반적으로 크롬과 시안이 포함되어 있다.

양이온	음이온
비소(As^{3+}) 바륨(Ba^{2+}) 카드뮴(Cd^{2+}) 크롬 3가(Cr^{3+}) 크롬 6가(Cr^{6+}) 납(Pb^{2+}) 수은(Hg^{2+}) 셀레늄(Se^{2+}) 은(Ag^{2+}) 아연(Zn^{2+})	시안(CN^-)

(5) 영양물질의 인위적 유입

질소 및 인은 식물과 동물의 증식에 필수적인 원소이며, 이러한 이유로 이 두 원소를 함유하는 물이 지표수에 배출되었을 때 종종 영양물질이나 생물생장 촉진제로 정의되기도 한다. 이들 성분은 유기 및 무기물 형태 모두로 존재하는데 유기물 형태의 경우 2.3.2절에서 자세하게 설명하였다.

1) 질소

질소는 7가지 산화상태로 존재 가능한 복잡한 원소이다. 수질의 관점에서 가장 관심의 대상이 되는 질소 화합물은 유기질소, 암모니아(NH_3)성 질소, 아질산(NO_2^-)성 질소, 질산(NO_3^-)성 질소 및 요소[$CO(NH_2)_2$], 질소 가스(N_2)이다.

자연에서 질소는 유기성 및 무기성 형태 사이를 순환한다. NO_3^-, N_2, NH_3를 포함한 질소의 무기성 형태로부터 세균과 식물에 의해 단백질(질소를 포함한 유기 화합물)이 생산된다. 사람을 포함한 동물은 대기나 무기성 화합물로부터 질소를 이용하여 단백질을 생산할 수 없으므로 유기성 형태로 질소를 얻어야만 한다. 단백질은 박테리아의 활동에 의해 요소와 NH_3로 분해된다. 요소는 또한 효소에 의해 NH_3로 변환된다. 이러한 두 근원으로부터의 암모니아는 처음에 박테리아에 의해 NO_2^-로 분해되고 그 다음에 NO_3^-로 변환된다. 아질산성질소 및 질산성질소 또한 세균에 의해 질소 가스로 변환된다. 이것을 질소 순환이라고 한다.

2) 인

인 화합물은 일반적으로 여러 가지 용도의 용수 공급시스템에서의 부식 제어, 그리고 합성세제 생산에 사용되고 있다. 도시 하수 원수의 인 농도는 합성세제 사용 전의 3~4 mg/L의 농도에서 현재의 10~20 mg/L로 증가해 왔다. 인은 조류와 다른 수중생물의 증식에 필수성분이기 때문에 처리 유출수에 존재하는 과잉의 인이 수중 환경으로 배출되었을 때 부영양화에 의한 적조현상 등 심각한 문제를 일으키므로 질소와 마찬가지로 그 자체가 오염물질은 아니나 대부분의 하폐수 처리수 방류 수질기준에 제한항목으로 운영되고 있다.

수질에 영향을 미칠 수 있는 인 화합물은 다음과 같다.

오르토인산염(Orthophosphates)

Trisodium phosphate(Na_3PO_4)

Disodium phosphate(Na_2HPO_4)

Monosodium phosphate(NaH_2PO_4)

Diammonium phosphate[$(NH_4)_2HPO_4$]

다중 인산염(Polyphosphate)

Sodium hexametaphosphate[$Na_3(PO_3)_6$]

Sodium tripolyphosphate($Na_5P_3O_{10}$)

Tetrasodium pyrophosphate($Na_4P_2O_7$)

유기성 인(Organic Phosphorus)

(6) pH(수소 이온 농도)

물이 이온화되었을 때 다음의 간략화된 관계식이 적용된다.

$$H_2O \rightleftharpoons H^+ + OH^- \tag{2.3.2}$$

이 반응의 평형상수는 아래와 같다.

$$\frac{[H^+][OH^-]}{[H_2O]} = K \tag{2.3.3}$$

여기서 K는 평형상수이고 [ ]는 몰 농도를 나타낸다. 물의 몰 농도는 기본적으로 상수이므로 평형상수에 포함되지 않는다. 그러므로 물에 대한 이온 농도의 곱은 다음과 같이 정의할 수 있다.

$$[H^+][OH^-] = K_w \tag{2.3.4}$$

여기서, K_w : 물의 평형상수

전기적 중성의 원칙에 만족하기 위해서 용액의 양이온의 양과 음이온의 양이 같아야 한다. 즉, 다음과 같다.

$$[H^+] = [OH^-] \tag{2.3.5}$$

식 (2.3.5)의 OH^-를 식 (2.3.4)에 넣으면 다음 식이 된다.

$$[H^+]^2 = K_w \tag{2.3.6}$$

식 (2.3.6)에 음의 로그를 취하면 다음과 같다.

$$-\log [H^+] = -\frac{1}{2}\log K_w \tag{2.3.7}$$

pK를 구하면 다음과 같다.

$$pK = -\log K \tag{2.3.8}$$

따라서, pH는 다음과 같다.

$$pH = -\log [H^+] = \log \frac{1}{[H^+]} = \frac{1}{2}pK_w \tag{2.3.9}$$

증류수, 25°C의 K_w 값은 10^{-14}이다. 식 (2.3.9)의 K_w를 10^{-14}로 바꾸면 물의 pH는 다음과 같다.

$$pH = -\log[H^+] = \frac{1}{2}pK_w = -\frac{1}{2}\log 10^{-14} = 7.0$$

온도의 함수로서의 K_w 값을 표 2.3.3에 나타내었다.

H^+나 OH^-로 이온화될 수 있는 오염물질이 물에 용해되면 H_2O, H^+, OH^-의 평형이 변하고 pH 값은 증가하거나 감소한다.

표 2.3.3 물의 평형상수

T, ℃	K_w, mol^2/L^2	물의 pH
0	1.13×10^{-15}	7.47
5	1.83×10^{-15}	7.37
10	2.89×10^{-15}	7.27
15	4.46×10^{-15}	7.18
20	6.75×10^{-15}	7.09
25	1.00×10^{-14}	7.00
30	1.45×10^{-14}	6.92
35	2.07×10^{-14}	6.84
40	2.91×10^{-14}	6.77

(7) 탄산 평형

수중에서 가장 중요한 산-염기 시스템은 탄산 시스템으로 대부분의 자연수의 pH를 제어한다. 탄산 시스템을 구성하는 화학종은 기체형태의 이산화탄소[$(CO_2)_g$], 용존된 이산화탄소[$(CO_2)_{aq}$], 탄산(H_2CO_3), 중탄산이온(HCO_3^-), 탄산이온(CO_3^{2-}), 탄산염을 포함한 고형물을 들 수 있다. 수질 관리 분야에서는 탄산 평형시스템이 중요하기 때문에 더 자세하게 고려해보는 것이 좋다.

대기에 노출된 물에서 용존 CO_2의 평형 농도는 액체 상태 CO_2의 몰분율과 대기중 CO_2의 분압의 함수이다. Henry상수를 CO_2의 기액평형에 적용할 수 있다. 그러므로

$$x_{CO_2} = K_H\, P_{CO_2} \tag{2.3.10}$$

여기서, x_{CO_2} : 액체 상태의 평형에서 CO_2의 몰분율

K_H : Henry상수, atm^{-1}

P_{CO_2} : 기체내 CO_2의 분압, atm

K_H의 값은 온도의 함수(표 2.3.4)이다. CO_2는 평균 대기압이 1 atm, 101.4 kPa인 해수면에서 대기의 0.04%를 차지한다. 수중 CO_2의 농도는 식 (2.3.10)과 몰분율의 정의(몰분율은 용액에서 모든 성분의 총 몰수에 대한 용질 몰수의 비)를 이용해 결정된다.

표 2.3.4 온도의 함수로서 CO_2와 O_2의 Henry상수

T, ℃	$K_{H_{CO_2}}$, atm^{-1}	$K_{H_{O_2}}$, atm^{-1}
0	0.001397	0.000391
5	0.001137	0.000330
10	0.000967	0.000303
15	0.000823	0.000271
20	0.000701	0.000244
25	0.000611	0.000222
40	0.000413	0.000188
60	0.000286	0.000159

용존 이산화탄소[$(CO_2)_{aq}$]는 물과 가역적으로 반응하여 탄산을 형성한다.

$$(CO_2)_{aq} + H_2O \rightleftharpoons H_2CO_3 \tag{2.3.11}$$

평형식은 아래식과 같다.

$$\frac{[H_2CO_3]}{[CO_2]_{aq}} = K_m \tag{2.3.12}$$

25℃에서 K_m의 값은 1.58×10^{-3}이다. 용액 내에서($(CO_2)_{aq}$와 (H_2CO_3)를 구별하기 어렵고 매우 적은 H_2CO_3가 자연수에 존재한다는 사실로부터 식 (2.3.13)으로 정의된 탄산값(H_2CO_3*)을 사용한다.

$$H_2CO_3^* = (CO_2)_{aq} + H_2CO_3 \tag{2.3.13}$$

탄산이 2가 산이기 때문에 두 단계(중탄산과 탄산)로 분리된다. 중탄산으로의 첫 번째 해리반응은 식 (2.3.14)로 표현된다.

$$H_2CO_3^* \rightleftharpoons H^+ + HCO_3^- \tag{2.3.14}$$

평형 관계식은 다음과 같이 정의된다.

$$\frac{[H^+][HCO_3^-]}{[H_2CO_3^*]} = K_1 \tag{2.3.15}$$

25℃의 K_1의 값은 4.47×10^{-7}mol/L이다. 다른 온도에서의 K_1은 표 2.3.5에 주어졌다. K_m은

무차원이고 K_1은 mol/L로 표현된다는 것을 주의하라.

탄산의 두 번째 해리는 중탄산에서 탄산으로 되는 과정이다.

$$HCO_3^- \rightleftharpoons H^+ + CO_3^{2-} \tag{2.3.16}$$

상응하는 평형식은 다음과 같다.

$$\frac{[H^+][CO_3^{2-}]}{[HCO_3^-]} = K_2 \tag{2.3.17}$$

25℃에서 K_2값은 4.68×10^{-11} mol/L이다. 다른 온도에서의 K_2의 값은 표 2.3.5에 나타냈다.

표 2.3.5 온도함수로서의 탄산 평형상수

T, ℃	K_m	K_1, mol/L	K_2, mol/L	K_{sp},* mol²/L²
5		3.02×10^{-7}	2.75×10^{-11}	8.13×10^{-9}
10		3.46×10^{-7}	3.24×10^{-11}	7.08×10^{-9}
15		3.80×10^{-7}	3.72×10^{-11}	6.03×10^{-9}
20		4.17×10^{-7}	4.17×10^{-11}	5.25×10^{-9}
25	1.58×10^{-3}	4.47×10^{-7}	4.68×10^{-11}	4.57×10^{-9}
40		5.07×10^{-7}	6.03×10^{-11}	3.09×10^{-9}
60		5.07×10^{-7}	7.24×10^{-11}	1.82×10^{-11}

* $CaCO_3$에 대한 용해도곱상수

(8) 알칼리도

산을 중화시키는 물의 능력을 알칼리도라고 한다(반대로, 산도는 염기를 중화시키기 위한 능력이다). 물의 알칼리도는 순수 CO_2용액에 상응하도록 pH를 4.5까지 강산으로 적정함으로써 측정된다. 거의 모든 자연수에서는 탄산 $[CO_3^{2-}]$, 중탄산 $[HCO_3^-]$, 수산화이온 $[OH^-]$이 모든 알칼리도를 구성한다. 알칼리도는 일반적으로 몰 농도로 정의될 수 있다.

$$A,\ \text{mol/m}^3 = [HCO_3^-] + 2[CO_3^{2-}] + [OH^-] \tag{2.3.18}$$

당량으로 표현하면 다음과 같다.

$$A,\ \text{eq/m}^3 = (HCO_3^-) + (CO_3^{2-}) + (OH^-) \tag{2.3.19}$$

몰 농도로 표현한 더 정확한 정의는 다음과 같다.

$$A = [HCO_3^-] + 2[CO_3^{2-}] + [OH^-] - [H^+] \qquad (2.3.20)$$

알칼리도에 대한 정의에 수소이온을 포함시키는 것은 다음과 같은 이유 때문이다. $NaHCO_3$가 순수한 물에 존재한다고 가정하자. 용액내 화학종은 Na^+, $H_2CO_3^*$, HCO_3^-, CO_3^{2-}, H^+, OH^-이다. 전하수지는 다음과 같다.

$$[H^+] + [Na^+] = [HCO_3^-] + 2[CO_3^{2-}] + [OH^-]$$

다른 기타 탄산원이 없으면 $A = [Na^+]$이기 때문에 알칼리도의 올바른 표현은 식 (2.3.20)이 된다. 이 예에서 매우 중요한 알칼리도의 특징을 이끌어낼 수 있다. 즉, $[Na^+]$ 농도가 변하지 않으므로 CO_2의 첨가나 제거는 알칼리도를 변화시키지 않는다.

(9) 전기전도도

물의 총괄적인 화학 특성을 특징짓는 또 다른 변수로 전기전도도를 들 수 있다. 용액의 전기전도도는 전류를 흐르게 하는 용액의 능력을 측정한 것이다. 전류는 용액 내 이온에 따라 변하기 때문에 전기전도도는 이온농도가 증가함에 따라 커진다. 실제로 전기전도율(용액 1.0 cm^3의 전도율)은 물에 두 개의 백금 전극을 설치하고 용액에 의한 저항을 알아냄으로써 측정된다. 전기 전도율은 μS/cm(새로운 SI 단위), μmho/cm(예전의 단위)로 표현한다. 두 단위 모두 같은 값을 나타낸다. 시료의 전기전도도는 다음 관계식과 표 2.3.6에 주어진 자료를 이용하여 대략적으로 구할 수 있다.

$$EC \simeq \sum_i (C_i \times f_i) \qquad (2.3.21)$$

여기서, EC : 전기전도도, μS/cm

C_i : 용액내 이온종 i의 농도, meq/L, mg/L

f_i : 이온종 i에 대한 전기전도도계수(표 2.3.6)

표 2.3.6 용존 이온의 전기전도도 계수

이 온	전기전도도 계수 f_i, μS/cm	
	Per meq/L	Per mg/L
양이온		
(Ca^{2+})	52.0	2.60
(Mg^{2+})	46.6	3.82
(K^{+})	72.0	1.84
(Na^{+})	48.9	2.13
음이온		
(HCO_3^{-})	43.6	0.715
(CO_3^{2-})	84.6	2.82
(Cl^{-})	75.9	2.14
(NO_3^{-})	71.0	1.15
(SO_4^{2-})	73.9	1.54

다음의 관계식을 이용하여 시료의 전기전도도는 또한 용액의 이온강도 μ를 측정하는 데 이용된다.

$$\mu \simeq 1.6 \times 10^{-5} \times EC \tag{2.3.22}$$

여기서, μ : 이온강도 $(= \frac{1}{2}\sum_i (C_i \times z_i^2)$ C_i : 이온 종 i의 농도(M), z_i : 이온 종 i의 전하수)

EC : 전기전도도, μS/cm

(10) 경 도

다가 양이온, 특히 마그네슘과 칼슘은 종종 자연수에서 높은 농도로 발견된다. 이 이온들은 쉽게 침전되며, 특히 비누와 반응하여 제거하기 어려운 스컴을 형성한다. 1950년 이후, 선진국에서는 비누를 세제로 대체하여 경도의 경제적인 영향이 다소 감소하였다. 그러나 이러한 금속이온이 용액 내에 존재하면 온수 파이프, 가열기, 기기에서의 스케일형성이 계속적으로 문제가 될 수 있다.

대부분의 경우 물의 경도는 칼슘과 마그네슘 농도의 합으로서 eq/m^3(meq/L)로 나타낼 수 있다.

$$\text{경도, eq/m}^3 = (Ca^{2+}) + (Mg^{2+}) \tag{2.3.23}$$

문헌상에서 오래도록, 경도는 종종 $CaCO_3$의 eq/m^3으로 표현되었다. 이것은 당량으로 경도를 표현한 편리한 방법이다. 수질을 다루는 문헌에서, 표 2.3.7에 표현된 분류명칭은 물의 상대적인 경도를 묘사하는 데 통상적으로 사용되고 있다.

표 2.3.7 경도에 따른 물의 분류

분 류	경도	
	meq/L	$CaCO_3$ mg/L
연 수	<1	<50
연경수	1~3	50~150
경 수	3~6	150~300
강경수	>6	>300

경도의 두 가지 일반적인 형태에는 HCO_3^-, CO_3^{2-}와 관련 있는 탄산경도와 다른 음이온 특히 Cl^-, SO_4^{2-}와 관련 있는 비탄산경도가 있다. 탄산, 비탄산경도 사이의 균형은 연수화(경도 제거)와 스케일 형성에 중요하다. 높은 온도에서 HCO_3^-는 분리되므로(평형 상수가 5~60℃ 사이에서 2.6까지 증가한다) 경수를 가열하면 $CaCO_3$ 침전으로 스케일이 형성된다.

$$Ca^{2+} + 2HCO_3^- \xrightarrow{\Delta H} CaCO_3 + CO_2 + H_2O \tag{2.3.24}$$

스케일 형성은 파이프를 막고 열교환 계수를 감소시키며 흐름의 마찰 저항을 변화시킨다.

2.3.2 유기성 물질

대부분의 자연수에 유기성 물질은 소량 존재한다. 물 속의 대표적인 유기물 발생원은 분해된 잡초, 잎 및 나무이다. 휴믹산은 식물의 분해에서 나온 큰 분자량을 가진 화합물로 대부분의 지표수에서 발견된다. 현재, 대부분의 지표수와 많은 지하수는 또한 인간에 의해 발생된 유기성 물질을 포함하고 있다. 유기성 물질의 일반적인 종류는 자연적인 것과 인간 활동에 의한 것으로 나누어진다. 천연 유기 화합물은 1940년 이후 합성된 100,000종 이상의 일부 유기 화합물이나 DDT와 같이 단지 인간에 의해서만 발생되는 유기 화합물과는 구분되어야 한다.

물에 유기물이 존재하면 다음과 같은 이유로 문제가 된다. (1) 색도 발생, (2) 맛과 냄새 문제, (3) 하천에서의 산소 고갈, (4) 수처리 공정의 방해, (5) 소독을 위해 염소가 주입되었을 때 할로겐 화합물의 생성.

물에 존재하는 유기화합물의 중요성 때문에 이 절에서는 (1) 천연 유기 화합물의 특성, (2) 인간 활동에 의해 생성된 유기 화합물 문제, (3) 유기 물질의 농도를 측정하는 방법을 소개하고자 한다.

(1) 천연 유기 화합물

대부분의 유기 화합물은 탄소, 수소, 산소, 질소, 인, 황의 다양한 조합으로 이루어져 있다. 폐수에서 나타나는 주요 유기 화합물은 자연수에서는 더 적은 정도로 발생되는데 단백질(40~60 %), 탄수화물(25~50%), 지질(10%)을 포함하고 있다.

1) 단백질

단백질은 동물의 조직을 이루는 주요 구성성분이다. 그것들은 또한 더 적은 정도이지만 식물에서 나타나기도 한다. 단백질은 탄소, 수소, 산소 외에 그것들의 특징을 구분케 하는 질소와 황을 포함한다. 질소의 비율은 전형적으로 질량의 약 15% 정도이다. 단백질에는 수천가지가 있지만 대표적으로 일반적인 구조를 구성하는, 아미노산으로 알려진 26가지 기본적인 보조구성인자(building block)로 이루어져 있다. 예를 들어, 가장 일반적인 아미노산인 글리신의 분자식은 $C_2H_5NO_2$이다. 박테리아 세포의 구성으로 자주 사용되는 경험식은 $C_5H_7NO_2$이다.

2) 탄수화물

탄소, 수소, 산소를 포함하는 탄수화물은 자연계에 널리 분포되어 있다. 탄수화물은 설탕, 전분, 셀룰로오스, 식물 섬유에 포함되어 있다. 탄수화물은 식물과 일부 동물 조직의 주요 구성성분이다. 탄수화물은 mono−, di−, tri−, tetrasaccharide 및 다당류로 구분된다. 대부분의 일반적인 단당류의 하나는 glucose($C_6H_{12}O_6$)이다. 단당류 및 이당류와 같은 낮은 분자량의 탄수화물은 일반적으로 물에 녹는 반면에 다당류는 불용성이다. 셀룰로오스와 식물 섬유를 제외하면 대부분의 다당류는 생물학적으로 쉽게 분해가능하다. 그것들이 쉽게 생분해가능하기 때문에 탄수화물은 물에서 산소원을 빠르게 고갈시킨다.

3) 지 질

물에는 불용성이지만 에테르나 기타 유기 용매에는 용해되는 동물, 식물 조직의 구성성분을 지질이라 한다. 폐수에서 발견되는 주요 지질에는 지방, 오일, 그리스, 왁스가 있다. 폐수내 지방과 오일은 전형적으로 버터, 라드, 마가린, 식물성 기름과 오일에서 나온다. 지방은 또한 육류, 씨앗, 땅콩, 일부 과일에서 발견되기도 한다. 그것들의 분자적 구조와 낮은 용해도 때문에 지방은 쉽게 생물분해되지 않는다.

(2) 합성 유기 화합물

위에서 언급한 것처럼, 1940년 이후에 100,000가지 이상의 유기 화합물이 합성되었다. 이 화합물의 대부분은 널리 사용되지 않지만 일부는 전 세계에서 사용되며 어느 곳에서나 발견되고 있다. 물 속에서 발견되어 건강, 처리, 생태학적 관점에서 볼 때 문제가 되는 합성 유기 화합물의 종류를 간략히 살펴보는 데에 목적이 있다. 가장 문제가 되는 것은 이런 유기 화합물이 발암성이거나 극도로 낮은 농도에서 인간과 다른 생물에게 돌연변이를 일으킬 수 있다는 것이다.

1) 계면활성제

글리세린과 기타 그리스(탄화수소 오일)는 표면의 먼지와 결합하는 물질중의 하나이다. 세척의 원리에는 부착된 표면에서 이물질을 느슨하게 할 수 있는 방법 또는 그러한 물질을 찾는 것을 포함한다. 비누나 합성 세제가 물에 첨가되었을 때 비누나 세제분자의 비극성 꼬리가 그리스 같은 물질에 붙게(용해) 된다(그림 2.3.1). 극성 부분의 끝은 이 활동을 저해하기 때문에 기계적 교반이나 가열하면, 부착된 막이 세척으로 쉽게 제거 가능한 작은 입자로 깨어지게 된다(그림 2.3.2).

(a) An ordinary soap-sodium stearate ($C_{17}H_{35}COO^-Na^+$)

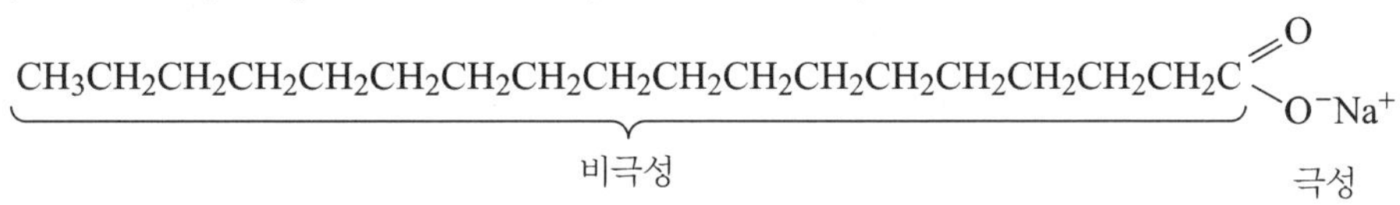

(b) A typical synthetic detergent-sodium lauryl sulfate ($CH_3(CH_2)_{10}CH_2OSO_2O^-Na^+$)

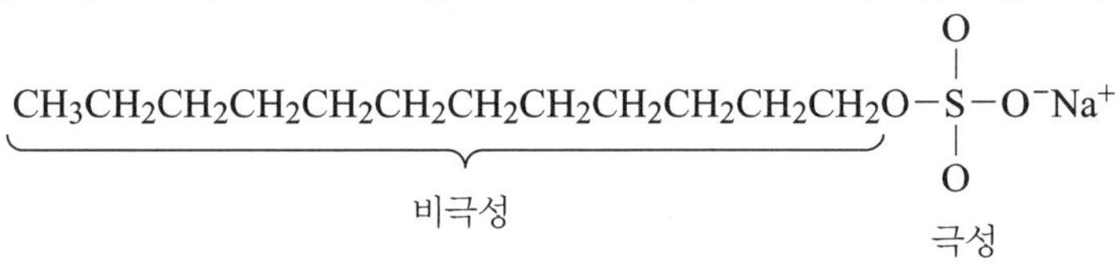

그림 2.3.1 (a) 비누, (b) 세제 분자의 결합모양

1965년 이전에 합성세제의 계면활성제는 알킬벤젠 술폰산염(ABS ; alkyl-benzene-sulfonate) 형태였다. 이러한 세제의 화합물은 생물학적으로 처리하기 어려웠다. 그래서 1965년 미국에서 법을 제정하여 ABS계 세제를 생물학적 분해가 가능한(그림 2.3.1) 선형 알킬술폰산염(LAS ; linear-alkyl-sulfonate)으로 교체하였다. 그러나 세계 일부에서는 여전히 ABS계 세제를 사용하고 있다. 계면활성제는 메틸렌블루의 표준 용액으로 나타날 수 있는 색 변화를 관측하여 측정된

다. 메틸렌블루 활성물질(MBAS ; methylene-blue active substances)이라는 용어는 일반적으로 물속에 세제가 존재하는지의 여부를 보고하는 데 사용된다.

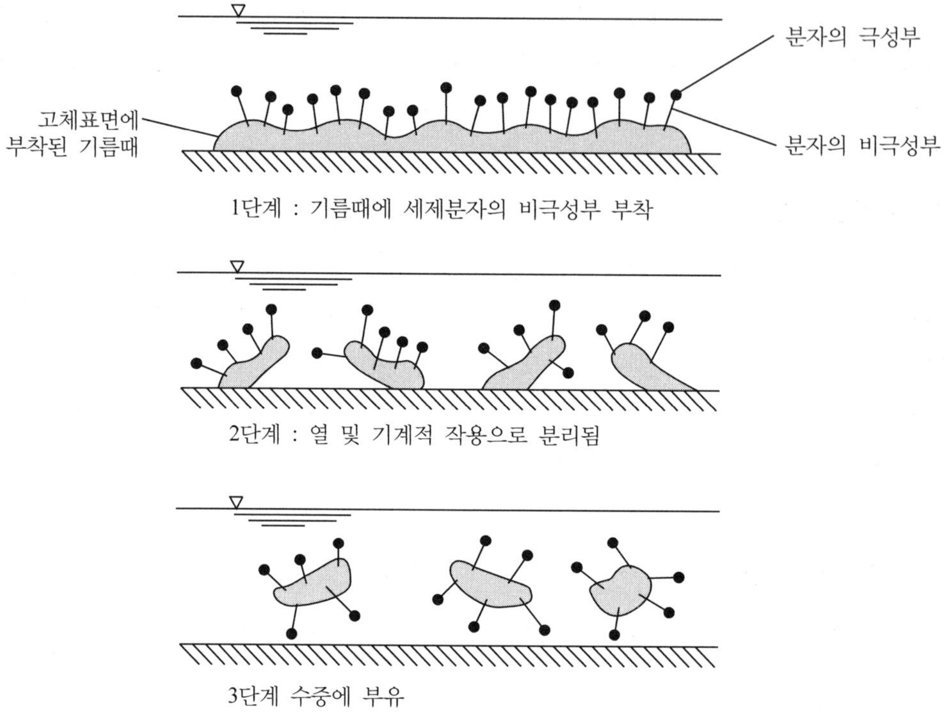

그림 2.3.2 세척중 세제 분자와 이물질의 반응 단계

2) 살충제와 농약

병과 해충을 제어하기 위해 농업에서 사용하고 있는 화합물은 인간에 의해 만들어진 물질이다. 지표수내 존재하는 이러한 화합물의 주요 원인은 농지, 주택지, 공원으로부터의 지표 유출 때문이다. 이러한 물질이 수중에 존재하면 그것들이 대부분의 수중 생물에 독성을 일으키고, 많은 것이 발암성이기 때문에 문제가 된다. 일반적으로 농약은 그것들의 분자 구조에 기초하여 염소계 탄화수소, 유기인, 카바메이트 및 요소 유도체 등 네 가지 주요 물질로 나눌 수 있다. 각 그룹의 대표적인 물질을 표 2.3.8에 나타내었다.

표 2.3.8 농약으로 사용되는 대표물질 분류

분 류	상 품 명	구 조
살충제		
염소계 탄화수소	Aldrin	$C_{12}H_8Cl_6$
	Chlordane	$C_{10}H_6Cl_8$
	DDT	$C_{14}H_9Cl_5$
	Dieldrin	$C_{12}H_8Cl_6O$
	Lindane	$C_6H_6Cl_6$
	Endrin	$C_{12}H_8Cl_6O$
	Heptachlor	$C_{10}H_5Cl_7$
	Methoxychlor	$C_{16}H_{15}Cl_3O_2$
	Toxaphene	$C_{10}H_{10}Cl_8$
유기인	Diazinon	$C_{12}H_{21}N_2O_3PS$
	Malathion	$C_{10}H_{19}O_6PS_2$
	Parathion	$C_{10}H_{14}NO_5PS$
제초제		
카바메이트	Carbyl(sevin)	$C_{12}H_{11}NO_2$
염소계 탄화수소	2,4-D	$C_8H_8Cl_2O_2$
	2,4,5-T	$C_8H_5Cl_3O_3$
	Silvex	$C_9H_7Cl_3O_3$
요소 효소	Fenuron	$C_9H_{12}N_2O$
살균제	Copper sulfate	$CuSO_4$
	Ferbam	$C_9H_{18}N_3S_6Fe$
	Ziram	$C_6H_{12}N_2S_2Zn$

3) 세척 용매

유기 용매는 많은 것들이 발암성 물질로 알려져 있기 때문에 문제가 되고 있는 화합물의 또 다른 그룹이다. 최근에는 산업 시설 가까이의 지하수에서 그러한 화합물이 검출되어 큰 문제를 야기하였다. 이 용매들은 지하저장탱크로부터 아래에 있는 지하수 대수층으로 누출되고 있다. 다른 지역에서는 사용 후 일시적으로 쌓아둔 지상 저장지에서 아래에 있는 대수층으로 스며들기도 한다. 수백 가지의 용매가 존재하지만 일반적인 몇 가지에는 아세톤, 벤젠, 사염화탄소, 에틸 알코올, 헵탄, 메틸 알코올, 파인오일, 톨루올, trichloroethane-1,1,1을 들 수 있다.

4) Trihalomethanes(THMs)

상수와 하폐수의 소독에 사용되는 염소는 유기 물질과 반응하여 클로로포름과 기타 염소계 탄화수소(trihalomethanes)류를 생성할 수 있다고 밝혀졌다. 염소와의 반응에 포함되는 유기물질을 전구물질이라고 한다. Trihalomethanes (THMs)과 염소계 탄화수소의 생성은 이 화합물이 발암성 물질이 될 수 있기 때문에 문제가 된다.

일반적으로, trihalomethane 화합물은 할로겐족(염소, 브롬, 요오드) 물질이 유기 물질과 반응할 때 형성된다. 상수 및 폐수 처리에 관련 있는 주요 trihalomethane은 (1) $CHCl_3$ (chloroform), (2) $CHCl_2Br$ (bromodichloromethane), (3) $CHClBr_2$ (chlorodibromomethane), (4) $CHBr_3$ (bromoform)이다. 염소의 첨가로 인한 클로로포름의 형성은 다음 반응에 의해 설명된다.

$$CH_3COCH_3 + 3NaOCl \longrightarrow CH_3COCCl_3 + 3NaOH \tag{2.3.25}$$

$$CH_3COCCl_3 + NaOH \longrightarrow CH_3CO_2Na + CHCl_3 \tag{2.3.26}$$

반응 (2.3.25)에서, 아세톤은 클로로포름 형성의 유기성 전구물질이다. 자연이나 인간 활동에 의해 발생된 많은 유기물질은 전구물질로서 제공될 수 있음을 알아야 한다. 분해된 잎에서 생성된 휴믹산은 천연 전구물질이다.

Trihalomethane은 pentane이나 isooctane과 같은 적절한 용매로 추출할 수 있다. 가스 크로마토그래피는 액-액 추출에서 분리한 THMs을 분석하는 데 사용된다.

(3) 유기 물질의 측정

많은 실험법이 수년에 걸쳐 물의 유기물 함량을 측정하기 위해 개발되어 왔다. 일반적으로 실험은 $1g/m^3$ 이상의 유기물 농도를 측정하는 것과 10^{-12}~10^{-13} g/m^3 범위의 미량 농도를 측정하는 방법으로 나눌 수 있다. 전자는 물에서 발견되는 유기 물질의 혼합물을 측정하는 것이며, 후자는 인간에 의해 발생된 미량 유기 화합물의 존재를 측정하는 데 사용된다.

일반적으로 유기 물질($1\ g/m^3$ 이상)의 총괄적인 측정에 사용되는 실험은 다음과 같다.

1. 화학적 산소요구량(COD)
2. 총 유기탄소(TOC)
3. 총 산소요구량(TOD)
4. 생화학적 산소요구량(BOD)

COD 실험은 화학적 실험이며, TOC와 TOD는 기기분석이고 BOD는 미생물을 이용하는 생화학적 실험이다. 수질을 다루는 오래전(1930 이전) 문헌에서 주로 이용되는 유기 물질의 측정법은 (1) 총질소, albuminoid 질소, 유기성 질소 및 암모니아성 질소, (2) 소비된 산소량이었다. 이 측정은 더 이상 사용되지 않기 때문에 앞으로 더 이상 논의하지 않았다.

10^{-12}~10^{-13} g/m^3 범위의 미량 유기물은 기체 크로마토그래피(GC)와 질량 분광기(MS)를 이용하는 기기분석 방법을 이용하여 분석한다. 지난 10년 동안 미량 유기 화합물 검출에 이용되는 방법의 감도가 현저하게 발전해 와서 지금은 거의 모든 물질의 10^{-19} g/m^3 범위에서의 농도까지 검출한다.

위의 실험에 더하여, 만약 개별적인 화합물의 화학적 조성을 알 수 있다면 이론적 산소요구량(ThOD)을 화학양론에 따라 계산할 수 있다. COD, TOC, TOD 실험, 미량 유기질 분석에 사용되는 기술, ThOD 값을 구하는 것을 다음에서 설명한다.

1) 화학적 산소요구량(COD)

COD 실험은 자연수, 도시 하수, 산업 폐수의 유기 함량을 측정하는 데 사용된다. 유기 물질의 산소 당량은 산화 매개체인 강산화제(중크롬산칼륨)를 이용하여 측정된다. 실험은 유기 화합물의 일부 난산화성 물질을 산화하는 데 도움을 주는 촉매제(황산은)를 이용해 고온에서 실시한다. 산화제인 중크롬산염을 과잉으로 이용해 유기물질을 측정할 때 관여하는 반응은 다음과 같다.

$$C_aH_bO_c + Cr_2O_7^{2-} + H^+ \xrightarrow[\text{촉매}]{\text{가열}} Cr^{3+} + CO_2 + H_2O \qquad (2.3.27)$$

유기물질의 양을 결정하기 위해, 산화 후에 남아있는 중크롬산염의 양을 구한다. 존재하는 유기물질의 양과 남아있는 양 사이의 차이는 CO_2, H_2O, NH_4^+, PO_4^{3-}, SO_4^{2-} 등으로 된 유기물을 산화하는 데 필요한 등가의 산소량으로 표현된다. 암모니아로 전환되어 존재하는 환원된 질소 때문에 COD 실험은 대략적인 최종 탄소계 생화학적 산소요구량(BODu)을 구하는 데 이용된다.

BOD 실험 등 여러 날이 걸리는 다른 실험과 비교해서 COD 실험은 적은 시간(약 3시간)이 걸리기 때문에 광범위하게 사용된다. 안타깝게도, COD 실험은 생물학적으로 산화 가능한 물질과 비활성 물질 사이의 차이를 구별할 수 없다. 또한 유기물질이 생물학적으로 산화되는 속도도 알 수 없다. 게다가 염소와 같은 무기물은 시험에 방해를 줄 수 있다. 이러한 성분이 존재한다면 시료는 COD 실험 전에 처리하여 방해물질을 제거하여야 한다.

2) 총 유기탄소(TOC)

미량의 유기물질은 기기를 이용한 TOC 분석으로 측정된다. 이 실험의 한가지 형태는 시료를 증발시켜 이산화탄소로 산화시키는 것이다. 방출된 이산화탄소의 양은 적외선 분석기로 측정된다. 단지 유기물질만을 측정하기 위해서 실험에 쓰이는 시료는 무기탄소 형태를 제거하기 위해 산성처리한다. 어떤 경우에, 유기화합물이 완전히 산화되지 않는다면 측정된 TOC값은 시료의 실제 값 이하가 될 것이다.

3) 총 산소요구량(TOD)

기기를 이용한 TOD 실험에서 유기물과 일부 무기화합물은 백금촉매 연소실에서 CO_2, H_2O와 같은 안정한 최종 산물로 변환된다. TOD는 질소 운반 가스에서 산소의 손실을 구한다. 이 실험의 결과는 COD 실험과 관련이 있다.

한편 미량 유기물질의 검출에서의 일반적인 규칙은 분리, 해상, 검출 세 가지 단계를 따른다. 분리(isolation)는 시료에서 미량 유기 성분을 농축하기 위해 사용된다. 사용되는 세부적 기술은 유기물질이 휘발성인지 비휘발성인지에 따라 달라진다. 해상(resolution)은 농축된 유기물질을 각각의 구성 성분으로 분리해 내는 것이며 함유된 유기화합물의 성질에 따라 많은 기술이 이용된다. 마지막 단계인 검출(detection)은 각 구성 성분의 농도를 정량적으로 결정하는 것이다.

4) 생화학적 산소요구량(BOD)

수중 환경에서는 생화학적 및 화학적 산화반응이 둘 다 일어나지만 자연수에서 보다 중요한 반응은 생화학적 반응이다. 산소요구량에서 가장 중요한 생화학적 반응의 형태는 유기물질의 산화이다. 이 경우 유기물질의 환원성 탄소는 주로 박테리아와 같은 미생물의 대사활동에 의해 가장 낮은 에너지 상태인 CO_2로 산화된다. CO_2 외의 생성물에는 에너지, 물, 새로운 세포, 광물질이 포함된다.

$$\text{유기물질} + O_2 + \text{영양물질} \xrightarrow{\text{미생물}} CO_2 + H_2O + \text{새로운세포} + \text{영양물질} + \text{에너지} \quad (2.3.28)$$

모든 영양단계에서 동일한 기본 반응이 일어난다. 그러므로 식 (2.3.28)을 미생물, 어류, 말조개 등에 적용할 수 있다. 밀폐된 방에서는 산소가 점차 소모되기 때문에 그들 모두가 오랜 기간 살지 못한다는 사실을 인식하여야 한다. 대부분의 사람들은 작은 어항에서 금붕어가 산소 결핍 때문에 죽을 수 있다는 사실을 알고 있으며, 이것을 하천이나 호수의 오염과 비교할 수 있다. 금붕어는 호흡을 위해 산소가 필요하다. 그러나 산소요구량이 적으므로 어항의 수표면을 통한 산소의 전달속도로도 두세 마리의 금붕어를 키우기에 충분한 산소가 공급될 수 있다. 만일 물고기를 너무 많이 키우거나 어항을 정기적으로 청소하지 않는다면 어항에 유기물질이 축적될 것이다. 박테리아는 그들의 빠른 성장속도 때문에 퇴적된 유기물질을 이용하는 박테리아 호흡속도가 어항의 수표면으로 유입되는 산소전달속도를 초과할 수 있다. 이럴 경우 산소농도가 감소하여 종종 물고기를 질식시킬 정도로 떨어지는 것이다.

금붕어 모델을 생화학적 산소요구량의 개념으로 확대시킬 수 있다. 어항과 먹이공급시스템을 적절하게 설계하기 위해서는 기-액 표면을 통한 산소전달능력, 배설물과 잉여 먹이에 대한 산소요구량, 이 산소요구량이 소모되는 속도 등을 예측하여야 한다. 후자의 두 인자는 화학양론과 반응속도라고 할 수 있는데 BOD 결정에 기본이 되는 요소들이다.

대부분의 유기물질은 생분해가 가능하다. 어떤 화합물(셀룰로오스, 리그닌, 합성 석유화학물질)은 생물학적으로 분해되기가 매우 어렵고 종종 비분해성이거나 난분해성이다. 그러나 그러한 물질은 총유기물질에서 차지하는 비율이 그다지 크지 않다. 생분해 가능한 유기물의 물질대사에서 사용되는 산소량을 생화학적 산소요구량(BOD)이라고 한다. 공학자들이 관심을 갖는 대부분의 시스템에서 유기물질은 여러 종의 화합물질의 혼합물이며 용해성 및 불용성의 유기물질을 함유하고 있다. 그러므로 BOD값은 보통 순수한 화합물보다는 불특정 유기화합물질의 혼합물질중 탄소물질의 산화에 필요한 산소량으로 측정된다. 유기물질중 탄소물질의 산화에서의 주요 최종생성물은 이산화탄소(CO_2), 암모니아(NH_3), 물(H_2O)이다. 별도로 언급하지 않는 한 보고된 BOD 값은 단지 탄소계 물질의 생분해에 대한 것이다. 이러한 이유로 혼란을 방지하기 위해 몇몇 정부기관에서는 탄소계 물질 생화학적 산소요구량(CBOD)으로 사용하기를 권장하고 있다.

질산화는 암모니아가 생물학적으로 질산염으로 산화되는 것에 적용되며 질소계물질 생화학적 산소요구량(NBOD)에 요구되는 산소량이다.

2.3.3 기체

물에 존재하는 기체는 질소(N_2), 산소(O_2), 이산화탄소(CO_2), 황화수소(H_2S), 암모니아(NH_3), 메탄(CH_4) 등이다. 처음 세 기체는 대기 중에 일반적으로 존재하는 기체이고 대기에 노출된 모든 물에서 발견될 수 있으며, 뒤의 세 기체는 미생물학적 대사 및 호흡과 관련이 있다. 황화수소는 혐기조건에서 황산염의 생물학적 환원에 의해 생성되는 반면, 암모니아와 메탄은 유기물질의 혐기성 생물학적 분해에 의해 유래된다.

물 중에 기체의 존재여부는 (1) 기체의 용해도, (2) 액체 상부의 대기중 기체의 부분압, (3) 물의 수온, (4) 이온강도, 염도, 부유고형물과 같은 변수로 측정되는 물의 순도 같은 인자와 관계가 있다.

기체의 용해도와 이전에 대해 다룰 것이다.

(1) 기체의 용해도

1803년에 영국의 W. Henry는 물에 존재하는 기체의 용해도와 물 위의 대기중에 있는 기체의 분압과의 관계에 대해 보고하였다. 그 관계식은 Henry법칙(Henry's law)으로 알려져 있으며, 다음과 같다.

$$x_g = K_H P_g \tag{2.3.29}$$

여기서, x_g : 액상의 평형상태에서 기체의 몰분율
K_H : Henry상수, atm^{-1}
P_g : 대기중의 기체의 분압, atm

Henry상수는 기체의 종류, 온도, 액체의 성분의 함수이다. 몇 가지 기체의 Henry상수의 값을 표 2.3.9에 나타내었다.

표 2.3.9 주요 수용성 기체의 Henry상수

T, ℃	$K_H \times 10^5 \text{atm}^{-1}$							
	Air	CO_2	CO	H_2	H_2S	CH_4	N_2	O_2
0	2.31	137.4	2.84	1.73	373.1	4.46	1.89	3.92
10	1.82	98.7	2.26	1.57	272.5	3.37	1.50	3.03
20	1.51	70.1	1.87	1.46	207.0	2.66	1.24	2.44
30	1.30	53.8	1.61	1.37	164.2	2.23	1.08	2.11
40	1.15	41.3	1.44	1.33	134.2	1.92	0.962	1.88
50	1.06	35.3	1.31	1.34	113.1	1.73	0.885	1.70
60	0.99	28.6	1.22	1.34	97.1	1.60	0.833	1.59

(2) 기체이전

수용액으로의 기체이전 속도는 Fick의 제1법칙에 의해 설명되며, 농도단위로 표현된다.

$$\frac{dC}{dt} = K_L a (C_s - C) \tag{2.3.30}$$

여기서, dC/dt : 용액 내에 있는 기체의 농도 변화 속도, mg/L·s

$K_L a$: 총괄적 물질이전계수, s^{-1}

C_s : 용액 내에 있는 기체의 포화농도, mg/L

C : 용액 내에 있는 기체의 실제농도, mg/L

C_s 값은 Henry법칙으로 계산할 수 있다. $(C_s - C)$항은 농도 경사를 나타낸다. C값이 C_s에 접근할수록 전달속도는 감소한다.

식 (2.3.30)의 적분형은 $C = C_0$에서 $C = C$, $t = 0$에서 $t = t$ 사이에 적분하여 다음과 같은 식을 얻을 수 있다.

$$\int_{C_0}^{C} \frac{dC}{C_s - C} = K_L a \int_0^t dt$$

기체를 액체에 공급하는 것을 설명할 때 사용될 수 있는 식 (2.3.30)의 적분식은 다음과 같다.

$$\frac{C_s - C_t}{C_s - C_0} = e^{-(K_L a)t} \tag{2.3.31}$$

여기서, C_s : 기체의 포화농도, mg/L

C_t : 시간 t일 때 기체의 농도, mg/L

C_0 : 기체의 초기 농도, mg/L

$K_L a$: 총괄적 물질이전계수, s^{-1}

t : 시간, s

기체가 용액으로부터 제거될 때 식 (2.3.31)은 다음과 같이 된다.

$$\frac{C_0 - C_s}{C_t - C_s} = e^{-(K_L a)t} \tag{2.3.32}$$

주어진 시스템에서 총괄적 물질이전계수, $K_L a$의 평가는 보통 실험실 측정을 통해 이루어진다.

2.4 물의 생물학적 특성

물의 생물학적 특성은 일차적으로 미생물이 서식하는 수서 군집과 관련이 있으며, 수질에 직접적으로 영향을 미친다. 가장 중요한 영향은 물에 존재하는 병원성 미생물에 의한 질병의 전염이다. 또 다른 중요한 영향은 지표수와 지하수에서 맛과 냄새를 유발하고 상하수도 시설을 부식시키며 냉각시설의 열 전달표면을 부식시키거나 생물오염을 일으키는 것을 들 수 있다. 이 절의 목적은 미생물학의 기본적인 개념을 소개하고, 물과 관련 있는 주요 미생물의 특성을 토의하며, 그러한 미생물이 수환경에 미치는 영향을 분석하고, 미생물의 계수에 사용되는 방법을 약술하고, 미생물 지표의 사용과 그들의 중요성에 대해 연구하며, 물의 독성시험에 사용되는 방법을 설명하는 것이다.

2.4.1 미생물학 기초

물에 존재하는 미생물이 인간과 수질에 미치는 영향을 이해하기 위해서는 (1) 미생물군에 사용되는 분류법, (2) 미생물을 설명하기 위해 사용되는 과학적인 명명법, (3) 생물세포의 특성, (4) 세포의 필수 영양물질, (5) 미생물에 미치는 환경의 영향 등을 포함하는 미생물학의 기본 개념과 이론을 공부하는 것이 도움이 될 것이다.

(1) 미생물의 분류

물에서 발견되는 주요 미생물군은 원생생물(고등 혹은 하등), 식물 및 동물로 분류된다. 일반적으로 표 2.4.1에 수록된 미생물은 세포안의 핵이 핵막에 뚜렷하게 싸여 있는 지 아닌 지에 따라 유핵(eucaryotic) 또는 무핵(procaryotic)으로 분류된다.

(2) 미생물 명명법

미생물 명명법은 규모가 커지는 집단의 순서로 다음과 같이 분류하며 명명한다.

계(Kingdom), 문(Phylum), 강(Class), 목(Order), 과(Family), 속(Genus), 종(Species)

위의 분류방법에 따라 어떤 유기체의 학술명은 속과 종 이름을 갖고 있다. 먼저 주어진 것은 속명으로 항상 대문자로 쓰고 두 명칭 모두 이탤릭으로 표기한다. 예를 들면, 인간의 학술명은 *Homo sapiens*이다. 즉, 인간은 *sapiens*종에 속하고 *Homo*속에 속한다. 우리는 또한 Hominidae과,

Primate목, Mammalia강, Chordata문, 마지막으로 Animal계에 포함된다.

표 2.4.1 수질에 관계된 미생물의 분류

계	대표 종	세포분류
동　물	갑 각 류 연　충 담 륜 충	유핵 세포(뚜렷한 핵막에 싸인 핵이 있음)
식　물	뿌리 수서식물 종자식물 양 치 류 이 끼 류	
원생동물 고　등	원생동물 조　류 균류(곰팡이 및 효모)	
하　등*	청록조류 박테리아	무핵세포(진짜 핵막에 싸이지 않은 핵이 있음)

* 조직분화가 안된 단세포 혹은 다세포

(3) 생물 세포의 본질

세포가 생명의 기본적인 구조체이기 때문에 세포의 기본적인 특성을 명확히 알아둘 필요가 있다. 일반적으로 대부분의 살아있는 세포는 공통점이 상당히 많다. 세포막은 바깥 경계를 형성하지만, 박테리아, 조류, 균류, 식물 등은 막의 바깥에 세포벽을 갖고 있어서 세포의 독특한 모양을 유지한다. 만일 개별 세포가 이동성이 있다면 그들은 흔히 편모나 섬모로 불리는 머리카락 같은 부속기관을 갖고 있다. 세포의 내부는 다양한 세포기관과 콜로이드성 단백질 현탁액, 탄수화물, 세포질이라 불리는 복합유기물질들을 함유하고 있다.

각 세포는 번식에 필수적인 유전물질인 핵산을 갖고 있다. RNA(Ribonucleic acid)는 단백질 합성에 중요한데, 이는 세포질 영역에 존재한다. 무핵세포는 단지 핵 영역만 있고 유핵세포는 핵막에 둘러싸인 분명한 핵이 있다. 핵이나 핵 영역은 DNA(Deoxyribonucleic acid)가 풍부한데 DNA는 모든 세포 구성물질의 번식에 필요한 유전정보를 갖고 있다. 플라스미드(plasmid)라 불리는 작은 DNA 성분은 흔히 무핵세포의 세포질에서 발견된다. 플라스미드의 기능은 딸세포로 번식되고 전환되는 점에서 여분의 염색체와 유사하다. 많은 플라스미드는 항체 저항력과 같은 독특한 성질을 갖고 있다. 이러한 성질은 하나의 세포에서 다른 세포로 유전인자를 전환시키는 DNA 재조합 기술에 사용된다. 박테리아의 세포 모형을 그림 2.4.1에 나타내었다.

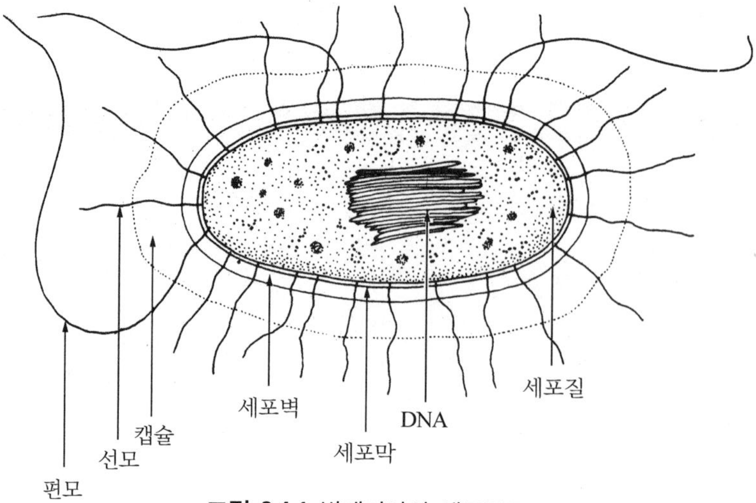

그림 2.4.1 박테리아의 세포구조

(4) 미생물의 필수 영양물질

단세포 박테리아를 포함한 미생물들은 증식을 위한 새로운 세포물질의 합성과 세포유지에 필요한 에너지 생산에 필요한 물질들을 주위 환경으로부터 얻는데, 일반적으로 이러한 물질들은 영양물질로 불린다.

적절하게 계속 증식하기 위해서 미생물은 탄소와 에너지원이 있어야 한다. 더불어 질소, 인과 같은 영양물질과 황, 칼륨, 칼슘, 마그네슘과 같은 미량원소도 필요하다. 세포조직의 합성을 위해 필요한 두 가지 탄소원은 이산화탄소와 유기물질에 존재하는 탄소이다. 만일 미생물이 이산화탄소로부터 세포의 탄소를 합성한다면 독립영양계라 하고, 유기탄소를 이용한다면 종속영양계라 한다.

세포합성에 필요한 에너지는 빛과 유무기물질의 화학적 산화환원으로 얻는다. 빛을 이용하는 미생물은 광영양계라 하고, 화학적 에너지원을 이용하는 미생물은 화학영양계라고 한다. 탄소와 에너지원에 따른 미생물의 분류를 표 2.4.2에 나타내었다.

표 2.4.2 에너지와 탄소원에 따른 미생물의 일반적인 분류

분류	에너지원	탄소원	대표적인 유기체
광무기영양계	빛	CO_2	고등식물, 조류, 광합성박테리아
광유기영양계	빛	유기물질	광합성박테리아
화학무기영양계	무기물질	CO_2	박테리아
화학유기영양계	유기물질	유기물질	박테리아, 균류, 원생동물, 동물

탄소와 에너지 외에도 산소는 세포조직의 주요 요소일 뿐만 아니라 세포성장에 중요한 역할을 담당하고 있다. 많은 미생물은 물질대사에 분자상태의 산소(O_2)를 필요로 한다. 그러한 미생물을 절대호기성미생물이라 하고, 분자산소의 존재가 독성으로 작용하는 미생물을 절대혐기성 미생물이 라고 한다. 절대혐기성 미생물은 세포합성에 필요한 산소를 화학물질로부터 얻는다. 산소가 있거나 없거나 성장할 수 있는 미생물이 있는데, 이러한 미생물을 통성혐기성 미생물이라고 하며, 저농도의 산소에서도 잘 기능하는 절대호기성 미생물이 있는데 이들을 미호기성 미생물이라 한다.

(5) 미생물에 미치는 환경의 영향

미생물에게 필요한 필수영양물질에 대한 것 외에 미생물에 미치는 환경요인, 특히 성장과 번식에 영향을 미치는 인자들의 영향도 또한 중요하다. 특히, (1) 화학적 구성성분, (2) pH, (3) 산소, (4) 온도, (5) 빛과 같은 인자들의 영향을 고려해야 한다.

2.4.2 수질에 관계하는 주요 미생물

수질에 관계하는 주요 미생물들은 박테리아, 균류, 조류, 원생동물, 연충, 윤충, 갑각류, 바이러스 등이다.

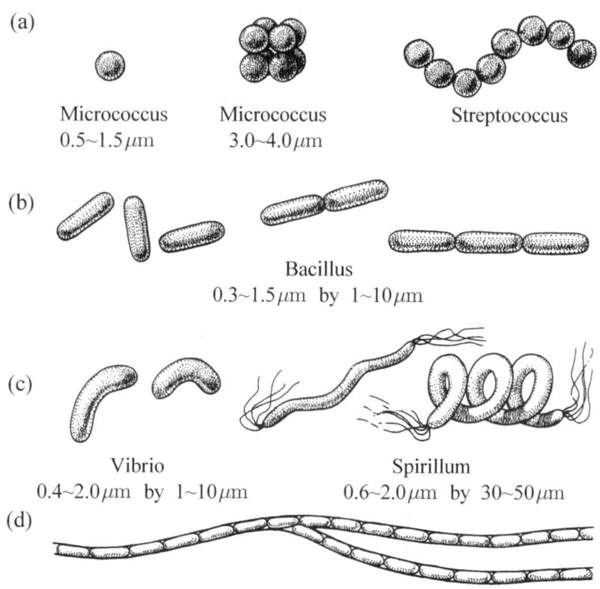

그림 2.4.2 박테리아의 형태
(a) 구형, (b) 막대형, (c) 굴곡 막대형 혹은 나선형, (d) 사상(단위 세포의 사슬로 연결됨)

(1) 박테리아

박테리아는 단세포 원생생물이다. 비록 수많은 박테리아들이 있지만 대부분의 박테리아는 그림 2.4.2에 보이는 바와 같이 형태에 의해 4가지(원형, 막대형, 곡선 및 나선형, 사형)로 구분될 수 있다. 원형 박테리아는 *cocci* (단수는 coccus)로 알려져 있는데, 직경이 약 1~3μm 이다. 막대형 박테리아는 *bacilli* (단수는 bacillus)로 알려져 있고 크기가 상당히 다양하여, 폭이나 직경이 0.3~1.5μm 정도이고 길이가 1.0~10.0μm 이다. *Escherichia coli*는 주로 인간의 배설물에서 발견되는 유기체로 폭이 0.5μm, 길이가 2μm 정도이다. 굴곡 막대형 박테리아는 *vibrios*로 알려져 있고 폭이나 혹은 직경이 0.6~1.0μm, 길이가 2~6μm로 크기가 다양하다. 나선형 박테리아는 *spirilla* (단수, spirillum)로 알려져 있는데, 길이가 50μm 이상이 발견된다. 사상 박테리아는 이름이 다양하고 100μm 정도로 크거나 그 이상일 수도 있다.

(2) 균 류

균류는 호기성이고 다세포이며 광합성을 하지 않는 종속영양계 유핵 원생생물이다. 대부분의 균류는 부생식물로 사체의 유기물질로부터 먹이를 얻는다. 박테리아와 함께 균류는 생물권에서 탄소 분해를 담당하는 주요 유기체이다. 생태학적으로 균류는 박테리아보다 두 가지의 장점을 갖고 있다. 균류는 저습지역과 낮은 pH 환경에서 자랄 수 있다. 이러한 특징 때문에 균류는 지상과 수생 환경의 유기물질의 분해에 중요한 역할을 담당한다. 유기물질이 분해되면, 균류는 대기 중으로 이산화탄소를 배출하고 지상 환경 중으로 질소를 배출한다. 유기물질을 분해시키는 균류가 없다면 탄소순환이 곧 중지하게 되고 유기물질이 축적되기 시작할 것이다. 균류는 극히 작은 유기체 크기에서 버섯 크기 정도로 다양하며 다음과 같은 다섯 가지로 분류된다.

1. Myxomycetes, 또는 점액성 균류
2. Phycomycetes, 또는 수서 균류
3. Ascomycetes, 또는 낭 균류
4. Basidiomycetes, 또는 녹, 얼룩, 버섯류
5. Fungi imperfecti, 또는 기타 균류

수질과 관련해서 1, 2번의 두 종류가 가장 중요하다. 수중에서 주로 발견되는 균류를 그림 2.4.3에 나타내었다.

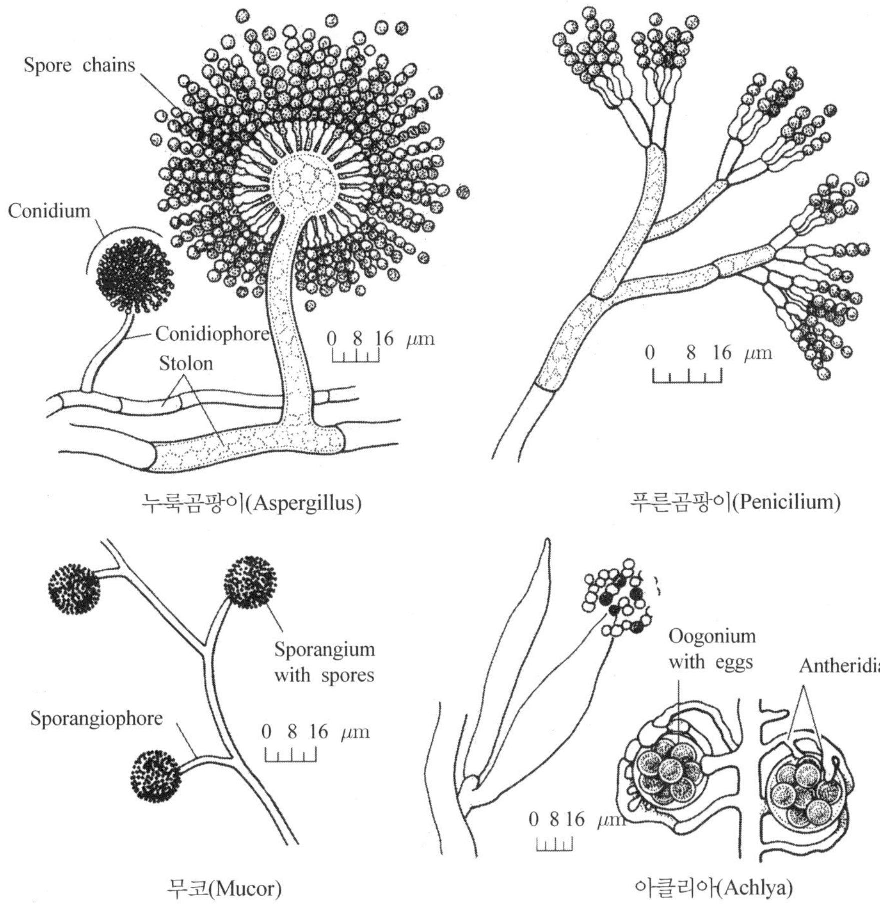

그림 2.4.3 수중에서 주로 발견되는 균류

(3) 조 류

조류라는 이름은 대체로 비슷한 특성을 갖는 여러 종류의 유핵 미생물에 적용된다. 전형적으로 조류는 독립영양계이고 광합성을 하며 엽록소를 갖고 있다. 비록 개별 조류종을 분류하는 데 대해 여러 논쟁들이 있지만 가장 많이 사용되는 분류표가 표 2.4.3에 요약되어 있다. 조류를 균류와 구분짓는 주요 특징은 조류에는 엽록소가 있다는 것이다. 엽록소 외에 carotenes(오렌지색), phycocyanin (청색), phycoerythrin(적색), fucoxanthin(갈색), xanthophylls(노란색) 등 다른 색소들을 조류에서 볼 수 있다. 이러한 색소들이 조합되어 다양한 색을 나타내는 조류들이 자연에서 발견되는 것이다.

표 2.4.3 조류의 분류

분 류	이 름	수서 서식지
Chlorophyta	녹조류	담수, 염수
Chrysophta	규조류, 황갈조류	담수, 염수
Cryptophta	은편모조류	염수
Euglenophyta	유글레나	담수
Phaeophyta	갈조류	염수
Pyrrhophyta	쌍편모류	담수, 염수
Rhodophyta	홍조류	담수, 염수
Xanthophyta	황녹조류	담수, 염수

물질대사 중에 조류는 세포의 탄소합성을 위해 물에 있는 이산화탄소를 이용한다. 세 가지의 색소(chlorophylls, carotenoids, phycobilins)는 광합성 세포 번식과 세포 유지를 위한 빛에너지를 흡수하기 위해 사용된다. 산소는 광합성 과정 동안 생산되며, 밤에는 빛이 존재하지 않으므로 조류는 산소를 소비한다. 햇빛이 있을 때도 호흡을 하지만 보통 낮 시간에 배출되는 산소량이 사용된 양을 초과한다. 조류의 광합성과 호흡을 정의하는 간단한 반응식은 다음과 같다.

$$\text{광합성} \quad nCO_2 + nH_2O + \text{영양물질} \xrightarrow{\text{빛}} (CH_2O)n + nO_2 + \text{새로운 조류 세포} \tag{2.4.1}$$

$$\text{호 흡} \quad (CH_2O)n + nO_2 \longrightarrow nCO_2 + nH_2O \tag{2.4.2}$$

조류는 수질을 분석할 때 매우 중요한 미생물이다. 수서환경에서 조류는 박테리아와 공생관계를 이루고 있다. 만일 조류가 우세하게 되면 밤에 나타나는 혐기성 상태의 원인이 되어 용존산소 평형에 영향을 미칠 수 있다. 박테리아나 다른 CO_2원이 없으면 조류종들은 세포성장에 필요한 CO_2를 물에 존재하는 중탄산염으로부터 얻으며, 이러한 반응은 다음과 같이 표현될 수 있다.

$$2HCO_3^- \xrightarrow{\text{조류}} CO_2 + CO_3^{2-} + H_2O \tag{2.4.3}$$

식 (2.4.3)과 같은 반응이 일어나면 물로부터 중탄산염이 제거되기 때문에 물의 pH는 보통 높아지게 된다. 조건에 따라서는 pH가 증가되면 탄산칼슘($CaCO_3$)이 침전될 수 있다. 많은 조류들이 맛과 냄새 물질과 관련이 있다.

(4) 원생동물류

원생동물은 세포벽이 없는 단세포 유핵 미생물이다. 대부분의 원생동물은 자연계에서 독립생활을 하지만 몇몇 종은 숙주 생물체의 겉이나 속에서 붙어서 기생한다. 숙주는 조류와 같은 원시 미생물에서 인간과 같은 고등 복합생물체까지 매우 다양하다. 원생동물의 대부분은 호기성이거나 조건 혐기성 종속영양계이지만 몇몇 종은 혐기성인 것으로 보고되고 있다. 원생동물의 4가지 주요 군집을 표 2.4.4에 정리하였다.

표 2.4.4 주요 원생동물 집단의 분류

분 류	운동 형태	대표 종	
		이 름	특 징
Ciliata	섬모(보통 여러개)	*Paramecium*	자유 유영
Mastigophora	편모(하나 혹은 둘 이상)	*Giardia lamblia*	지아디아병 원인
		Trypanosoma gambiense	졸음병의 원인
Sarcodina	가짜 다리(약간의 편모)	*Entamoeba histolytica*	이질 원인
Sporozoa	포복, 보통 어떤 단계에서는 비이동성 편모	*Plasmodium vivax*	말라리아병 원인

(5) 연충, 윤충, 갑각류

연충류의 수는 일차적으로 사람의 질병에 대한 관점인 수질과 관련해서 매우 중요하다. 두 개의 중요한 연충 문은 Platyhelminthes와 Aschelminthes인데 Platyhelminthes 문의 일반적인 이름은 와충류(flatworm)이며 와충류는 전세계의 연못과 잔잔히 흐르는 하천에서 볼 수 있다. 가장 일반적인 형태는 플라나리아이다.

Aschelminthes문 중에서 가장 중요한 종은 선충류(nematode)이다. 약 10,000종의 선충류가 밝혀져 있고 점점 많아지고 있다. 대부분의 선충류는 독립생활을 한다. 사람에게 더 관심이 많은 것은 기생충 형태이다. 가장 문제가 되는 기생충은 선모충병(trichinosis)의 원인인 *Trichinella*와 십이지장충(hookworm)의 원인인 *Necator*, 회충(roundworm)의 원인이 되는 *Ascaris*, 필라리아병의 원인이 되는 *Filaria* 등이다.

윤충류는 가장 단순한 다세포 동물이다. 그 이름은 유기체의 머리에 위치한 섬모의 두드러진 회전운동으로부터 유래되었다. 섬모는 이동과 먹이 포획을 위해 사용한다. 물질대사의 관점에서 윤충류는 호기성 화학유기영양계로 분류될 수 있다. 박테리아가 윤충류의 주요 먹이원이다.

윤충류와 같이 갑각류 역시 박테리아와 조류를 잡아먹는 호기성 화학유기영양계이다. 이러한 단단한 껍질로 된 다세포 동물은 물고기의 중요한 먹이가 된다.

(6) 바이러스류

바이러스는 단백질 막 안에 DNA와 RNA 같은 유전자 물질의 요소로 구성된 절대 기생성 입자이다. 이 입자는 새로운 화합물을 합성하지는 못하는 대신 살아있는 세포에 침투해서 숙주 세포의 성장과 유지 활동을 새로운 바이러스 입자의 번식을 위한 세포 활동으로 바꾸게 한다. 감염된 세포가 죽으면 많은 수의 바이러스가 다른 세포를 전염시키기 위해 방출된다.

모든 바이러스는 숙주에 대해 특정적이다. 그러므로 어떤 바이러스는 단지 한 종류의 생물체만 공격한다. 또한 유전적 변종이 공격에 특히 감염되기 쉽거나 면역이 될 수 있다. 보통 감기나 포진 simplex I 에 면역이 있는 사람들이 그 예이다. 수많은 바이러스성 질병은 흔히 물에 의해 전파된다. 그러므로 바이러스의 불활성화나 계수방법에 대해 공학자들이 많은 관심을 쏟고 있다. 불행하게도 바이러스의 숙주 특정성은 그들의 계수를 어렵게 하고, 구조적 단순성 때문에 기계적 및 화학적 불활성화 방법에 비용이 많이 든다. 이러한 특성들을 조합하면, 어렵고 비용이 많이 소요되는 처리를 효과적으로 할 수 있다.

2.4.3 박테리아

(1) 박테리아의 계수

박테리아는 보통 물에 존재하며, 잠재적으로 질병을 전파할 가능성과 관련해서 그들의 농도가 중요하다. 물에 존재하는 박테리아의 계수는 적절하게 희석한 뒤에 고체배지나 액체배지에 배양하여 수행된다.

1) 고체배지를 이용한 박테리아의 계수

고체배지를 이용한 박테리아의 계수법중에서 가장 유용한 방법은 평판계수법이다. 이 방법은 1단계로 분석해야 할 시료의 10배 희석액을 준비한다. 다음 단계는 각 희석액 1 mL를 취하여 더 높은 배율로 희석액을 만들어 멸균된 배양접시에 분리한다. 항상 복수의 시료를 실험해야 한다. 같은 피펫으로 끝까지 수행하여 하는데, 한 번의 희석과 또 다른 희석에서 부피의 희석영향이 중요하지 않기 때문이다. 피펫을 다 사용한 뒤에는 액상 배양액 12~20 mL를 각 배양접시에 붓는다. 배지가 넣은 후 곧바로 시료와 배지를 혼합한다. 혼합액은 그 뒤 고형화된다. 혼합액이 고형화된 후에 배양접시는 뒤집어서 35℃(±0.5℃)에서 48(±3)시간 동안 배양한다.

배양이 끝나면 생성된 박테리아 군집수를 계수한다. 군집수가 30~300개 정도인 접시를 중요하게 고려한다. mL당 박테리아 수는 복수 시료로부터 얻어진 평균 계수를 적절한 희석배수로 곱하여 계산한다. 이 시험에서 각 군집은 단일 박테리아 세포에서 만들어진 것으로 가정한다. 군집이 너무 많거나 군집이 합쳐져서 성장된 접시는 군집이 세포 하나 이상에서 만들어졌을 가능성이 크기 때문에 사용하지 않는다. 그러므로 오로지 선택된 희석액만을 박테리아 농도를 평가하기 위해 사용한다.

박테리아 종이 다르면 각기 다른 영양물질과 환경조건을 요구한다는 것을 기억하여야 한다. 단일 영양배지는 총 개체수의 정확한 평가에 적합하지 않다. 그러나 이러한 선택성의 원리가 하나 또는 매우 적은 종의 박테리아를 다른 종들로부터 배제하여 계수하여야 할 때 유용하게 사용될 수 있다. 이 같은 경우 영양배지와 환경조건을 주의 깊게 선택하여야 한다. 수질관리에서 가장 좋은 예가 최근에 발생된 오염과 병원성 미생물의 존재 가능성의 지표로서 대장균군을 이용하는 것이다.

2) 액체배지를 이용한 박테리아 계수

*Escherichia coli*를 포함하여 미생물의 대장균군은 인간뿐만 아니라 다른 온혈동물의 장 계통에서 발견되는데 유당(lactose)을 발효시켜 많은 양의 가스를 발생시킨다. 유당은 일반적으로 단지 우유에만 존재하는 비교적 흔하지 않은 당류이다. 시료에서 가스를 발생시키는 미생물 수를 계수하기 위해서는 액체 유당배지를 이용한 시험이 수행되어야 한다. 시험은 배양액이 담겨있는 큰 시험관 위에 엎어놓은 가스 수집관에 가스가 형성되는지 아닌지를 관찰해야 한다.

시험의 원리는 불검출까지의 희석에 근거를 두고 있다. 원래 그 시험은 시료수에 존재하는 대장균 미생물의 수를 결정하기 위해 개발되었다. 예를 들어 만일 연속된 10배 희석액을 준비하여 가스 생산을 측정하여 증식이 10^{-n} 희석액에서 관찰되고 $10^{-(n+1)}$ 희석액에서 관찰되지 않았다면, 시료는 적어도 10^{n} 세포/mL를 갖고 있으며 10^{n+1} 세포/mL 보다는 적은 수를 함유하는 것이다. 분명히 하나의 시험만 수행된다면 결과는 통계적으로 차이가 많이 날 것이다. 박테리아 세포 수에 대한 통계적 해석은 각 희석액으로 여러 번의 시험이 수행되어야만 정확해진다.

각 희석액으로 복수의 시험이 수행되는 시험은 복합 발효관 방법이라고 한다. 시험법은 다음과 같다. 먼저 일련의 희석액을 만들고 각 희석액 시료 1 mL를 적절한 유당 배양액이 담겨있는 다섯 개의 시험관에 넣고 가스 수집관을 엎어놓는다. 식종된 시험관은 44.5℃(±0.2℃)에서 24(±2)시간 동안 수욕상에서 배양한다. 24시간 후에 엎어놓은 가스 수집관에 가스가 축적되면 양성반응으로 판단한다. 각 희석액의 시험결과를 전체 시험관에 대한 양성 시험관의 비율로 기록한다. 예를 들면, 3/5 비율은 5개의 시험관 시료중에서 3개의 시험관이 양성이라는 것을 의미한다. 복합 시험관법 시험의 결과로부터 박테리아 수를 평가한다.

3) 멤브레인 필터를 이용한 박테리아 계수

시험되어야 할 수질이 양호한 경우에는 멤브레인 필터법이 성공적으로 사용되어져 왔다. 먼저 시험해야 할 시료수를 멤브레인으로 여과를 한다. 멤브레인의 공극 크기는 보통 0.45 μm 인데, 본질적으로 관심 있는 모든 박테리아는 여과지에 걸러질 것이다.

용량을 알고 있는 물을 여과한 후에, 여과지는 제거되어 적절한 배지로 포화된 멸균 흡수패드가 담겨있는 작은 배양접시에 옮겨진다. 엎어놓은 상태로 배양된 후에 박테리아 군집을 계수한다. 만일 여과지를 통과시킨 물의 용량을 알고 있다면 단위 용적당 미생물 수를 계산할 수 있다.

(2) 박테리아 밀도의 평가

대장균 박테리아의 농도는 100 mL 당 MPN(most probable number, 최확수)으로 가장 흔히 보고된다. 일반적으로 MPN 값은 세 개의 다른 희석액으로 만들어진 다섯 개의 복제 시료(15개)로 수행된 양성시험(유당발효시험) 결과의 수로부터 계산된다. 예를 들면, 시료수는 100 mL에 대해 10, 1, 0.1 mL로 희석된다. 각 희석액의 다섯 개의 복제 시료를 유당 육즙에서 표준 온도, 표준 시간동안(44.5℃ (±0.2℃), 24 (±2)시간) 배양한 뒤에 유당이 발효된(가스 생성이 관찰된) 각 희석액 시험관의 수를 기록한다. 박테리아 밀도는 가장 양성값과 음성값이 적절하게 분포된 값으로부터 예측한다.

MPN의 평가는 특정한 값에 대한 포아송(Poisson) 분포에 기초를 두고 있다. 세 희석액으로부터 얻어진 확률, y는 식 (2.4.4)로 주어진다.

$$y = \frac{1}{a}\left[(1-e^{-n_1\lambda})^{p_1}(e^{-n_1\lambda})^{q_1}\right]\left[(1-e^{-n_2\lambda})^{p_2}(e^{-n_2\lambda})^{q_2}\right]\times\left[(1-e^{-n_3\lambda})^{p_3}(e^{-n_3\lambda})^{q_3}\right] \quad (2.4.4)$$

여기서, y : 주어진 결과에서 일어날 확률
a : 조건 상수
n_1, n_2, n_3 : 각 희석액에서 시료량, mL
λ : 대장균 밀도, 수/mL
p_1, p_2, p_3 : 각 시료 희석액에서 양성 시험관의 수
q_1, q_2, q_3 : 각 시료 희석액에서 음성 시험관의 수

위에서 언급한 것처럼 세 개의 희석액은 희석액당 5개의 시험관이 보통 사용된다. 식 (2.4.4)는 각 희석액에 대해 추가 항을 보태어 희석액의 수를 늘릴 수 있다. MPN 값은 100λ이고, 주어진 $n_1,\ p_1,\ q_1$ 값에 대한 ya 의 최대값을 구하여 찾을 수 있다. 그러므로 a 값은 알 필요가 없다. ya 의 평가는 계산기나 컴퓨터를 이용하면 어렵지 않고 어떤 경우는 계산이 가장 간단한 방법이다.

(3) 대장균군 박테리아(*Escherichia coli*)

대장균군 박테리아는 모든 호기성 및 조건성 혐기성, 그람 음성, 비포아 형성, 막대형 박테리아를 포함하며 유당을 발효시켜 가스를 형성한다. *Escherichia coli* 는 대장균군중 가장 널리 알려져 있는 것으로 박테리아 실험에 일반적으로 사용되는 미생물이다. *Escherichia coli* 는 보통 인간을 비롯한 온혈동물의 장에서 서식한다. 인간의 장 계통에는 *E. coli* 가 많기 때문에 1900년대 초에는 인간의 분변으로 물이 오염되지 않아서 이런 미생물이 수중에서 나타나지 않았다고 생각할 만하다. 이런 미생물의 존재는 오늘날의 일이고, 분뇨물질에 의한 오염과 인간으로부터 유래된 병원성 미생물의 존재 가능성을 나타내는 지표로 받아들여지고 있다.

비록 여러 시험방법이 특정 병원성 미생물에 대해 유효하게 사용되지만, 시료에 어떤 병원성 미생물이 존재하는지를 알 수 있는 방법은 없다. 또한 모든 병원성 미생물을 시험하는 데에는 너무 많은 비용이 든다. 그렇기 때문에 *E. coli* 가 인간에 의한 오염의 지표 미생물로서 사용되어왔다. 전술한 것처럼 대장균군의 계수에서 중점사항은 그들이 유당을 발효(혐기조건에서 대사하거나 증식한다)시킨다는 것이다. 세 번에 걸친 시험(추정, 확정, 완전시험)이 대장균군의 존재를 확인하기 위해 수행되어진다. 추정시험(복합 발효관에 식종하여 배양했을 때 가스생성이 확인된)의 결과는 박테리아 밀도(MPN/100 mL)를 결정하기 위해 사용된다.

지표 미생물로서 *E. coli* 의 사용과 관련된 문제점은 다음과 같다. (1) *E. coli* 는 원래 생각되어졌던 것처럼 단일종이 아니고, (2) *Proteus*와 *Aerobacter*와 같은 어떤 대장균군 속은 보통 인간의 장 계통의 외부인 토양에서도 발견된다. (3) 분변오염을 대표하지 않는 물에 존재하는 다른 유기체도 유당을 발효시키는 것과 같은 *E. coli* 의 특성을 일부 갖고 있다. (4) 인간에게서 발견된다고 알려져 있는 *E. coli* 가 또한 다른 온혈동물의 장 계통에서 발견된다는 것 등이다. 이상으로 언급된 문제점에도 불구하고 *E. coli* 는 여전히 지표 미생물로 사용되고 있으며, 아직 대체될 만한 적절한 시험방법이 없다.

인간이나 동물의 장 계통에서 항상 발견되는 다른 세 부류의 미생물은 fecal streptococci (*Streptococcus faecalis*), clostridia(*Clostridium perfringens*), 혐기성 lactobacilli의 몇 종이다. 처음 종은 현재 분변오염의 지표미생물로서 대장균 시험과 함께 종종 사용된다.

3 물의 오염

물의 오염이란 자연의 수체가 자연적 또는 인위적인 영향을 받아 물리적, 화학적, 생물학적으로 수질이 변화하여 원래의 용도대로 사용할 수 없게 된 것을 말한다. 물의 오염은 주로 자연적인 현상보다는 인간의 경제활동에 수반한 인위적인 작용에 기인하는 것이 대부분으로 도시의 발달과 산업의 고도화에 따라 가정하수와 각종 공장폐수 및 축산폐수의 배출이 자연수역의 수질을 악화시키고 있다. 이러한 물의 오염은 상수원수, 농업용수, 공업용수 등의 용도에 상당한 영향을 주며, 특히 인축의 배설물은 병원성 미생물에 의한 수인성 전염병을 일으킬 수 있다. 따라서 이와 같은 물의 오염은 방지되어야 하며 오염된 물은 적정 수질기준 이하가 되도록 처리되어야 한다. 물 오염의 방지와 개선에는 보통 막대한 경비와 노력이 뒤따르게 되지만 깨끗한 환경을 보전하여 자손에게 물려주는 것은 우리에게 주어진 사명이라 하겠다.

3.1 물 오염

3.1.1 정의

물 오염이란 산업 활동을 비롯한 인간의 활동에 따라 배출되는 오수, 하수, 폐수 등이 공공수역에 유입되어 수질을 악화시킴으로써 사람과 동식물의 건강이나 재산, 생활환경에 피해를 발생시키는 것을 말한다. 우리나라에서는 물이 오염되는 것을 막고 공공수역의 수질을 적정하게 유지 관리하기 위하여 「환경정책기본법」과 「수질 및 수생태계 보전에 관한 법률」 등을 제정하여 수질관리를 수행하고 있다.

3.1.2 물 오염의 역사

물 오염에 대한 인류의 관심은 보다 깨끗한 물을 사용하고자 하는 근본욕구에서부터 시작되었다고 할 수 있다. 가장 오래된 기록은 기원전 3천년 경으로 수메리아의 한 도시에서 급수용으로 우물을 사용하였으며 도시 내에서 대규모 하수시설을 갖추었던 기록이 있다. 기원전 2천년 경에는 물을 여러 가지 방법으로 정수한다고 하는 기록이 남아 있으며, 식수원으로 우물을 사용했다는 기록은 페르시아, 이집트, 인도, 중국 등에서도 찾아 볼 수 있다. 고대 예루살렘에서는 지하 저수조를 사용하였으며 그리스나 로마제국에서는 수도관을 이용하였다. 특히 로마제국 시대에는 공중변소를 사용하였으며 그에 대한 규정도 있었다고 한다.

중세시대에는 암흑기 속에도 유럽의 여러 도시에서 수도관과 수로 등이 사용되었다. 특히 16세기 말에 발명된 펌프의 영향으로 근대에는 급수시설에 큰 발전을 가져오게 되었다. 그러나 실질적으로 수질오염에 대한 관리가 행해지기 시작한 것은 19세기 산업혁명 이후라고 할 수 있다. 19세기 중엽 영국에서 발생한 콜레라의 발생으로 지표수를 여과하여 음용수로 사용하게 되었으며, 정수시설 운영에 대하여 체계적인 확립을 가져오게 되었다. 그 후 영국과 독일, 미국 등에서는 현대적인 하수관망 설치와 함께 처리기술의 발전을 가져왔으며 관련 법률의 제정이 이루어지게 되었다. 이와 같은 법률의 제정은 19세기 말부터 시작하여 20세기에 걸쳐 세계 각국에서 지속적으로 이루어져 왔다. 더욱 각종 공해병의 발생에 따른 피해가 커지고 사회문제로 대두되면서 수질오염의 규제는 점차 강화되어 가고 있는 추세이다. 같은 시기에 물 수요의 증가와 치수의 목적으로 많은 댐들이 건설되었으며 주로 양적인 관리가 이루어져 왔다. 그러나 최근에는 다목적댐들이 많아지고 관리 면에서도 양적인 관리에서 질적인 관리를 중시하는 흐름으로 전환되어 가고 있다. 이러한 흐름은 하천수나 호소수와 같은 식수원의 오염에 대하여 시대적으로 안전하고 향상된 수질을 바라고 있는 수요자들의 요구를 반영한 것이다.

1950년대에는 물 오염 외에도 대기오염이 큰 문제로 대두되어 세계적으로 선진국을 중심으로 환경전반에 대한 대책을 논의하게 되었으며, 1972년에는 스웨덴에서 113개국의 정상들이 "인간환경선안"을 선포하였다. 또한 1973년에는 유엔 산하에 유엔환경계획기구(UNEP)가 창설되었으며, 이후 환경문제에 중심적인 역할을 담당하게 되었다. 1992년에는 180여 국의 대표와 정상들이 브라질에서 "리우환경선언"을 선포하였고 여러 가지 협약이 채택되었다.

물 오염은 산업사회의 발전에 수반하게 되는 문제이기 때문에 점차 복잡해지고 여러 가지 오염물질이 출현할 것으로 예상된다. 수질오염의 합리적인 규제를 위하여 물의 관리는 물론 효과적인 처리시설의 운영이 당연한 과제이며, 우리나라뿐만 아니라 세계적인 흐름을 파악하고 각종 환경에 관련된 국제협약에 대하여도 주시하고 있어야 할 것이다.

3.1.3 물 오염의 원인

강우의 형태에서 지하수·지표수를 거쳐 다시 대기 중으로 되돌아가는 물은 순환과정에서 인간을 포함한 모든 생물들에 의해 사용된다. 이렇게 순환하면서 자연에서 발생된 물질 및 인위적으로 생성된 물질들을 운반한다. 이 물질 속에는 박테리아와 바이러스 같은 유기체와 방사성 물질, 유기물, 염이 녹아있고 침전물이 포함되어 있다. 이러한 부유물질과 용존물질이 지표수와 지하수내에서 과다한 농도에 이르러 수생 생태계를 악화, 파괴시키고 인간의 건강을 위협하며 조개류, 어류와 그 밖의 자연 생물들을 위한 용수로, 수영장, 보트장 등에 사용되는 용수 등으로 더 이상 사용되지 못

표 3.1.1 오염물질의 형태 분류

구분		물질류	특징	측정지표
유기물오염	생분해성 유기물	전분, 지방, 단백질, 알코올, 산알데히드, 에스테르 등	자연적으로 발생하는 미생물에 의해 어느 정도의 시간대에 먹이로 사용될 수 있는 유기물	BOD : 유기물 소비에 따른 산소소모량
	비분해성 유기물	강한 분자결합(다당류), 벤젠물질 * 독성 유기물 : 유기 살충제, 공업용 화학약품, 염소계 탄화수소화합물	생물학적 분해가 잘 일어나지 않음	COD 화학적 산소요구량
무기물오염		독성금속물질 : 비소, 바륨, 카드뮴, 크롬, 납, 수은 등	독성 금속물질은 적은 양으로도 생물체에 해를 미칠 수 있음	각 물질 단위
영양상태		질소, 인	생분해성 유기물 오염의 일부, 호소에서는 영양상태에 따라 조류의 과다번식 등 문제 발생	총질소, 총인

표 3.1.2 오염물질, 공통의 오염원 그리고 수반효과

오염물질	공통오염원	수반효과
유기물(생물학적으로 생긴 물질)	낙농지, 가축사육장, 경매지, 식료품제조공장, 양식장, 하수처리시설, 도살장, 산업	수생 생물의 죽음을 초래할 수 있고 산소공급을 고갈시키는 박테리아균의 팽창 초래
부유물질(물속의 유기와 무기물, 분진)	산업, 채석장, 수영장, 건설지 오물, 양식장, 광산 폐기물	광합성을 방해하여 수생식물 성장을 제한하고 초식성에 필요한 식품을 줄임. 먹이를 잡아먹는 어류의 가시거리를 줄임
열 폐기물의 집중(온수)	산업, 발전소	용존산소 감소, 수생식물 생명주기 단축, 부수적인 효과와 함께 무척추동물의 성분 변화를 초래, 열대 회귀선 상승, 뜨거운 배출물은 어류 죽음 초래, 진흙과 조류의 과도성장
식물영양소 즉, 인과 질소	집약적 영농업(돼지우리/사료구역), 하수처리시설	부영양화(수질의 과부하)
병원체(미생물 즉, 박테리아)	하수처리시설, 도살장, 식품제조공장	감염으로 치명적 결과, 질병위험
유독물질(중금속, 석유 부산물, PCBs, 시안화물, 살충제)	산업(제조업, 정제업), 하수처리 작업장, 광산 폐기물	중요한 생물학적 과정을 억제, 야생생물에 물리적 재난 초래, 먹이연쇄에 누적효과, 돌연변이나 발암물질 초래 (즉 PCBs경우)
폐기물	도시와 농업에서 유출	수산 생물 성장 방해

하게 되었을 때 이들은 오염물질이 되며 물은 오염되었다고 한다.

수질오염의 가장 근본적인 문제는 물 사용과 관련된 우리의 생활양태이다. 작물들을 경작하는 방법, 재화를 생산소비하는 방법, 사람과 재화들을 운송하는 방법 등과 같은 현대생활의 많은 요소들과 관습으로 내려온 많은 행동양태들이 수질에 많은 부담을 주고 있으며 오염물질의 형태에 따른 분류는 표 3.1.1과 같으며, 표 3.1.2는 오염물질, 공통의 오염원 및 수반효과를 나타낸 것이다.

3.1.4 자정작용

자연은 스스로 깨끗케 하는 능력을 가지고 있으며, 각 생태계는 유기물을 비롯한 오염물질이 유입되면 자기의 환경용량을 초과하지 않는 한 끊임없이 이 능력을 발휘함으로써 모든 생물의 생활터전으로서의 조건을 유지하고자 하는데, 이것을 자연의 자정작용이라고 한다. 이 자정작용을 이루는 가장 중요한 기능은 생태계의 분해자인 미생물이 주축이 되는 생물학적 분해이며 희석, 침강, 여과, 혼합, 분산 등의 물리적 작용과 용존, 탈기, 산화, 환원 등으로 대표되는 화학적 반응도 없어서는 안 될 필수요소이다. 고도의 환경기술로 알려져 있는 하수나 폐수처리기술, 그리고 산업용수 제조기술은 본래 자연의 자정작용을 기초로 한 것으로, 인위적으로 그 진행속도를 가속시키고자 하는 데서 출발한 것이다. 바로 이 자연의 자정능력의 발휘한계를 초과하여 오염물질이 유입됨으로써 자연적으로는 본래의 상태로 돌아갈 수 없는 상태가 오염인 것이다.

3.2 물의 오염지표

물이 과연 오염된 것인지를 판단하는 데는 여러 가지 기준이 있을 수 있으며, 또한 용도에 따라 오염의 여부를 달리 표현할 수도 있다. 오염여부를 나타내는 지표에는 물 시료를 대상으로 공정시험방법을 이용하여 실험실에서 분석하여 나타내는 화학지표와, 하천이나 호소에서 당해 생태계에서 서식하는 생물을 통해 직접 확인하여 판정하는 생물지표가 있다.

3.2.1 화학지표

수질을 나타내는 대표적인 화학지표로는 pH(수소이온농도지수), DO(용존산소), BOD(생화학적 산소요구량), COD(화학적 산소요구량), SS(부유고형물농도), n-H(노말헥산추출물질), 색도, 탁도,

중금속 등으로 이들 항목을 측정, 분석함으로써 해당 수질을 표현할 수 있다. 각 항목의 분석 목적을 정리하여 표 3.2.1에 나타내었으며, 표 3.2.2는 주요 화학지표를 이용하여 하천의 생활환경 등급을 표시하는 기준을 정리한 것이다.

표 3.2.1 수질분석 항목 및 분석

분 석 항 목	분 석 목 적
pH	물의 산성 또는 염기성정도의 조사
알칼리도(Alkalinity)	물의 산을 중화시킬 수 있는 능력 조사
산도(Acidity)	물의 염기를 중화시킬 수 있는 능력 조사
경도(Hardness)	물의 스케일 형성 가능성 및 비누의 소모량 조사
전기 전도도(Conductivity)	물에 함유된 용존성 고형물 함량 조사
염화물(Chloride)	폐수의 농업용수로의 재활용 가능성 조사
용존성 양이온(Ca^{2+}, Mg^{2+}, K^{+}, Na^{+} 등) 용존성 음이온(HCO_3^{-}, CO_3^{2-}, Cl^{-}, SO_4^{2-} 등)	물의 정해진 목적에 적합성 여부 및 이온성 물질 분석
황산염 (Sulfate)	슬러지의 처리 정도 조사
질소(Nitrogen) 유기성질소(Organic N), 암모니아(NH_3), 아질산염(NO_2^{-}), 질산염(NO_3^{-})	폐수의 처리 정도 평가 및 영양분의 존재 여부 조사
인(Phosphorous) 총인(Total P), 유기인(Organic P), 무기인(Inorganic P), 인산염(PO_4^{3-})	폐수의 처리 정도 평가 및 영양분의 존재 여부 조사
용존산소(Dissolved Oxygen)	물에 용해된 산소의 양 및 포기 장치의 성능 조사
생화학적 산소요구량 (Biochemical Oxygen Demand)	물에 함유된 유기물질을 미생물이 안정화하는 데 필요한 산소의 양 조사
화학적 산소요구량 (Chemical Oxygen Demand)	물에 함유된 유기물질을 완전히 산화시키는 데 필요한 산소의 양 조사
총유기탄소(Total Organic Carbon)	물의 유기물질 농도 조사

표 3.2.2 하천의 생활환경기준

등급		상태(캐릭터)	기준					
			수소이온농도(pH)	생물화학적 산소요구량(BOD)(mg/L)	부유물질량(mg/L)	용존산소량(mg/L)	대장균군(군수/100mL) 총대장균군	대장균군(군수/100mL) 분원성대장균군
매우 좋음	Ia		6.5~8.5	1 이하	25 이하	7.5 이상	50 이하	10 이하
좋음	Ib		6.5~8.5	2 이하	25 이하	5.0 이상	500 이하	100 이하
약간 좋음	II		6.5~8.5	3 이하	25 이하	5.0 이상	1,000 이하	200 이하
보통	III		6.5~8.5	5 이하	25 이하	5.0 이상	5,000 이하	1,000 이하
약간 나쁨	IV		6.0~8.5	8 이하	100 이하	2.0 이상	-	-
나쁨	V		6.0~8.5	10 이하	쓰레기 등이 떠있지 아니할 것	2.0 이상	-	-
매우 나쁨	VI		-	10 초과	-	2.0 미만	-	-

비고

1. 등급별 수질 및 수생태계 상태

가. 매우 좋음 : 용존산소가 풍부하고 오염물질이 없는 청정상태의 생태계로 여과·살균 등 간단한 정수처리 후 생활용수로 사용할 수 있음.

나. 좋음 : 용존산소가 많은 편이고 오염물질이 거의 없는 청정상태에 근접한 생태계로 여과·침전·살균 등 일반적인 정수처리 후 생활용수로 사용할 수 있음.

다. 약간 좋음 : 약간의 오염물질은 있으나 용존산소가 많은 상태의 다소 좋은 생태계로 여과·침전·살균 등 일반적인 정수처리 후 생활용수 또는 수영용수로 사용할 수 있음.

라. 보통 : 보통의 오염물질로 인하여 용존산소가 소모되는 일반 생태계로 여과, 침전, 활성탄 투입, 살균 등 고도의 정수처리 후 생활용수로 이용하거나 일반적 정수처리 후 공업용수로 사용할 수 있음.

마. 약간 나쁨 : 상당량의 오염물질로 인하여 용존산소가 소모되는 생태계로 농업용수로 사용하거나, 여과, 침전, 활성탄 투입, 살균 등 고도의 정수처리 후 공업용수로 사용할 수 있음.

바. 나쁨 : 다량의 오염물질로 인하여 용존산소가 소모되는 생태계로 산책 등 국민의 일상생활에 불쾌감을 유발하지 아니하며, 활성탄 투입, 역삼투압 공법 등 특수한 정수처리 후 공업용수로 사용할 수 있음.

사. 매우 나쁨 : 용존산소가 거의 없는 오염된 물로 물고기가 살기 어려움.

아. 용수는 당해 등급보다 낮은 등급의 용도로 사용할 수 있음.

자. 수소이온농도(pH) 등 각 기준항목에 대한 오염도 현황, 용수처리방법 등을 종합적으로 검토하여 그에 맞는 처리방법에 따라 용수를 처리하는 경우에는 당해 등급보다 높은 등급의 용도로도 사용할 수 있음.

3.2.2 생물지표

수질의 화학지표는 우리가 알고자 하는 대상 하천이나 호소에서 채취한 시료에 대한 결과를 나타내는 것으로 특히 하천은 계속 흐르고 있으므로 지금 이곳에서의 수질을 직접 알려주는 것이라고는 할 수 없다. 결국 하천이나 호소의 현 시점의 현장수질을 직접 나타내기 위해서는 당해 수체에서 서식하는 생물의 종과 개체수, 활동도 등을 조사하는 수밖에는 없다. 이를 생물지표라고 하며 우리나라에서도「수질 및 수생태계 보전에 관한 법률」에 관련규정을 제정하여 운영하고 있다(표 3.2.3).

표 3.2.3 수질 및 수생태계별 생물학적 특성

생물등급	생물지표종		서식지 및 생물 특성
	저서(底棲)생물	어류	
매우 좋음 ~ 좋음	옆새우, 가재, 뿔하루살이, 민하루살이, 강도래, 물날도래, 광택날도래, 띠무늬우묵날도래, 바수염날도래	산천어, 금강모치, 열목어, 버들치 등 서식	· 물이 매우 맑으며, 유속은 빠른 편임. · 바닥은 주로 바위와 자갈로 구성됨. · 부착조류가 매우 적음.
좋음 ~ 보통	다슬기, 넓적거머리, 강하루살이, 동양하루살이, 등줄하루살이, 등딱지하루살이, 물삿갓벌레, 큰줄날도래	쉬리, 갈겨니, 은어, 쏘가리 등 서식	· 물이 맑으며, 유속은 약간 빠르거나 보통임. · 바닥은 주로 자갈과 모래로 구성됨. · 부착조류가 약간 있음.
보통 ~ 약간 나쁨	물달팽이, 턱거머리, 물벌레, 밀잠자리	피라미, 끄리, 모래무지, 참붕어 등 서식	· 물이 약간 혼탁하며, 유속은 약간 느린 편임. · 바닥은 주로 잔자갈과 모래로 구성됨. · 부착조류가 녹색을 띠며 많음.
약간 나쁨 ~ 매우 나쁨	왼돌이물달팽이, 실지렁이, 붉은깔다구, 나방파리, 꽃등에	붕어, 잉어, 미꾸라지, 메기 등 서식	· 물이 매우 혼탁하며, 유속은 느린 편임. · 바닥은 주로 모래와 실트로 구성되며, 대체로 검은색을 띔. · 부착조류가 갈색 혹은 회색을 띠며 매우 많음.

3.2.3 표현단위

물의 오염 여부, 즉 수질이 어떠한지를 나타내는 단위는 수질을 나타내는 각 항목에 따라 다르나 수소이온농도는 pH라는 항목이름 안에 농도를 나타낸다는 약속이 이미 포함되어 있기 때문에 별도의 단위를 붙이지 않으며, 색도는 도(度)를 사용하고 탁도는 통상 NTU (Nephelometric Turbidity Unit)를 사용하고 있다.

그 외 대부분의 항목은 물 속에 들어있는 그 물질의 무게, 즉 단위체적 당 해당 항목물질의 무게를 나타내는 것이므로 농도단위인 mg/L를 사용하는 것이 원칙인데 편의상 백만분율(百萬分率, ppm ; parts per million)을 대체로 쓰고 있다. 이는 용매인 물의 비중을 항상 1인 것으로 가정하여 사용하는 것으로 실제 mg/L값과 큰 차이가 없으므로 수질의 대강을 표현하고자 할 때는 큰 무리가 없다고 하겠으나, 공학적이거나 공식적인 표현의 경우에는 반드시 mg/L값으로 나타내어야 한다.

3.3 부영양화와 적조현상

3.3.1 부영양화

(1) 부영양화의 정의와 원인

부영양이란 말은 독일의 식물학자 웨버(1907년)가 이탄습지(泥炭濕地)의 증가실험에서 초기상태를 결정짓는 영양상태를 나타내는 말로 처음 사용하였다.

부영양화란 본래 수생생태계에서 질소, 인, 때로는 실리콘, 칼륨, 칼슘, 철이나 망간 등과 같은 식물에 대한 영양증가물질(營養增加物質)의 생물학적 영향과 효과에 대해 표현할 때 사용한 것으로서, 정확히 정의하는 것은 어렵다. 왜냐하면 호소, 강, 하구 등의 영양상태에서 중영양상태(中營養狀態)나 빈영양상태(貧營養狀態)라 부르는 것에 대한 상대적인 표현이기 때문이다.

환경오염의 측면에서 부영양화라는 말은 주로 호소(湖沼)에서 사용되는데 주변으로부터 영양오염물질, 즉 질소나 인 등을 다량 포함한 축산폐수, 생활하수, 도시지역폐기물의 강우유출 등 인간활동의 결과 생성된 영양물질들이 호소에 과도하게 유입되어 정상적인 물질순환상태가 교란되면 조류(藻類)의 이상번식(異常繁殖)을 초래하고, 이것은 먹이연쇄의 다음 단계에 연쇄적으로 영향을 미쳐 쓸모없는 곳으로 변화시키게 되는데, 이러한 변화의 단초가 되는 부영양상태로 진행되는 과정을 부영양화라고 하여 중시하는 것이다.

(2) 부영양화의 영향

부영양화의 영향은 직접적인 영향과 간접적인 영향으로 구분할 수 있다. 직접적인 영향은 생물체, 특히 부유성(浮遊性) 조류(藻類)가 외부 영양물질의 유입으로 영양결핍상태가 해결되면서 태양에너지의 공급이 원활하여 유기물의 생산속도가 증가하고 개체증가에 따라 종의 분포가 변하게 되는 것이다. 간접적인 영향은 한 종의 생산성 증가가 서식처의 물리·화학적 환경을 변화시킬 때 일어나는 것으로 용존산소농도의 변화, 광투과량(光透過量) 변화 등인데 이 결과는 그 생태계 내에서 직접적인 자원경쟁은 없으나 환경을 공유하는 다른 종들에게 영향을 미치게 된다.

자연상태의 호소라 하더라도 약 2,000년이 경과하면 늪지로 천이한다고 하는데 인위적 오염물질의 유입으로 부영양상태로 되는 속도가 매우 빨라져 약 100년 내에 본연의 역할을 담당할 수 없는 상태, 즉 생태계의 파괴로 이어진다는 것이 부영양화의 가장 심각한 문제라 할 것이다.

(3) 부영양화에 대한 대책

1) 영양물질 유입량의 저감

우선 농경지로부터의 유입 비료물질의 양을 저감시킬 수 있도록 경작지를 쉬게 하는 방법이 있으며, 생활하수나 산업폐수, 축산폐수의 철저한 처리감시와 관리를 통해 계획방류수질에 적합하도록 하고, 호수로 유입되는 물을 영향을 덜 받을 수 있는 주변 수용수계(收容水系)로 우회시키는 방법, 그리고 유입수로의 유속(流速)을 늦출 수 있도록 상류 침전지를 형성하는 방법이 있다. 또 호소주변에 환경용량이 풍부한 습지를 확장·조성함으로써 유입농도를 저감하는 방법도 고려할 수 있을 것이다.

2) 호소내 대책

근접한 곳의 수자원을 이용하여 희석·세척하는 방법, 여름철 성층현상(成層現象)시 저층부의 물을 빼주는 방법, 바닥의 퇴적층(堆積層)을 준설(浚渫)하는 방법 등이 물질조절방법으로 제안되며, 이상번식한 생물체를 제거하는 방법, 즉 황산구리($CuSO_4$)와 같은 약품을 이용한 조류의 제거방법 등이 있으나 일시적인 방법으로만 인정되고 있다.

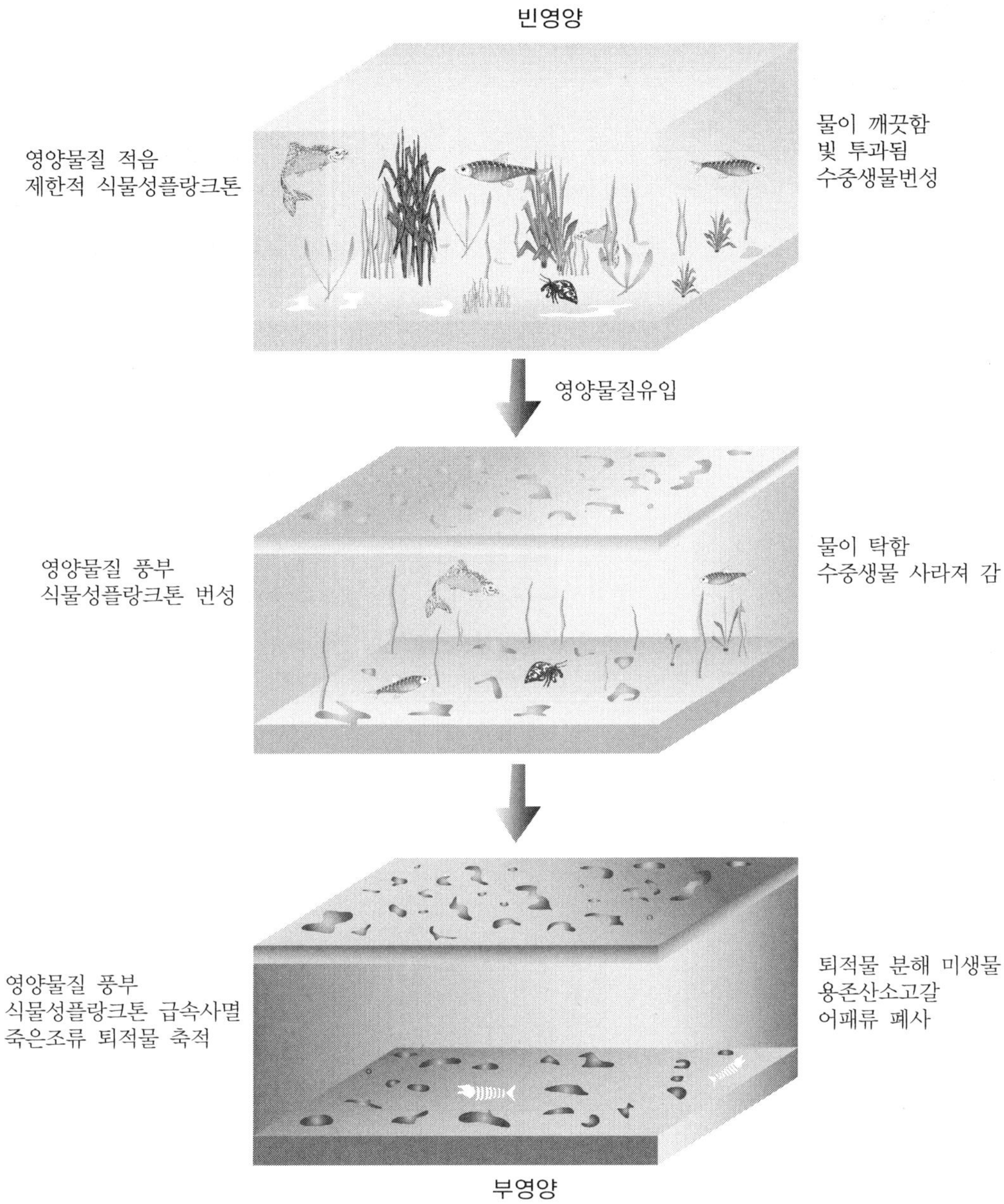

그림 3.3.1 부영양화 과정

3.3.2 적조현상

(1) 적조의 정의

적조현상이란 해양에 서식하는 동·식물성 플랑크톤, 원생동물 및 박테리아와 같은 미생물이 일시에 다량으로 증식하거나, 생물적·물리적으로 집적하여 바닷물의 색을 변화시켜 해양생물에게 나쁜 영향을 미치는 것을 말한다. 원래 적조는 바닷물의 색을 적색으로 변화시킨다 하여 붙여진 이름이지만 증식이나 집적되는 생물의 색에 따라 적색 이외에도 황갈색, 녹색, 적갈색 등을 나타내므로 녹조, 황조, 갈조 등의 이름으로도 부르는데 근래에 들어서는 바다 외에 호소에서도 흔히 나타나고 있다.

(2) 적조의 원인

적조는 주로 여름철 장마에 의해 육상으로부터 다량의 영양염(營養鹽)이 해역으로 유입된 후 쾌청한 날씨가 계속되면 발생하는 것이 일반적이었으나, 최근에는 강우에 의한 염류유입이 없어도 해저 퇴적층으로부터 영양염류가 용출하거나 연안에 유기물오염이나 부영양화가 진행될 때 식물성 플랑크톤의 성장을 촉진시킬 수 있는 성장촉진 또는 자극물질의 공급이 이루어짐으로써 계절에 관계없이 발생하고 있다.

주요 원인생물은 강우성 적조인 경우는 규조류(硅藻類, diatoms), 비강우성 적조인 경우는 식물성 편모조류(鞭毛藻類, phytoflagellates)가 알려져 있으며 식물성 편모조류에 의한 유해성 적조는 주로 수온이 20℃ 이상인 여름철에 주로 발생하나, 1995년 우리나라에서는 수온이 내려가는 10월까지 지속되었으며, 빠르게는 4월에도 발생하기도 하고 어떤 해역에서는 11월에도 관찰되는 등 발생기간의 폭이 넓어지는 추세이다.

(3) 적조의 영향

규조류에 의한 적조가 발생하면 시각적으로 불쾌감을 주어 해양위락행위에 심리적 지장을 주며, 해양생물에 대한 직접적인 피해를 주지는 않으나 식물성 편모조류에 의한 적조는 인근 해역에 서식하는 동·식물에 막대한 피해를 주게 된다. 첫째, 식물성 플랑크톤의 해수표층에의 밀집으로 해저층으로의 산소공급이 차단되어 산소결핍현상을 나타낸다. 둘째, 해역 유기물질의 증가로 각종 세균의 증가를 초래하고 이것은 결국 수중 동·식물에 질병을 유발하고, 세균이 생산하는 독성물질이 어패류에 피해를 주게 된다. 셋째, 편모조류 중 일부 종은 세포 밖으로 점액물질을 분비하는데 이 점액질이 어패류의 호흡기관에 부착, 호흡장해를 일으키는데 최근 가두리 양식장에서의 물고기의 대량 폐사(斃死)사고가 대표적인 예이다.

(4) 대책

적조대책은 크게 사전대책과 사후대책으로 나눌 수 있다. 사후대책으로 과산화수소 방제법(1996년 국립수산진흥원 개발)과 황토살포법(1984년 동경대 개발)이 실효를 거둔 것으로 나타났으나, 이보다는 연안의 산업활동 억제, 폐기물을 비롯한 오염물질의 투기제어, 해저퇴적물 제거, 다발지역에의 공기주입 등의 발생방지대책이 더욱 개발, 현실화되어야 할 것이다.

3.4 물 오염의 대표적 사건

물 오염의 원인이 되는 물질은 일반가정의 생활하수, 공장폐수 등과 같이 여러 가지가 있으며 또한 이러한 오염물질을 수역까지 운반하는 경로도 다양하다. 아래에 이러한 오염물질이 이동되어 하천이나 해안 또는 상수원을 오염시킨 대표적인 사건들에 대하여 소개하고자 한다.

(1) 가정하수의 오염

가정하수의 오염에 따른 피해는 공중위생에 관한 정보가 적었던 과거에 주로 많이 발생하였던 것으로 생각할 수 있다. 1982년 독일의 함부르그 시에서 취수하여 급수한 엘베강의 하천수에는 맞은편에 있는 알토나시의 콜레라 환자의 배설물이 투입되어 1만 8천명의 환자가 발생하였으며, 이 중 약 8천명이 사망하였다. 1914년에는 스페인의 바르셀로나 시에서 급수하는 물이 장티푸스균으로 오염되어 1만 8천 5백 명의 환자가 발생하여 약 1,800여명이 사망하였다. 1937년 일본 오무타 시에서는 이질균으로 오염된 지하수를 급수하여 1만명이 넘는 환자가 발생하였으며, 그 중 약 600여명이 병으로 사망하였다.

(2) 중금속으로 인한 오염

중금속에 의한 오염은 산업화가 시작된 이래 널리 알려진 것으로 직접적인 생태계의 피해와 동식물을 통한 중금속의 인간 체내에서의 축적으로 인한 피해가 나타난다.

1953년~1959년에 걸쳐 일본 미나마따 마을에서 발생한 괴병은 후에 수은중독에 의한 병으로 알려졌으며, 이는 미나마따병으로 불리고 있다. 손발마비, 언어장애, 시야협착 등의 장애가 나타나고 수십 명의 사망자와 수백 명의 중환자가 발생하였다. 수은은 미나마따 시에 있는 빙초산공장에서 사용하는 메틸수은이 이곳에 서식하는 어패류에 축적되어 이를 먹은 주민들의 몸에 축적된 것으로 알려졌다.

1968년 일본 도야마현에서 발생한 이따이이따이병은 골다공증, 전신의 통증이 수반된 카드뮴 중동에 의한 대표적 예라 할 수 있다. 약 130여명의 환자 중 대부분이 65세 이상이고 어린이 중에는 여자아이가 압도적으로 많았다. 카드뮴은 상류지역에 위치한 광업소에서 배출되었으며 폐수 중의 카드뮴이 지하수, 농작물, 어패류 등을 오염시켜 이를 먹은 주민들에게 집중적으로 발생하였다.

(3) PCB 중독

세계에서 유일하게 알려진 PCB 중독사건은 1968년 일본 키타큐우슈우 시에서 발생한 가네미창고(주)의 제품인 미강유 오염사건이다. 안질발생, 손발톱의 변색, 구토, 관절통, 체중감소, 월경불순, 빈혈 등의 증상을 수반하는 PCB 중독은 일본에서 약 9백여명의 환자가 발생하였다. 이들 환자들은 PCB가 함유되어있는 미강유라는 식용유를 섭취한 것으로 알려져 있다.

(4) 유해 화학물질에 의한 오염

1977년 미국의 뉴욕주 펄스시에서 발생한 복합 화학물질에 의한 오염사건으로 일명 러브 캐널(Love Canal)사건으로 알려져 있다. 후크케미칼이라는 화학회사는 러브 캐널이라는 미완성된 운하를 1940년대에 폐기물 매립장으로 사용하여 화학공장에서 발생한 폐기물을 이 운하에 매립하였는데 결과적으로 이 폐기물은 인근지역의 토양과 지하수를 오염시키게 되었다. 각종 독극물 및 발암성 물질이 토양과 지하수에서 발견되었으며, 이는 이 지역의 유산율이 타 지역보다 높고 선천성 기형아가 많이 출생하는 원인으로 밝혀졌다. 1978년 8월 미국 정부는 펄스시의 일부 주택단지를 환경재난지역으로 선포하고 인접지역의 주민 2백 83가구에 대하여 영구 강제이주대책을 취하였다.

(5) 다이옥신에 의한 오염

1983년 미국의 미주리주에서 발생한 사건으로 고엽제 생산공장에서 부산물로써 폐유 속에 다이옥신이 높은 농도로 함유된 것이 발견되었다. 처음에는 이 폐유를 방진용으로 길에 뿌렸으나 근처의 닭과 말이 죽기 시작하여 가네미사건과 비슷한 양상을 나타내었다. 결국 미주리주는 330만 달러에 타임 비치라는 그 작은 마을을 사들여 주민들에게 퇴거 명령을 취하게 되었다.

(6) 하이테크에 따른 오염

1982년 미국의 캘리포니아주, 실리콘밸리에서 발생한 사건으로 한 회사의 지하탱크에서 트리클로로에틸렌, 테트라클로로에틸렌, 트리클로로에탄 등의 유기용제가 다량 누출되었다. 이로 인하여 많은 사람이 식수로 사용하고 있는 지하수를 오염시켜 13명이 사망하고 백혈병, 유산, 암, 선천성 기형아 등의 피해가 일어났다.

1983년에는 일본의 효고현 도시바 공장에서 트리클로로에틸렌의 유출로 인근의 지하수를 오염시켰으며, 1986년에는 치바현의 도시바 반도체공장에서 트리클로로에틸렌에 의한 지하수 오염사건이 발생하였다. 사건해결을 위해 양 회사는 많은 보상금을 치러야 했으며 이와 같은 오염은 산업사회가 발달할수록 나타나는 오염의 대표적 사례라 하겠다.

(7) 낙동강 페놀사건

우리나라에서 1991년 봄에 발생한 페놀사건은 낙동강의 상수원을 페놀로 오염시킨 사건으로 국민들에게 수질오염에 대한 인식을 높이는 결과를 가져왔다. 구미공단의 어느 공장에서 페놀이 인근의 옥계천으로 유입되어 낙동강을 오염시켰으며 그 영향으로 며칠 후 대구시의 상수도에서 악취가 발생하여 한동안 식수로의 사용이 불가능 하게 되었다.

4 물오염의 해석

물 오염을 원인별로 구분하면 자연적인 오염과 인위적인 오염으로 대별할 수 있다. 자연적인 오염으로는 수역지질의 영향으로 화학적, 세균학적 및 생물학적 변화현상에 의한 것이며, 도시 인구의 집중 또는 산업발달에 따른 산업 및 생활환경 변화에 의해 각종 용수의 수요가 증가하였으며 이러한 각종 용수의 공급에 따라 오염된 물이 다시 수역으로 유입되어 수질을 악화시키는 인위적 오염이 있다.

오염물질의 유입으로 하천이나 연안과 같은 공공수역에서 스스로 정화될 수 있는 자정능력을 상실하는 결과를 초래하게 되었으며, 도시의 미관을 손상시킬 뿐만 아니라 농수산 자원을 비롯하여 각종 공업용수와 식수원에까지 피해를 미치게 되었다. 그러나 공공수역의 수질을 정화시키는 것은 그 오염원이 다양하여 기술적으로나 행정적 및 경제적으로 매우 어려운 과제이다. 하지만 이러한 어려운 과제를 그대로 방치해 둔다면 국가적인 자원의 손실을 가져올 뿐만 아니라 환경위생상의 측면에서도 악영향을 미치게 될 것이므로 이러한 오염을 방지하고 하천, 호소 및 해안의 수질을 향상시키기 위한 기술적인 방법으로서 물 오염의 메커니즘을 이해하여야 한다.

공공수역이 오염되어 가는 메카니즘은 일반적으로 오염물질의 발생단계에서 자연수역으로 방출되고 이로부터 오염의 질적·양적인 진행과정을 거쳐 영향 및 피해 단계로 발전하게 된다. 이러한 반응기구로부터 수역을 보전하기 위해 우리가 취해야 할 방법으로는 오염물질이 수역에 유입되지 않도록 사전에 제어하는 방법과 시스템내의 동역학적 반응계수를 조절하여 물리·화학·생물학적 반응을 이용하여 내부 오염원 및 오염물질을 제어하는 방법이 있다. 그리고 환경감시체제와 monitoring 시스템을 구축하여 시행하고, 그 결과 오염 발생원에 feedback함으로써 오염의 영향과 피해를 최소화하기 위한 방안을 수립하여야 한다.

그러나 무엇보다도 수질관리의 차원에서는 수역에서의 수질의 의미, 오염해석에 의한 오염물질의 추정, 오염물질의 유입과정과 정량화 및 자연수역에서의 오염물질 거동 등을 명확히 할 필요가 있다. 그러므로 본 장에서는 효과적인 수질관리를 위해 하천, 호소 및 해양 수역에 대한 오염 반응의 메커니즘을 살펴보고자 한다.

4.1 하 천

하천수질은 유역의 지질 및 토양의 성질, 유량 및 오수량 등에 크게 영향을 받고 있다. 특히 산업폐수, 축산폐수 및 농약의 과도한 사용으로 인한 오염의 관개용수, 오염된 지하수 및 강우 시 시가지의 오염물질 등의 유입으로 인해 하천의 자정 능력을 크게 상실한 상태이다.

이러한 상태의 하천은 유량과 밀접한 관계가 있으며, 특히 하천유량이 갈수 또는 저수 상태일 때 오염이 가장 심각한 상태가 된다. 그 이유는 오염된 하천수를 희석해 줄 수 있는 자연 상태의 맑은 하천수가 부족하기 때문이다. 한편 대규모 취소로 인한 유량감소와 높은 수위를 유지하기 위해 설치된 수중보 등이 하천오염을 가중시키는 요인이 된다. 본 절에서는 이러한 하천에서의 수질변화를 살펴보기 위해 희석·확산작용, 자정작용 및 용존산소 시스템과 하구에서의 수질변화 상태에 대하여 설명하고자 한다.

4.1.1 희석 및 확산작용

오염물질이 하천에 유입하면 먼저 가로방향과 세로방향의 물리적인 혼합이 일어난다. 이 혼합에 의해 오염물질이 수중에서 이동하게 된다. 이를 물질의 확산 또는 희석이라고 한다. 희석작용은 오염물질과 하천수 사이에 경계막을 통하여 물질교환이 일어나며 이 물질교환의 주된 작용요인은 수중에서의 미립자들 간의 브라운 운동과 농도차와 온도차에 의해서 발생되는 밀도류 및 난류확산 등이다. 브라운 운동은 분자확산의 의미로 다른 주변요인들에 비해 너무 미약하므로 무시할 정도이고, 밀도류에 의한 물질교환과 난류확산에 의한 물질교환의 주체는 유체의 운동이다. 밀도류에 의한 희석은 호수나 해역같이 유속이 매우 느린 지역에서는 중요하지만, 실제 하천에서 물질교환의 주된 요인은 혼합에 의한 희석이 현저한 지점을 제외하면 난류 확산이 지배적이다.

난류확산을 동반하는 유수 중의 오염물질의 이동상태는 다음 식으로 표현된다.

$$\frac{\partial C}{\partial t} + \frac{\partial (uC)}{\partial x} + \frac{\partial (vC)}{\partial y} + \frac{\partial (wC)}{\partial z} \tag{4.1.1}$$

$$= \underbrace{\frac{\partial}{\partial x}\left(D_x \frac{\partial C}{\partial x}\right) + \frac{\partial}{\partial y}\left(D_y \frac{\partial C}{\partial y}\right) + \frac{\partial}{\partial z}\left(D_z \frac{\partial C}{\partial z}\right)}_{①} + \underbrace{w_0 \frac{\partial C}{\partial z}}_{②} - \underbrace{kC}_{③}$$

위의 (4.1.1)식에서 C는 하천수의 오염물질 농도이며, u, v, w는 유하거리(x)와 단면(y) 및 수심(z) 방향의 속도성분을 나타낸다. D_x, D_y, D_z는 유하거리와 단면 및 수심 방향의 확산계수이며, w_0는 오염물질의 침강속도를 나타낸다. 그리고 k는 BOD 상수값, 혹은 방사성 물질의 붕괴계수 등과 같은 오염물질의 자기감쇄 상수이며, 하천수중에 변화하지 않는 물질은 고려할 필요가 없다.

식 (4.1.1)을 난류확산 방정식이라고 하며, 이 식에서 ①의 과정은 난류확산 과정이고 ② 및 ③

의 과정은 침전과 오염물질의 감소과정을 나타낸 항이다. 위의 식은 수리적으로 매우 복잡하며 수학적으로 완전하게 해석하기란 매우 어려운 실정이다. 그러므로 실제 응용을 위해서는 조건을 단순화하여 적용한다. 조건을 단순화하는 과정으로 완전혼합, 일시투입, 한 방향으로 유입되는 경우와 넓은 지역에서 일시 투입되는 경우 및 넓은 지역에서 연속적으로 투입되는 경우로 나누어 설명하고자 한다.

(1) 완전혼합모델

일정한 농도를 가진 오수가 하천에 일정한 비율로 연속적으로 유입되는 경우, 하천수의 유량을 Q_1, 오수의 유량을 Q_2라 하고 하천수의 농도를 C_1, 오수의 농도를 C_2라 할 때 하류에서 완전 혼합된 농도 C는 아래 식 (4.1.2)로 구할 수 있다.

$$Q_1 C_1 + Q_2 C_2 = (Q_1 + Q_2) \cdot C = Q \cdot C$$

$$C = \frac{Q_1 C_1 + Q_2 C_2}{Q_1 + Q_2} \tag{4.1.2}$$

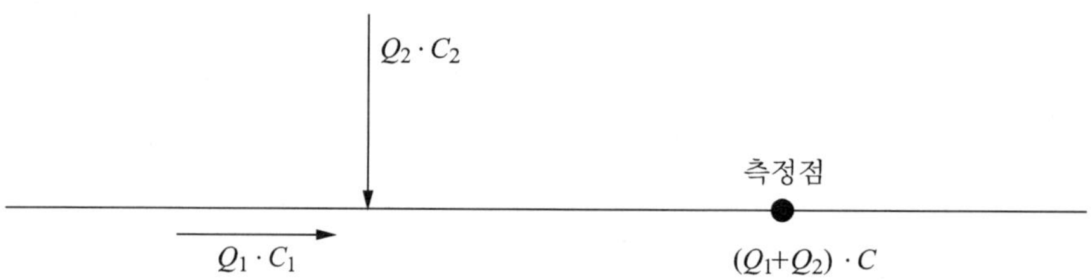

그림 4.1.1 완전혼합모델

(2) 일시투입모델

일정한 유속 u를 가진 하천에 농도가 C_1이고, 유량이 Q_1인 오수량이 일시에 투입되어 하천의 횡단면적 A내에서 균일하게 분포되는 경우 하류의 농도 $C(x, t)$는 아래 식 (4.1.3)으로 구할 수 있다.

$$C(x,t) = \frac{S}{\sqrt{4\pi D_x t}} \exp\left\{-\frac{(x-ut)^2}{4D_x t}\right\} \tag{4.1.3}$$

위의 식에서 S는 $C_1 \cdot Q_1/A$이며, D_x는 유하방향의 확산계수이고, x는 투입점으로부터 측정점까지 거리이며, t는 투입 후 측정시간까지 소요된 시간을 나타낸다.

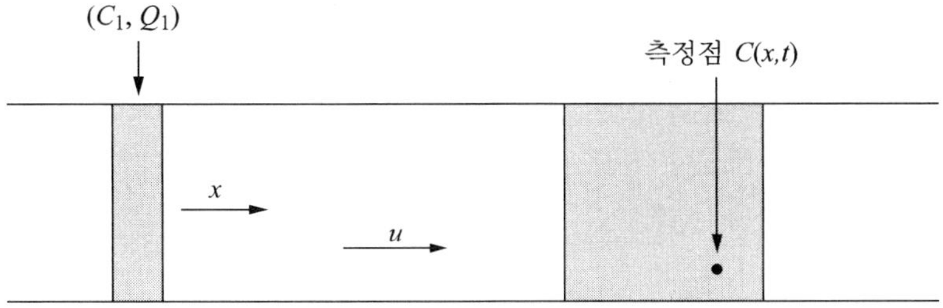

그림 4.1.2 일시투입모델

(3) 일방향 오수유입 모델

일정한 유속 u와 일정한 폭 B를 가지고 수심 또한 일정한 하천에서 한쪽 방향으로 오수가 유입되어 수심상향으로 균일하게 분포하는 경우 확산 범위내의 하류측정지점$(x,\ y)$에서의 농도 C는 아래 식 (4.1.4)와 같이 구할 수 있다.

$$C = C_m + C_s \frac{2b_T}{\pi B} + C_s \frac{b_T}{\pi B} \sum_{n=1}^{\infty} \frac{\cos n\pi y/B \cos n\pi b_T/B}{1-(2nb_T/B)^2} \cdot \exp\left\{-\frac{D_y}{u}\left(\frac{n\pi}{B}\right)^2 x\right\} \tag{4.1.4}$$

위의 식 (4.1.4)에서 C_m은 오수유입 이전의 하천수 농도를 나타내며 C_s는 $x=0,\ y=0$에서 오수유입에 의한 농도를 나타낸 것이다. 단 $x=0$에서 유입오수의 농도는 폭 b_T에서 consine형으로 분포하며, b_T로부터는 일정치 C_m이 된다. 즉 $x=0$에서 농도 C는 아래 식 (4.1.5)와 같다.

$$\begin{aligned} C &= C_s \cos \pi y/2b_T + C_m \quad (0 \leqq y \leqq b_T) \\ &= C_m \quad\quad\quad\quad\quad\quad\quad (b_T \leqq y \leqq B) \end{aligned} \tag{4.1.5}$$

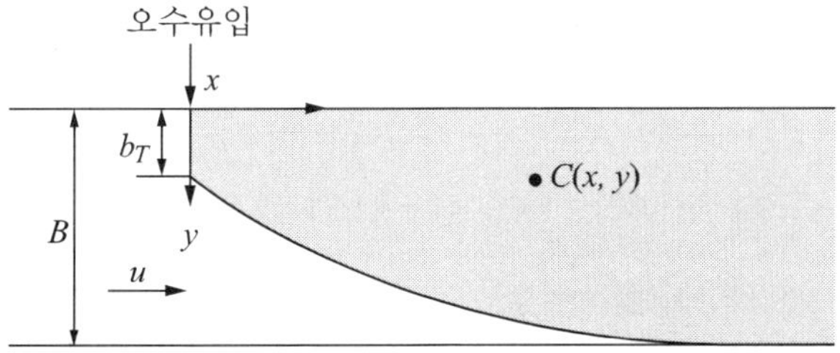

그림 4.1.3 하천의 한 쪽에서 오수가 유입한 경우

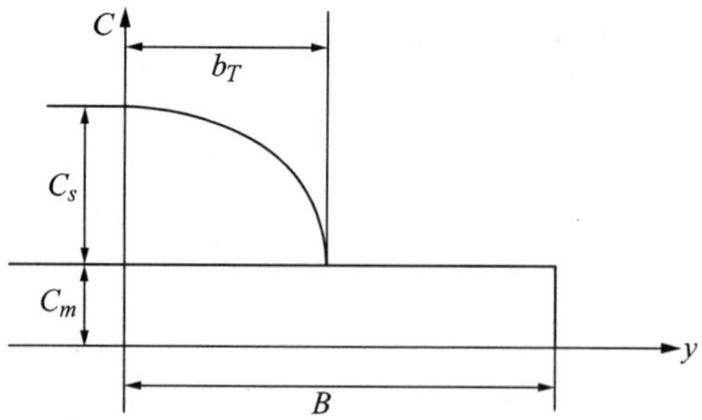

그림 4.1.4 $x=0$에서의 농도분포의 가정

(4) 넓은 수역에서 일시투입 모델

양안의 영향을 무시할 수 있을 정도로 넓은 하천에서 수심이 h이고 유속이 u로 일정하다고 가정하고 유하방향을 x축, 횡방향을 y축으로 하여 한 점에서 수심방향과 기둥모양으로 투입된 오염물질의 확산은 아래 식 (4.1.6)에 의해 지배된다.

$$C=\frac{S}{4\pi\rho h\sqrt{D_x D_y\cdot t}}\exp\left[-\left\{\frac{(x-ut)^2}{4D_x t}+\frac{y^2}{4D_y t}\right\}\right] \tag{4.1.6}$$

위의 식에서 ρ는 물의 밀도를 나타내며, D_x, D_y는 x, y 방향의 확산계수이다.

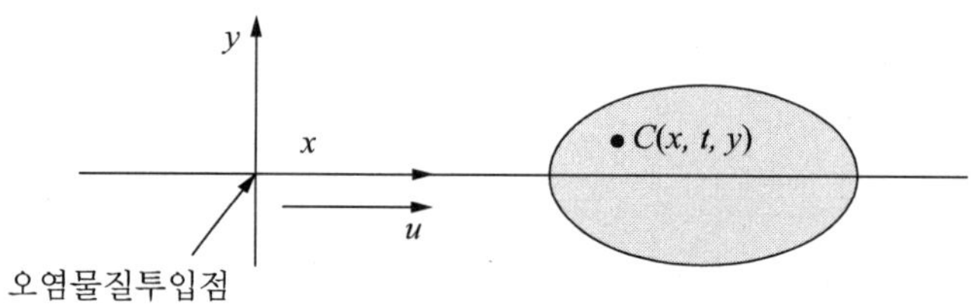

그림 4.1.5 넓은 수역에서 일시투입된 오염물질의 확산

(5) 넓은 수역에서 연속투입 모델

넓은 수역에서 일시 투입된 모델의 경우 투입지점에서 단위시간당 오염물질 Q가 계속 투입되는 경우, 하천의 오염물질 농도의 정상해는 아래 식 (4.1.7)과 같다.

$$C=\frac{Q}{4\pi\rho h\sqrt{D_x D_y}}\int_0^\infty \frac{1}{t}\exp\left[-\left(\frac{(x-ut)^2}{4D_x t}+\frac{y^2}{4D_y t}\right)\right]dt \tag{4.1.7}$$

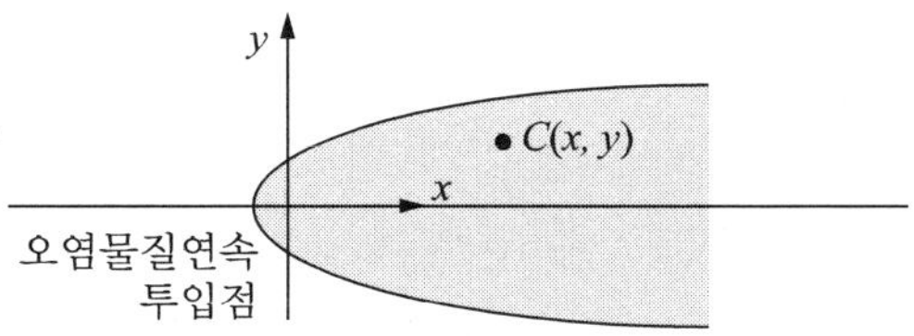

그림 4.1.6 넓은 수역에서 연속투입된 오염물질의 확산

4.1.2 자정작용단계

하천에 오염물질이 유입되어 시간이 경과함에 따라 자연적으로 하천의 수질특성이 변하게 된다. 이와 같은 변화된 특성에 의해 오염된 하천은 원래의 청정상태 수질로 회복되는 능력, 즉 자정능력(self purification)을 가지게 된다. 이 자정작용은 자연의 치유력으로 물리, 화학 및 생물학적 작용이 서로 밀접한 관계를 가지며 넓은 공간에서 이루어진다. 그리고 이러한 오염된 하천이 깨끗한 수질로 되어가는 자정변화 상태는 여러 단계를 거치게 된다.

(1) 자정작용

자정작용은 물리·화학 및 생물학적 자정작용으로 나눌 수 있으며, 일반적으로 지표수는 항상 자정작용의 영향을 받고 있다. 이러한 자정작용은 주로 pH, 햇빛, 수온, 용존산소, 수심, 유속 및 속도구배 등의 영향을 받으며 겨울보다는 여름에 자정작용이 크다. 그 이유는 자정작용 중 가장 큰 영향을 미치는 생물학적 자정작용의 주요 매개체가 되는 미생물의 활동이 활발하기 때문이다.

1) 물리적 자정작용

물리적 자정작용으로는 희석, 확산, 혼합, 침전, 여과, 폭기 및 살균 등으로 수중의 오염물질 농도가 감소하거나 폭기에 의해 공기중의 산소가 용해되어 유기물질의 분해를 촉진시킨다. 표백과 살균은 각각 태양광선과 자외선에 의해 이루어진다.

2) 화학적 자정작용

화학적 자정작용으로는 산화와 응집이 있다. 산화과정은 순수한 공기 중에서 흡수된 산소에 의해 유기물을 수중의 용존산소보다 안정된 유기물이나 가스로 용해시킨다. 응집작용은 흡수된 산소에 의해 오염물질이 분해될 때 발생되는 탄산가스가 물의 pH를 증가시켜 수산화물의 생성을 촉진시키므로 용해되어 있는 철이나 망간 등을 침전시킨다.

3) 생물학적 자정작용

자정작용 중 가장 큰 비중을 차지하는 생물학적 작용은 세균이나 미생물들이 유기물질을 분해하여 안정된 무기물이나 가스로 변형시키는 분해작용과 플랑크톤과 미생물이 가스나 질소를 흡수해서 산소를 방출하는 광합성작용으로 구분할 수 있다. 이러한 작용에 영향을 미치는 인자로서는 온도, pH, DO, 햇빛 등이 있다.

분해작용은 호기성 분해 단계와 혐기성 분해단계로 나눌 수 있다. 미생물의 호기성 분해 시 오염물질은 CO_2, H_2O, NO_3^-, SO_2, SO_4^{2-} 및 PO_4^{3-} 등과 같은 안정된 무기물질로 변하게 된다. 혐기성 분해시 오염물질은 CH_4, H_2, H_2S, CO_2, R－SH(메르캅탄) 등으로 분해된다. 호기성 분해는 그 과정이 유해하지는 않지만 혐기성 분해는 중간 화합물이 휘발성이므로 유해하며 호기성분해에 비해 장시간이 요구된다.

(2) 자정단계

하천에 오염물질이 유입되며 일련의 변화과정을 거치게 된다. 호수나 저수지처럼 정체된 지역에서는 그 변화과정을 쉽게 관찰하기는 쉽지가 않다. 그러나 하천에서는 오염원 배출지점으로부터 떨어진 거리나 시간을 알 수 있으므로 수질의 변화과정을 쉽게 관찰할 수가 있다.

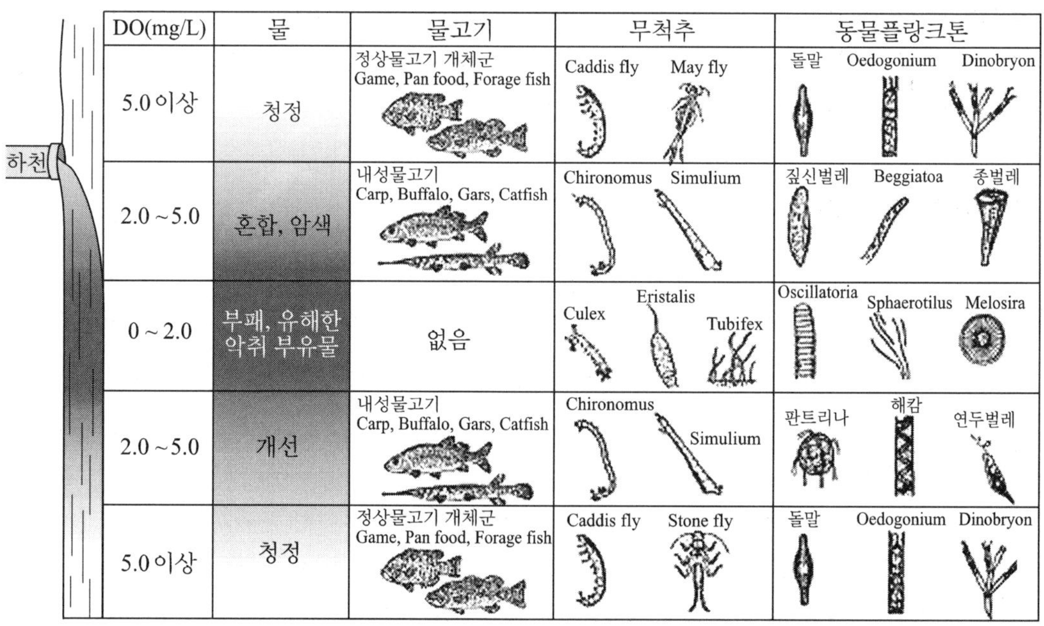

그림 4.1.7 하천의 오염과 자정작용

하천의 자정단계와 오염의 정도를 파악하는 방법으로는 Wipple이 구분한 자정단계와 Kolkwitz-Marson이 구분한 자정단계가 있다. Wipple은 하천의 자정단계를 분해지대(zone of degradation), 활발한 분해지대(zone of active decomposition), 회복지대(zone of recovery) 및 정수지대(zone of clear water)로 구분하였으며, Kolkwitz-Marson은 강부수성수역(polysarprobic), $\alpha-$중부수성수역($\alpha-$mesosaprobic), $\beta-$중부성수역($\beta-$mesosaprobic) 및 빈부수성수역(oligosaprobic)으로 구분하였다. Wipple의 지대구분을 살펴보면 다음과 같다.

1) 분해지대

분해지대에서는 오염된 물의 화학적 및 물리적 질이 저하되며, 따라서 고등생물은 오염에 강한 미생물로 교체된다. 이 지대는 유기물 혹은 기타 오염물을 운반하는 하수관의 방출지점과 가까운 하류에 위치하며, 그 최 하류단은 거리로 환산했을 때 여름철 온도에서 용존산소의 포화농도의 45%에 해당되는 지점이 된다.

분해지대에서는 세균의 수가 증가하고 유기물을 많이 함유하는 슬러지의 침전이 많아지며 용존산소의 양이 크게 줄어드는 대신에 이산화탄소의 양은 많아진다. 분해가 심해짐에 따라 오염에 잘 견디는 곰팡이류가 녹색 수중식물이나 고등미생물을 대신해서 번식하며, 이들 곰팡이류(fungi)는 대단히 심하게 번식해서 하천바닥의 바위나 수중의 식물줄기를 덮는다.

곰팡이류는 물이 고요히 흐르는 곳에서는 공 모양을 형성하고 약간 세게 흐르는 곳에서는 털모양을 가진다. 새로 생긴 것은 때때로 백색을 나타내지만 오래된 것은 붉은 색을 띤 녹색 또는 회색빛을 나타내며 시간이 경과하면 짙은 갈색을 띤다. 이들 fungi는 분해된 오염물질과 용존산소를 섭취하면서 성장하며 용존산소의 농도가 포화농도의 45% 이하로 떨어지면 더 낮은 세균류가 번식하게 된다. 이들 fungi 이외에도 *sphaerotilus natans*, *leptamitus*, *achlya*와 같이 하수 내에 번식하는 *schizomycetes*나 *phycomycetes*들이 이 지대에서 성장한다. 이들은 실같이 길게 성장하며, 하안의 돌이나 기타 막대기 같은 것에 붙어서 산다.

하천바닥의 슬러지 침전물 내에 번식하는 생물로서는 *tubifex*나 *limnodrilus* 종에 속하는 여러 종류의 붉은 색을 띠는 벌레들이 있다. 이들 배설물은 그 주위에 있는 다른 종류의 생물들에 의해서 더 잘 분해된다. 분해지대는 희석이 잘 되는 큰 하천에서 보다 희석이 적게 되는 작은 하천에서 더 뚜렷이 나타나지만 큰 하천에서는 물이 원상태로 빠르게 회복되기 때문에 분해지대의 구별이 어렵게 된다.

2) 활발한 분해지대

활발한 분해지대에서 용존산소가 거의 없는 상태에 도달하게 된다. 물리적으로 이 지대는 회색 내지 흑색으로 나타나고, 화장실에서 나는 냄새나 H_2S에 의한 썩은 계란냄새가 나게 되며, 흑색 및 점성질의 슬러지 침전물이 생기고 기체방울이 수면으로 떠오른다. 혐기성 분해가 진행되면, 수중의 탄산가스 농도나 암모니아성 질소의 농도가 증가한다. 혐기성 세균이 번식해서 호기성 세균을 교체시켜 시간당 생화학적 산소요구량이 재포기량보다 적어질 때까지 번식한다. 이 지대의 상류단에서는 fungi의 수가 감소하므로 혐기성 상태로 변한다는 것을 알 수 있다. 첫 부분에서는 상류의 분해지대에서처럼 fungi의 수가 상당히 많지만 이들은 더욱 실 모양으로 길어지며 분홍 또는 회백색을 띠기 시작하여 결국에는 흑색으로 변한다. 완전히 부패상태가 되면 fungi는 사라진다. 또한 이 지대에서는 꼬리를 가진 구더기나 기타 곤충의 유충이 있을 수도 있다.

3) 회복지대

이 지대에서는 분해지대에서 일어나는 현상과는 반대되는 현상이 일어나며 장거리에 걸쳐서 일어난다. 물리적으로 회복지대에서는 물이 점차 깨끗해지며, 점성질의 슬러지 침전물이 구슬모양으로 변하고 기체방울의 발생이 중단된다. 용존산소의 농도가 포화될 정도로 증가하고 가스의 농도는 감소하며 아질산염이나 질산염의 농도가 증가한다. 영양분의 공급이 감소함에 따라 세균의 수가 감소하는 반면 원생동물, 윤충(rotifer), 갑각류(crustaceans)가 번식하기 시작한다. 균류(fungi)가 다시 조금씩 나타나기 시작하고 분해지대와 같은 정도로 청록색 내지 녹색조류가 번식하며, 하류로 내려갈수록 많은 규조류(diatom)가 성장한다. 큰 수중식물이 다시 나타나며 막대기, 식물 혹은 자갈에 붙어 있는 이끼벌레 등을 볼 수 있게 된다. 이 지대의 상류부분에서는 *turbifex* 종의 수중벌레가 바닥의 진흙층 내에 서식하며 빨강 지렁이 종류도 자란다. 바닥의 부스러기 속에는 조개류나 벌레의 유충이 번식하며 견디는 힘이 강한 생무지, 황어, 은빛 담수어 등의 물고기도 자란다.

4) 정수지대

정수지대는 마치 오염되지 않은 자연수처럼 보이며, 보기에도 깨끗할 뿐만 아니라 용존산소의 양도 많아서 자연적으로 오염된 물 속에서 살 수 있는 식물이나 동물이 번식한다. 이 지대에서는 다른 미생물과 마찬가지로 호기성 세균이 나타나며, 낚시를 할 수 있을 정도로 많은 종류의 물고기가 다시 번식하기 시작한다.

이상과 같이 하천의 자정단계를 4지대로 구분하여 설명하였다. 위의 4단계 과정 중에서 대장균과 병원균은 미생물이나 부적합한 환경 때문에 그 숫자가 크게 줄어들게 된다.

한편, 이와 같은 하천수 중에서의 미생물의 동태를 수식으로 표현하면 식 (4.1.8)과 같다. 유수중에 유기물질을 다량으로 함유하는 폐수가 유입하면 수중의 세균수가 급격히 증가하지만, 유기물질이 소비되면서 영양물질이 감소되어 세균수와의 균형이 파괴되고 세균수도 점차 감소하게 된다. 세균이 일정한 비율로서 감쇠되어 간다고 하면

$$\frac{dy}{dt} = k(N_0 - y) \tag{4.1.8}$$

위의 식을 $t=0,\ y=0$에서 $t=t,\ y=y$까지 적분하면

$$\ln\frac{N_0 - y}{N_0} = -k \cdot t, \qquad \frac{N_t}{N_0} = e^{-k \cdot t}$$

와 같으며 여기서 N_0은 유수 중 폐수 유입지점의 초기 세균수이며, y는 세균 유입지점에서 t 지점 유하한 지점의 세균수이고 k는 세균의 감쇠계수이다. 여기서, $N_t = N_0 - y$이며 실제로 수계에서는 세균의 감쇠는 세균의 사멸에 의한 감쇠와 제2차 포식자, 즉 원생동물 또는 후생동물의 포식에 의한 감쇠 등이 있다.

4.1.3 용존산소 시스템

하천의 수질변화와 자정작용을 평가하기 위해서는 수생환경상태를 나타내는 용존산소(dissolved oxygen : DO)의 파악이 중요하다. DO의 중요성은 수중의 오염물질의 변화와 수중생물의 생존 및 성장을 위해 적당량의 DO가 유지되어야 하기 때문이다. 용존산소 시스템에 영향을 미치는 인자로서는 용존산소 소비속도를 나타내는 탈산소계수(deoxygenation rate coefficient ; k_1), 재포기계수(reaeration coefficient ; k_2), 하상 슬러지 및 조류의 광합성과 호흡 등이 있다.

(1) 용존산소의 소비

하천수에서 DO의 소비는 여러 가지 현상에 의해 일어나지만 모든 현상이 동시에 발생하는 것은 아니다. DO 감소에 많은 영향을 미치는 현상으로는 유기물의 상태, 조류의 호흡, 하상 침전물의 분해 및 무기물질의 산화 등이 있다. 수중의 오염물질 중 미생물에 의해 분해가능한 유기물질의 양을 산소 양으로 환산한 값이 BOD인데 이 BOD는 1단계 탄소 BOD(Carbonaceous BOD : CBOD)와 2단계 질소 BOD(Nitrogenous BOD : NBOD)로 구분되고 있다.

1) CBOD에 의한 탈산소계수

수온 20℃에서 최종 CBOD를 L(mg/L)라 하고 탈산소계수를 k_1(day^{-1}), 시간을 t(day)라 하면 1차 반응은 아래와 같이 표현된다.

$$\frac{dL}{dt} = k_1 \cdot L \tag{4.1.9}$$

위 식을 적분하면

$$L_t = L_0 \, e^{k_1 \cdot t} \tag{4.1.10}$$

인 지수감소 곡선이 되며 여기서 L_t와 L_0는 t일과 초기 최종 CBOD이다. 따라서 t일 동안 소모된 산소량 y_t는 아래 식과 같다.

$$y_t = L_0(1 - e^{-k_1 \cdot t}) \tag{4.1.11}$$

위 식에서 k_1과 L_0를 구하는 방법으로는 최소자승법(least-square method), 대수미분법(log difference method), 토마스법(Thomas method) 등이 있다.

① 최소자승법

이 방법은 관측된 자료의 가장 적합한 선을 결정하는 과정으로 관찰한 값과 이론적인 값과의 차를 제곱한 오차항의 합이 최소가 되도록 하는 방법이다. 이 방법을 이용하면 자료에 적합한 곡선을 얻을 수 있으며 임의의 시료를 사용하여 각 시간별 3개의 BOD 자료에 대한 최적곡선의 기울기는 아래 식 (4.1.12)와 같이 나타낼 수 있다.

$$\frac{dy}{dt} = k_1(L - y_n) \tag{4.1.12}$$

최적 곡선의 기울기를 dy/dt라 하고 $k_1L = a$, $k_1 = b$ 오차를 R이라 하면,

$$R = a + by - y' \tag{4.1.13}$$

오차항 R의 제곱이 최소가 되기 위해서는 아래 식 (4.1.14)가 성립되어야 한다.

$$\frac{\partial}{\partial a}\sum R^2 = \sum 2R\frac{\partial R}{\partial a} = 0 \tag{4.1.14}$$

$$\frac{\partial}{\partial b}\sum R^2 = \sum 2R\frac{\partial R}{\partial b} = 0$$

$$na + b\sum y - \sum y' = 0 \tag{4.1.15}$$

$$a\sum y + b\sum y^2 - \sum yy' = 0$$

여기서 n은 자료수, $a = -bL$, b는 $-k$ (base e) 이고 L는 $-a/b$이고, $y' = (y_{n+1} - y_{n-1})/2\Delta t$ 이다.

② **대수미분법**

이 방법은 식 (4.1.14)에 기초를 두고 있으며, 이 식을 t에 관해 미분하면 오차항의 식은 아래 식 (4.1.16)과 같이 유도된다. 아래 식에서 dy/dt는 최적곡선의 기울기를 나타내며

$$dy/dt = r = L_0(-10^{-k_1 \cdot t})(\ln 10)(-k_1) \tag{4.1.16}$$

$$= 2.303\, L_0 \cdot k_1 \times 10^{-k_1 \cdot t}$$

r은 산소이용속도이다. k_1과 L_0는 t에 대해 r을 반대수지에 도해하므로 구할 수 있다. $k_1 =$ $-$기울기이고 L_0는 (절편)/2.303×($-$기울기)로 구할 수 있다.

③ **토마스법**

이 방법은 실험결과의 정확도가 제한되는 경우 정량화시키는 대략적인 방법으로 두 급수 함수의 유사성에 근거한 것으로 다음과 같음 함수에 기초한 도식적 방법이다.

$$(t/y)^{1/3} = (k_1 L_0)^{-1/3} + \left(\frac{{k_1}^{2/3}}{6{L_0}^{1/3}}\right)t \tag{4.1.17}$$

t에 대한 $(t/y)^{1/3}$에 관계되는 직선식을 구하고 이 직선의 절편(A)와 기울기(B)로부터 $k_1 = 2.61 \times (B/A)$, $L_0 = 1/(2.303 k_1 A^3)$을 구할 수 있다.

예제

폐수의 BOD 시험으로 아래표와 같은 산소이용에 관한 자료를 얻었다. BOD 방정식에서 k_1과 L_0 값을 구하여라(대수미분법).

표 ① BOD 실험결과

t (day)	0	1	2	3	4	5	6	7
y (mg/L : BOD)	0.0	9.2	15.9	20.9	24.4	27.2	29.1	30.8

풀이

1단계 : 표 ①의 자료를 그림 ①에 도시하였다. 곡선은 상당히 완만하여 원래 자료를 2단계에 사용하였다. 필요한 경우 곡선을 완만하게 조정한다.

2단계 : 미분표(표 ②)를 만든다. 반 대수지 상에 (3)열의 값을 (4)열의 값에 대해 나타낸다. 이 그래프는 그림 ②와 같이 나타난다.

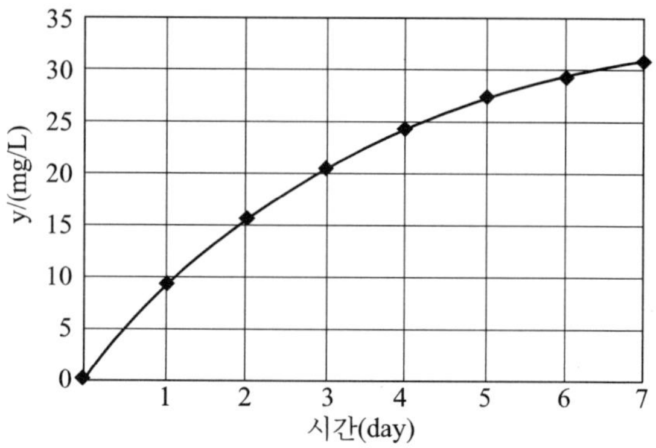

그림 ① y대 t의 그래프

표 ② 표 ①에서 구한 대수－미분치

(1) t (day)	(2) y(mg/L)	(3) $\Delta y(\mathrm{mg/L}) = \Delta y/\Delta t$ $(\Delta t = 1)$	(4) t의 중간 값
0	0	–	–
1	9.2	9.2	0.5
2	15.9	6.7	1.5
3	20.9	5.0	2.5
4	24.4	3.5	3.5
5	27.2	2.8	4.5
6	29.1	1.9	5.5
7	30.6	1.5	6.5

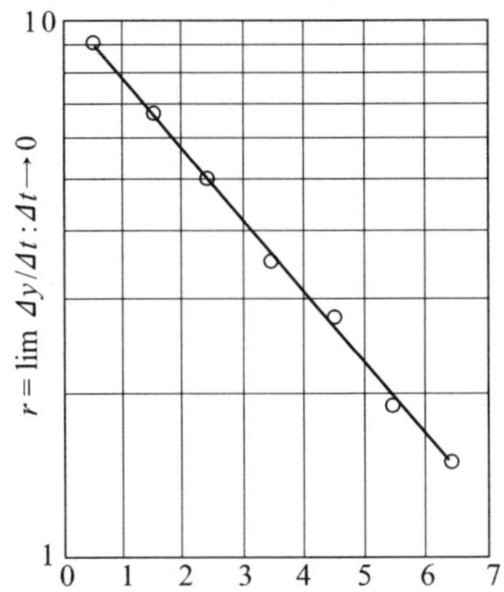

그림 ② 대수-미분법에 의한 k_1와 L_0의 계산

3단계 : k_1와 L_0를 계산한다.

(a) k_1의 계산 : 직선 위의 두 점의 좌표(7, 1.2) 및 (0, 10.9)와 식을 기초로 하여 계산하며,

$$\text{기울기} = (\log 10.9 - \log 1.2)/(0-7) = -0.137$$

$\therefore k_1 = 0.137\ \text{day}^{-1}$

(b) L_0의 계산 : $L_0 = 10.9/(2.303 \times 0.137) = 34.5\ \text{mg/L}$

예제

아래 표에 나열된 BOD 결과치는 23℃에서 원 하수의 시료에 대해서 관찰한 값이다. 속도상수 k_1과 L_0를 계산하여라.

표 ① BOD 실험결과

t(day)	y (BOD : mg/L)
0	0
1	32
2	57
4	84
6	106
8	111

풀이

1단계 : 표 ②를 만든다.

표 ② Thomas법 응용

(1) t	(2) y	(3)=(1)/(2) t/y	(4)=[(3)]$^{1/3}$ $(t/y)^{1/3}$
0	0	–	–
1	32	0.03125	0.315
2	57	0.03509	0.327
4	84	0.04762	0.362
6	106	0.05660	0.384
8	111	0.07207	0.416

2단계 : $(t/y)^{1/3}$대 t를 나타낸다. 이렇게 나타낸 것은 그림 ①과 같다. 그림 ①에서 절편과 기울기를 다음과 같이 얻을 수 있다.

$$A = 0.30(\text{절편})$$

$$B = (0.416 - 0.300)/(8.0 - 0.0) = 0.0145(\text{기울기})$$

3단계 : k_1, L_0값 계산

$$k_1 = 2.61(0.0145/0.30) = 0.13\ \text{day}^{-1}$$

$$L_0 = 1/[2.3 \times 0.13(0.30)^3] = 124\ \text{mg/L}$$

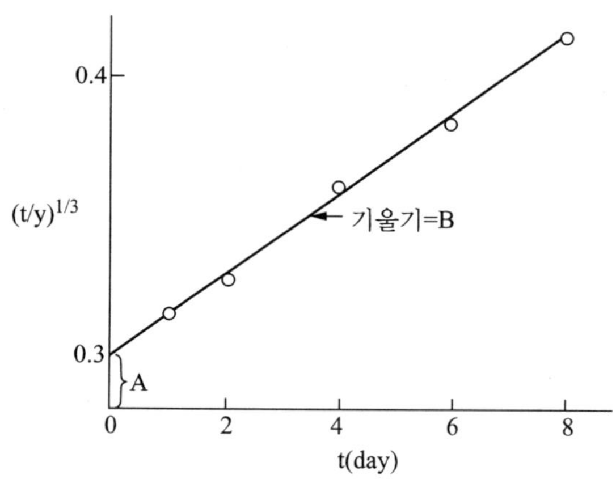

그림 ① Thomas법의 응용

2) NBOD에 의한 질산화율(K_n)

NBOD는 *Nitrosomonas*와 *Nitrobacter*에 의해 다음과 같은 2단계 질화작용에 필요한 산소량을 말한다.

$$NH_4^+ + \frac{3}{2}O_2 \xrightarrow{Nitrosomonas} NO_2^- + 2H^+ + H_2O \tag{4.1.18}$$

$$NO_2^- + \frac{1}{2}O_2 \xrightarrow{Nitrobacter} NO_3^- \tag{4.1.19}$$

위의 식에서 질화작용에 필요한 용존산소는 암모니아성 질소 1 mg/L에 대하여 4.57 mg/L에 해당한다. 위의 식에서 질화작용률 K_n을 구하는 방법으로는 일반적인 BOD 실험을 장기간 시행하여 NBOD 곡선을 작성하여 구하는 방법과 하천구간의 유하시간을 고려하여 두 지점의 암모니아성 질소의 변화로부터 구하는 방법이 있다. 후자의 방법이 전자의 방법에 비해 특성이 반영되고 간편하므로 더욱 바람직한 것으로 알려져 있다.

하천에서의 질화작용은 매우 복잡하여 어려움이 많다. 질화작용을 나타내는 여러 제안된 수식 중 Gameson(1959)에 의한 다음의 1차 반응식이 가장 간략하게 된 것이다.

$$\frac{dN}{dt} + K_n N = 0 \tag{4.1.20}$$

여기서 N은 최종 NBOD(mg/L)이며, $N = 4.5(NH_3 - N)$의 관계를 가진다.

(2) 하천의 재포기

공기와 접하는 수면을 통하여 공기중의 산소가 수중으로 용해되는 현상인 재포기는 용존산소의 포화부족량, 유수의 상태, 하천의 형태 및 수온 등에 따라 그 양이 달라진다. 재포기시 시간별 산소가 보충되는 재포기계수 k_2는 여러 실험 연구를 통해 얻어진 식으로부터 추정하여 구해지는 경우가 많다.

O´Connor와 Dobbins(1958)는 film이론과 난류이론을 조합하여 20℃의 수온조건하에서 수심의 조건별로 다음과 같은 식을 제안하였다.

$$k_2 = \frac{241,300 \times {D_L}^{1/2} \times S^{1/2} \times 10^4}{H^{5/4}} \quad ; H \le 1.5\text{m} \tag{4.1.21}$$

$$k_2 = \frac{86,100 \times (D_L V)^{1/2} \times 10^4}{H^{3/2}} \quad ; \; H > 1.5\,\text{m} \tag{4.1.22}$$

여기서 D_L은 분자확산계수로 2.037×10^{-9} m^2/sec의 값을 가지며, S는 수면경사, H는 평균수심(m)이다.

Krenkel과 Thackson(1969)은 유속 V가 0.03~1.52 m/sec이고 수심 H가 0.12~3.35 m인 단위에서 k_2의 값을 추정하는 다음 식을 제시하였다. 여기서 g는 중력가속도(m/sec^2)이다.

$$k_2 = 24.87 \left[1 + \left(\frac{V}{\sqrt{gH}} \right)^{1/2} \right] \sqrt{\frac{gs}{H}} \tag{4.1.23}$$

또한 Churchill(1962), Isaacs(1968), Owens(1961)는 하천의 수리학적 변수인 유속 V(m/sec)와 평균경심 R(m) 등을 관계시켜 다음과 같이 식을 제시하였다.

$$\text{Churchill식} \quad k_2 = 26.71\, V^{0.969}\, R^{-1.673} \tag{4.1.24}$$

$$\text{Isaacs식} \quad k_2 = 11.8\, V H^{-1.5} \tag{4.1.25}$$

$$\text{Owens식} \quad k_2 = 87.9\, V^{0.67}\, H^{-1.85} \tag{4.1.26}$$

각 수역에서 k_2의 값은 다소 차이가 있으나 시카고 위생지구의 기술자문위원회에서 추정한 값들을 소개하면 표 4.1.1과 같다.

특히 k_2/k_1을 자정계수(self purification constant)라 하며, 수온과 수심, 유속구배 및 난류 특성에 따라 변한다. 온도가 낮을수록 k_1과 k_2값이 감소하므로 f값은 커진다. 수심이 얕을수록 k_2값이 증가하므로, 자정계수 f값은 커지며, 유속, 구배 및 난류가 클수록 f값은 커진다. 수역의 상태에 따른 f값은 표 4.1.2와 같다.

표 4.1.1 재포기 계수

각종 수역	k_2의 값, 20℃(base e)
작은 연못	0.10~0.23
느린유수로 및 큰 호수	0.23~0.35
저유속의 하천	0.35~0.46
보통유속의 큰 하천	0.46~0.69
급류하천	0.69~1.15
폭포	>1.15

표 4.1.2 수역상태에 따른 자정계수

구분	20℃에서 f값
조그마한 연못	0.5~1.0
완만한 하천 큰 호수, 저수지	1.0~1.5
우속이 낮은 큰 하천	1.5~2.0
유속이 보통인 큰 하천	2.0~3.0
급류나 급한 하천	3.0~5.0
급류나 낙차가 있는 하천	5.0이상

(3) 수저의 침전물 및 유출

유기물질이 일단 수저에 침전하면 혐기성세균 및 저생생물에 의한 분해가 이루어진다. 이러한 분해로 인해 유기산 형태의 유기물이나 환원된 가스가 수중에 방출되고, 이들이 유수 중의 BOD의 일부로 된다. 또 침전한 입자가 세정에 의해 재현탁되는 경우에도 하천의 BOD 부하가 증가한다. 따라서 각 하천마다 슬러지의 퇴적물부하를 분석하여 전산소 평형에 대한 중요성을 결정하여야 하지만, 일반적인 대부분의 하천에서는 고려하지 않아도 되는 경우가 많다. 유기물질 슬러지 또는 슬러지 퇴적물이 많은 경우에는 Fair, Moore와 Thomas에 의해 유도된 경험식에 의해 그 영향을 검토할 수가 있다.

$$y_m = 3.14(10^{-2}y_0)\, C_T\, w\left(\frac{5+160w}{1+160w}\right)\sqrt{t_a} \tag{4.1.27}$$

여기서 y_m : 수저침전물에 의한 1일 최대산소요구량(g/m^3)

y_0 : 수저침전물의 BOD_5(g/kg, 휘발성물질 20℃)

w : 휘발성 고형물질의 1일 침강량(kg/m^2)

t_a : 침강이 일어나는 시간, 일수(day)

$$C_t = \frac{y}{y_0} = \exp[C_L(T-T_0)] \cdot \frac{1-k_0\, t\, \exp[C_k \cdot (T-T_0)]}{\exp(-k_0 T_0)}$$

C_K, C_L : 온도계수

T : 수온

T_0 : 20℃

(4) 조류의 광합성과 호흡

하천에서 광합성을 하는 녹색식물의 성장과 사멸은 제한된 수중의 DO에 큰 영향을 미친다. 광합성 시 조류의 autotrophic metabolic process는 다음과 같이 나타낼 수 있다.

$$CO_2 + 2H_2O + \text{minor nutrients} \xrightarrow{\text{빛에너지}} (CH_2O)_n + H_2O + O_2 + \text{energy} \tag{4.1.28}$$

광합성에 필요한 4,000Å~7,000Å의 파장을 가진 빛 에너지는 조류와 Chlorophyll에 흡수되어 수중의 DO를 증가시킨다. 조류의 호흡은 DO를 소모하며 광합성과는 달리 낮과 밤동안 계속된다. 낮 동안의 조류에 미치는 영향은 조류의 밀도와 분포, 햇빛의 강도, 수심, 탁도, 수온, DO농도 등 여러 가지 요인에 의해 달라진다. 그러므로 광합성과 호흡으로 인한 DO량을 계산하는 데는 많은 어려움이 있다.

O´connor(1971)는 조류의 광합성에 의해 공급되는 DO의 양을 다음과 같은 주기함수로 표시하였다.

$$P(t) = P_m\left[\frac{1}{\pi} + \frac{1}{2}\sin\frac{t}{P} - \frac{t}{P} - \frac{2}{3\pi}\cos\pi\frac{t}{P}\right] \tag{4.1.29}$$

여기서 $P(t)$는 시간 t (day)에서의 DO발생률(mg/L·day)이며, P_m은 최대 DO 발생률(mg/L·day)이고 P는 광합성이 발생하는 시간(day)을 표시한 것이다. t가 $1-P \le t \le 1$day인 경우 즉, 햇빛이 없을 때는 $P(t)=0$이 된다.

또한 O´connor는 조류의 호흡을 하루 24시간 전 기간에 걸쳐 일정하게 보고 다음과 같은 관계식을 제안하였다.

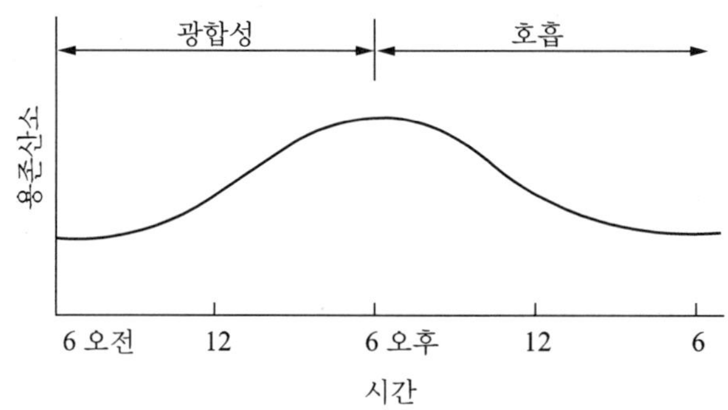

그림 4.1.8 조류농도가 큰 경우 용존산소농도의 일중변화

$$\frac{\partial D}{\partial t} = R \tag{4.1.30}$$

여기서 D는 용존산소부족량(mg/L)이며 R은 조류의 호흡으로 인한 DO소모량(mg/L·day)이다. 그림 4.1.8은 용존산소의 일중 변화상태를 나타낸 것이다.

(5) DO 모형

1925년 Streeter와 Phelps에 의해 plugflow로 가정한 하천에서 유기물의 분해와 재포기만을 고려한 DO 모형이 발표된 것이 수질모형이 처음이라 할 수 있다. 이 모형에서는 하천에서의 산소변화를 단위 용적에 대한 물질수지 방정식으로 모델화하였다.

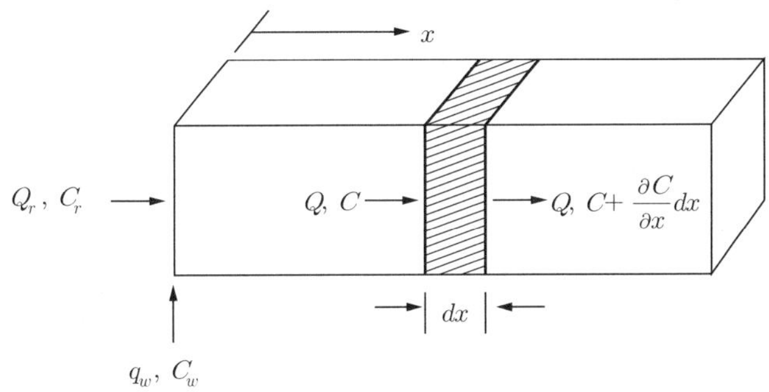

그림 4.1.9 하천해석에 이용한 plug-flow 모델의 개념도

$$\frac{\partial C}{\partial t}dV = QC - Q\left(C + \frac{\partial C}{\partial x}dx\right) - k_1 L dV + k_2(C_s - C)dV \tag{4.1.31}$$

정상상태를 가정하면, $\frac{\partial C}{\partial t} = 0$이고 식 (4.1.31)은 다음과 같이 간단하게 된다.

$$0 = -Q\frac{\partial C}{\partial x}dx - k_1 L dV + k_2(C_s - C)dV \tag{4.1.32}$$

dV를 Adx로, Adx/Q를 dt로 바꾸어 쓰면 식 (4.1.32)는

$$\frac{dC}{dt} = -k_1 L + k_2(C_s - C) \tag{4.1.33}$$

로 된다. 산소부족량 D를

$$D = (C_s - C) \tag{4.1.34}$$

로 정의하면, D의 변화속도는

$$\frac{dD}{dt} = -\frac{dC}{dt} \tag{4.1.35}$$

로 된다. 식 (4.1.35)의 관계를 이용하면

$$\frac{dD}{dt} = k_1 L - k_2 (C_s - C) \tag{4.1.36}$$

L을 바꾸어 쓰고 재배열 하면

$$\frac{dD}{dt} + k_2 D = k_1 L_0 \, e^{-k_1 \cdot t} \tag{4.1.37}$$

식 (4.1.36)을 $t = 0$, $D = D_0$의 초기조건에서 적분하면

$$D_t = \frac{k_1 L_0}{k_2 - k_1}(e^{-k_1 \cdot t} - e^{-k_2 \cdot t}) + D_0 e^{-k_2 \cdot t} \tag{4.1.38}$$

혹은

$$D_t = \frac{k_1' L_0}{k_2' - k_1'}(10^{-k_1' \cdot t} - 10^{-k_2' \cdot t}) + D_0 10^{-k_2' \cdot t} \tag{4.1.39}$$

여기서 k_1' : $0.434 k_1$

k_2' : $0.434 k_2$

D_t : 시간 t에서의 산소부족량, mg/L

D_0 : $t = 0$의 폐수방류지점에서 초기산소부족량, mg/L

식 (4.1.38)이 고전적인 Streeter-Phelps의 식이고, 하천의 해석에 가장 일반적으로 이용된다. 그러나 이 식은 조류 및 슬러지 퇴적물의 영향의 적은 균일한 단면의 하천에 적용된다는 점에 주의하여야 한다. Streeter-Phelps 식을 도해적으로 나타내면 그림 4.1.10과 같다. 이 곡선은 하천의 산소 분포 상태를 나타낸 것이고, 산소를 소비하는 활동적인 생물분해가 오수의 방류직후에 일어난다. 대기로부터 재포기 되는 양은 용존산소의 부족량에 비례하기 때문에 재포기 속도는 용존산소의 부족량이 클수록 증가하게 된다. 최종적으로 오수의 분해에 의한 산소의 소비속도가 대기로부터 재포

기 되는 속도와 같게 된다. 이 점을 임계점(critical point)이라 하며 그림 4.1.10에서 E점이다. E점에서 D_0부족량을 임계부족량(critical deficit ; D_c)이라 하며 E점까지 도달하는데 소요된 시간을 임계시간(Critical time ; t_c)이라 한다.

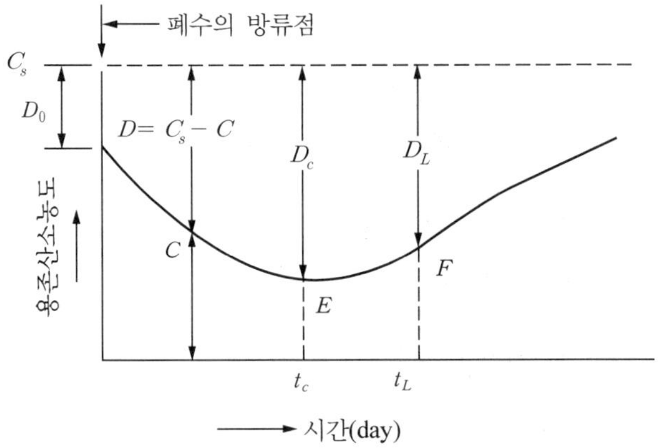

그림 4.1.10 용존산소 분포곡선(DO－수하곡선)

임계시간 t_c는 식 (4.1.39)식에서 D_t를 미분한 값은 0이므로

$$D_c = \frac{k_1}{k_2} L_0 \, e^{-k_1 \cdot t_c} \tag{4.1.40}$$

t_c를 구하면 아래 식 (4.1.41)과 같다.

$$t_c = \frac{1}{k_2' - k_1'} \log \left[\frac{k_2'}{k_1'} \left\{ \frac{1 - D_0 (k_2' - k_1')}{L_0 \, k_1'} \right\} \right] \tag{4.1.41}$$

임계부족량 D_c는 t_c로부터 구할 수 있다.

$$D_c = \frac{L_0}{f} 10^{-k_1' \cdot t_c} \tag{4.1.42}$$

DO 회복률이 가장 큰 지점은 변곡점(inflection point)이라 하고, 그림 4.1.10에서 F점으로 표시된다. D_L은 변곡점의 산소부족량을 나타내며, t_L는 변곡점까지 도달하는데 걸리는 시간이다. 변곡점에서의 좌표는 다음 공식을 이용하여 구할 수 있다.

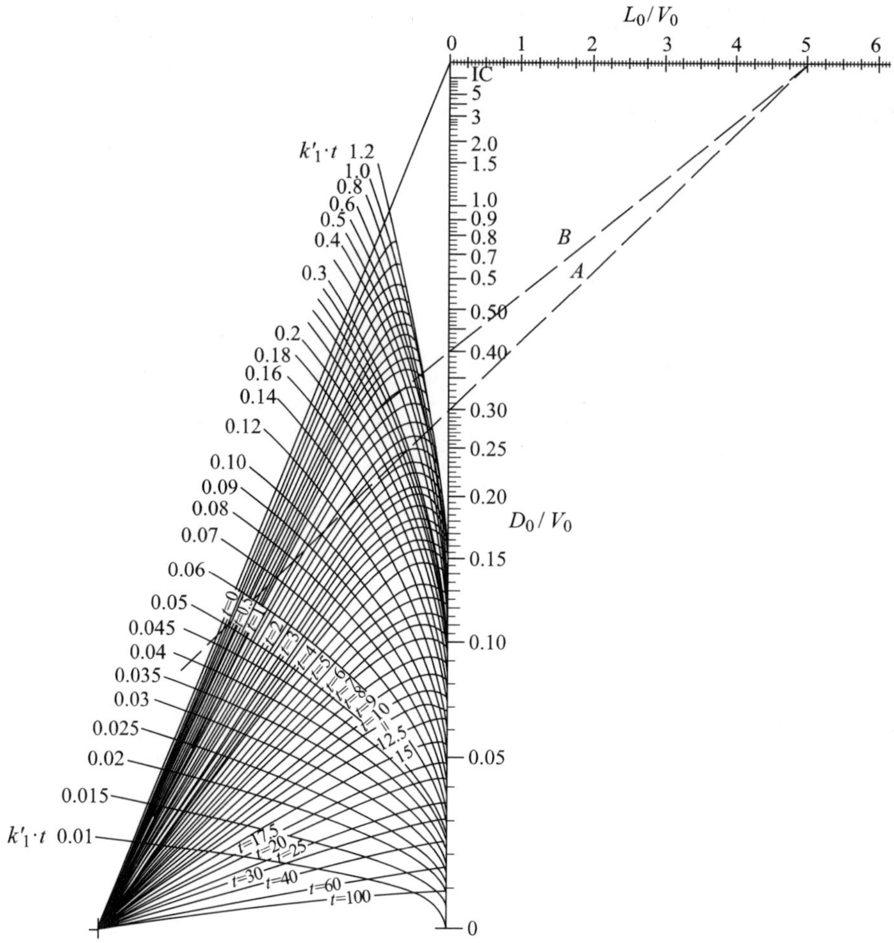

그림 4.1.11 nomogram모델의 도해법

$$t_L = \frac{1}{k_1'(f-1)} \log f + t_c \tag{4.1.43}$$

$$\log D_L = \log\left(\frac{f+1}{f^2}\right) + \log L_0 - k_1' \cdot t_L \tag{4.1.44}$$

위의 식 (4.1.43)과 (4.1.44)에서는 $f = 1$인 경우 t값을 구할 수 없으므로 아래 식을 이용하여 t_c와 t_L을 구한다.

$$t_c = 0.434\left(1 - \frac{D_0}{L_0}\right)\frac{1}{k_1{}'} \qquad (4.1.45)$$

$$t_L = 0.434\left(2 - \frac{D_0}{L_0}\right)\frac{1}{k_1{}'} \qquad (4.1.46)$$

하천능력을 계산하는데 Streeter-phelps식을 단순화하여 도해적으로 해석하는 방법이 제안되었다. 도해법에 의하면 식 (4.1.40)을 아래 식으로 변형하였으며 여기서 L_c는 t_c점에서의 BOD이다.

$$D_c = \frac{k_1{}'}{k_2{}'} L_0\, 10^{-k_1{}' \cdot t_c} = \frac{k_1{}'}{k_2{}'} L_c \qquad (4.1.47)$$

오염 부하량으로부터 임의시간 t인 하류에서 용존산소 부족량을 계산하는데 nomogram 사용을 제안하였다. 그림 4.1.11은 L_0/D_0와 D_t/L_0에 대해 $k_1{}' \cdot t$를 나타낸 nomogram이다.

예제

$D_0 = 2\text{mg/L}$, $L_0 = 10\,\text{mg/L}$, $k_1 = 0.1/\text{day}$이다. 그림 4.1.11을 이용하여 $t = 0.7$일 일때의 $D = 3.0\text{mg/L}$이었다. k_2와 D_c 및 t_c를 구하여라.

풀이

초기 조건으로부터 $L_0/D_0 = 10/2 = 5$, $D_t/L_0 = 3/10 = 0.3$

그림 4.1.11의 x축, y축 상에 각각 5.0, 0.3을 취해, 이를 직선 A로 연결한다.

$k_1{}' \cdot t = 0.1 \times 0.7 = 0.07$과의 교점을 구해 이 점의 f값 1.2를 구한다.

$f = k_2{}'/k_1{}' = 1.1$

$k_2{}' = 1.1k_1{}' = 1.1 \times 0.1 = 0.11/\text{day}$

가 구해진다.

다음에 $f = 1.2$ 곡선에 접하도록, x축의 5.0의 점에서 접선 B를 구한다.

이것이 최저점에 해당된다.

$D_c/L_0 = 0.41$

$D_c = 0.41 \times L_0 = 4.1(\text{mg/L})$

또, 접점에서의 $k_1{}' \cdot t$는 0.31이 되므로

$k_1{}' \cdot t_c = 0.31$

$t_c = 031/k_1{}' = 3.1(\text{일})$

따라서 3.1일 후에 최저로 되고, 이 때 용존산소는 4.1mg/L이다.

한편, 용존산소 농도가 광합성(P), 호흡(R) 및 슬러지퇴적물(S) 등의 영향을 받는 경우에도 상기와 같은 방법으로 하천에서의 용존산소 분포를 결정할 수 있다.

$$\frac{dC}{dt} = -k_1 L + k_2(C_s - C) + P - R - S \tag{4.1.48}$$

하천의 산소수지에 있어서 조류 및 슬러지 퇴적의 영향은 적용하천에서의 상세한 시험 및 분석에 의해 결정되어야만 한다. 그러나 근래에는 앞에서 언급한 용존산소 시스템에 관련된 여러 요인들의 영향을 비교적 상세히 고찰한 모델들이 많이 발표되고 있다.

그 중에서 몇 가지 모델을 소개하면 1948년 Thomas는 Streeter-Phelps식 (4.1.38)을 보완하고자 수정식을 제안하였다.

$$D_T = \frac{k_r L_0}{k_2 - k_r}(e^{-k_1 \cdot t} - e^{-k_2 \cdot t}) + D_0\, e^{-k_2 \cdot t} \tag{4.1.49}$$

여기서 k_r은 $k_1 + k_3$로서 하천의 BOD 감소계수이며, k_3는 퇴적이나 세균에 의해 제거되어 첨가되는 BOD 값을 고려한 것이다.

O´conneil과 Thomas는 조류에 대한 산소의 발생과 소비를 고려하여 다음과 같은 식을 제안하였다.

$$D_t = \frac{k_1 L_0}{k_2 - k_1}\left[(e^{-k_1 \cdot t} - e^{-k_2 \cdot t}) - \frac{P-R}{k_2}(e^{-k_2 \cdot t})\right] + D_0 e^{-k_2 \cdot t} \tag{4.1.50}$$

이 외에도 DO변화에 영향을 미치는 요인인 CBOD, NBOD, 재포기계수, 조류의 광합성과 호흡 등을 고려한 식을 (4.1.31)식에 적용하면 아래 식과 같다.

$$\frac{\partial C}{\partial t} = -u\frac{\partial C}{\partial x} + k_2(C_s - C) - k_1 L - K_n N + P - R \tag{4.1.51}$$

일반적으로 u, $P(T)$, L, N, R은 BOD와 시간의 함수이고, L과 N은 아래 식으로 구할 수 있다.

$$L = L_0\, e^{-k_1 \cdot t}$$

$$N = N_0\, e^{-K_n \cdot t} \tag{4.1.52}$$

여기서 L_0과 N_0은 각각 최종 CBOD와 최종 NBOD를 나타낸다. 용존산소는 온도의 영향을 받으므로 이를 배제하기 위하여 산소 부족량에 관한 식으로 변화시키면 아래와 같다.

$$\frac{\partial D}{\partial t} = -U\frac{\partial D}{\partial X} - k_2 D + k_1 L_0 e^{-k_1 \cdot t} + K_n n_0 e^{-K_n \cdot t} - P_m\left[\frac{1}{\pi} + \frac{1}{2}\sin\pi\frac{T}{P} - \frac{2}{3\pi}\cos 2\pi\frac{T}{P}\right] + R \qquad (4.1.53)$$

위의 식을 적분하면 아래 (4.1.54)식과 같다.

$$D_t = D_0 e^{-k_2 \cdot t} + \frac{k_1 L_0}{k_2 - k_1}(e^{-k_1 \cdot t} - e^{-k_2 \cdot t}) + \frac{K_n N_0}{k_2 - K_n}(e^{-K_n \cdot t} - e^{-k_2 \cdot t}) + \frac{R - P_m/\pi}{k_2}(1 - e^{-k_2 \cdot t})$$
$$- \frac{P_m}{2(k_2^2 + \pi^2/P^2)}\left[\left\{k_2 \sin\pi\frac{T}{P} - \frac{\pi}{P}\cos\pi\frac{T}{P}\right\} - \left\{k_2 \sin\frac{\pi}{P}(T-t) - \frac{\pi}{P}\cos\frac{\pi}{P}(T-t)\right\}e^{-k_2 \cdot t}\right]$$
$$+ \frac{2P_m}{3\pi(k_2^2 + 4\pi^2/P^2)}\cdots\cdots, \qquad (4.1.54)$$

예제

어느 도시에서 최소유량이 8.5 m^3/sec인 하천에 115,000 m^3/d = 1.33 m^3/s의 하수를 방류한다. 하수의 온도는 20℃이고 하천의 온도는 15℃이다. 하수의 20℃ BOD_5는 200 mg/L 이고 하천의 BOD_5는 1.0 mg/L이다. 하수에는 용존산소가 없고 하수방류점 상류의 용존산소는 포화용존 산소량의 90%이다. 20℃ BOD_5를 추정하시오. k_1 및 k_2에 대한 온도보정계수는 각각 1.135 및 1.024이다. 또 용존산소분포곡선을 작성하시오.

풀이

1. 방류전 하천에서의 용존산소 결정
   a. 15℃에서의 포화농도 = 10.1mg/L
   b. 하천에서의 용존산소 = 0.9(10.1mg/L) = 9.1mg/L

2. 하천수와 폐수의 혼합 후의 L_0, BOD_5, 용존산소, 온도의 결정

a. 혼합 후의 온도

$$\frac{(1.33\text{m}^3/\text{s})(20℃) + (8.5\text{m}^3/\text{s})(15℃)}{1.33\text{m}^3/\text{s} + 8.5\text{m}^3/\text{s}} = 15.7℃$$

b. 혼합 후의 용존산소

$$\frac{(1.33\text{m}^3/\text{s})(0\text{mg/L}) + (8.5\text{m}^3/\text{s})(9.1\text{mg/L})}{1.33\text{m}^3/\text{s} + 8.5\text{m}^3/\text{s}} = 8.0\text{mg/L}$$

c. 혼합 후의 BOD_5

$$\frac{(1.33\text{m}^3/\text{s})(200\text{mg/L}) + (8.5\text{m}^3/\text{s})(1\text{mg/L})}{1.33\text{m}^3/\text{s} + 8.5\text{m}^3/\text{s}} = 27.9\text{mg/L}$$

d. 혼합 후의 L_0

$$L_0 = \frac{27.9\text{mg/L}}{1 - \text{e}^{-0.3\times 5}} = 35.9\text{mg/L}$$

3. 초기용존산소 부족량의 결정

a. 15.7℃에서 포화용존산소농도 = 10.1mg/L

b. 초기부족량 $D_0 = (10.1 - 8.0)\text{mg/L} = 2.1\text{mg/L}$

4. 15.7℃에서 속도상수의 결정

a. $k_1 = 0.3(1.135)^{15.7-20} = 0.174\ \text{d}^{-1}$

b. $k_2 = 0.7(1.024)^{15.7-20} = 0.63\ \text{d}^{-1}$

5. t_c와 x_c의 결정

a. $$t_c = \frac{1}{k_2 - k_1}\ln\left\{\frac{k_1}{k_2}\left(\frac{D_0(k_2-k_1)}{k_1 L_0}\right)\right\}$$

$$= \frac{1}{0.63-0.174}\ln\left\{\frac{0.63}{0.174}\left(1-\frac{2.1\text{mg/L})\ (0.63-0.174)}{0.174(35.9\text{mg/L})}\right)\right\} = 2.46\ \text{d}$$

b. $x_c = v\,t_c = (3.2\text{km/h})(24\text{h/d})(2.46\text{d}) = 188.9\ \text{km}$

6. x_c지점에서 D_c와 용존산소의 결정

a. $D_c = \frac{k_1}{k_2}L_0 e^{-k_1 \cdot t_c} = \frac{0.174}{0.63}(35.9\ \text{mg/L})[\text{e}^{-0.174(2.46)}] = 6.5\ \text{mg/L}$

b. x_c지점에서의 용존산소 : $D_c = 10.1 - 6.5 = 3.6\ \text{mg/L}$

7. x_c 지점에서 채취한 시료의 BOD_5 결정

$L_t = (35.9\ \text{mg/L})[\text{e}^{-0.174\times2.46}] = 18.2\ \text{mg/L}$

20℃ $BOD_5 = (23.4\ \text{mg/L})[1-\text{e}^{0.3\times5}] = 18.2\ \text{mg/L}$

8. 곡선상의 몇 점을 더 계산하고 용존산소곡선을 작성한다.

거리 x_c(km)	0	60	120	188.9	240	300
D_c(mg/L)	0.8	5.2	4.0	3.6	3.8	4.1
	(spep 2b)			(step 6b)		

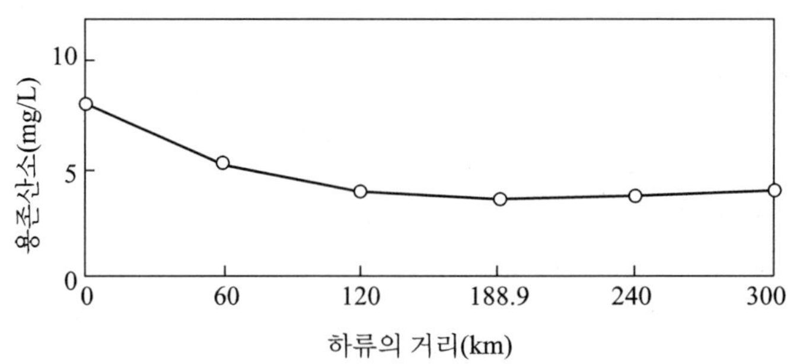

그림 ① 용존산소분포곡선

4.1.4 하구

하구(estuary)란 일반적으로 하천이 바다로 유입하는 지역으로서, 조류(潮流)의 영향을 받아 담수가 해수에 의해 뚜렷하게 희석되는 반폐쇄적인 연안수역이라고 정의된다. 하구에서의 물의 움직임은 하천에서의 물의 움직임과는 크게 다르다. 조류의 영향을 받는 하천유역에서는 동력뿐만 아니라 조류의 증가나 감소, 밀도류 및 바람의 영향으로 인해 물의 움직임이 일어난다. 간조와 만조 사이에서 물의 이동방향은 상류방향이다. 간조 시에는 담수의 흐름과 간조의 흐름이 양쪽 다 바다로 향한 이동에 작용한다. 하구에서의 혼합형식은 그림 4.1.12와 같이 약혼합형, 완혼합형 및 강혼합형 등으로 구분할 수 있다.

약혼합형에서는 일반적으로 하천유량과 하상구배가 적고 또 간만의 차가 적으므로 염수와 담수의 2층 밀도류가 발생한다. 강혼합은 이와 반대의 경우로 하도방향으로 혼합이 심하고 수심방향에서 밀도차가 없어진다.

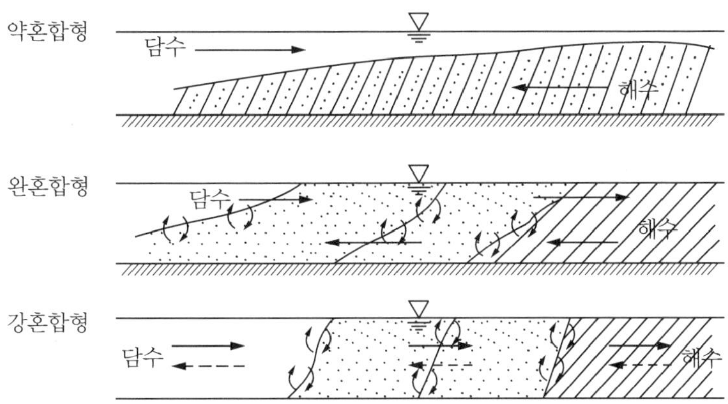

그림 4.1.12 하구(estuary)에서의 혼합형식

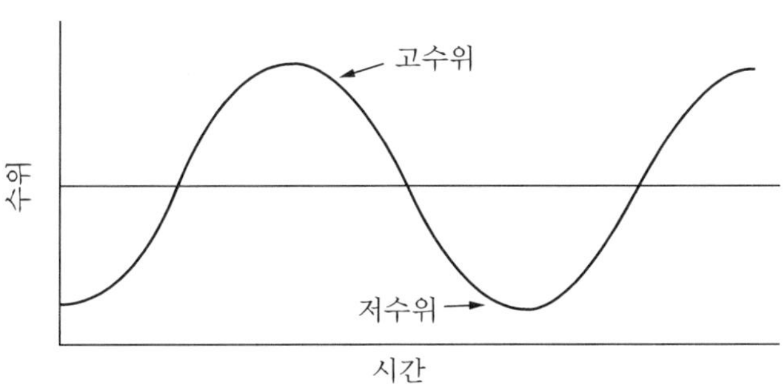

그림 4.1.13 조류에 의한 수위변화

이와 같은 하구에 폐기된 오염물질은 계속되는 조류작용에 의해 물과 혼합되면서 천천히 희석되어 결국에는 공해로 운반된다. 조류의 간만 때는 유속뿐만 아니라 단면적도 변화한다. 그림 4.1.13은 1주기(cycle)의 조류에서의 수위 변화를 나타낸 것이다.

하구에 대한 해석은 일반적으로 하천 또는 호수의 해석에 비해 훨씬 복잡하다. 조류의 간만에 의해 하구에서는 횡방향에 따른 혼합이 중요하게 되는 경우가 있다. 사실, 만조시에는 때때로 바다에 가까운 하구에서 역류가 일어나는 경우가 있다. 또 해수는 대체로 담수보다 무겁기 때문에 하구에서는 수심에 따라 층을 형성하여 해수의 상부에 담수가 존재하는 일도 있다. 샌프란시스코만과 같은 하구에서는 면적이 대단히 크기 때문에 완전혼합형과 같은 모델을 적용하는 것은 곤란하다. 특히 물리적인 요소가 대단히 복잡한 경우에는 순수한 수리모델보다 물리적인 모델에 의해 해석할 필요성이 있다. 어떠한 경우에 있어서도, 이론적인 해석을 위해서는 하구에서의 흐름에 대한 물리적인 이해가 필요조건이다.

대부분의 하구의 수로에서는 조류의 작용으로 인해 수로의 길이에 따라 오수의 혼합 및 확산의 정도가 변하게 된다. 흐름의 방향에서 혼합이 없고 단지 이류만 일어나는 하천에 염료를 순간적으로 방출하면 하류의 각 지점에서의 염료의 농도는 직사각형으로 표시될 것이다. 그러나 혼합이 중요한 경우에는 염료의 일부가 외부로 확산하여 하류에 도달하는 지점에 따라 주위의 물과 혼합하게 된다. 따라서 그림 4.1.14에 나타낸 것과 같이 염료의 농도는 종(鐘)모양의 곡선을 형성한다.

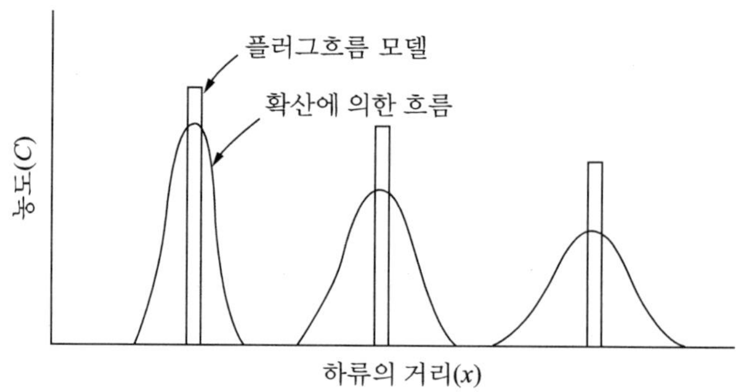

그림 4.1.14 흐름 특성에 있어서의 확산효과

확산을 동반하는 흐름의 해석방법은 확산을 동반하지 않는 흐름의 경우와 같은 방법으로도 적용되지만, 확산효과를 고려한 항목을 추가로 도입하여야 한다. 일반적으로 다음의 식이 이 효과를 나타내기 위해 이용된다.

$$\frac{\partial M}{\partial t} = -EA\frac{\partial C}{\partial x} \qquad (4.1.55)$$

여기서 $\partial M/\partial t$: 난류확산에 의한 질량의 흐름

$\partial C/\partial x$: 농도구배

A : 횡단면적

E : 난류확산계수

농도구배 $\partial C/\partial t$가 존재하는 경우, 질량의 흐름 $\partial M/\partial t$가 농도구배를 감소시키는 방향으로 일어난다. 유량은 농도구배 및 횡단면적에 비례하는 것으로 가정된다. 비례상수는 E로 표시하며 일반적으로 과확산계수 또는 난류확산계수라고 한다.

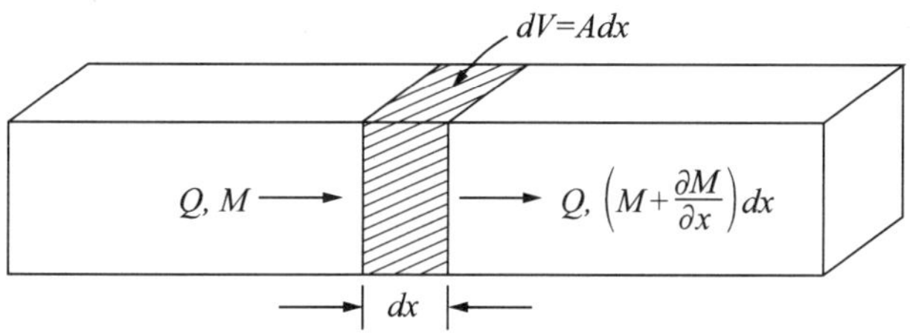

그림 4.1.15 하구에서의 확산모델의 정의도

그림 4.1.15에 나타낸 plug-flow 모델은 확산을 동반한 흐름의 경우를 설명한다. 일차반응($\gamma_c = -kC$)으로 가정하고, 물질수지를 취하면 다음 식과 같다.

$$\frac{\partial C}{\partial t} = E\frac{\partial^2 C}{\partial x^2} - v\frac{\partial C}{\partial x} - kC \qquad (4.1.56)$$

여기서, $v = Q/A =$ 강에서의 유속

정상상태($\partial C/\partial t = 0$)라 가정하고 적분하면 다음 식과 같이 된다.

① 그림 4.1.16에 나타낸 것과 같이 $x = 0$ 및 $t = 0$에서 염료를 순간적으로 방출한 경우에는

$$C = C_0 \exp\{-(x')^2 4Et - kt\} \qquad (4.1.57)$$

여기서, $C_0 = \frac{M}{2A\sqrt{\pi E t}}$

$M =$ 시간, $t = 0$에서 방출된 염료의 질량, $x' = x - vt$

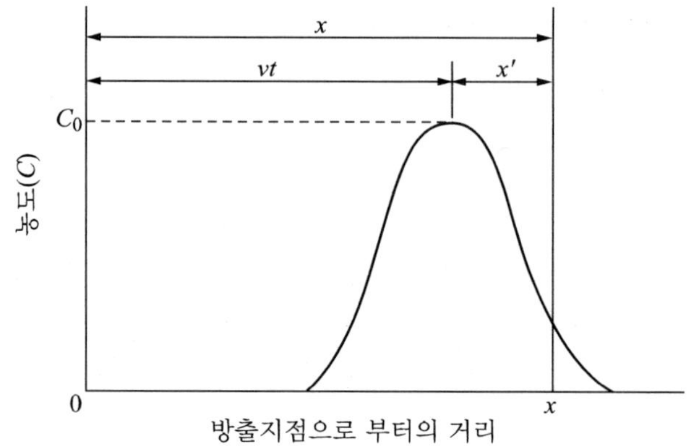

그림 4.1.16 염료를 순간적으로 방출한 경우 하구에서의 확산모델 정의도

② 유량 W를 염료를 연속적으로 방출하는 경우에는

$$C = C_0 e^{jx} \tag{4.1.58}$$

여기서, $C_0 = \dfrac{W}{Q\sqrt{1+4kE/v^2}}$

$$j = \frac{v}{2E}\left(1 \pm \sqrt{\frac{1+4kE}{v^2}}\right)$$

j의 제곱근에서 양의 제곱근은 상류방향($-x$방향)을 나타내고, 음의 제곱근은 하류방향($+x$방향)을 나타낸다. 이와 같은 해석은 일반적으로 조류에 의한 혼합이 현저하게 일어나는 하구에 적용되며 난류확산계수가 혼합의 지표로서 이용된다. 난류확산계수의 결정에는 여러 가지 방법이 이용되지만 주요한 것으로는 수리식과 염료 또는 염과 같이 감쇠되지 않는 트레이서(conservative tracers)를 사용하여 실측을 한 후 식 (4.1.57)로 추정하는 방법 등이 있다. Harlemann에 의해 제안된 수리식을 식 (4.1.59)에 나타낸다.

$$E = C\,n\,v\,R^{5/6} \tag{4.1.59}$$

여기서, E : 난류확산계수, m^2/s

C : 63.2(SI 단위)

n : manning의 조도계수

v : 유속, m/s

R : 유체의 평균깊이, m

이와 같은 식은 난류확산계수의 추정에 적용되며, E가 중요한 영향을 주는 경우에는 실측에 의해 정확한 수치를 결정한다.

실측에 의해 E를 결정하는 하나의 방법에는 순간적으로 염료를 방출해서 측정하는 방법이 있다. 감쇠하지 않는 염료($k=0$)를 조류가 정체한 상태(slack tide)에서 염료의 방류지점에서 방출하고, 염료의 분포를 다음의 조류가 정체한 상태에서 측정한다. 시간 t가 알려져 있으므로 E는 식 (4.1.60)을 사용하여 계산된다.

$$\ln\frac{C}{C_0} = \frac{-x'^2}{4Et} \tag{4.1.60}$$

$\ln C/C_0$와 x'의 값을 그래프에 나타내면 직선의 기울기가 $-1/4Et$이 된다.

실측하는 다른 방법으로는 염수침입법(salinity intrusion method)에 의한 측정이 있다. 이 경우 감쇠하지 않는 물질로서 염분농도가 이용되어 식 (4.1.57)은 다음 식과 같이 나타낼 수 있다.

$$C = C^{(v/E)x} \tag{4.1.61}$$

이 경우, 거리는 바닥에서 상류로 향해 측정되기 때문에 양의 제곱근의 해가 이용된다. C, x및 v 값은 측정할 수 있으므로 E값은 염료주입법과 같이 다음 식을 사용해서 계산한다.

$$\ln\frac{C}{C_0} = \frac{v}{E}\cdot x \tag{4.1.62}$$

이상적으로는 조류가 정체된 때에 측정하지만, 이것이 불가능한 경우에는 조류의 주기(tidal cycle) 중 같은 점에서 측정하도록 한다.

예제

어느 도시가 하구에 위치해 있으며 상수원으로서 이 물을 이용한다. 이 도시는 바다로부터 32 km 상류에 있다. 이 하구는 균일한 횡단면적이 420 m^2이고, E는 25 km^2/d로 측정되고 있다. 해수의 염분농도는 18,000 mg/L이다. 하수의 담수유량은 30 m^3/s이고, 이 도시가 위치해 있는 지점에서의 염분농도는 18.0 mg/L이다. 도시의 상류 30 km 지점에 댐을 건설하여 담수가 바다로 유입되어 손실되는 것을 방지하려는 계획이 있다. 만일 댐을 건설한 후의 담수유량이 30 m^3/s로 감소한다면 염분농도가 얼마나 되는가를 계산하시오.

풀이

1. 담수의 순유속 결정

$$v = \frac{Q}{A} = \frac{3\text{m}^3/\text{s}}{420\text{m}^2} = 0.0071\text{m/s} = 0.617\text{km/d}$$

2. j값의 결정

$$j = \frac{v}{E} = \frac{0.617\text{km/d}}{25\text{km}^2/\text{d}} = 0.025/\text{km}$$

3. 염분농도의 결정

$$C = C_0 \cdot e^{jx} = (18{,}000\text{mg/L})\ \text{e}^{0.023(-30)} = 9028\text{mg/L}$$

(이 염분농도는 USPHS(미국공중위생)기준의 250mg/L 보다도 크므로, 건설에 정의 댐으로부터 배관을 이용하여 취수하여 이 도시에 급수하지 않으면 안된다.)

4.2 호 소

물의 불균형 상태를 조절하기 위하여 대규모 수공 구조물이 댐을 축조하여 각종 용수 및 물을 이용한 여가활동 등에 중심이 되며, 물은 방류해서 농업용수, 수질관리, 어업관리 등에서도 유용하게 이용된다. 그러므로 호소와 저수지의 지역 특성에 따라 생태계적 특성이 매우 다르므로 호소의 생태계와 수질은 수질관리 측면에서 매우 중요한 관심의 대상이다. 호소의 물리적인 현상으로는 유속, 수온의 연직분포변화, 그리고 기타 수질변수 등이 있다. 특히 호소 수온의 연직분포는 서로 다른 층을 형성하게 하며, 하천으로부터 각종 유기물질 등의 유입은 호소의 영양상태에 매우 큰 영향을 미치게 된다. 그러므로 본 절에서는 호소와 저수지의 수질관리 측면에서 간단한 수리모델과 호소의 수질에 큰 영향을 미치는 용존산소상태, 성층작용 및 부영양화 등에 대하여 설명하고자 한다.

4.2.1 수리모델

인간의 활동이나 자연적인 현상에 의해 수계로 유입되는 유입물질은 수중의 생태계에서 시간·공간적인 반응이 일어나게 된다. 이러한 수계의 유입물질에 대한 유출농도의 해석은 유입물질의 형태에 따라 완전혼합계와 일시적인 유입에 의한 충격유입에 의한 반응으로 설명할 수 있다.

(1) 완전혼합계 반응

호소 및 저수지의 완전혼합과정은 내부혼합을 일으키는 물표면의 바람응력을 기초로 한다. 소규모의 호소 및 저수지는 년, 계절적 단위로 완전혼합 호소로 가정할 수 있다. 이런 형태의 가정은 호소나 저수지의 물질농도가 변하기 때문에 실제 호소농도의 근사치라는 개념을 인식해서 호소변동을 파악하여야 한다. 그림 4.2.1에 이 가정에 따른 이론모델을 나타냈다. 계산을 간단히 하기 위해 이 모델에서는 유량이 일정하고 오염물질의 감소는 일차 반응식에 따르는 것으로 가정하고, 호소에서의 물질 수지식을 세우기 위해 질량불변의 법칙을 적용하면 다음과 같다.

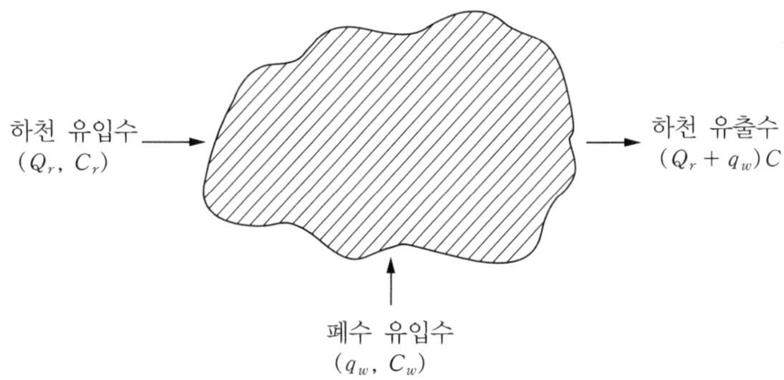

그림 4.2.1 작은 호소에서의 완전혼합 모델의 모식도

$$\text{질량의 변화} = \text{유입} - \text{유출} - \text{감소}$$

$$V\,dC = (Q_r C_r dt + q_w C_w dt) - (Q_r + q_w) C\,dt - V k C\,dt \tag{4.2.1}$$

여기서 V : 호소의 용적
dC : 호소에서의 오염물질의 농도변화
Q_r : 호소로의 하천수 유입량
C_r : 하천수의 오염물질 농도
q_w : 호소로의 폐수의 유입량
C_w : 폐수중의 오염물질 농도
k: 일차반응 속도상수

여기서, $W = Q_r C_r + q_w C_w$로 하고, $Q = Q_r + q_w$ 즉, 호소로 유입하는 전 유입수량으로 하면 체

류시간 $t_0 = \dfrac{V}{Q}$로 나타내어진다. 이 관계를 식 (4.2.1)에 대입하면,

$$\frac{dC}{dt} + C\left(\frac{1}{t_0} + k\right) = \frac{W}{V} \tag{4.2.2}$$

식 (4.2.2)는 선형미분방정식이므로 적분하면 아래 식과 같으며,

$$C = \frac{W}{\beta V}(1 - e^{-\beta \cdot t}) \tag{4.2.3}$$

여기서 $\beta = 1/t_0 + k$

C_0는 $t = 0$에서의 오염물질 농도

이 계는 결국 평형에 달하므로, 평형농도 C_e는

$$C_e = \frac{W}{\beta V} \tag{4.2.4}$$

로 얻어진다. 이론적으로는 평형에 도달할 때까지 무한시간이 걸리게 되므로 현실적으로 존재하지 않는다. 그러나 평균식의 99%에 도달하는 시간을 계산상 구할 수 있다. 즉, 평형도달 시간을 $t_e{'}$로 하면, t_e는 아래식으로 구할 수 있다.

$$t_e{'} = \frac{1}{\beta}\ln\left(\frac{1}{1 - C/C_e}\right) \tag{4.2.5}$$

C/C_e를 99%, 90%로 하면

$$t_e(99\%) = \frac{4.6}{\beta} \tag{4.2.6}$$

$$t_e(90\%) = \frac{2.3}{\beta}$$

예제

농도 반감기가 1일인 방사성 폐기물이 농도 10 mg/L, 유량 0.15 m^3/s로, 평균길이 90m, 평균 폭 45m, 평균 깊이 3m의 작은 호소에 연속적으로 유입되고 있으며 풍파에 의해 호소는 완전혼합상태에 있다. 호소에서의 방사성 폐기물의 평형농도를 구하시오.

풀이

1. 방사성 폐기물의 감소상수의 결정

$t_{1/2} =$ 반감기 $=$ 1일

$L_t = L_0 e^k$ (1차 감소반응)

$t = 1$일로 하면

$$L_t = \frac{1}{2}L_0, \quad \frac{1}{2}L_0 = L_0 e^{-k \cdot 1.0}$$

$$\ln\frac{1}{2} = -k(1.0), \quad k = 0.693\ \mathrm{d}^{-1}$$

2. 호소의 체적 결정

$$V = 90\mathrm{m} \times 45\mathrm{m} \times 3\mathrm{m} = 12{,}150\mathrm{m}^3$$

3. 폐기물의 평형농도의 결정, 폐수유량이 호소에 유입되는 총유량을 대표하는 것으로 가정한다.

$$t_0 = \frac{V}{Q} = \frac{12{,}150\mathrm{m}^3}{(0.15\mathrm{m}^3/\mathrm{s})\ (86{,}400\mathrm{s/d})} = 0.94\mathrm{d}$$

$$W = q_w C_w = (0.15\mathrm{m}^3/\mathrm{s})\,(86{,}400\mathrm{s/d})\,(10\mathrm{g/m}^3)$$

$$= 129{,}600\ \mathrm{g/d}$$

$$\beta = \frac{1}{t_0} + k = \frac{1}{0.94\mathrm{d}} + 0.693\mathrm{d}^{-1} = 1.76/\mathrm{day}$$

$$C_e = \frac{W}{\beta V} = \frac{129{,}600\mathrm{g/d}}{(1.76/\mathrm{d})\ (12{,}150\mathrm{m}^3)}$$

$$C_e = 6.1\ \mathrm{g/m}^3 = 6.1\ \mathrm{mg/L}$$

예제

저수량 30,000 m^3의 저수지에 유해물 누출사고로 인해 저수지 내 유해물질 농도가 50 mg/L로 되었다. 다음 조건하에서 이 유해물 농도가 1 mg/L로 저해할 때 까지 소요되는 시간(year)을 계산하시오.

[조건]

1. 유해물질 유입전에는 저수지내의 유해물질이 0이었다.
2. 저수지는 연속류 완전혼합반응조(SFSTR)로 가정한다.
3. 유해물질은 다른 물질과 반응성이 없다.
4. 저수지의 유역면적 1.2 ha
5. 유역 내 연평균 강우량 1,250 mm/year
6. 저수지의 유입·유출량은 강우량에만 의존한다.

풀이

1. 저수지의 유입·유출량은 강우량에만 의존하므로

$$\text{유입·유출량}(Q) = 1{,}250\text{mm/year} \times 10^{-3}\text{m/mm} \times 1.2\text{ha} \times 10^4\text{m}^2/\text{ha}$$

$$= 15{,}000\text{m}^3/\text{year}$$

2. CFSTR인 경우 물질수지식은

$$V\frac{dC}{dt} = QC_i - QC \text{ 조건에서 } C_i = 0\text{이므로}$$

$$V\frac{dC}{dt} = -QC$$

적분하면

$$\int_{C_0}^{C}\frac{dC}{t} = -\frac{Q}{V}\int_0^t dt$$

$$\ln\frac{C}{C_o} = -\frac{Q}{V}t$$

$$t = \frac{Q}{V}\ \ln\frac{C_o}{C}$$

$$t\,(\text{year}) = \frac{30{,}000\text{m}^3}{14{,}400\text{m}^3/\text{year}} \times \ln\frac{50}{1} = 8.15(\text{year})$$

(2) 충격유입에 대한 반응

순간적인 유입 혹은 짧은 시간 동안에 물질의 유·출입에 대한 반응은 전절에서 설명한 완전혼합 모델로 가정하는 것은 부적합하다. 특히 큰 호소연안 근처에서 충격유입이 있다면, 짧은 시간 동안 방출되고 오수 유입량이 호소 전반에 걸쳐 신속히 혼합되므로, Dirac delta 함수를 이용하여 설명할 수 있다.

$$\delta(t-t_0) = 0, \quad t = t_0 \tag{4.2.7}$$

$$\int_{-\infty}^{\infty} \delta(t-t_0)\, dt = 1 \tag{4.2.8}$$

그림 4.2.2는 단위충격유입을 표시한 것이다. 식 (4.2.7)과 식 (4.2.8)에서 유입은 $t = t_0$를 제외하고는 0이며, 그것은 무한대로 접근해서 불연속 부분의 면적이 1이다. 엄밀히 말하면 이것은 가설적인 표현이며, 충격유입은 유한기간 간격동안 진행되기 때문에 연속함수이다. 그러나 충격유입에 대한 호소의 반응을 설명하는데 그러한 가설은 매우 적절하다.

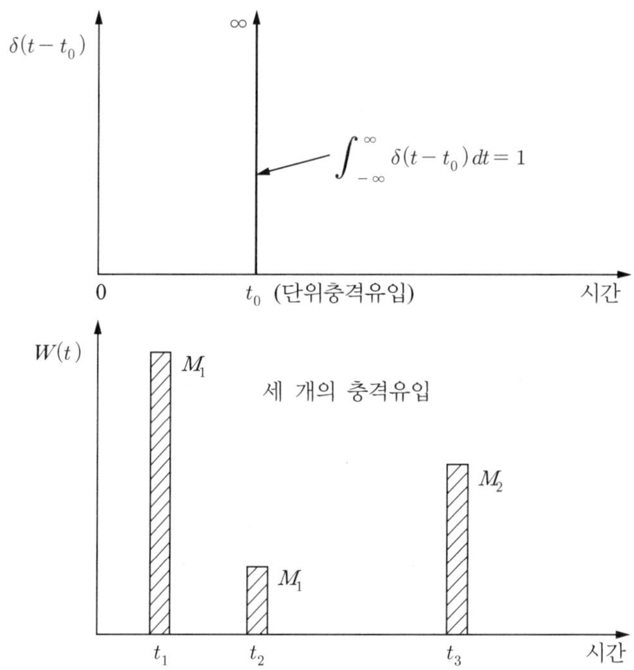

그림 4.2.2 충격유입 과정

호소에 유입된 오염물질의 방출비는 시간간격 Δt에 반비례하며, Δt가 계속 감소하면 오염물질의 질량은 일정한 양에 도달하게 된다. 작은 Δt의 경우 호소 농도는 초기에 급격히 증가하며 유입이 중지되면, 지수함수적으로 감소한다. 이 과정은 delta 함수로 표시되며 유입량의 질량부하는 아래 식으로 나타낼 수 있다.

$$W(t) = M\ \delta(t-t_0) \tag{4.2.9}$$

이 식은 시간 t_0에 질량 M의 방출로 간주된다. 충격유입은 t_0에서만 방출이 발생되고 그 이외의 모든 곳에서는 0이다.

연속 n개의 충격유입이 시간 t_r에 방출하면

$$W(t) = \sum_{r=0}^{\infty} M_r\ \delta(t-t_r) \tag{4.2.10}$$

단순 충격유입인 경우에는 미분식은 아래와 같다.

$$V\frac{dC}{dt} + kC = M\,\delta(t) \tag{4.2.11}$$

$t = 0$에 대하여 식 (4.2.11)의 해는 다음과 같다.

$$C(t) = \frac{M}{V}\ \exp\left(\frac{k}{V}t\right) \tag{4.2.12}$$

위의 식은 delta 함수의 해이며, 이는 비교적 연속적인 방출이 있는 혼합호소의 반응을 결정하는데 많이 이용되는 방법이다.

4.2.2 성층현상과 DO 변화

호소와 저수지는 온도 차이에 의해 수직으로 수층이 형성되며 심층에서는 공기와 차단되어 재포기의 영향이 거의 없는 상태로 각층마다 DO의 변화가 상이한 형태가 된다. 그러므로 호소나 저수지의 성층현상과 이에 따른 DO의 변화특성에 대하여 설명하고자 한다.

(1) 성층현상

호소의 성층화는 수심에 따른 온도변화로 인해 발생되는 물의 밀도차에 의해 일어난다. 호소나 저수지에서 바람에 의한 물의 이동에 따라 수직방향에 대한 분포를 보면 그림 4.2.3과 같다. 역류는 수온의 지배를 받으며 깊이에 따라 수온이 낮아지면 수직방향의 혼합은 없게 되고 수표면층에 국한되게 된다. 전단면(shearing plane)은 바람을 따라 흐르는 표면류를 바람의 반대방향으로 흐르는 역류와 분리시키며, 이 면을 중심으로 표수층(epilimnion), 변온수층(thermocline), 심수층(hypolimnion)의 3층으로 구분된다. 이와 같이 호소의 물이 수심에 따라 여러 개의 층으로 구분되는 현상을 성층현상(stratification)이라고 한다. 호소의 성층현상은 연중 계절에 따른 온도, 밀도 및 바람에 의해서 각각 특징있는 양상으로 된다.

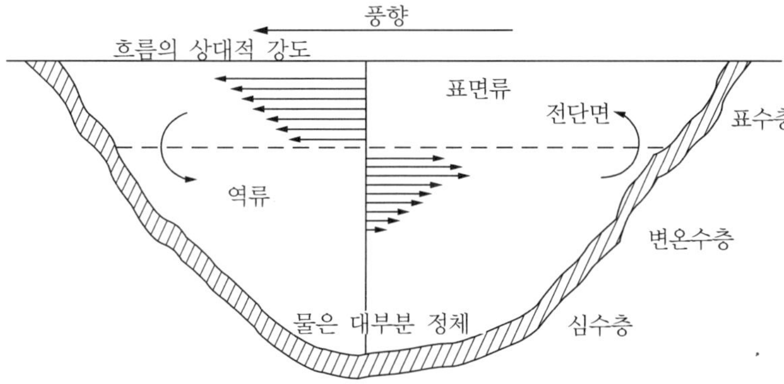

그림 4.2.3 호소에 있어서 바람에 의한 흐름방향과 상대적 수평속도(이상형)

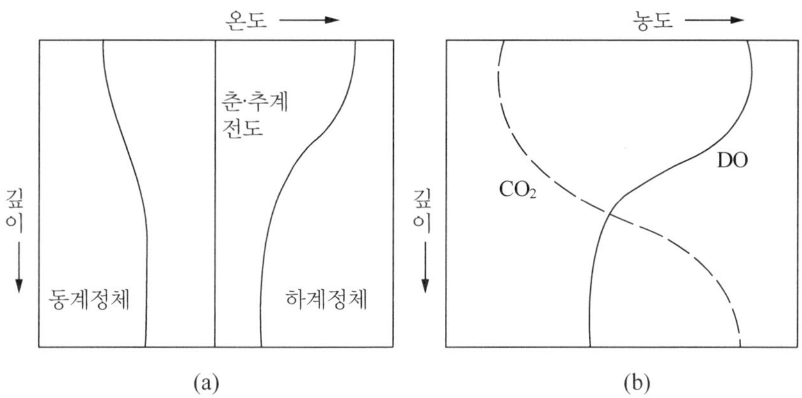

그림 4.2.4 호소의 깊은 수체에 있어서 수온과 수질의 수직구배
(a) 전형적인 수온구배 (b) 여름철 정체기간 중 산소와 이산화탄소의 구배

그림 4.2.4에 수심에 따른 계절별 수온의 분포와 여름철에 있어서의 수심에 따른 용존산소와 탄산가스의 농도분포를 나타낸 것이다. 겨울의 경우 수면의 얼음 바로 밑은 0℃에 가깝고, 호소의 바닥은 최대밀도를 나타내는 4℃에 이른다. 따라서 물은 비교적 안정한 상태를 나타내는데 이것이 겨울의 정체현상이다. 수직혼합이 없기 때문에 수질은 균일하지 못하나 양호한 편이다. 봄이 되어 얼음이 녹으면서 수표면 부근의 밑으로, 또 밑층은 물의 상층으로 이동한다. 이러한 수직운동을 전도(turnover)라고 한다. 수온은 수심에 관계없이 거의 일정하며 약간의 바람만 불어도 수직방향의 혼합이 있게 되고 수질은 악화된다.

봄에서 여름이 되면 표층의 물은 점차 따뜻해져 가벼운 물이 밀도가 큰 물 위에 놓이게 되며 온도차가 크게 되므로 순환현상, 즉 수직운동은 상층에만 국한되게 된다. 따라서 겨울처럼 안정한 평형상태를 이룬다. 한편, 용존산소농도도 그림 4.2.4(b)에서 보이는 것처럼 수심에 따라 현저한 분포를 나타냄을 알 수 있다. 가을이 되면 표면의 수온이 내려가면서 수직적인 평형상태는 파괴되고, 봄에서처럼 전도를 일으키며 수질은 다시 악화된다.

한편 호소의 부영양화 현상은 호소의 온도성층에 의해 크게 영향을 받는다. 온도성층수 중의 1차 생산은 표수층의 혼합이 충분한 수역으로 한정된다. 부영양 수역에서는 대량의 사멸된 조류가 표수층으로부터 변온수층을 거쳐 심수층으로 침강한다. 여기서 조류의 세포는 분해되어 정체성 수층에 모인다. 온도 성층이 계절의 전도(seasonal turnover)에 의해 파괴되면, 심수층의 영양소가 풍부한 물이 표수층의 물과 혼합되어 조류의 번식에 좋은 조건을 만들게 된다. 수계에 유입된 용해성 또는 불용성 영양소의 일부는 하상퇴적물의 일부로 된다. 이와 같은 퇴적물은 자연 또는 인위적인 과정에 의해 교반이 될 때까지 축적된다. 교반되면 영양소가 빠져나와 또 다시 수계내의 식물생명에 이용된다.

(2) DO 변화

호소와 저수지의 DO변동에 중요한 반응은 온도차에 의해 나타나는 성층화 현상과 유기물질의 오랜 반응기간이다. 그림 4.2.5는 여름동안 성층현상에 의한 산소요구량을 충족시키기 위한 침전물로의 산소이동과 성층현상에 의해 심층에서는 낮은 DO값을 나타낸다.

호소가 완전히 혼합되었다고 가정하면, BOD－DO계의 기본 방정식은 정상 상태에서 아래 식(4.2.13)과 같다.

$$V\frac{dC}{dt} = 0 = QC_i - QC + K_L A(C_s - C) - VK_d L \pm W_C \qquad (4.2.13)$$

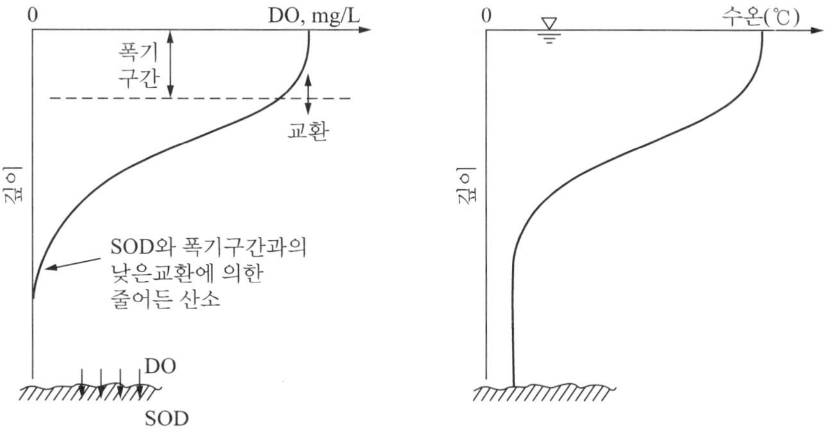

그림 4.2.5 성층화 현상에 의한 DO의 수직변화

여기서 모든 항들은 이미 정의된 바와 같다. C_i은 유입수의 DO이고, $\pm W_C$는 광합성, 호흡, 하상 슬러지 등에 의해 증감되는 DO량이다. 정상상태에서 완전히 혼합된 호소의 BOD는 다음과 같이 주어진다.

$$L = \frac{W}{Q + K_r V} \tag{4.2.14}$$

위의 식에서 K_r은 호소로부터의 BOD 손실률이며, 하천의 경우와 같이 K_r은 BOD의 침전과 탈산소율의 합이다.

호소와 저수지는 온도 차이에 의해 수직으로 수층이 형성된다. 이 기간 동안 심층은 공기와 차단된 수층을 나타내므로 재포기의 영향은 잘 혼합된 호소의 경우와 완전히 다르다. 그러므로 성층호소에서의 DO반응은 다음 몇 가지 가정에 의해 풀 수 있다.

깊이에 따라 수평면적이 일정하고 유입과 광합성은 표수층에서만 일어나는 현상으로 호소전체에 걸쳐 동일한 비율로 발생되며, 호소는 안정상태라는 가정 하에서 DO반응을 해석할 수 있다. 호소는 표수층과 심수층 사이에서 혼합작용에 의한 수직교환이 이루어졌을 때 각층에 대한 DO 방정식은 다음과 같다.

표층에 대한 DO 방정식은 식 (4.2.15)와 같으며,

$$0 = QC_0 + K_L A(C_S - C_1) - QC_1 + pV_1 - RV_1 - E'(C_1 - C_2) - K_{d1} V_1 L_1 \tag{4.2.15}$$

심층에 대한 DO 방정식은 식 (4.2.16)과 같다.

$$0 = E'(C_1 - C_2) - S_B A - RV_2 - K_{d_2} V_2 L_2 \tag{4.2.16}$$

여기서 모든 항들은 이미 정의되었다. 두 방정식을 더하여 A로 나누어 $q = Q/A$를 수리부하율이라 하면, 두 층의 해가 구해진다. 표층의 경우,

$$C_1 = \left(\frac{q}{K_L + q}\right) C_0 + \left(\frac{L_L}{K_L + q}\right) C_S + \frac{pH_1 - RH - S_B}{K_L + q} - \frac{K_{d1} H_1 L_1 + K_{d2} H_2 L_2}{K_L + q} \tag{4.2.17}$$

가 되며, 심층은 다음과 같다.

$$C_2 = C_1 - \left(\frac{S_B + RH_2 - K_{d2} H_2 L_2}{E/H_i}\right) \tag{4.2.18}$$

여기서 $H_1 = H_2$일 때 $H_i = H/2$이고, $H_2 \gg H_1$일 때 $H_i = H_1$이다.

위의 식은 성층호소에서 일어나는 DO반응을 추정하는데 사용된다. 심층의 DO는 광합성작용(p), 하상슬러지에 의한 산소소비(S_B)와 호흡(R) 그리고 충돌에 의한 혼합정도(E)에 의해 따뜻한 표층의 DO보다 낮다. C_1은 표층을 통한 다른 교환에 대해서도 일정하다.

4.2.3 부영양화

수자원을 효율적으로 운영하기 위한 인공저수지는 수역 내에 발생하는 오염물질의 상당부분이 처리과정 없이 유입되어 저수지 및 호수들이 부영양화로 인한 피해가 나타나고 있다. 본 절에서는 부영양화의 정의와 영향인자 등을 살펴보고 영양상태 평가 방법, 부영양화 모델 등에 대하여 소개하고자 한다.

(1) 정의

호소의 부영양화(eutrophication)란 수중의 영양수준이 높게 유지되는 것으로 영양으로는 식물성 플랑크톤의 증식에 필요한 질소, 인 등의 영양염을 의미하고, 질소나 인 등의 영양염농도가 높게 되면 식물성 플랑크톤이 대량으로 증식되면서 생태계나 수질이 변화되는 것을 말한다.

COD 등으로 표시되는 유기성 오염에서 보면, 무기물인 영양염과 탄산가스를 이용하여 유기물인 식물성 플랑크톤이 생산되고, 이들 플랑크톤이나 그 사체, 분해물 등에 의해 부영양화에 의한 유기성오탁이 심하게 진행된다. 호소의 유기물질농도 중에서 식물성 플랑크톤에 의한 유기물질 농도는

유역으로부터 유입되는 유기물질 부하와는 직접적인 관계가 없이 호소 내에서 생산된 것이므로, 내부 생산부하라고도 한다. 그러나 내부생산이라고 하더라도 그 원인물질인 질소나 인 등의 영양염이 원래 유역으로부터 공급되는 것이므로, 본질적으로 유역으로부터 유래되는 것에는 변함이 없다.

호소는 생물생산능력과 생산과정, 수중의 화학물질의 종류에 따라 몇 가지 형으로 분류되고 있으며, 예를 들면 부식영양형, 산영양형, 그리고 사막지방에 많은 알칼리영양형과 같은 비조화형을 제외하면 세계의 도처에 산재한 대부분은 조화형에 속한다.

후자의 특징은 호소 중의 화학성분이나 생물생산은 조화를 이루고 있으나, 식물의 1차 생산에 필요한 수중의 영양염 중 특히 N, P의 양이 일반적으로 호수에 따라 큰 차가 있는데 유기물의 생산속도를 크게 좌우하는 요인이 되고 있다.

그 중에서 수중의 영양염량이 적고 생물생산이 낮은 호를 빈영양호(oligotrophic lake)라고 하고, 영양염량이 높고 생산이 높은 호를 부영양호(eutrophic lake)라고 한다. 전자는 일반적으로 산간에 많이 분포하고 호반은 깊으며 호소는 청정하여 식물 이외의 동물의 생산도 낮다. 이와 반대로 부영양호는 비옥한 평야나 분지에 많이 위치하며, 호소는 얕고 식물플랑크톤의 증식으로 호소는 녹색 또는 갈색으로서 흐리다. 여기서는 먹이연쇄(food chain)를 통하여 각종 동물군의 생산도 크며, 박테리아의 분해활동도 높아 생태계 전체를 통하여 물질대사의 속도가 빠르다. 여름철의 온도 성층기(thermal stratification)에는 생물의 분해 잔사가 심수층에 강하하여 거기서 다시 분해를 계속하기 때문에 심층수 중의 용존산소량은 현저히 감소되며, 생물활동이나 각종 화학반응에 커다란 영향을 주게 된다.

그러나 이와 같은 두 가지 형의 호소도 그 상태가 결코 일정불변하게 고수되는 것은 아니며, 외부와의 물질교환이 계속되고 호소, 생물 및 환경은 조금씩 그 성격을 변화해가게 된다. 즉 영양염은 조금씩 유입되어 축적되므로 함량이 높아지고, 또한 유입된 토사나 생물의 분해잔사가 호수나 저수지에 퇴적됨에 따라 호소는 조금씩 얕아지며 환경변화에 따라 생물생산은 점점 커져서 오랜 세월에 걸쳐 빈양영호는 부영양호로 변천되어 간다. 빈영양호와 부영양호 사이에 중영양호(mesotrophic lake)가 존재한다.

부영양호가 급속도로 진행되면 호는 가속적으로 얕아지게 되고 호수 내에 영양물질, 심수(沁水) 식물 등이 번창하게 되어 호수는 결국 늪지대로 변한 뒤 소멸하게 된다. 그림 4.2.6은 영양상태에 따른 호소의 변화상태를 나타낸 것이다.

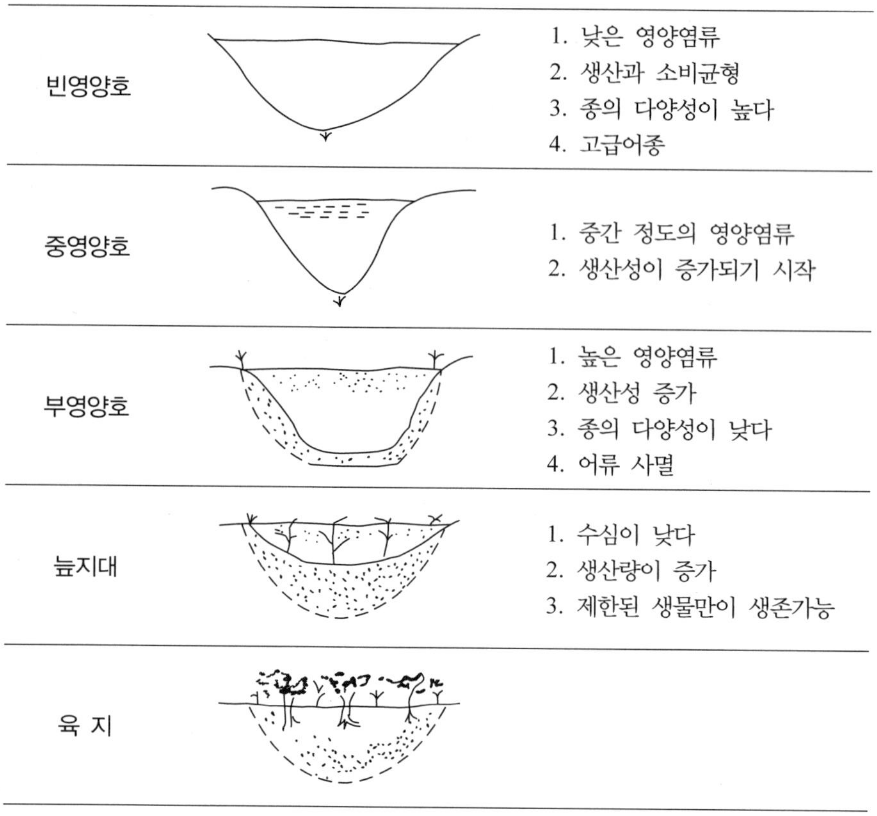

그림 4.2.6 영양상태에 따른 호소의 변화

(2) 부영양화의 영향인자

부영양화를 촉진시키는 주요 인자들을 광합성작용에 의해 생산된 식물성 구성성분(C_{106}, H_{263}, O_{110}, N_{10}, P)으로부터 예견할 수 있듯이 식물성 플랑크톤의 영양원소는 탄소·질소·인과 미량원소들이다. 탄소원은 자연수계에서 HCO_3^-의 형태로 공급되며, 미량원소는 수생산물이 요구하는 양보다 훨씬 많이 존재하므로, 식물성 플랑크톤의 생장에 제한요소가 되는 영양식물은 질소와 인이다. 그러나 자연수계에서는 청·녹조류 등의 질소고정에 의해 질소원이 공급되기 때문에 인이 더 중요한 제한물질이다. 또한 부영양화를 초래하는 요소가 이러한 화학적 인자만에 의존되는 것이 아니라 호수의 수리수문, 수질특성, 기상변화에 따른 성층화 등의 육수학적 특성과 토지이용, 식생 및 피복상태, 도시화와 산업화 등의 유역특성을 포함하는 물리, 생물학적 요소가 부영양화 과정에 크게 영향을 미치고 있다.

1) 물리학적 인자

부영양화에 영향을 미치는 물리적 주요인자에는 온도 및 일조량, 체류기간, 수표면형태, 물질순환 등이 있다. 온도 및 햇빛은 대부분의 빈영양호 호수가 기온이 낮고 표도가 높은 지역에 산재해 있는 것으로 미루어 보아 추측할 수 있다. 탁도 및 색도가 높은 물이나 조류번식이 왕성한 저수지의 경우에는 부유물질과 조류에 의해 빛의 투과율이 감소되어 광합성작용을 감소시키기도 한다. 저수지의 형태나 수리학적 체류기간이 호수나 저수지의 부영양화에 영향을 미치는 것으로 조사되었다. 하폭이 좁고 수심이 깊지 않은 강에서는 수초의 번성이나 부영양호가 발생할 가능성이 있다. 그리고 수리학적 체류기간이 길어질수록 부영양화가 발생할 가능성이 크다.

2) 화학적 인자

부영양화의 화학적 인자들로서는 탄소, 수소, 황, 칼슘, 마그네슘, 질소, 인 등이 있으나 질소와 인은 수초나 수중생물의 성장을 좌우하는 제한적인 요인이 된다. 질소는 단백질과 핵산을 형성하는 중요한 성분으로 주된 유입원은 농경지에서 사용하는 비료, 호수나 저수지의 침전물, 조류에 의한 질소합성 등이 있으며, 호수 내에서 유입된 유기물을 질소박테리아에 의해 분해함으로써 생성된다. 인은 생물의 에너지 대사에 관련이 있는 성분으로 지역의 광물로부터 유입되어 생태계에서 재순환된다. 유입원으로는 농경지, 합성세제, 분뇨 등이 있다. 질소는 조류에 의해 대기중으로부터 합성이 가능하므로 부영양화의 주된 인자는 인이라고 추측하기도 한다.

3) 생물학적 인자

부영양화의 생물학적 인자로서는 엽록소를 가진 생물의 광합성 작용이 주된 요인이다. 이 작용은 수중의 생물들이 무기질 영양소를 유기질로 변화시켜 수중에 과다한 영양염이 존재하게 되므로 수중의 영양염 농도에 영향을 미치게 된다. 그 결과 식물성 및 동물성 플랑크톤 수를 증가시키게 되며, 수초의 번성과 수화(水花)현상을 초래하게 된다. 그러므로 부영양화 진행은 수중생물이 영양분을 합성해 내는 정도에 따라 영향을 받는 것으로 나타났으며 수중에 서식하는 생물이 농도와 종류에 따라 좌우된다고 할 수 있다. 특히 물고기는 부영양화의 진행여부에 따라 환경조건에 내성이 강한 물고기로 교체되는 것으로 조사되었다.

4) 영양물질의 한계농도

부영양화를 발생시키는 한계 영양물질과 농도에 관한 연구는 계속 되어왔다. 부영양화에 큰 영향을 미치는 질소와 인은 상대적인 비율 조정이 매우 중요하다. 일반적으로 식물성 플랑크톤이나 수

초생체는 N : P의 비율이 1 : 16으로 일정하게 유지되어야 만이 이들이 성장할 수 있으며, 만일 N : P의 비율이 1 : 16 이상이면, 인이 조류 성장에 불충분하게 되어 조류성장은 인에 의해 제한되고, N과 P의 비가 1 : 16 이하이면 질소가 제한 요소가 된다.

표 4.2.1 한계영양물질지표

총 질소/총 인		용존질소/인산(PO_4^{3-})		한계영양물질
중량비	mol비	중량비	mol비	
<10	22	<5	10	질소
10~17		5~12		질소, 인
>17		>12	26.5	인

부영양화 정도를 판단하고 평가하는데 있어서 정량적인 기준이 설정된 것은 최근의 일이며, 호수의 영양상태는 기후, 호수의 지형적 특성, 수리학적 특성 등 여러 가지 외적 인자의 영향을 받으므로 일관성 있는 기준을 설정하기 어렵다. 그러므로 조사자에 따라서 서로 상이한 기준이 설정되고 있다. 다음은 조사자별 클로로필-a 농도에 따른 영양화 상태를 나타낸 것이다.

표 4.2.2 클로로필-a농도에 따른 영양화 상태

영양상태	클로로필-a (μ g/L)			
	Sakamoto	Academy	Dobson	EPA-NES
빈영양화	0.3~2.5	0~4	0~4.3	<7
중영양화	1~15	4~10	4.3~8.8	7~12
부영양화	5~140	>10	>8.8	>12

특히 Sakamoto의 경우 영양화 단계를 총인과 무기성질소에 대해서 다음과 같이 분류하였다.

표 4.2.3 호소의 영양상태 분류

구분 / 영양상태	클로로필-a (μ g/L)	총 인(mg/L)	무기성질소(mg/L)
빈영양	0.3~2.5	0.002~0.02	0.02~0.20
중영양	1~15	0.01~0.03	0.10~0.70
부영양	5~140	0.02~0.10	0.50~1.5

그리고 표 4.2.4와 같이 EPA－NES에서 설정한 기준에 따르면 클로로필－a가 12μg/L 이상, 총인이 20μg/L 이상, 투명도가 2m 이하이면 부영양화 상태이다.

표 4.2.4 항목별 영양상태 분류

구분 \ 영양상태	빈영양	중영양	부영양
클로로필(μg/L)	<7	7~12	>12
총 인(μg/L)	<10	10~20	>20
투명도(m)	>3.7	2.0~3.7	<2.0
1차 생산성(mgC/m^2· day)	50~300	250~1,000	>1,000
총 질소(mg/L)	0.25	0.25~1.0	1.0~10.2
용존산소(%)	>80	10~80	<10.0

(3) 영양상태의 평가방법

호소의 영양상태를 평가하는 방법으로는 이화학적 및 생물학적 수질을 조사하여 평가하는 방법과 호소에 부하되는 인산 부하량으로부터 평가하는 방법, 그리고 호소수질 측정치로부터 영양상태 지수를 계산하는 방법이 있다.

1) 이화학적, 생물학적 수질에 의한 평가

영양상태 평가의 지표가 되는 변수들 중에 가장 많이 이용되는 것은 투명도, 총인 농도, 클로로필－a 농도이다. 투명도는 지름이 20 cm 또는 30 cm인 흰색의 원판을 호수에 투입하여 원판이 보이지 않게 되는 수심을 측정한다. 투명도는 호수 내 조류의 양을 간접적으로 측정하는 방법으로 호수 내에서 투명도가 조류량에 반비례하는 경우, 탁도가 높은 경우, 용해물질이 많은 경우에는 정확한 지표로 이용되지 않는다. 일반적으로 호수의 영양상태를 평가하는 경우 여름철 투명도를 기준으로 한다.

인산은 호소의 1차 생산력을 좌우하는 가장 중요한 영양염류이다. 인산에는 정인산염(orthophosphate), 다중인산염(polyphosphospate), 유기인(organic phosphate)이 포함되는데 다중인산과 유기인은 생물학적 및 화학적 분해에 의해 정인산으로 변하여 조류에 이용되므로 총인농도로 영양상태를 평가한다. 그러나 부영양상태 평가에 가장 많이 이용되는 것은 겨울철 총인 농도이다.

표 4.2.5 이화학적 영양상태 측정항목

측정항목	표시	단위
온도	–	℃
수명도	SD	m, cm
용존산소	DO	mg/L, %(포화)
pH	pH	
전도율	COND	μmho/cm
알칼리도	ALK	mg/L($CaCO_3$)
총 인	TP	μg/L, mg/L
인산	PO_4-P	μg/L, mg/L
유기질소	N–ORG	μg/L, mg/L
암모니아성질소	NH_3-N	μg/L, mg/L
아질산성질소	NO_2-N	μg/L, mg/L
질산성질소	NO_3-N	μg/L, mg/L

클로로필-a 측정은 조류의 양을 측정하는 방법으로 호소의 1차 생산력을 평가하는데 많이 이용되는 방법이며, 조류 건조중량의 약 1~2%가 세포 내 클로로필-a 농도이다. 클로로필-a에 의해 호소의 영양상태를 평가하는 경우 일반적으로 조류 번성의 최적기인 여름철 농도를 기준으로 하는 경우가 많다. 조류의 양이 많을 때 광합성 작용에 의해 주간에 용존산소가 과포화 되기도 하며, 호소 바닥에 침전된 조류의 사체를 분해하는데 용존산소를 소비하게 되므로 호소 바닥에서는 산소부족현상이 일어나기도 한다.

혐기성 상태에서는 암모니아성 질소의 농도가 높고, 호기성 상태에서는 질산성 질소농도가 높게 나타난다. 이러한 암모니아성 질소와 질산성 질소는 광합성작용에 많이 이용되지만 아질산성 질소는 잘 이용되지 않는다.

2) 인산부하량에 의한 평가

호소에 부하되는 인산량을 조사, 계산하고 개발된 모델에 적용하여 대상호소의 영양상태를 평가, 예측하는 방법이다. 이와 같은 방법으로서는 Vollenweider Model, Dillan Model, Larsen & Mercider Model 등이 있다. 그 중에 Vollenwider 모델이 가장 널리 사용되고 있다. Vollenweider 모델은 호소 내 인의 물질수지 관계식을 이용하여 영양상태를 평가하는 방법이며, Dillan Modeler은 인의 농도에 체류시간을 적용시켜 영양상태를 평가한 방법이다. Larsen과 Mercier 모델에서는 안정상태의 호소와 인의 평균유입 농도와의 관계를 이용하여 호소의 영양상태를 평가하는 방법이다.

3) 영양상태지수에 의한 평가

호소의 이화학적, 생물학적 수질조사 자료로부터 영양상태 지수를 계산하여 영양상태를 평가하는 방법으로 지수를 산정하는데 있어서 하나의 수질변수가 사용되는 경우와 여러 개의 변수가 동시에 사용되는 것도 있다. 영양상태 지수로부터 영양상태를 평가하는 방법에는 투명도, 전도율, 총 유기질소, 총인 및 클로로필 a를 수질변수로 선택한 Shannon과 Brezonik지수와 투명도, 클로로필 a 및 총인을 수질변수로 선택한 Carlson 지수가 있으며, 그 외에도 Porcella, Walker 등이 있다.

Shannon과 Brezonik에 의해 제안된 TSI 계산식은 아래 식과 같다.

$$TSI = 0.936(1/SD) + 0.827(COND) + 0.907(TON) + 0.748(TP) + 0.938(PP) + 0.892(CA) + 0.579(1/CR) + 4.76 \quad (4.2.19)$$

TSI : 영양상태지수

SD : 투명도(m)

COND : 전도율(μgmho/cm)

TON : 총 유기질소(mg/L as N)

TP : 총 인(mg/L as N)

PP : 1차 생산성(mg C/m^3· hr)

CA : 클로로필 a (μg/L)

CR : 양이온비[(Na+K)/(Ca+Mg)]

Carlson은 투명도를 기준으로 TSI값을 0에서 100까지 10단계로 구분 설정하고 투명도, 클로로필 a, 총인으로부터 각각의 TSI값을 계산하였다.

$$TSI = 60 - 14.41 \ln SD = 9.81 \ln CA + 30.6 = 14.42 \ln TP + 4.5 \quad (4.2.20)$$

TSI : 영양상태지수

SD : 여름철 투명도(m)

CA : 여름철 클로로필 a (μg/L)

TP : 여름철 총 인(μg/L)

Porcella등은 Carlson지수값을 일부 이용한 LEI값 계산식을 제안하는데 이 LEI값은 부영양호 회복방법의 실시 효과를 분석하는데 이용되는 지수이다.

$$LEI = 0.25\,[0.5(XCA + XMAC) + XDO + XSD + XTP] \quad (4.2.21)$$

LEI = 호소평가지수

$XCA = 9.81\ \ln CA + 30.6$ CA : 클로로필 a (μg/L)

XMAC = calculated from macrophyte growth Area

XDO = calculated from DO

$XTP = 14.42\ \ln\ TP + 4.15$

$XTN = 14.427\ \ln - 23.8$

SD : 투명도(m)

TP : 총 인(μg/L)

TN : 총 질소(μg/L)

Walker는 클로로필 a를 근거로 모델을 만들었고 투명도를 기준으로 계산된 Carlson지수를 보완한 지수로서 조류 외에 투명도에 영향을 주는 인자를 계산식에 반영하였다.

$$ICA = 20.0 + 14.42\ \ln CA \quad (4.2.22)$$

$$I_{TP} = -15.6 + 20.02\ \ln TP$$

$$I_{SD} = 75.3 + 19.46\ \ln (I/SD - \alpha)$$

$$I_W = (I_{CA} + I_{TP} + I_{SD})/3$$

$$I_O = 175 + 21.31\ \ln (HOD) - 96.8\ \ln Z + 18.9(\ln Z)^2$$

HOD : 산소결지율(g/m^2.day)

Z : 평균깊이(m)

I_O : 영양상태지수

α : Nanalgal Influence on Transparency(m^{-1})

IW : Walker′s 지수

위에서 언급한 각종 지수들에 의한 호소의 영양상태 구분기준은 아래 표 4.2.6과 같다.

부영양화는 심수층의 용존산소량 감소, pH 상승, 영양물질농도 증가, 대규모 조류의 발생으로 인한 탁도, 색도 증가, 조류의 변화 및 어류변화 등과 같은 수환경의 변화를 가져오게 된다.

표 4.2.6 각종 지수에 의한 영양상태 구분기준

영양호상태	지수			
	Shannon	Carlson	Porcella	Walker
빈영양호	1.3 이하	0	40~45 이하	30 이하
중영양호	1.3~3	50		50 이하
부영양호	3 이상	100	50 이상	70 이하

(4) 부영양화에 따른 수환경변화

호소가 생성된 초기 또는 빈영양상태의 수체가 부영양화되는 현상으로 다음과 같은 수환경의 변화가 일어나게 된다.

① 심수층의 용존산소량이 감소
② pH의 상승과 변화
③ 질소, 인, 탄소와 같은 영양물질 농도 증가
④ 조류의 다량 발생으로 인한 투명도 저하
⑤ 규조류가 녹조류로 변화하여 미생물의 우점종이 출현
⑥ 어종의 변화

그리고 부영양화가 발생된 호소는 부영양화의 정도와 호소의 특성에 따라 차이는 있으나, 상수원 및 각종용수의 이용에 막대한 지장을 초래하게 된다. 이러한 수원을 상수원과 각종용수로 사용할 경우에는 대규모로 발생된 조류에 의해서 여과지나 스크린이 막혀 용수처리 시 비용이 많이 들며, 조류나 미생물에 의해 생성된 용해성 유기물질은 불쾌한 맛과 냄새를 일으키며, 이러한 용수를 염소 소독할 경우 클로로포름이나 트리할로메탄 등과 같은 물질을 생성하여 치명적인 타격을 주기도 한다. 그리고 부영양화가 심한 호소는 바닥에서 유기성 분해로 인해 용출되는 철분의 영향으로 적수(赤水)현상이 발생하여 용수이용이 어렵게 되기도 하며, 청녹조류와 같은 유독 조류에서 생성된 유기물은 가축을 폐사시키거나 인간에게 치명적인 장해를 일으키기도 한다. 또한 anabaena나 microcystics와 같은 부유 조류는 응집·침전처리에 나쁜 영향을 미치며 어류를 폐사시킴으로써 수산자원의 생산량에 큰 영향을 미치게 된다.

부영양화가 진행된 수원을 농업용수로 사용하는 경우에는 육묘 기간 중에 발아와 발근에 지장을 주어 엎어짐, 유망부패(有芒腐敗) 등을 일으키며 생육 중 질소성분의 과잉으로 성열불량이나 병충해 발생이 일어날 뿐만 아니라 번창한 조류에 의해 벼의 성장에 지장을 초래하기도 한다. 부영양화된 호수는 불쾌한 냄새, 색, 외관이 손상되어 관광자원으로도 그 가치를 상실하게 된다.

(5) 부영양화 모델

부영양화의 예측 및 판단을 하기 위한 모델은 동적모델(dynamic model)과 통계학적 모델(statistical model)로 분류되는데, 동적모델은 수생식물의 성장을 제어하는 영양물질 부하와 빛, 온도 등과 같은 물리적 영향인자들의 생물, 이화학적 상호반응들을 미분방정식으로 나타낼 수 있으며, 이러한 식들은 수치해석을 이용하여 조류성장의 동력학 및 기타 영양단계별 호소의 반응 등을 동시에 해석할 수 있다. 그러나 이 모델은 각각의 수계가 종속적이기 때문에 다른 특성을 갖는 호소나 같은 호소인 경우에도 외부요인, 부하량 및 여러 가지 조건에 따라 변화하는 호소에는 적용하기 어려운 실정이다. 통계학적 모델은 종속변수와 독립변수간의 희귀분석을 이용하여 원인, 결과를 수식화한 것이다. 즉, 이 통계학적 모델은 클로로필-a농도 등과 같은 수질변수로 측정된 조류의 결과치를 이용하여 각각의 결과에 대한 최적합선을 구하는 것이다. 따라서 통계학적 접근방법은 유입 영양물질인 인과의 반응에 따르며 호소 내 영양물질이나 조류, 동력학을 정확하게는 나타낼 수는 없지만 정상상태나 완전혼합상태로의 반응은 나타낼 수가 있다. 특히 이 모델은 부영양화 가능성과 같은 종속변수와 영양물질 부하량 및 수리학적 체류시간과 같은 독립변수와의 관계식에서 모든

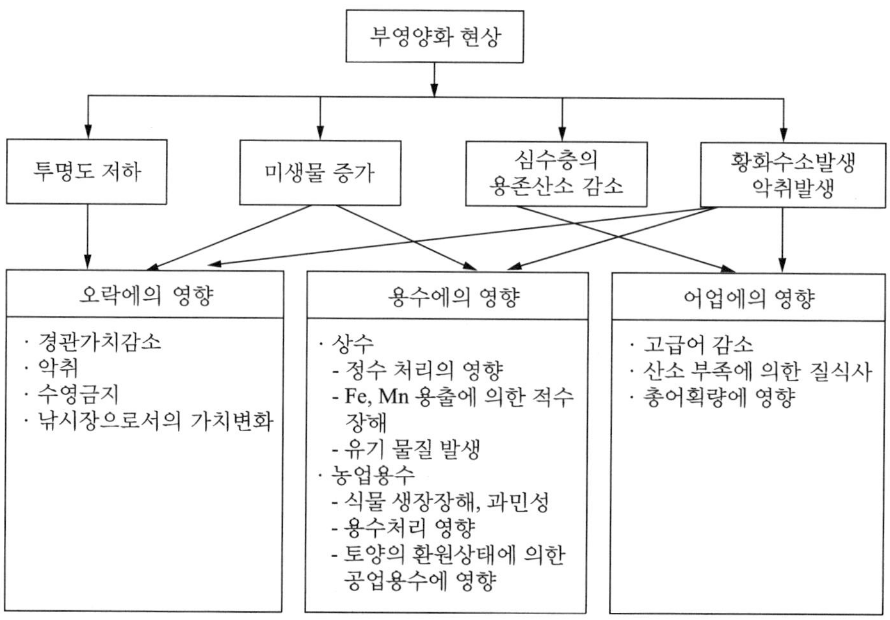

그림 4.2.7 부영양화에 따른 수이용가치의 변화

가능성에 대해 여러 가지 광범위한 자료를 연결시켜야 한다. 실제로 이 통계학적 모델이 호소의 영양화단계를 평가하는데 가장 널리 사용되고 있는 기법이다.

부영양화 단계를 예측하는 대표적인 모델로는 Vollenweider, Dillon, Larsen & Mercier, Rigler, Jones & Bachmann, Rast & Ree 및 Kerelces 모델 등이 있다. 본 절에서는 위의 모델 중 Vollenweider, Dillon 및 Larsen & Mercier 모델에 대하여 간략하게 설명하고자 한다.

1) Vollenweider 모델

Vollenweider 모델은 1968년 Vollenweider가 개발한 영양물질 수지모델로서 호소의 1차 생산에 필요한 제한인자를 인으로 가정하고 다음과 같은 물질수지식을 제안하였다.

$$\frac{dm_w}{dt} = J - \sigma\, m_w - \frac{Q}{V}\, m_w \qquad (4.2.23)$$

여기서 m_w : 호소 내의 인량(mg)

J : 매년 호소로 공급되는 인량(mg/year)

σ : 침전율 계수(year^{-1})

Q : 방류유량(m^3/year)

V : 호소의 체적(m^3)

t : 년(year)

또한 Vollenweider는 1975년에 위의 식을 보완하여, 연간 호소의 수표면적당 부하되는 인산량과 호소평균수심을 수량의 체류시간으로 나눈 수치 z/J_w로부터 다음과 같은 관계식을 구하였다.

$$\log L = \log P + \log\left(V_s + q_s\right) \qquad (4.2.24)$$

여기서 $L = W/A_s$: 수표면적당 인부하량(g_m/m^2.year)

W : 연간 총인 부하량(g_m/year)

A_s : 수표면적(m^2)

P : 호수인농도(mg/L) ; 허용농도 : 0.01mg/L, 위험농도 : 0.02mg/L

V_s : 침전속도 : 10m/year

$q_s = \dfrac{z}{J_w} = \dfrac{Q}{A_s}$: 수리학적 부하량

z : 평균수심

$J_w = V/Q$: 체류시간

Q : 연평균 유입량(m^3/year)

V : 호소 용적(m^3)

이 식에서 수리학적 부하량과의 관계를 보면 물의 흐름속도가 느린 호소($q_s \ll v_s$)에서는 $\log L = \log P + \log V_s$는 일정하고 반면에 물의 흐름속도가 빠른 호소($q_s \gg v_s$)에서는 $\log L = \log P + \log q_s$로 되어 $\log L$과 $\log(z/J_w)$ 사이에 선형적인 비례관계가 나타난다. 인산부하량과 z/J_w값으로 그래프 위에 표시했을 때, 위험선 상단에 나타나면 부영양호이고 허용가능선 하단에 나타나면 빈영양호가 되며 그 사이에 표시되면 중영양호이다.

또한 Vollenweider모델을 기준으로 개발한 Vollenweider－OECD모델의 경험식을 적용하여 산정한 클로로필 a, 투명도 SDTLR, 심층수 산소결핍률에 따라 영양단계를 판단할 수 있다.

$$\log(\mathrm{Chl-a}) = 0.76 \log[L(p)/q_s/(1+\sqrt{z/q_s})] - 0.259(\mu g/L)$$

$$\log(SD) = -0.35 \log[L(p)/q_s/(1+\sqrt{z/q_s})] + 0.95(m)$$

$$\log(\text{산소결핍률}) = 0.46 \log[L(p)/q_s/(1+\sqrt{z/q_s})] - 1.07\ (gO_2/m^2 \cdot day) \qquad (4.2.25)$$

2) Dillon 모델

Dillon은 1974년 Vollerweider모델을 확대하여 호소의 수리학적 체류상수를 추가하였으며, 다음과 같은 식을 유도하였다.

$$P = \frac{L(1-R)}{z \cdot \rho} \qquad (4.2.26)$$

여기서 P : 정상상태의 인농도(mg/m^3)

L : 호소 수표면적당 인부하량(g/m^2)

ρ : $\frac{Q}{V}$

Q : 호소에서의 총 유출량(m^3/year)

V : 호소 용적(m^3)

R : 호소 내 인의 체류상수

z : 평균수심

여기서 호소 내 인의 체류상수(R)는 Kirchner & Dillon의 경험식을 이용하여 산출하였으며, 정상상태의 인 농도는 표 4.2.4의 기준에 근거하여 비교된다.

$$R = 0.426 \cdot \exp(-0.271\, q_s) + 0.547 \cdot \exp(-0.00949\, q_s) \tag{4.2.27}$$

이 Dillon모델은 1차 생산력의 제한인자가 인성분이라고 가정할 수 있는 호소에 대해서만 적용이 가능하다. 질소의 경우 우수 유출수와 폐수뿐만 아니라 공기 중으로부터도 공급이 가능하기 때문에 인성분이 이 모델의 제한인자가 된다.

Dillon과 Rigler는 Dillon모델을 발전시켜 여름철 클로로필-a 농도와 투명도와의 관계식을 개발하였다.

$$\log(\mathrm{Chl-a}) = 1.449 \log(p) - 1.136$$
$$S = 7.7(\mathrm{Chl-a})^{-0.68} \tag{4.2.28}$$

여기서 Chl-a : 여름철 클로로필-a 농도(mg/m^3)
S : 투명도(m)

Larsen과 Mercier 모형은 Vollenweider의 물질수지 모형을 농도로 표현한 것으로서 안정상태의 호소와 인의 평균유입농도와의 관계를 이용한 모델이다.

$$\frac{d[P]}{dt} = \frac{\sum V_j[P_j]}{V} - P_w[P] - \alpha[P] \tag{4.2.29}$$

여기서, $[P]$: 호소의 인 농도(g/m^3)
V_j : j번째 지류의 유량(m^3/year)
P_j : j번째 지류의 인 농도(g/m^3)
V : 호소 용량(m^3)
α : 침전계수(year^{-1})
P_w : 이론적 유출원(g)

Dillon 모형에서 정의한 것처럼 체류상수 R을 이용하여 $[P]$를 구할 수 있다.

$$[P] = \frac{P_\infty}{1-R} \tag{4.2.30}$$

여기서 $[P]$는 호수로 유입되는 평균 인의 농도(g/m^3)이며, P_∞는 정상상태에서 호수의 인 농도

(g/m^3)을 나타낸 것으로 정상상태의 호수와 평균유입 인 농도와의 관계를 나타낸 것이다.

4.3 해 양

근래에 있어서의 해양오염의 특징은 기름에 의한 오염이나 적조현상의 발생 등과 같이 우리의 생활환경에 보다 직접적인 영향을 미칠 정도로 확대되고 있다는 점이다. 더욱 인구증가에 따른 도시의 거대화나 산업의 급속한 발전에 따라 생활폐기물이나 산업폐기물이 양적으로 급증하면 그 대부분이 직·간접으로 바다로 버려지고 있다. 특히 독성물질이나 분해되기 어려운 플라스틱류와 같은 폐기물은 심각한 영향을 미치고 있으며, 이들 폐기물이 일단 바다에 버려지면 이를 다시 완전하게 회수한다는 것은 전혀 불가능하다. 유조선에서 투기된 폐유나 사고에 의해 유출된 원유는 세계의 해양을 전체적으로 오염시키고 있다. 이와 같이 인류의 제반활동에 의해서 초래된 해양오염은 수산자원을 포함한 해양생물에 막대한 영향을 미치고 있다.

이러한 해양환경의 오염을 방지하기 위해서는 생활활동이나 산업활동 등에 의해 발생하는 각종 폐기물을 가능한 한 줄이고 또한 확산되지 않도록 하는 것이 매우 중요하다. 따라서 본 절에서는 해양에서의 오염물질이동, 해수의 탁도, 기름오염, 열 배출 및 적조현상 등에 대하여 설명하고자 한다.

4.3.1 오염물질의 이동

인류의 활동에 의해 발생한 오염물질은 육상에서 하천을 통하여 해양으로 유입되거나 대기를 거쳐 바다로 옮겨지며, 또는 직접적으로 바다에 투기되거나 배출된다. 이런 식으로 해양에 유입된 오염물질은 해양환경 중에서 여러 가지 영향을 받는다.

오염물질은 해수 중에서 난류나 조류의 영향을 받아 희석·확산되거나 유기물이라면 세균 등의 작용에 의해 분해된다. 또 해양에서 생활하는 생물에 의해 해수 중에서 직접 또는 먹이연쇄를 통하여 오염물질이 생물적으로 농축되거나 혹은 흡착·침전, 이온교환 등의 물리적 과정으로 농축되는 수도 있다. 더욱이 조류나 생물의 회유 등에 따라 오염물질이 다른 해역으로 이동하기도 한다. 이와 같은 상황을 개략적으로 나타내면 그림 4.3.1과 같으며 인류의 제반활동에 의해 발생되어 해양에 유입되었던 오염물질이 역으로 희석, 확산, 분해, 농축 및 이동 등의 여러 과정을 통해 인류활동에 다시 영향을 미치게 되는 것을 보여준다.

오염물질은 해양의 생물자원에 대한 영향(생리활성의 저감, 생물개체의 폐사, 종의 감소, 생물상의 변화, 생태계의 영향 등)으로 나타나거나 직접적인 유해작용 혹은 식품의 형태로 인간의 건강을 위협하기도 한다. 또 해역에서의 인간의 제반활동(선박의 항해나 어업활동과 같은 해상활동) 등을 방해하거나 해변을 오염시켜 해수욕을 할 수 없게 하는 등 환경의 불쾌감을 증대시키는 형태로 나타난다.

해양에 유입된 여러 가지 오염물질 중에서 유기물 등은 세균의 작용에 의해 분해되어 무기물로 되지만, 이 중의 어떤 것, 즉, 질소나 인과 같은 물질은 적조현상의 발생원인이 되는 경우도 있다. 이와 같이 세균에 의한 유기물의 분해를 일반적으로 자정작용이라고 하지만 어떤 종류의 오염물질도 모두가 정화되거나 소멸되는 것은 아니다. 즉, 양적인 한계도 존재하지만 플라스틱 종류, 비닐, 나일론, 폴리에틸렌 등은 특히 분해되기 어려운 유기물질로서 부유상태로 계속 존재한다. 또 수은, 구리, 아연, 카드뮴과 같이 각종 공장폐수나 광업폐수에 함유되는 중금속은 물리, 화학적인 과정에서 현탁물에 흡착되어 침전됨으로써 해저의 퇴적물 중에 포함되기도 하며, 또한 생물학적인 과정에 의해 해수 중에서 생물에 흡수되어 먹이연쇄를 통해 고차영양단계의 생물체로 이동되어 농축되기도 한다.

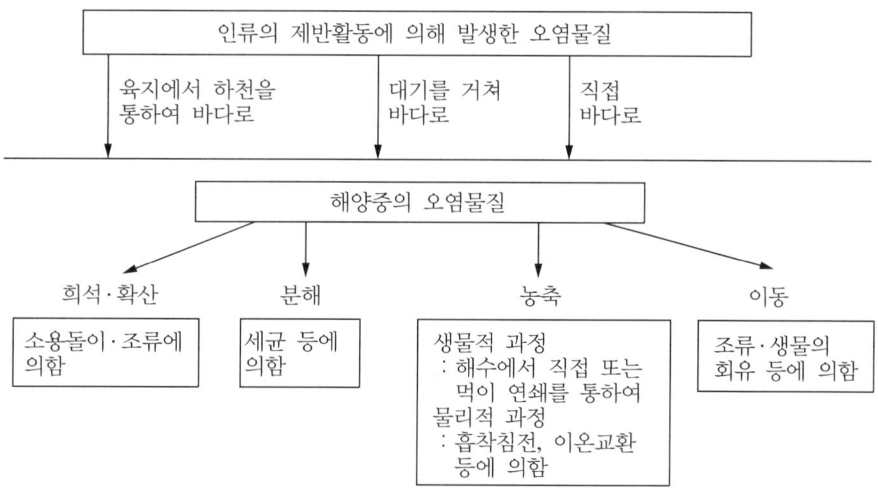

그림 4.3.1 오염물질의 이동경로

표 4.3.1은 해양에서의 생산자(이 경우는 해조) 및 소비자(이 경우는 수산어류) 중의 각종 원소의 함유량 C(mg/L)과 각각의 농축계수 δ의 조사치를 나타낸 것이다. 생물농축의 정도를 나타내는 지표로 자주 이용되는 농축계수(enrichment factor; δ)는 다음과 같다.

$$\delta = \frac{\text{생체내에서의 대상물질의농도}}{\text{생체외의 수중에서의대상물질의 농도}} \tag{4.3.1}$$

이상과 같이 해양에 유입된 오염물질은 처음에는 희석이나 확산에 의해 소멸되는 것처럼 보이지만 결코 그런 것이 아니며, 형태나 장소가 변할 뿐 대부분 해양 환경 중에서 서서히 축적되어 간다는 사실에 유의하여야 한다.

표 4.3.1 해양에서의 생산자(해조류)와 소비자(어류)중의 원소와 그 농축비

원소	해수중의 농도 [mg/L]	생산자(해조류) 원소함유량 C[mg/L]	농축계수 δ[−]	소비자(어류) 원소함유량 C[mg/L]	농축계수 δ[−]
비소(As)	0.002	0.4~12	200~6,000	1.8	900
붕소(B)	4.5	0.4~1.3	0.1~0.3	5	1
칼슘(Ca)	400	200~5×104	0.5~100	5.2~7×104	130~180
카드뮴(Cd)	1×10^{-4}	0.02~0.06	200~600	0.75	7,500
코발트(Co)	1×10^{-4}	0.02~0.5	$200\sim5\times10^{4}$	0.002~0.013	20~130
구리(Cu)	2×10^{-3}	1.4~5.5	700~2,800	0.83~25	400~12,500
수은(Hg)	3×10^{-4}	0.003~0.01	10~30	0.025~360	$100\sim2\times10^{6}$
칼륨(K)	380	50~5×104	0.15~15	1,900~4,300	5~10
망간(Mn)	0.002	3~52	1,500~26,000	0.2	100
나트륨(Na)	11,556	1,000	0.1	340~1,00	0.03~0.1
니켈(Ni)	0.002	0.05~2.2	25~1,100	2.4~51	1,200~2,600
인(P)	0.07	40~560	600~8,000	5,700~9,500	$8\times10^{4}\sim14\times10^{4}$
납(Pb)	3×10^{-5}	1.4~3.2	$5\times10^{4}\sim10\times10^{4}$	13	4×10^{5}
바나듐(V)	0.002	0.2~15	100~7,500	0.05×1.8	25~900
아연(Zn)	0.005	3.4~170	700~33,000	7.1~17	1,400~3,400

4.3.2 해수의 탁도

해수의 탁도는 해수 중의 용존 착색물질이나 무기 및 유기물질로 이루어진 미립자와 세균, 플랑크톤과 같은 미생물이 포함된 현탁입자가 그 요인이며, 탁도라는 형태로 표현된다. 보통 해수 중에서는 빛의 양이나 질의 변화와 관계가 깊다. 수중의 빛의 양과 질은 수심, 용존 착색물질, 현탁입자 등에 의한 빛의 흡수나 산란에 의해 변화한다. 수중에서의 빛의 감쇠는 다음과 같은 지수식으로 주어진다.(이 관계식은 단색광에 대해서 적합하다.)

$$I_d = I_0\, e^{-k \cdot d} \tag{4.3.2}$$

여기서 I_d와 I_0는 각각 심도 d 및 해표면 심도 0에서의 태양방사 에너지이다. k는 빛의 감쇠비율을 나타내는 계수로서 소멸계수(extinction coefficient), 감쇠계수(attenuation coefficient) 또는 흡광계수 등으로 부른다. 즉, 바다 속에서의 빛의 감쇠는 소멸계수와 깊이의 곱 $k \cdot d$에 의해 결정된다. k의 값은 파장에 따라 다르며, 깊이와 더불어 빛이 급속히 감쇠하는 자외선역과 적외선역에서 크며, 450 nm 부근을 중심으로 에너지 분포를 갖는 청록색광은 깊은 곳까지 투과되므로 k의 값은 작다.

그러나 흐려진 해수의 경우에는 현탁입자에 의하여 청색광선이 선택적으로 산란되므로 투과광선의 극대 스펙트럼은 적색광선 쪽으로 기울며, 550 nm 부근에서 최대의 투과를 나타낸다. 수중의 빛은 보통 수중조도(underwater photometer 또는 submarine photometer)로 측정하나, 예부터 수중의 빛 조건을 측정할 때 투명도판(secchi disc)라고 부르는 직경 3 cm의 자색원판을 사용하였다. 이것을 바다에 잠기도록 하되 원판이 보이지 않게 되는 깊이를 m단위로 표시하며, 투명도라고 한다. 투명도(T_r)와 전술한 감쇠계수(k)와의 사이에는 경험적으로 다음과 같은 관계가 성립하는 것으로 알려져 있다.

$$k = \frac{1.7}{T_r} \tag{4.3.3}$$

수중조도는 특히 해양의 식물인 플랑크톤이나 해조류의 광합성이 필요한 빛 에너지 도착심도를 결정하는데 중요한 의미를 갖고 있다.

조류에 의한 광합성활동과 해양의 깊이와의 관계를 나타낸 것이 그림 4.3.2이다. 조류의 생산이 가능한 층을 생산층(euphotic layer 또는 유광층, photic layer)이라고 하며, 그 깊이를 보상심도(compensation depth)라고 한다. 이 깊이는 수면에서의 수광률을 100%로 했을 때에 상대적으로 그 1%가 되는 깊이까지를 말한다. 이 심도에서는 광합성활동과 호흡활동이 동일하다. 즉, 일반적으로 상대조도가 1%가 되는 심도가 조류의 독립영양적인 생활이 가능한 하한계라고 볼 수 있다. 따라서 해수중의 현탁입자는 단순히 탁도에 의해 외관적으로 불쾌감을 주거나 어류에 혐기행동을 시킬 뿐만 아니라 해양에서의 생물생산의 기초가 되는 1차 생산과의 관계로서 지극히 중요한 영향력을 가지고 있다고 할 수 있다 그러나 적조현상이 발생한 경우 이와는 반대로 적조생물(식물성 플랑크톤 등)에 의하여 수중의 빛이 제약을 받게 된다.

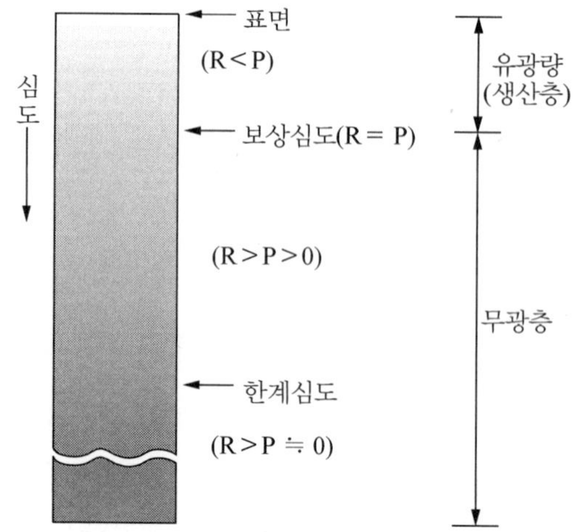

그림 4.3.2 광합성활동과 해양의 깊이(R : 호흡활동, P : 광합성활동)

연안부나 내만(內灣)에서 문제가 되는 해수의 탁도에는 준설이나 매립 혹은 큰비로 인하여 하천 상류에서 운반되어온 토사의 유입 등에 의한 것이 있다. 이 가운데 특히 매립에 따른 미세입자의 현탁에 의해 수역이 현저히 흐려지며 혹은, 큰 비로 인한 홍수나 댐에서의 오탁수방류에 의해 유입된 미세입자가 내만이나 연안의 양식시설 등에 커다란 피해를 입히는 경우가 있다. 예를 들면, 오탁수의 유입으로 해태망에 다량의 미세토사입자가 부착되면 김포자의 착생을 방해하여 포자가 미세입자와 더불어 망사에서 유실된다.

해태나 김의 어린눈의 성장을 저해하여 큰 피해를 초래할 수도 있다. 그러므로 준설이나 매립을 할 때에는 토사의 유출에 관하여 충분한 배려를 하지 않으면 안되며, 해역뿐만 아니라 하천과의 관계에 있어서 육상의 치수면까지도 신중한 배려와 대책이 바람직하다.

4.3.3 유류오염

세계의 석유산지는 비교적 한정되어 있으며, 원유는 육송 및 탱커에 의한 해상수송으로 소비국까지 보내지는데, 수송 시 어느 정도의 원유가 해양 중에 유출되고 있다. 연 생산량 22억 t 가운데 해상 수송되고 있는 원유는 연간 10수억 t으로서 그 가운데 0.3~0.5%가 유출되고 있다고 한다. 최근에는 육지의 저장원에서의 유출도 무시할 수 없게 되어 경우에 따라서는 중대한 오염을 야기하며, 수산업에 커다란 피해를 가져오고 있다. 기름에 의한 해양오염은 세계적으로도 문제시되고 있으나, 특히 얕은 해역이나 내만에서 생긴 사고는 직접 또는 간접적으로 생물에 막대한 피해를 입히는 수가 많다. 석유오염의 원인은 석유탱커의 사고를 별도로 한다면 탱커의 선행안정에 필요한 ballast

수의 해양오염, 탱커의 탱크세척에 의한 폐유나 선박의 기관에서 새어나온 것들이 주된 것이다. 이 유분은 바다표면에 퍼져 그 면적은 유분 1 L가 10~2,000 m^2에 달한다고 한다. 이와 같이 해면에 퍼지거나 바다 속에 분산된 유분은 기름내 나는 물고기를 발생시키거나 난치어에 영향을 미치기도 한다.

해양에 투입된 기름은 급속히 퍼지면서 증발이나 산화분해 등의 물리·화학적 변화를 일으키며 해수의 흐름에 따라 이동해 간다. 그 변화의 양상은 그림 4.3.3에 나타낸 바와 같이 생각되고 있다. 증발이나 산화분해 외에 세균에 의한 분해작용을 받아가면서 결국 유성 emulsion(유적)이나 폐유 보울이 되어 표류하며 일부는 해안에 올라온다.

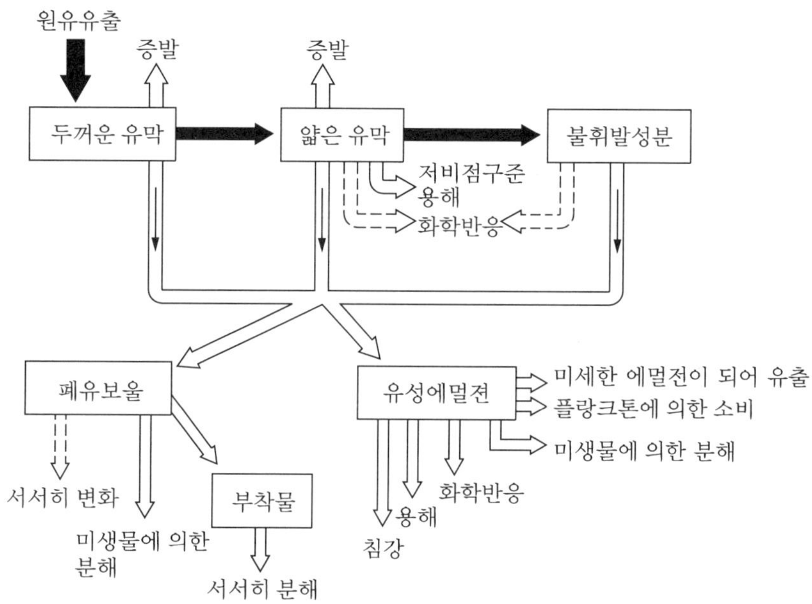

그림 4.3.3 해안에 유출된 원유의 변화과정

4.3.4 열수의 배출

관류방식에서 물을 냉각하기 위해 사용하는 철강, 화학공업 기타의 공장이나 기력발전소(화력 및 원자력)에서 나오는 온폐수는 양적인 면에서 보면 화력 발전소보다 원자력 발전소에서 배출하는 양이 더 많을 것으로 추측된다. 원자력 발전소로부터 유입되는 온폐수는 특히 수산생물에 미치는 영향이 염려되나 이에 대해서는 아직 충분히 밝혀져 있지 않다. 해양으로의 열의 배출이라는 사실에서 온폐수에 관한 기초적인 사항을 기술하기로 한다.

우선 온폐수의 배출이 가져오는 기상·해상에의 영향을 거시적으로 보면, 예를 들어 100만 kW의 기력발전소 하나가 가동되었을 경우, 에너지의 흐름은 그림 4.3.4와 같게 된다. 즉, 발전의 효율(원자력발전의 경우 약 32%)에서 100만 kW의 발전이 이루어졌을 경우에는 약 200만 kW의 열이 배출된다. 100만 kW의 전력은 사용 후에 2.06×10^{13} cal/day의 열이 되어 대기를 가열하게 된다. 한편 200만 kW의 배출된 열은 4.12×10^{13} cal/day의 에너지를 온폐수의 형태로 바다에 흘려보낸다. 이것은 수온상승과 더불어 결국은 대기를 가열하는 결과가 된다. 즉, 100만 kW 발전소가 하나 가동하면 거의 6×10^{13} cal/day의 열에너지가 최종적으로는 대기에 방출되는 셈이 된다. 우리는 전력으로서 얻는 에너지의 약 2배의 에너지를 버리고 있을 뿐만 아니라 환경에 대해서 커다란 영향을 미치고 있는 것이다. 중요한 점은 이와 같은 사실로서 기후변화가 일어나기 전에 인간은 보다 정확한 기후변화에 대한 대책을 세우지 않으면 안된다는 사실이다.

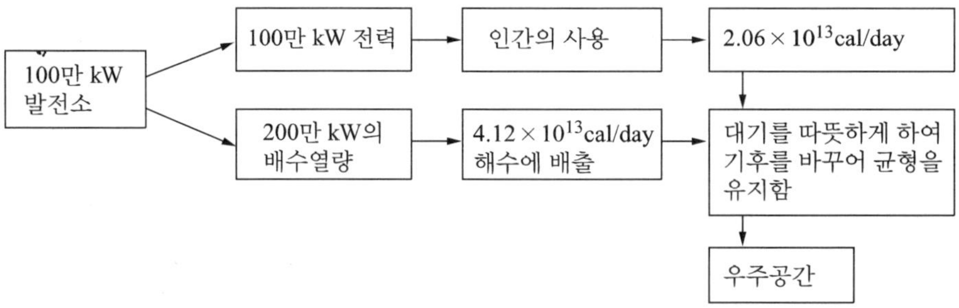

그림 4.3.4 발전소에서의 에너지 흐름

온수가 배출되었을 경우의 확산과정을 모식적으로 나타내면 그림 4.3.5와 같다. 배수구 근방(A의 영역)에서는 온폐수의 유속이 크며, 분사류의 성격을 띠고 있다. 여기서는 수평·연직 양방향에서 주위 해수가 심하게 빨려들어 혼합되며, 소위 연행가입(連行加入)이 발생하여 유량이 급격히 증대하는 한편, 유속 및 주위와의 온도차는 급속히 감소한다. B의 영역이 되면 온폐수가 처음에 가지고 있던 운동에너지는 분산되고 사류로서의 성격도 잃어버린다. 배수구에서 수송되어 퇴적된 온폐수는 밀도류로서 조용히 하부로 흘러내리며, 그 과정에서 수평방향에서는 해역의 난류에 의하여 수평혼합되고, 연직방향에는 온폐수의 유속자체의 불안정함과 그것을 억제하려는 성층의 안정함과 균형을 나타내는 Richardson수(R_i)에 지배되는 연직혼합이 일어난다. 이 사이에 대기와의 열 교환이 계속해서 이루어진다.

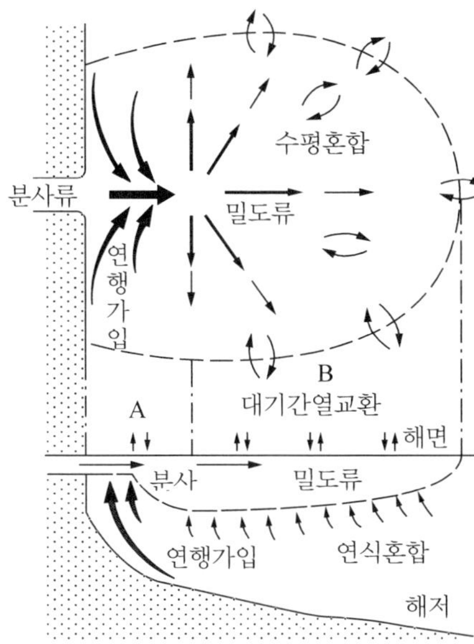

그림 4.3.5 온배수의 확산 모식도

4.3.5 적조현상

적조현상(red－tide)은 하·폐수의 유입에 의한 해역의 부영양화(eutrophication)가 원인인데, 해수중에서 부유생활(浮遊生活)을 하고 있는 식물성 플랑크톤과 같은 미소한 생물이 단기간에 급격하게 증식한 결과로 해수가 적갈색 또는 녹색으로 변하는 현상이다. 우리나라에서도 종종 적조발생이 보고되고 있으며, 특히 진해만 일대의 양식장에 큰 피해를 가져왔던 적조는 임해공업단지와 주변 도시에서 흘려보내는 각종 폐수 때문이라는 조사 결과도 있다.

적조의 발생기구에 대해서는 각국에서 많은 연구가 이루어지고 있지만, 아직까지 명확한 결론은 나와 있지 않은 것 같다. 그러나 직접 또는 간접으로 바다에 유입한 영양염(질소나 인)이나 미량의 생물활성 물질(미량금속, 킬레이트제, 비타민 등)이 그 발생의 기반이 된다는 사실은 틀림이 없다.

생물생산력이 낮은 빈영양 해역에 영양염이 유입되면서 서서히 부영양화가 진행되면 생물생산력도 점차 높아지지만, 더욱 더 부영양화가 심하게 진행되면 적조가 발생하게 된다. 그 결과 고밀도로 존재하는 적조생물의 호흡에 의해 수중의 용존산소가 소비되거나 적조생물의 사후분해에 의해 다량의 용존산소가 소비되므로 수중의 다른 생물의 생활을 위태롭게 한다. 또, 적조생물이 어패류의 아가미 등에 부착하여 이를 막히게 함으로써 질식사시키는 일도 조사되고 있다. 더욱 강한 독성을 갖는 편모류(예를 들어, *eutrepteiella*)에 의한 적조가 발생하여 피해를 크게 하는 경우도 있다.

이와 같이 적조에 의해 어패류가 폐사하는 경우의 원인은 여러 가지이지만, 정리해 보면 대체로 다음의 세 가지를 들 수 있다. 첫째, 적조에 의해 대사기능이 높아지기 때문에 질식사한다. 둘째, 어떤 종류의 와편모류(예를 들어, *gymnodinium*, *gonyaulax* 등)에는 치사성의 유독물질이 포함되어 있으므로 폐사의 원인이 된다. 마지막으로, 적조생물의 급속한 사후분해에 의해 용존산소가 소비되면서 황화수소나 부패독과 같은 유해물질이 발생하기 때문에 폐사한다.

적조현상은 여러 가지 관점에서 분류하려고 시도되고 있으며, 이들은 적조현상의 이해에 많은 도움을 주고 있다. 본 절에서는 해양에서 발생수역에 따른 분류와 적조생물의 생리적 특성에 따른 분류를 소개한다. 적조현상을 발생수역에 따라 분류하면 외양성, 연안성, 내만 및 내만국지성으로 분류할 수 있다.

(1) 외양성

대양의 용승역(湧昇域) 또는 지형적으로 상승류(upwelling)가 있는 해역에서 적조가 발생하면, 발생지역의 범위가 대단히 넓다. 인도양 등에서 발생한 *thichodesmium*이나 *gonyaulax*의 적조가 유명하다. 또 북해나 북태평양 부분에서 여름철 규조류의 대번식 등이 있다. 이러한 형의 적조는 때때로 어황(漁況)과 밀접한 관계를 갖는 것으로 알려져 있다. 예를 들면 북해에서 stinking water로 불리는 연색의 불쾌한 냄새를 발생하는 수역에서는 *rhizosolenia shrubsolei*, *thalassiosira nordenskiodii*, *phaeocystis* 등이 크게 번식함으로써 청어나 고등어를 잡을 수 없는 것으로 알려져 있다.

(2) 연안성

연안성은 외양과 접한 연안수역에서 대륙붕부터 사면해역까지 발생하는 적조로서 연안수가 영향을 미치는 해역 또는 해심이 유광(有光)층보다 얕은 해역에서 발생하기 쉽다. 해수의 혼합이나 용승, 다량의 하천수의 유입 등이 원인이며, 용승 후의 약층형성시나 수직안정도가 증가하는 이른 봄 등에 발생하기 쉬운데, 조류의 춘계증식과 이를 포식하여 크게 번식하는 야광충과 같은 식물성 플랑크톤의 적조로 잘 알려져 있다.

(3) 내만성 및 내만국지성

내만성은 절반 쯤 폐쇄되어 있는 만에서 발생하는 적조로서 기상조건에 의해 크게 좌우된다. 내만의 어업, 특히 양식장에 피해를 준다.

내만국지성은 내만에서도 특히 들어가 있는 해안에서 파도가 칠 때 방파제의 내측, 항만구조물의 부근에서 발생하는 적조이다. 이 원인은 공장폐수, 도시하수나 해안공사의 증가 등이 적조가 발생하기 쉬운 조건을 만들기 때문이라고 본다. 이러한 형의 적조는 근년에 있어서 해양환경에 미치는 인위적인 영향의 증가로 인해 발생수역은 내만의 국소뿐만 아니라 내만전체 또는 외양에 접한 연안수역에까지도 확장되고 있다.

적조의 원인생물은 종류가 대단히 많고 그 대부분은 단세포생물이다. 단세포생물의 경우, 이를 동물로 볼 것인가 또는 식물로 볼 것인가에 따라 그 분류법이 달라, 연구자에 따라 서로 다른 적조생물의 분류법이 보고되어 왔으나, 여기서는 주요한 적조생물과 그 특징만을 표 4.3.2에 나타냈다. 표 4.3.2에 나타낸 적조생물은 모두 단세포 생물이지만, 그 중에는 각각의 세포가 쇄상으로 연결하는 규조류나 다발형태로 모이는 남조류의 *Trichodesium*과 같은 것이 있다. 그러나 대체적으로 단일세포의 크기는 10~100μm 정도이다. 세포자체의 색은 여러 가지로서 경우에 따라 다르지만 적조의 색깔도 농도에 따라 다르다. 일반적으로 적, 갈, 황, 녹색 등이지만 갈색계가 많다. 착색하는 세포 농도의 하한은 크기에 따라서 다르지만 대체로 길이 10μm 전후의 것은 10^5 cells/mL, 50μm 전후에서는 10^4 cells/mL 정도이다. *Noctiluca*는 대형이므로 $10^{3\sim4}$ cells/mL이다. *Hornellia*는 길이 50μm 전후이지만, 해수 1mL 중 10^2 cells에서 녹색을 띠고, 10^3 cells을 넘어서 갈색을 혼합한 것처럼 된다. 그림 4.3.6에 적조생물의 형태를 나타냈다.

적조생물의 생리적 특성에 대해서는 Iwasaki에 의해 편모조류를 세 가지 유형으로 분류한 보고가 있다. 이들의 조형을 표 4.3.3에 나타냈다. I형은 환경수역 중에 비타민 B_{12}, 지아민, 비오틴 등의 비타민 B군이 존재하고, 수온 20℃ 이상에서 염분 농도가 저하된 경우에도 증식하고 특히 N, P, 비타민 B_{12} 등의 영양물질의 농도가 높으면 고밀도로 증식하는 것이다. 여기에는 *Heterosigma akashiwo*나 *Rhodomonas ovalis*가 포함되며, 이 형의 적조는 해수온도가 20~26℃의 시기에 강우에 의해 대량의 육수가 유입하여 도시하수나 분뇨처리장의 처리수가 일시적으로 대량 유입하는 때에 일어나기 쉽다고 알려져 있다.

표 4.3.2 주요한 적조생물과 그 특징

강(Classis)	적조생물(Genus)	특징
Cryptophyceae (갈색편모조)	*Cryptomonas* *Chroomonas* *Rhodomonas*	편모는 2본으로 그 근본에 모포가 있다.
Dinophyceae (와편모조)	*Prorocentrum* *Exuviaella* *Perdinium* *Gonyaulax* *Ceratium* *Gymnodinium* *Noctiluca*	일반적으로 *Dinoflagellata*라고 부르며, 규조와 함께 해양플랑크톤으로서 가장 출현도가 높다. 체에 종구와 횡구가 있고 각각 1본의 편모가 있다. *Prorocentrum*종류는 구가 발달해 있지 않다. 적조생물로서 유명
Chloromonadophyceae (녹색편모조) *(Raphidophyceae)*	*Hornellia* *(Hemieutreptiella)* *Fibrocapsa*	소수의 종으로 된 특이한 군으로 편모는 2본, 체의 주파가 명확하고 수축포 등이 있다.
Haptophyceae (하프로조)	*Prymnesium* *Coccolithus*	2본의 등장편모의 중간에 *Hapto*편모가 있다
Xanthophyceae (황녹색편모조)	*Olisthodiscus* *(Heterosigma)*	부등장편모
Bacillariophyceae (규조)	*Skeletonema* *Chaetoceros* *Thalassiosira* *Eucampia* *Rhizosolenia*	보통 *Diatoms*라고 부르며, 규산질의 행계형의 2각에 싸여있다. 각의 면에 미세한 모양이 있고, 식물플랑크톤으로서 종류나 수량이 매우 많다. 식물성동물의 중요한 천연먹이이다.
Prasinophyceae (프라시노조)	*Pyraminomonas*	편모는 일반적으로 다수임
Chlorophyceae (녹색조)	*Chlamydomonas* *(Chlamydomonas)* *(Volvox, Scenedesmus*는 담수산)	편모는 길이가 같고 등모류라고도 부른다.
Euglenophyceae (유그레노조)	*Euglena* *Eutreptia* *Eutreptiella*	면점, 수축포 등의 분화기관이 많다. 편모는 1~2본, 저장물질의 paramylon은 분류상 중요하다.
Cyanophyceae (남조)	*Trichodesmium* *(Microcystis*는 담수산)	조류중 가장 원시적으로 핵이 없다.

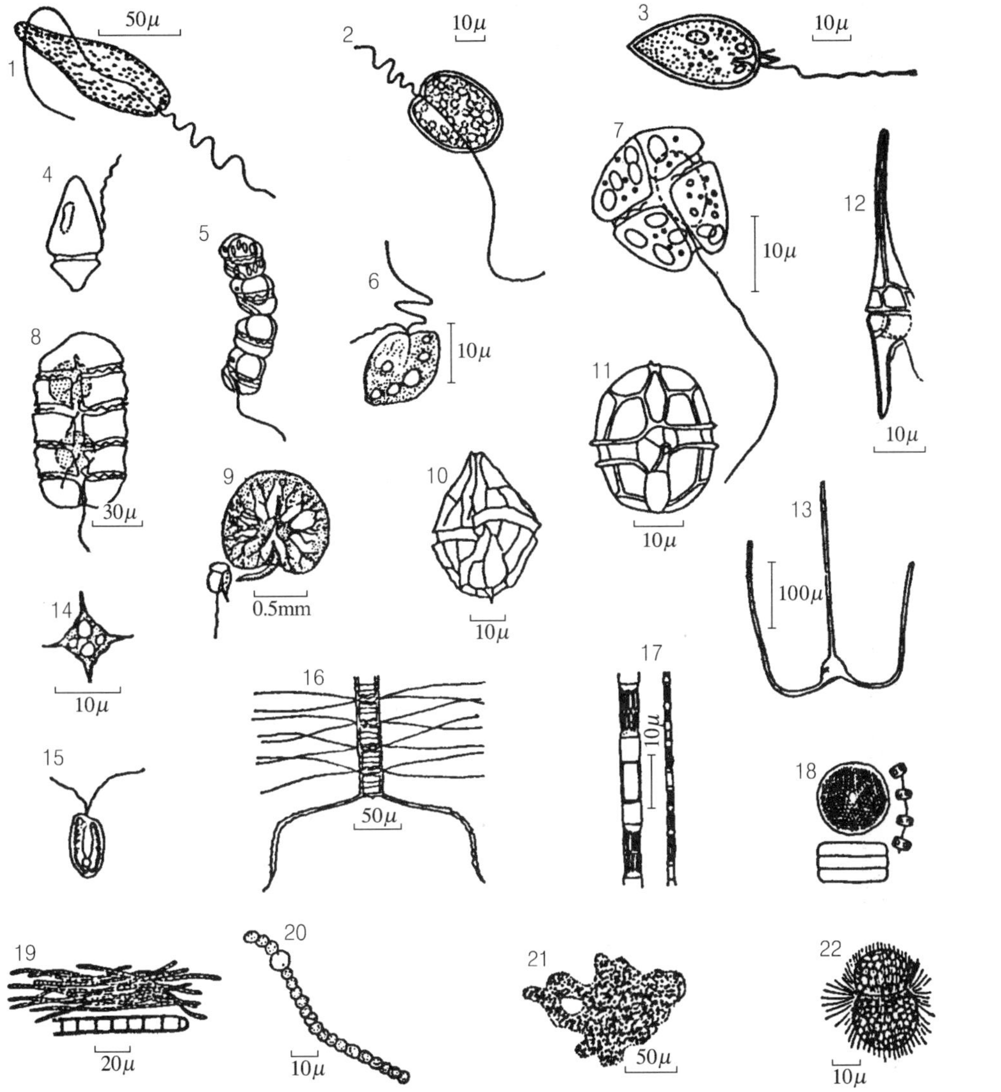

1. *Eutreptiella* sp.
2. *Exuviaella* sp.
3. *Prorocentrum micans*
4. *Amphidinium fusiforme*
5. *Cochlodinium catenatam*
6. *Heterosigma* sp.
7. *Gymnodinium mikimotoi*
8. *Polykrikos kofodidi*
9. *Noctiluca micans*
10. *Gonyaulax polygramma*
11. *Peridimum polonicum*
12. *Ceratium furca*
13. *Ceratium furca*
14. *Dichtyocha* sp.
15. *Rhodomonas ovalis*
16. *Chaetoceros affinis*
17. *Skeletonema costatum*
18. *Thalassiosira mala*
19. *Trichodesmium thiebauti*
20. *Anabaena flos-aquae*
21. *Microcystis aeruginosa*(군체)
22. *Mesodimium rubrum*

그림 4.3.6 여러 종류의 적조생물

표 4.3.3 적조편모조류(I~III조형)의 생리적 특성

조형		I		II		III			
환경 및 영양요소 ＼ 생물		*Heterosigma akashiwo*	*Rhodomonas ovalis*	*Eutreptiella* sp.	*Exuviaella* sp.	*Heterosigma inlandica*	*Peridinium hangoei*	*Polykrikos schwartzi*	*Gymnodinium melsoni***
염분농도 (Cl%)	최 적 적정범위*	16.5 (12.5~18.3)	13.1 (3.0<)	1.02 (8.0~17.)	14.0~18.5 (10.6<)	6.6 (3.8<)	13.1 (8.0~180)	9.2 (7.6~14.4)	11.0 (5.0~18.5)
pH	최 적 적정범위*	7.5 (6.9~8.5)	8.5 (7.8~9.0)	7.5 (6.5~8.5)	9.0 (7.7>)	8.5 (7.6<)	8.0 (7.5~8.4)	8.5 (7.7~8.8)	8.5 (7.4~8.8)
질소원	적정농도	$NaNO_3$ <100mg/L	NH_4Cl 5~10mg/L	NH_4Cl 0.3mg/L	NH_4Cl 0.3mg/L	$NaNO_3$ 50~100mg/L	유기태질소	NH_4Cl 0.3mg/L	$NaNO_3$ (유기태질소)
인산원	적적농도	글리세로인산염 20mg/L	KH_2PO_4 0.5~1mg/L	KH_2PO_4 0.3mg/L	KH_2PO_4 0.3mg/L	KH_2PO_4 10mg/L		KH_2PO_4 30 μg/L	KH_2PO_4 1~3mg/L
비타민	B_{12} 요구	+	+	+	+	+	+	+	+
	B_{12} 적정농도	10m μg/L	10 μg/L	10mg μg/L	10 μg/L	10 μg/L	10m μg/L		20 μg/L
	티아민	−	+	+	−(?)	−	−	+	−
	바이오틴	−	+	+	−(?)	−	−	+	−
	B_{12}류 사물에의 반응특성	*Ochromonas*		*Escherichia*	*Euglena*	*Ochromonas*	*Escherichia*	*Escherichia*	*Eschgerichia*
생장촉진물질			NH_4-N PO_4-P B_{12}	· Fe, Mn	· Mn, Fe · 퓨린 · 피리미딘 · 식물호르몬	· 퓨린 · 피리미딘	·효모의 자기 소화물 ·카제인의 췌액 분해물 ·글루타민산염	· 효모의 자기 소화물 · 효모유출물 · 동물조직의 소화 분해물 · 카제인 분해물	효모유출물 〃 +동물조직 소화 분해물 〃 +구아닌 〃 +DNA 〃 ±양추출액

*최고증식량의 1/2 증식을 나타내는 범위

Ⅱ형은 Fe나 Mn등의 미량금속의 존재에 따라 영향을 많이 받는 편모조류군으로서 *Eutereptiella* sp.나 *Exuviaella* sp. 등이 이 형에 해당한다. Fe나 Mn 등의 금속원소는 외양해수에 비해 높은 농도(Fe, 0.3 mg/L, Mn, 0.15 mg/L)에서 이들 편모조류의 성장이 촉진되는데, 이 경우 킬레이트제를 필요로 한다. 따라서 태풍이 통과한 후 해수가 교란되면서 저층에 있는 다량의 철이 부상하는 경우라든가 제철소부근의 해역 등에서 금속킬레이트를 형성하는 유기물이 다량으로 존재하는 경우에 이들 조류에 의한 적조의 발생이 촉진되는 것으로 보인다.

Ⅲ형은 해수중에 존재하는 특수한 유기물에 의해 증식이 촉진되는 편모조류로서 일반적으로 이 형에 해당하는 편모조류가 가장 많다.

이 형의 편모조류는 크게 2군으로 나누어지며 purine이나 pyrimidine에 의존도가 높은 *Heterosigma inalandica*나 일부의 *Exuviaella* sp. 등과 글루타민산, 효모추출물, 동물조직추출물이나 분해물에 의존하는 *Peridinium hangoei*, *Polykrikos schwartzi*, *Gymnodinium nelsoni* 등으로 나눌 수가 있다. 이와 같이 이 형의 편모조류는 독립영양성이 낮고, 특히 후자의 군에 해당하는 것은 종속영양성이 높다. 따라서 이들 편모조류에 의한 적조는 공장폐수나 도시하수 등에 의한 오염도가 높은 해역이나 양식장과 같이 집약적인 어업이 행해지고 있는 내만 등에서 발생되기 쉽다고 한다. Iwasaki는 이상과 같은 적조생물의 생리적 특성과 관련하여 적조생물의 증식관계를 영양환경 조건을 중심으로 설명하고 있다(그림 4.3.7).

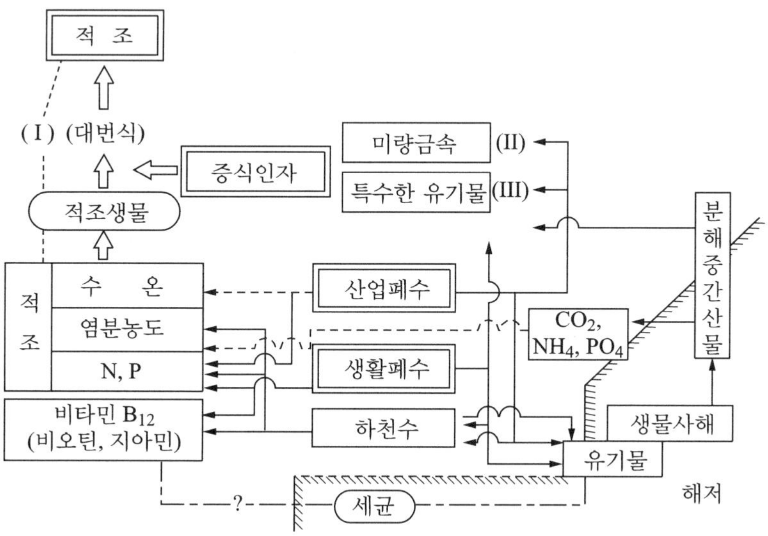

그림 4.3.7 적조생물의 이상증식과 영양인자 간의 관계
(그림 중의 Ⅰ,Ⅱ,Ⅲ은 표 4.3.3 참조)

그림 4.3.7은 적조발생에 대한 환경조건의 성립을 알기 쉽게 나타낸 것으로 적조의 발생기구에 대해 좋은 참고가 될 것이다. 그러나 주의할 것은 아직까지도 다종다양한 모든 수역에 보편적으로 적용할 수 있는 적조의 발생기구론은 정립되어 있지 않으며, 여러 가지 미해결의 문제점이 남아 있다는 사실이다. 예를 들면 적조의 대부분은 1종 또는 2~3종의 생물종으로 구성되고 있는데 어떻게 해서 이와 같이 선택적인 증식이 활발하게 이루어지는 지, 그와 같은 우선종이 보통의 수역에서는 대단히 적으면서도 적조 발생시에 대량으로 증식되는 것과 같은 많은 의문점이 있다.

적조발생의 방지를 위해서는 이와 같이 발생기구에 대한 연구의 발전도 중요하지만, 현재의 상황에서는 적조 발생의 원인(직접적인 것만 아니라 간접적인 것도 포함하여)이라고 추측되는 생물이 바다로 유입되는 것을 방지하거나 가능한 한 감소시키는 대책을 세우는 것이 필요하다.

5 수처리 공정

악화된 수질은 여러 가지 방법으로 개선시킬 수 있다. 수질개선의 가장 보편적인 목적 두 가지는 (1) 적절한 가정용수의 공급과 (2) 사용하고 난 가정하수와 폐수를 공공 수용하천에 방류할 수 있도록 처리하는 것이다. 산업 시설에 있어서는 때로 전자산업과 같이 상수보다도 오히려 더 엄격한 공급 수질을 확보하여야 하는 경우도 있다.

용수나 폐수의 처리시스템을 개발하려면 여러 가지 처리공정이나 단위조작에서 이루어지는 물리적, 화학적, 생물학적 현상들의 기초적인 이해가 기본적으로 요구된다. 따라서 상수의 생산이나 폐수의 처리에 공히 일반적으로 적용되는 물리적, 화학적, 생물학적 처리 원리와 공정의 구성 등을 소개하고자 한다.

5.1 처리공정 개요

해가 더해감에 따라 용수 및 폐수처리의 방법도 다양하게 개발되고 있다. 대개는 이 방법들의 적절한 조합과 연결이 필요하게 되는데, 이는 전적으로 원수의 수질과 요구처리수질에 따라 결정된다. 또한 하천이나 호수, 지하수와 같은 대부분의 자연정화시스템은 m^3당 처리비용으로 볼 때 비교적 저렴하다 할지라도 대규모 용량이 필요하므로 그 적용가능성은 희박하다. 결국 공공용수의 공급을 위한 용수처리나, 자연으로 방류하기 전에 이루어져야 할 폐수처리에는 오히려 공학적인 시스템이 적용되어야 한다.

5.1.1 처리공정의 분류

수중 오염물질은 물리적, 화학적 및 생물학적 수단에 의해 제거될 수 있는데 각각 물리적 단위조작, 화학적 단위공정 및 생물학적 단위공정으로서 분류되고 있다. 대개의 처리시스템에서는 이들 단위조작과 공정들이 결합되어 있으나 통상적으로 각각을 구분하여 취급하고 있다. 각 그룹을 구분하여 고려함으로써 용·폐수처리에서의 적용과는 별도로 그 기초적인 원리를 설명할 수 있다.

1) 물리적 단위조작

물리적 힘이 적용되는 처리 방법을 물리적 단위조작(physical unit operation)이라 한다. 대부분의 방법은 인간의 자연에 대한 관찰에서 유도되었기 때문에 폐수처리에 가장 먼저 사용되었던 방법이다. 스크리닝(screening), 혼합(mixing), 응집(flocculation), 침전(sedimentation), 부상(flotation),

여과 그리고 가스전달(gas transfer)은 그 전형적인 단위조작들이다.

2) 화학적 단위공정

화학약품의 주입이나 또는 화학적 반응에 의하여 오염물질을 제거 또는 변화시키는 처리방법을 화학적 단위공정(chemical unit process)이라 한다. 화학적 침전(precipitation), 흡착 그리고 소독은 폐수처리에 사용되는 가장 흔한 예들이다. 화학적 침전은 침전 가능한 화학적 침전물을 형성시켜 수행된다. 대부분의 경우, 침전물은 주입된 화학약품과 반응한 물질 및 침전물이 침전되면서 훑어 내린 물질을 포함하고 있다. 흡착은 물질간의 인력(attraction force)을 활용하여 폐수내의 특정물질을 고체표면에 흡착시켜 제거한다.

3) 생물학적 단위공정

생물학적 현상에 의하여 오염물질을 제거하는 방법을 생물학적 단위공정(biological unit process)이라 한다. 생물학적 처리는 주로 폐수내의 생물학적 유기물(콜로이드성 또는 용해성)을 제거하는 데 사용된다. 기본적으로 이들 물질들을 대기 중으로 방출되는 가스와 침전에 의하여 제거되는 미생물세포로 전화시킨다. 미생물학적 처리는 폐수내의 영양소(질소 및 인)의 제거에도 사용된다. 적절한 환경조절에 의하여 대부분의 경우 폐수는 생물학적으로 처리가 가능하다. 따라서 기술자는 적절한 환경을 만들어 주어 공정이 효율적으로 운전되도록 하여야 한다.

4) 1차, 2차 및 고도처리

오염되어 수질이 악화된 물을 처리하는 데는 앞에서 알아본 바와 같이 물리, 화학 및 생물학적 방법이 이용되고 있는데, 대개의 오염 원인물질은 유기물이며 유기물 제거의 경우 가장 경제적이고 확실한 처리방법으로 생물학적 처리가 주류를 이루고 있으며, 이의 완전한 실현을 목표로 전처리 및 후처리의 개념으로 1차 및 고도 또는 3차 처리의 용어를 사용하고 있다.

즉, 스크린, 침사지, 최초 침전지까지를 1차 처리라 하고, 생물학적 처리와 최종침전지를 2차 처리라 하며, 보다 나은 수질을 얻고자 할 때와 부영양화의 원인이 되는 영양물질(질소 및 인)을 제거할 때 추가하는 공정을 3차 처리 또는 고도처리라 한다.

고도처리는 기존 처리방법에 의한 처리수질보다 더 나은 수질을 얻기 위해 추가의 공정을 갖추어 수중 잔류물질을 제거하는 것인데 2차 처리수 중에 함유되어 있는 부유물질, 용해성 유기물, 질소 및 인, 중금속 등이 해당된다. 이 중에서도 부영양화의 원인물질인 영양염류, 즉 질소와 인의 처리를 주목적으로 하고 있다.

5.1.2 용수처리공정

용수처리의 가장 중요한 목적은 인간이 사용하기에 생물학적 및 화학적으로 안전한 물을 생산해 내는 것이다. 대개의 산업용수 요구수질은 가정용수의 수질에 근사하나 인쇄회로의 제조와 같이 그 이상의 요구수질을 목표로 해야 하는 경우도 있다.

표 5.1.1 용수처리를 위한 주요 오염물질 제거를 위한 단위조작

오염물질	단위조작, 공정 또는 처리시스템	분 류*
병원성 미생물	염소소독	C
	오존소독	C
탁도 및 부유물질	스크리닝	P
	침전	P
	여과	P
	응결/응집/침전/여과	C/P/P/P
색도	흡착	P/C
	이온교환	C
	응결/응집/침전/여과	C/P/P/P
맛과 냄새	산화(포기)	P/C
	흡착	P
	화학적 산화	C
유기물질	흡착	P
	이온교환	C
	오존산화	C
	응결/응집/침전/여과	C/P/P/P
경도이온, $Ca^{2+}+Mg^{2+}$	화학응결	C
	이온교환	C
용존가스	폭기	P
	진공탈기	P
	염소산화	C
	이온교환	C
중금속	화학응결	C
	이온교환	C
철 및 망간	이온교환	C
	산화/응결/여과	C/P/P
용존고형물	역삼투	P
	증류	P

*C = chemical, P = physical

(1) 처리방법

용수처리를 위한 일반적인 오염물질과 그 처리방법을 표 5.1.1에 요약, 정리하였다. 여기서 볼 수 있는 바와 같이 일반적으로 적용되는 처리방법은 물리적 조작이나 화학적 공정이다. 오염물질의 농도가 낮은 경우에는 생물학적 공정은 적합치 않고, 또한 대부분의 자연수 중에는 상당한 양의 유기물질이 함유되어 있지 않으므로 생물학적 공정은 적용되지 않는다. 보통 생물학적 처리공정으로부터 배출되는 물은 가정용수 공급을 위한 상수원 수질기준에 부합되지 못한다. 그러나 미국의 여러 지역의 상수공급원은 상류로 방류된 폐수처리수를 포함하고 있는데(예 ; New Orleans의 상수원수는 Minneapolis-St. Paul 및 Mississippi 수역의 다른 지역 방류수를 포함함) 이는 다만, 희석과 수용하천수량의 동화능력의 풍부함으로 인해 상수원수로서의 수질을 충분히 만족하고 있기 때문이다.

(2) 처리공정

용수의 처리는 수원에 따라 달라진다. 예를 들어 원거리의 산악 집수지역이 공급원인 물은 스크리닝, 여과, 소독 등을 실시하는 반면, 하천수의 경우에는 스크리닝, 응결/응집, 침전, 여과, 소독을 행하여야 할 것이다. 깊은 우물에서 끌어 올려진 지하수는 어떠한 처리도 필요하지 않을 수도 있다. 지역의 지리적 특성에 따라 지하수이든 지표수이든 경도 제거를 위한 연수화공정(softening)이 필요할 수도 있다.

하천수의 완전한 처리를 위한 대표적인 계통도를 그림 5.1.1에 나타내었다. 처리 계통도(Flow Sheet)란 특정한 처리목적을 성취하는 데 필요한 단위조작과 공정들을 특별하게 연결하여 나타낸 일종의 도면을 말한다. 조대 협잡물의 제거를 위해 봉형 거름장치를 사용하였고, 탁도와 병원성 미생물의 제거를 위하여 응결/응집, 침전, 여과 등의 처리단계를 거치도록 하였다. 화학적 응결과 응집은 걸러지지 않는 수중의 콜로이드 및 부유고형물을 응결시켜 침전물이 되게 하며, 침전물은 중력침강으로 제거한다. 소독은 병원성 미생물의 제거에 이용하고, 소독 후의 처리수는 배수계통으로 양수하기 전 깨끗한 탱크에 저장하기도 한다. 원수로부터 제거된 물질의 처리를 위해 저류연못(storage lagoons)이 이용되기도 한다.

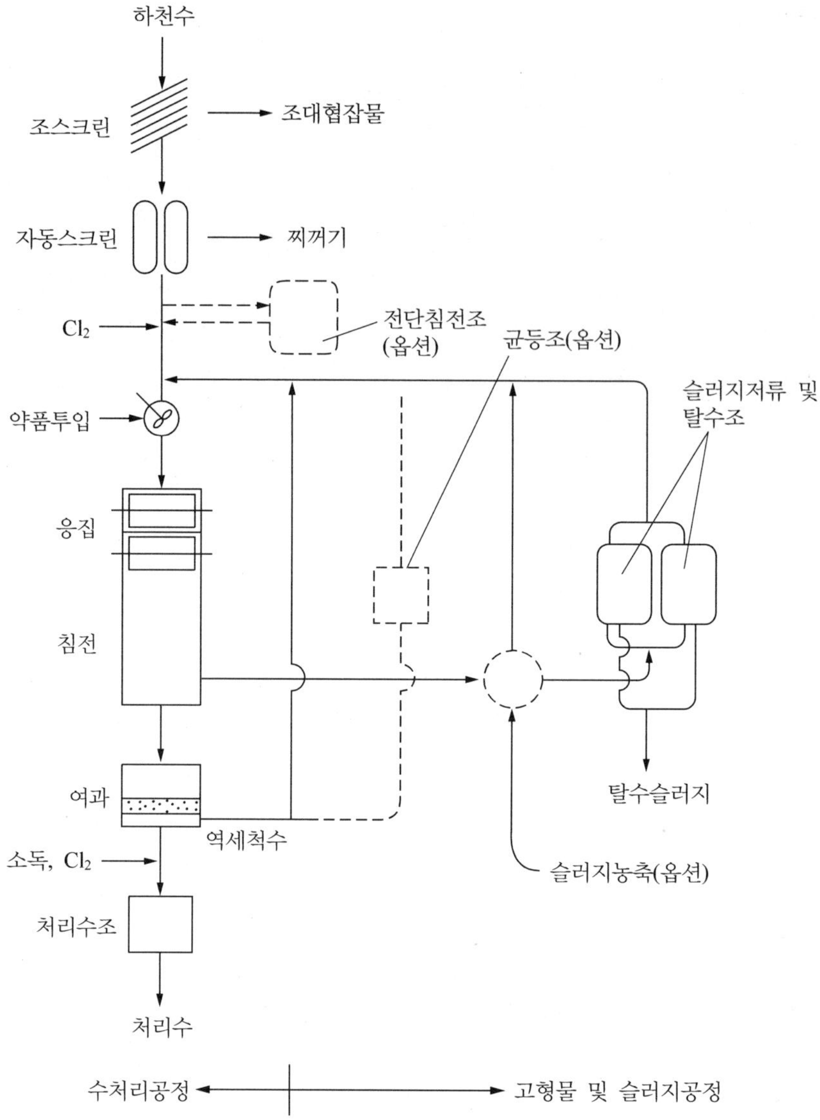

그림 5.1.1 전형적인 용수처리 계통도

5.1.3 하 · 폐수처리공정

하폐수처리의 가장 중요한 목적은 공공수역인 수환경에 대해 나쁜 영향을 일으키지 않는 방류수를 생산하는 것이다.

(1) 처리방법

하폐수 중에 존재하는 일반적인 오염물질과 그 처리를 위한 단위조작 및 공정들을 표 5.1.2에 요약하여 나타내었다. 하폐수처리에 적용되는 공정 및 조작은 생물학적 방법을 제외하고는 용수처리의 방법과 유사하다. 생물학적 처리의 기본용도는 이분해성(易分解性) 유기성분의 제거인데 어떤 경우에는 질소와 인의 제거를 위해 적용되기도 한다. 다양하게 배치된 생물학적 공정이 이용되고 있으며, 물리적 조작과 화학적, 생물학적 공정이 같은 시설 내에서 조합되어 적용되고 있다.

(2) 처리공정

폐수의 처리는 방류수질의 예를 들어 해양배출인 경우 스크린을 통한 조대 협잡물의 제거와 침전에 의한 침강고형물의 제거만이 필요한 처리단계가 될 수 있다. 처리수가 육상 지표수로 방류되는 경우에는 보다 완전한 처리가 필요할 것이다. 또한 환경적으로 민감한 호수나 하천 및 만 지역에 방류하는 경우에는 특정 성분을 제거하기 위해 부가적인 처리가 필요할 수도 있다.

이론적으로 처리체계는 보통 1차, 2차 및 고도(또는 3차)처리를 포함하여야 할 것이다. 1차 처리에서는 부유 고형물과 유기물질의 일부가 원수로부터 제거되는데 통상 스크리닝과 침전과 같은 물리적인 조작이 수행된다. 1차 처리수는 보통 상당량의 유기물질을 함유하고 있으므로 비교적 높은 BOD를 나타낸다. 1차 처리수 내의 잔류 유기물질과 부유물질을 제거하기 위해 2차 처리로 알려진 생물학적 처리를 통한다. 2차 처리에는 일반적으로 미생물을 이용하는 생물학적 처리공정이 이용된다. 2차 처리수는 통상 매우 낮은 BOD_5와 부유 고형물 농도를 유지하며, 얼마간의 용존산소도 잔존할 수 있다.

하수처리를 위한 대표적인 처리 계통도를 그림 5.1.2 및 5.1.3에 나타내었다. 그림 5.1.2에 나타낸 처리 계통도들은 처리용량이 작은 지역에, 한편 그림 5.1.3의 처리 계통도들은 상대적으로 큰 지역에 적용한다. 그림 5.1.2(a) 및 (d)의 처리계통은 부패조(Imhoff tank)나 산화지에서 전처리한 폐수를 최종처리를 위해 습지로 배출하는 것이며, (b)는 하수를 생물학적으로 처리한 후 다공설비를 통해 토양으로 침투시키는 것이고, 그림 (c)는 부착성장 생물공정을 이용한 폐수처리이다.

표 5.1.2 하폐수 내 주요 오염물질 제거를 위한 단위조작, 공정 및 처리 시스템

오염물질	단위조작, 공정 및 처리시스템	분 류*
부유고형물	스크리닝 및 파쇄	P
	침전	P
	부상	P
	여과	P
	응집/침전	C/P
	토양처리	P
생물분해가능 유기물질	활성슬러지	B
	살수여상	B
	회전생물접촉	B
	폭기라군	B
	산화지	B
	간헐사여과	P/B
	토양처리	B/C/P
	물리적/화학적방법	P/C
병원균	염소소독	C
	오존소독	C
	토양처리	P
영양물질 : 질소	부유성장 질산화 및 탈질	B
	고정막 질산화 및 탈질	B
	암모니아 스트리핑	C/P
	이온교환	C
	파과점 염소소독	C
	토양처리	B/C/P
인	금속염 응집/침전	C/P
	소석회 응집/침전	C/P
	생물학적/화학적 인제거	B/C
	토양처리	C/P
난분해성 유기물	탄소흡착	P
	3차 오존처리	C
	토양처리	P
중금속	화학적응결	C
	이온교환	C
	토양처리	C/P
용존 무기고형물	이온교환	C
	역삼투	P
	전기투석	C

* B = biological, C = chemical, P = physical

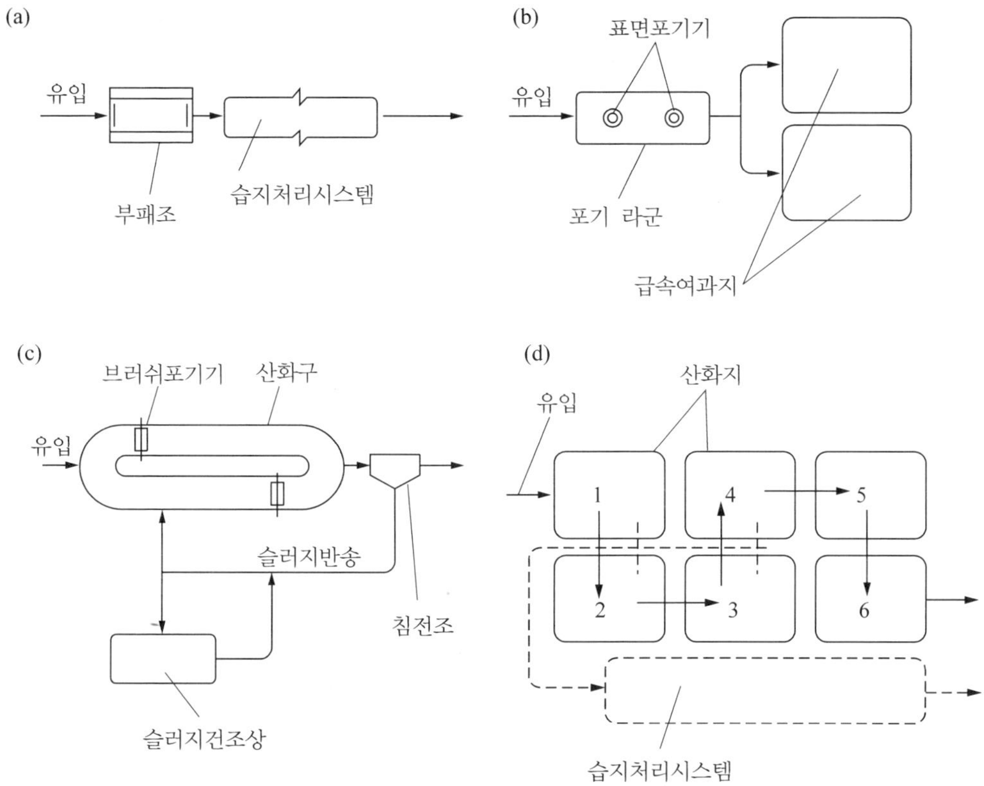

그림 5.1.2 소규모 지역에 적용되는 전형적인 하수처리공정

대규모 지역에 적용하는 시설에서(그림 5.1.3) 커다란 협잡물은 조 스크린을 이용하여 제거하고, 조대 고형물은 파쇄기를 이용하여 작게 한다. 토사를 제거하는 시설은 유입하수의 특성과 조건에 따라 적용한다. 유량계는 침사공정의 앞이나 뒤에 위치하도록 한다. 어느 시설에서는 유량계를 시설의 맨 끝 부분에 설치하기도 한다. 침강성 고형물은 1차 침전조에서 제거하며, 분산용수의 처리에서는 수원 및 용존 유기물질과 1차 침전조에서 유출된 고형물을 생물학적 처리를 통해 제거한다. 2차 침전조는 생물학적 처리공정의 필수부분이며, 방류수 중의 병원성 미생물의 제어를 위해 소독을 실시한다. 또한 생태학적으로 민감한 지역으로 방류할 때는 잔류염소를 제거하기 위해 탈염소 처리를 수행한다.

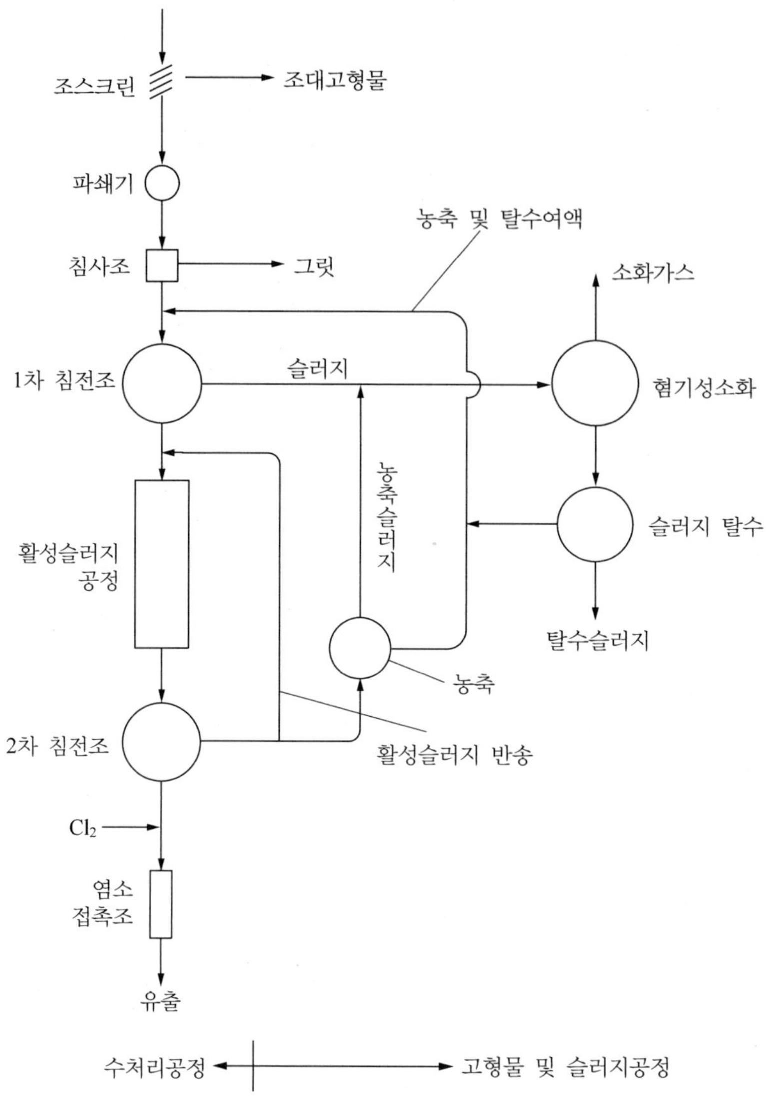

그림 5.1.3 대규모 지역에 적용되는 전형적인 하수처리공정

5.2 물리적 처리방법

물리적 처리방법은 상수 원수나 폐수 중에 존재하는 입자물질을 제거하고자 할 때 사용되어 왔다. 입자물질의 제거나 제거를 위한 전처리 조작이 일차적인 기능이지만 용존물질도 일부 제거된다. 활성탄에 의한 용존물질의 흡착과 H_2S나 NH_3와 같은 가스의 탈기, 그리고 역삼투에 의한 유기 및 무기물질의 제거 등이 그 예가 된다. 여러 가지 물리적 처리방법을 고려할 때 잊지 말아야 할 중요한 사항은 대부분의 경우 처리 부산물이 생성된다는 것과, 이 부산물이나 처리 공정수(예 ; 역세척수 등)의 처분이 쉽지 않을 뿐만 아니라 비용이 많이 든다는 것이다.

5.2.1 스크리닝(Screening)

스크리닝 설비는 용수나 폐수처리시설에서 펌프와 기타 장비류의 보호장치로 이용되고 있다. 나뭇가지, 막대기, 병류, 공, 돌멩이와 같은 조대물질들은 봉형격자나 조(粗)스크린으로 제거할 수 있으며, 물고기와 잔가지 같은 보다 작은 물질은 세(細)스크린으로 제거한다. 강에 막대기와 나뭇가지 등이 있는 것은 일반적이기 때문에 아주 다양한 물질들에 대한 조치를 취해야 한다. 때로는 침대스프링이나 가구류와 같이 매우 큰 물건들이 강에 버려져서 취수계통을 교란시키는 경우도 있다. 가정에서 배출되는 여러 종류의 물질들은 하수구나 기타 경로를 통해 나름의 배출구를 찾는데 많은 물질들이 변기나 하수구를 막게 된다. 그런 물질들에는 틀니, 신발, 옷가지, 도자기류 등이 있다.

(1) 적용

수질관리시설에는 모든 형태의 스크린이 이용된다. 봉형격자라고도 불리는 조스크린은 하천이나 호소로부터의 취수부에 설치되는데 이는 통나무와 기타 조대 협잡물들의 유입을 막는데 사용된다(그림 5.2.1a). 격자의 봉 간격은 대개 25~75 mm이며, 스크린을 막아버릴 수도 있는 협잡물들의 제거를 위해 트롤리(trolley)와 호이스트(hoist)를 설치하기도 한다.

철망으로 된 이동식 벨트 스크린(그림 5.2.1b)의 망 간격은 5~25 mm이며 작은 물고기와 같은 협잡물의 유입을 막기 위해 보통 조스크린의 다음 단계에 설치한다. 지역에 따라서는 플랑크톤과 같은 미생물의 제거를 목적으로 간격 15~64 μm인 미세거름장치(microstrainer)가 이용되기도 하는데(그림 5.2.1d) 이것은 호소나 저수지수의 전처리에도 이용한다.

봉스크린은 펌프 날개를 파손시키거나 손상시킬 수 있는 넝마나 기타 거친 물질의 제거를 목적으로 대형 펌프장에 설치하며, 자연수계에 협잡물이 방출되지 않도록 홍수 월류시스템에도 설치한다.

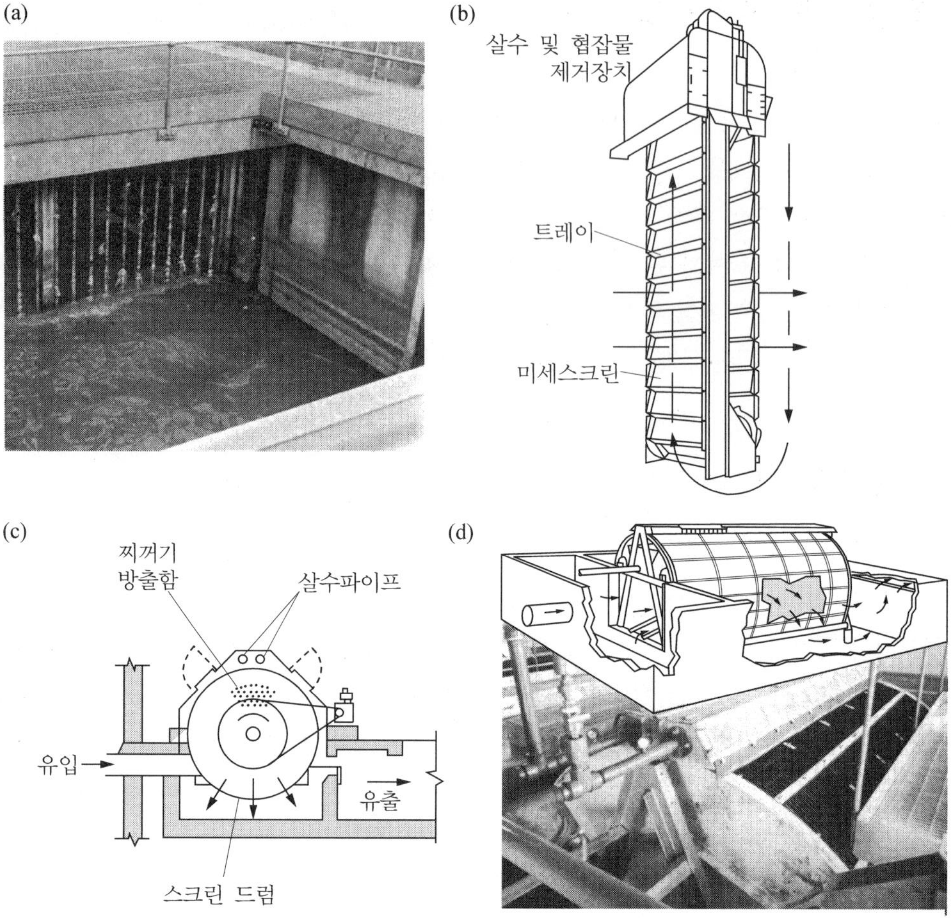

그림 5.2.1 용수처리공정에서의 전형적인 스크린

하·폐수처리시설에서는 펌프, 포기시스템, 슬러지 스크레이퍼, 웨어나 수로 등에 장애를 줄 수 있는 물질들을 제거하기 위해 설치한다. 스크린의 예를 그림 5.2.2에 나타내었다. 그림 5.2.2(a)의 봉 스크린은 스크린 청소를 수동으로 행하는 것이며, 그림 5.2.2(c)와 그림 5.2.2(d)는 기계식 청소를 행하는 스크린을 보여주고 있다.

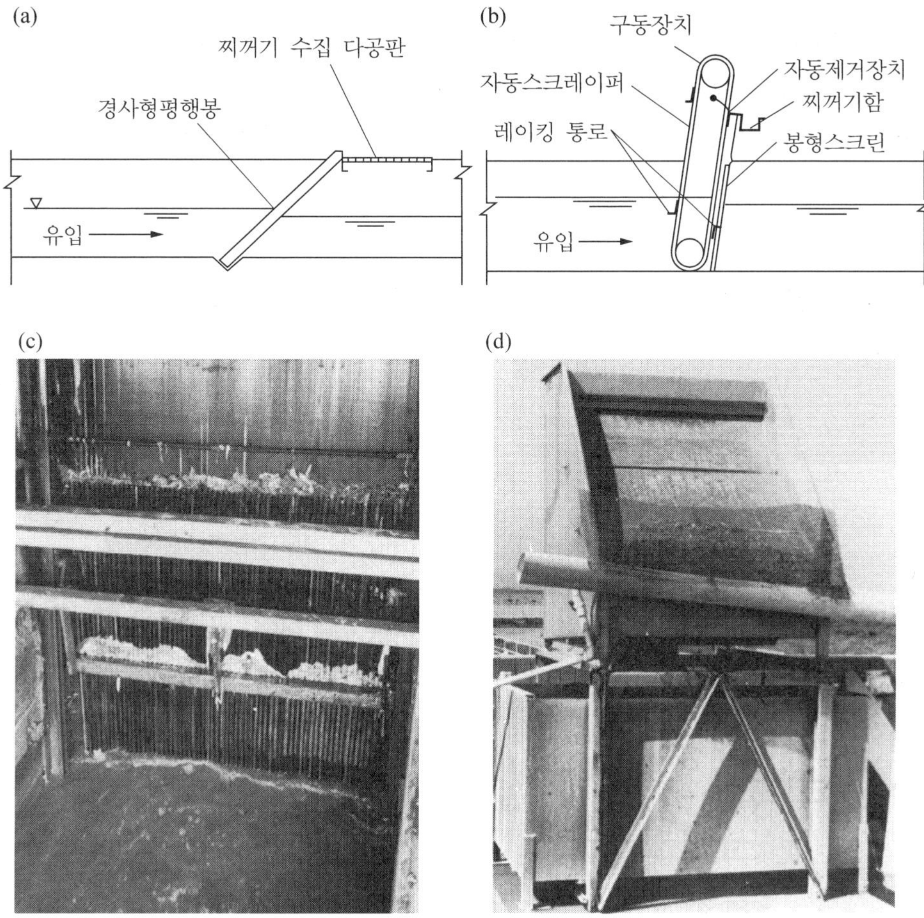

그림 5.2.2 하·폐수처리공정에서의 전형적인 스크린

(2) 설계와 운전

스크린은 상류 수로에 퇴적물이 싸이면서 발생하는 수두손실을 최소화하도록 설계하여 설치해야 한다. 퇴적을 최소화하기 위한 평균 유입속도는 약 0.5 m/s가 된다. 수두손실을 발생시키는 한계치는 봉 사이의 통과면적과 설치수로의 단면적이 같아지는 점이며, 속도유지를 위해서는 계속적인 청소가 필요하다.

(3) 찌꺼기(screenings)

용수처리시설에서 발생하는 스크리닝 찌꺼기의 양은 해에 따라, 그리고 하천의 조건에 따라 달라지며 보통은 매립지에 처분된다. 하수처리장에서 조스크린(봉스크린)으로부터 발생하는 찌꺼기의 양은 3.5~35 $m^3/10^6\ m^3$ 하수이며, 대표값은 15 $m^3/10^6\ m^3$이다. 세스크린에서의 발생량은 (500/d) $m^3/10^6\ m^3$으로 계산하는데, 여기서 d는 스크린 간격으로 mm 단위이며, 5~100 mm이다. 하수처리장에서 발생한 찌꺼기는 매립지에서 처분하거나 파쇄기나 분쇄펌프를 이용하여 잘게 파쇄한 후 다시 공정 중으로 유입시켜 처리하기도 한다.

5.2.2 포기(曝氣, Aeration)

포기는 말 그대로 공기를 불어넣는 일이다. 생물학적 처리동안 호기상태가 유지되는 것이 주요 목적인데, 부수적으로 수조 내의 혼합기능이 추가됨으로써 효율적인 수처리 공정의 운전에 기여하고 있다. 이 항에서는 용수공급과 폐수관리에 있어서 단위조작으로서의 포기에 관해 그 개념적 기초를 소개하고자 한다.

(1) 포기방법

용수공급 및 폐수시스템에서 이용되는 기본적인 포기장치(그림 5.2.3)는 (1) 낙하식 포기장치, (2) 산기식 포기시스템, (3) 기계식 포기장치 등으로 분류할 수 있다.

1) 낙하식 포기기(Waterfall Aerators)

분무포기기, 폭포포기기, 다중판포기기 등이 낙하식 포기기의 기본형태이다. 분무포기기에서 물은 노즐을 통해 공기 중으로 분수처럼 뿜어져 나간다. 폭포포기기에서는 물이 퍼져나가 일련의 폭포식계단이나 기타 장애물로서의 얇은 판으로 흘러감으로써 교란을 일으켜 수중으로 흡수된 가스를 혼합시키고, 또한 대기를 향하여 새로운 수표면이 노출되도록 한다. 다중판포기기는 코우크스, 쇄석, 세라믹 볼과 같은 거친 매질로 채운 다중판의 상부로 물이 흘러가도록 하는 포기기로서 물이 다중판 내의 매질 위를 흘러갈 때, 그리고 판에서 다음 판으로 낙하될 때 포기가 이루어진다.

2) 산기식 포기시스템

산기식 포기시스템에서 공기(또는 순산소)는 일반적으로 수중을 통과하여 올라가는 기포의 형태로 액 중에 유입된다. 기포의 크기는 큰 것에서부터 매우 미세한 것까지 포기장치에 따라 달라지며, 통상의 포기장치에는 다공산기기, 비다공산기기, U형관폭기기 등이 있다. 대개의 다공산기기는 세라믹 판에 이산화규소나 산화알루미늄제의 소형 오리피스들이 설치된 형태이다.

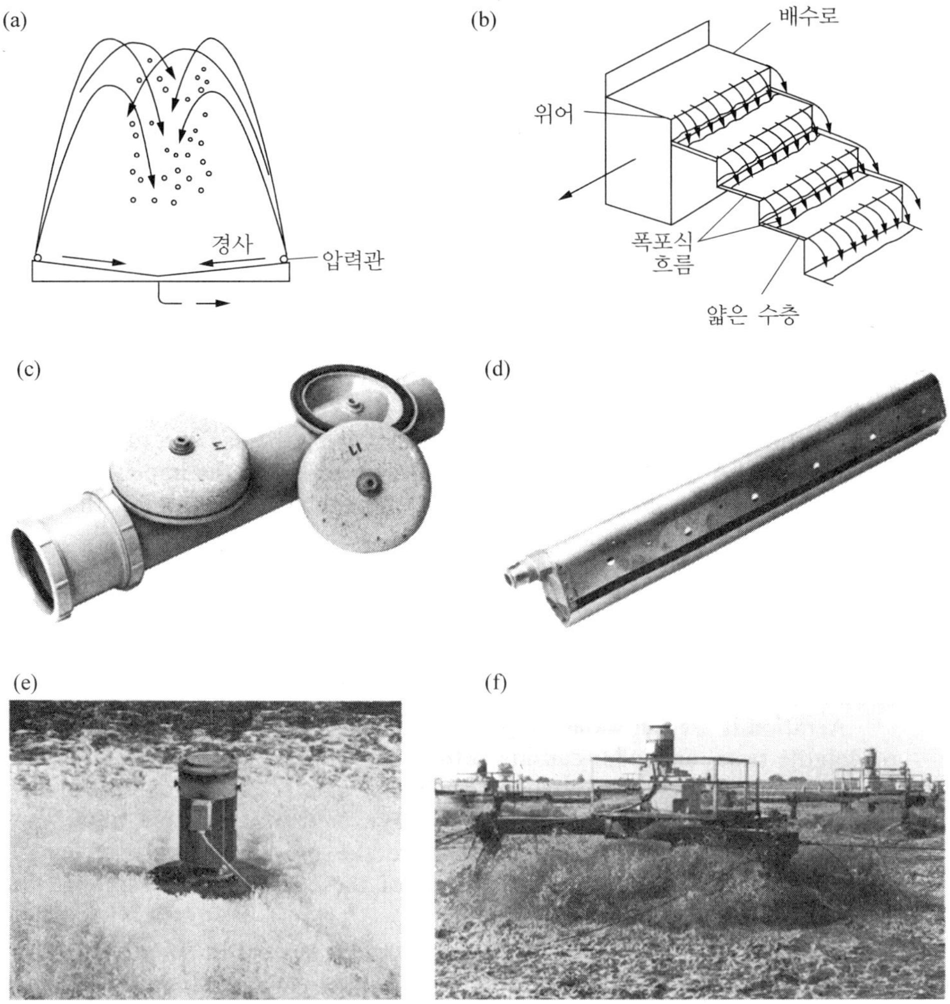

그림 5.2.3 용수 및 하폐수처리공정에서 이용하는 포기장치
(a) 분무포기장치, (b) 폭포식포기장치, (c) 미세기포 산기기, (d) 대형기포 산기기,
(e) 고속 기계식 포기장치, (f) 저속 기계식 포기장치

비다공 산기기로는 제트오리피스, 밸브형오리피스, 교란판포기기 등이 매우 폭 넓게 이용되고 있다. 비다공산기기는 미세기포 다공판에서 발생하는 막힘 문제를 극복하고, 그리고 포기장치의 초기 설치비를 경감하고자 개발되었으며 일반적으로 다공산기기에 비해 효율이 낮다. U형관 포기기는 산기 기포를 함유한 물이 10~20 m의 수심을 통과하면서 기체의 분압이 증가되도록 한 것이다. 분압이 증가하면 수중에서의 포화농도가 증가하게 된다.

3) 기계식 포기장치

기계식 포기장치는 수표면을 기계적으로 파괴함으로써 이루어진다. 커다란 기-액 계면을 형성함으로써 대기로부터의 산소이전을 도모하는 것이다. 수직 및 수평축 포기기가 함께 사용되고 있다. 수직축 포기기에서 포기는 대기중으로 물방울이 노출되어 표면이 교란되고, 여기에 공기가 혼입됨으로써 이루어진다. 수평축 포기기에서는 표면 교란과 공기 혼입을 위해 회전축차나 케이지(cage)가 이용된다. 회전축차인 경우 수평축 펌프를 사용하여 포기효율을 증대시키기도 한다.

터어빈 포기기는 터어빈 날개(혼합장치)와 공기 공급기를 혼합한 형태이다. 임펠러의 하부로 보내진 공기가 깨어져 작은 기포로 된 다음 임펠러의 펌핑작용에 의해 탱크 내로 산기된다.

(2) 포기의 적용

수질관리에 있어서 기본적인 포기의 적용은 수중으로의 기체 혼입 및 수중으로부터의 기체 제거와 관련된다.

용수공급에서 포기는 황화수소와 같은 휘발성 맛과 냄새를 유발하는 물질들의 농도를 낮추기 위해, 지하수에서 이산화탄소를 제거하기 위해, 철이나 망간과 같은 이온들의 산화를 위해 이용된다. 분무식, 폭포식, 다중판식, 미세기포식, 그리고 표면 터어빈식 등이 가장 널리 이용되는 포기장치이다.

폐수관리시스템에 있어서 하수 및 폐수처리 시설에 적용되는 포기는 황화수소의 생성을 제어하며, 휘발성 유무기 화합물을 탈기하고, 방류구역에 부합하도록 처리수의 용존산소 농도를 높일 때 이용된다. 때로는 수용수체의 산소농도를 증가시키기 위해서 이용되기도 하는데, 이는 특별한 경우로서 환경질 문제의 해결을 위해서가 아니라 비상용 공정으로 적용되는 경우이다.

가장 보편적으로 사용되는 포기장치는 확산기포시스템과 표면 터어빈이다. 부착 생물막으로의 산소이전은 폭포수나 다중판식포기기의 경우와 유사하나 보통 산소이전 한계에 근거하여 설계하지는 않는다. 폐수처리에서 포기에 필요한 동력은 폐수 특성의 함수이므로 결과적으로 경우에 따라 큰 차이를 나타낸다. 포기는 통상 폐수처리시스템에서 단일 최대 에너지 소비공정이다.

(3) 포기시스템에서의 산소이전속도

포기시스템에서의 산소이전속도 예측은 거의 항상 다음 식 (5.2.1)에 주어진 것과 같은 산소속도 모델에 근거한다.

$$r_{O_2} = K_La(C_s - C_{O_2}) \tag{5.2.1}$$

여기서, r_{O_2} : 산소이전속도, $g/m^3 \cdot s$

K_La : 총괄산소이전계수, s^{-1}

C_s : 용액 중 포화산소농도, g/m^3

C_{O_2} : 액 중 산소농도, g/m^3

총괄산소이전계수는 통상 실규모 시설이나 시험시설에서 산정하는데 pilot 시설을 이용할 때는 규격을 조정하여야 한다.

1) 산소이전에 영향을 미치는 인자들

총괄산소이전계수 K_La 는 온도, 혼합강도(포기장치의 형태와 급속혼합조의 형상에 관계) 및 수중 성분의 함수가 된다. 온도 영향은 BOD율 계수의 산정에 사용하는 것과 같은 방법으로, van't Hoff-Arrhenius관계식의 지수 함수를 사용한다.

$$K_La_{(T)} = K_La_{(20℃)}\ \theta^{T-20} \tag{5.2.2}$$

여기서, $K_La_{(T)}$: 온도 T에서의 총괄산소이전계수, s^{-1}

$K_La_{(20℃)}$: 20℃에서의 총괄산소이전계수, s^{-1}

보고된 θ의 값은 시험조건에 따라 다르나 대체로 1.015~1.040이며, 확산식 포기장치 및 기계식 포기장치의 대표값을 1.024로 하고 있다.

혼합강도와 탱크의 기하학적 형상이 미치는 효과는 이론적 근거를 사용하여 취급하기는 어려우나 포기장치는 종종 효율을 기준으로 선정하기 때문에 반드시 고려해 주어야 한다. 효율은 주어진 포기장치에 관한 K_La 값에 매우 깊게 관련되어 있다. 대부분의 경우 포기장치의 효율은 낮은 총 용존고형물농도를 갖는 시험수를 사용하는 운전 조건의 범위 내에서 비례적으로 나타난다. 실제 시스템에서 적용할 K_La 값을 산정하기 위해 보정인자 α를 이용한다.

$$\alpha = \frac{K_La(\text{폐수})}{K_La(\text{시험수})} \tag{5.2.3}$$

여기서 α는 보정인자로 그 값은 포기장치의 형태, 포기조의 기하학적 형상, 혼합정도 및 폐수의 특성에 따라 달라지는데 약 0.3~1.2의 범위에 드는 것으로 보고되고 있다. 확산식 포기장치와 기계식 포기장치의 경우 각각 0.4~0.8과 0.6~1.2의 범위로 하고 있다. 포기조의 형상이 시험을 수행한 장치와 매우 다를 경우에는 특히 적절한 α값의 선정에 주의를 기울여야 한다.

염이나 입자상 물질 및 계면활성제 등과 같은 성분으로 인해 산소 용해도가 달라져서 실제의 산소이전속도를 보정할 때는 제 3의 보정인자 β를 사용하는데 다음과 같다.

$$\beta = \frac{C_s(\text{폐수})}{C_s(\text{시험수})} \tag{5.2.4}$$

β값은 약 0.7~0.98이며 폐수에는 통상 0.95를 적용한다. β값의 산정은 대부분 실험실에서 수행할 수 있으므로 가정치를 실험적으로 검증할 것을 권장한다.

2) 보정인자의 적용

위에서 언급한 보정인자들의 적용은 경험적 시험설비에서 측정된 값에 기초하여 기계식 포기장치에 대한 현장 산소이전속도 예측에 사용한 식을 이용하여 설명할 수 있다.

$$\mathrm{OTR_f} = \mathrm{SOTR}\left(\frac{\beta C_s - C_w}{C_{s_{20}}}\right)\theta^{T-20}(\alpha) \tag{5.2.5}$$

여기서, $\mathrm{OTR_f}$: 현장운전조건에서의 실제 산소이전속도, kg O_2/kW·h

SOTR : 20℃, 산소농도 0인 시험조건에서의 표준 산소이전속도, kg O_2/kW·h

C_s : 현장조건에서의 시험수내 산소포화농도, g/m^3

C_w : 폐수내 산소농도, g/m^3

$C_{s_{20}}$: 20℃ 시험수중 산소포화농도, g/m^3

산기식포기시스템일 경우, 반응조 바닥에서 공기가 방출됨으로써 산소포화농도가 대기의 경우보다 더 높게 계산되므로 식 (5.2.5)의 C_s 값을 반드시 보정하여야 한다. 산기식 포기시스템에 이 식을 적용하기 위해서는 C_s 값은 제한된 시간에서 얻어지는 용존산소 농도의 평균값을 취해야 한다.

예제

어느 표면포기기를 이용하여 15℃에서 시험수와 폐수에 대하여 포기시험을 실시한 결과 다음과 같은 자료가 얻어졌다. 주어진 자료를 이용하여 20℃의 시험수 및 폐수에 대한 α값을 구하라. 시험수와 폐수의 시험은 같은 탱크 내에서 이루어졌으며, C_s 값 역시 동일한 것으로 가정하라.

시간, min	농도, g/m^3	
	시험수	폐수
0	0.0	0.0
20	3.1	2.1
40	5.4	3.7
60	6.8	5.0
80	7.9	6.1
100	8.6	6.9

풀이

1. 다음 식을 이용하여 K_La값을 구한다.

$$\frac{C_s - C_t}{C_s - C_0} = e^{-(K_La)t}$$

여기서, C_s : 용존산소포화농도, g/m^3, C_t : 시간 t에서의 용존산소농도, g/m^3
C_0 : 최초용존산소농도, g/m^3, K_La : 총산소 이전계수, min^{-1}
t : 시간, min

식의 양쪽에 음의 대수를 취하면 K_La값은 시간 t에 대하여 $-\ln(C_s - C_t/C_s - C_0)$를 그래프로 도식함으로써 구할 수 있다.

$$-\ln\left(\frac{C_s - C_t}{C_s - C_0}\right) = (K_La)t$$

2. 도식화를 위한 포기실험 자료를 준비한다.
   a. 15℃에서의 용존산소 포화농도는 10.1 g/m^3이다.
   b. 실험자료를 정리하면 다음과 같다.

시간, min	$-\ln(C_s - C_t/C_s - C_0)$	
	시험수	폐 수
0	0.00	0.00
20	0.37*	0.24
40	0.78	0.46
60	1.11	0.67
80	1.51	0.92
100	1.90	1.14

* $-\ln(10.1-3.1/10.1-0.0) = 0.37$

3. 2번에 정리된 자료를 이용하여 그래프를 구성하고 15℃에서의 K_La 값을 구한다.

a. 포기실험 자료를 그림 5.2.4와 같이 그릴 수 있다.

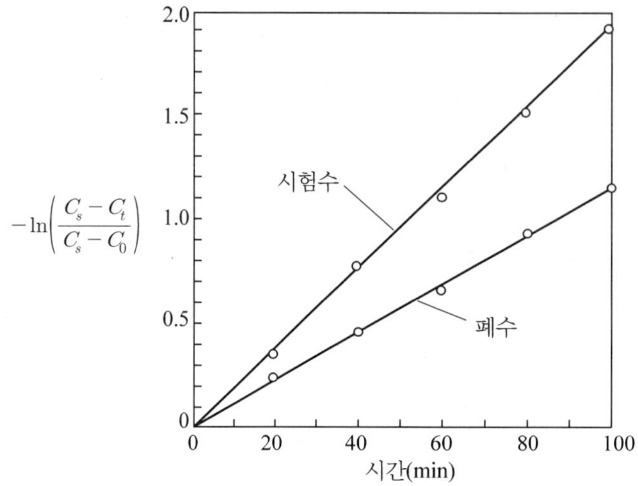

그림 5.2.4 예제의 K_La 값 산정을 위한 포기실험 자료 그래프

b. 시험수에 대한 K_La 값은 그림 5.2.4의 그래프에 나타난 기울기와 같다.

$$K_La = \frac{1.90(60\,\mathrm{min/hr})}{100\,\mathrm{min}} = 1.14\mathrm{hr}^{-1}$$

c. 폐수에 대한 K_La 값은 다음과 같다.

$$K_La = \frac{1.14(60\,\mathrm{min/hr})}{100\mathrm{min}} = 0.68\mathrm{hr}^{-1}$$

4. 20℃에서의 K_La값을 구한다. $\theta = 1.024$로 가정한다.

a. 시험수에 대하여

$$K_La(20℃) = 1.14\ \mathrm{hr}^{-1}(1.024)^{20-15} = 1.28\ \mathrm{hr}^{-1}$$

b. 폐수에 대하여

$$K_La(20℃) = 0.68\ \mathrm{hr}^{-1}(1.024)^{20-15} = 0.77\ \mathrm{hr}^{-1}$$

5. α값을 구한다.

$$\alpha = \frac{K_La(\text{폐수})}{K_La(\text{시험수})} = \frac{0.77\mathrm{hr}^{-1}}{1.28\mathrm{hr}^{-1}} = 0.60$$

(4) 포기장치의 성능

포기기나 포기시스템의 성능 평가는 보통 전력시간당 산소이전질량(kg O_2/kW·h)을 기준으로 한다. 분류방식에 따른 포기장치의 대표값을 표 5.2.1에 정리하였다.

표 5.2.1 여러 가지 포기장치의 성능값

포기장치	산소 이전효율*, %	산소 이전율, kgO_2/kW·h	
		SOTR*	OTRf
낙하식포기기†			
분무식		0.1~0.5	0.1~0.5
폭포식		0.1~0.5	0.1~0.5
다중판식		0.2~0.6	0.2~0.6
산기식포기기			
다공 산기판			
미세기포	20~45	4.0~4.5	1.0~2.0
중간기포	8~25	2.0~2.5	0.8~1.3
대형기포	6~20	1.4~1.6	0.6~1.4
터어빈Sparger		1.4~2.5	0.8~1.4
정류관	6~20	1.5~1.6	0.7~0.9
제트	10~25	1.7~2.4	0.7~1.4
기계식포기기			
완속 표면포기기		1.2~2.4	0.7~1.3
완속(부속 유입관)		1.2~2.4	0.7~1.4
고속 부상포기기		1.2~2.4	0.7~1.3
회전 브러쉬		1.2~2.4	0.7~1.3

* 청수에 대한 이전효율과 SOTR값의 범위는 약 25 kW/10^3 m^3의 혼합강도에서 각각의 깊이 3m와 8m인 경우임.

† 산소이전 외에 CO_2 제거(탈기)에도 이용함.

5.2.3 혼화(混和, Mixing)

혼화는 모든 공정 중에서 가장 일반적인 조작이라 할 수 있다. 어느 한 물질이 다른 물질과 완전하게 혼합되어야 할 때, 어느 공정 내 반응기에서 균등한 농도나 온도를 유지해야 할 때, 열적 성층을 깨뜨려야 할 때, 그리고 이와 유사한 다양한 경우에 적용된다.

용수처리에서 일반적으로 적용되는 혼화는 처리해야 할 물 중에 응집제를 혼합시키는 것과 소독을 위해 염소를 혼입시키고자 할 때 사용하며, 하·폐수처리에서의 가장 중요한 혼화는 생물학적 처리의 경우로서 생물 반응조 내의 물질들, 즉 처리 대상수와 미생물부유체가 연속적으로 균등 혼합되도록 하는 것이다.

(1) 혼화기의 형태

용수 및 폐수처리시스템에 사용되는 혼화장치나 방법의 형태는 (1) 터어빈 또는 패들 혼화기, (2) 프로펠러 혼화기, (3) 진공 혼화, (4) 액상 혼화, (5) 관입 및 관내(in-line) 혼화 등으로 분류할 수 있으며 그 대표적인 예를 그림 5.2.5에 도시하였다.

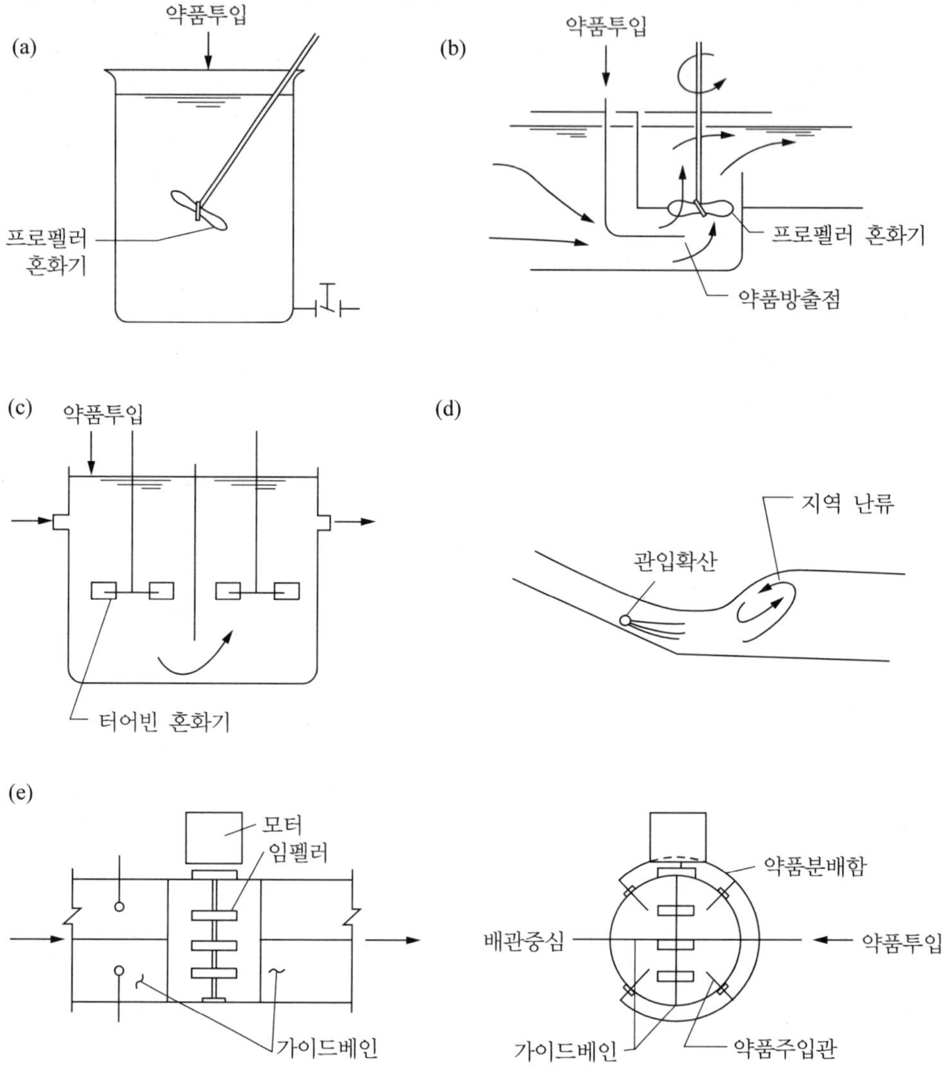

그림 5.2.5 용수 및 하폐수처리시스템에서 이용되는 혼화방법과 장치
(a) 프로펠러혼화기, (b) 연속흐름에서의 프로펠러혼화기, (c) 터어빈혼화기,
(d) 관입혼화, (e) 관내(in-line) 혼화기

터어빈(패들)과 프로펠러 혼화기는 용수처리시설에서 응집제를 혼화시킬 때 가장 자주 사용되며, 진공 혼화기는 용수나 폐수처리에서 공히 처리장치 간의 유로 변경시에 이용된다. 액상 혼화는 용수 및 폐수처리시설에서 염소 주입시에 가장 자주 이용되고, 그림 5.2.5(e)에 나타낸 관내 혼화는 배관 내로 응집제를 투입할 때 가장 효과적인 장치이다.

(2) 혼화이론

어느 제한된 용기 내에서 기체는 분자확산에 의해 급속하게 혼화되나 자연적 분자확산에 의한 대개의 액상혼화는 완속공정이 된다. 공정을 빠르게 진행시키려면 수중에 기계적 에너지를 가해야 하는데 통상 회전교반기의 형태를 이용한다. 기계적 에너지를 가하면 액중에서 속도경사가 발생함에 따라 혼화의 수행에 중요한 와류가 생기는데 특히 이 와류의 크기(때로 이 현상의 규모라 정의함)가 중요하다. 와류의 크기보다 작은 입자가 와류 내의 정체 부위로 이동하게 되면 완전한 혼화가 이루어지지 못하게 된다. 이러한 혼화 현상은 커피나 찻잔 내에서 관찰할 수 있다. 컵 안을 조심스럽게 젓게 되면 어떠한 혼화도 없이 쉽게 모든 액중 내용물이 회전 패턴으로 움직이도록 할 수 있다.

1) 혼화도

액중에서의 혼화도는 그 액중에서 형성된 와류나 난류의 크기와 형성을 제지하고자 작용하는 힘의 함수로서 다음과 같이 나타낼 수 있다.

$$D = \frac{\text{추진력}(\text{driving})}{\text{저항}(\text{resitance})} \tag{5.2.6}$$

여기서 D는 혼화도이며, 추진력은 와류나 난류를 발생하는 힘으로 이루어지고, 저항은 와류나 난류의 형성을 제지하려는 힘으로 구성된다.

모든 액체가 제한 반응기 내에서의 난류 흐름구조에 있을 때 높은 혼화도를 기대할 수 있다. 난류조건을 갖추기 위해 요구되는 기계적 에너지는 교반기의 기하, 반응기의 기하, 혼화되는 액체의 특성 등의 함수가 된다.

2) 혼화 소요동력

관성력과 점성력에 기초하여 차원 해석기술을 이용한 다음의 수학적 관계식이 개발되어 왔다.

$$N_p = \frac{p}{\rho n^3 d_i^5} \tag{5.2.7}$$

여기서, N_p : 동력수, 무차원

p : 소요동력, W

ρ : 유체의 밀도, kg/m^3

n : 회전속도, r/s

d_i : 혼화기날개직경, m

혼화에 소요되는 동력을 분석할 목적을 위해 규정된 표준탱크를 그림 5.2.6에 나타내었다. 방해판(baffle)이 없는 표준탱크의 경우에는 다음과 같이 정의되는 동력함수를 이용하여 혼화공정의 특성을 나타낼 수 있다.

$$\phi = \frac{N_p}{(N_F)^y} = k(N_R)^x \tag{5.2.8}$$

여기서, ϕ : 동력함수, 무차원

N_F : Froude수, $n^2 d_i/\mathrm{g}$

k : 임의상수

N_R : Reynolds수, $n\rho d_i^2/\mu$

y, x : 경험상수

방해판이 설치된 탱크의 경우 와류가 없다면 $y=0$이므로 다음과 같이 된다.

$$\phi = N_p = k(N_R)^x \tag{5.2.9}$$

그림 5.2.6에서 보인 표준탱크의 동력함수 곡선을 그림 5.2.7에 나타내었다. 층류영역에서 $x=-1$이므로 동력은 다음과 같다.

$$p = (\rho n^3 d_i^5)k\left(\frac{n\rho d_i^2}{\mu}\right)^{-1} = k\mu n^2 d_i^3 \tag{5.2.10}$$

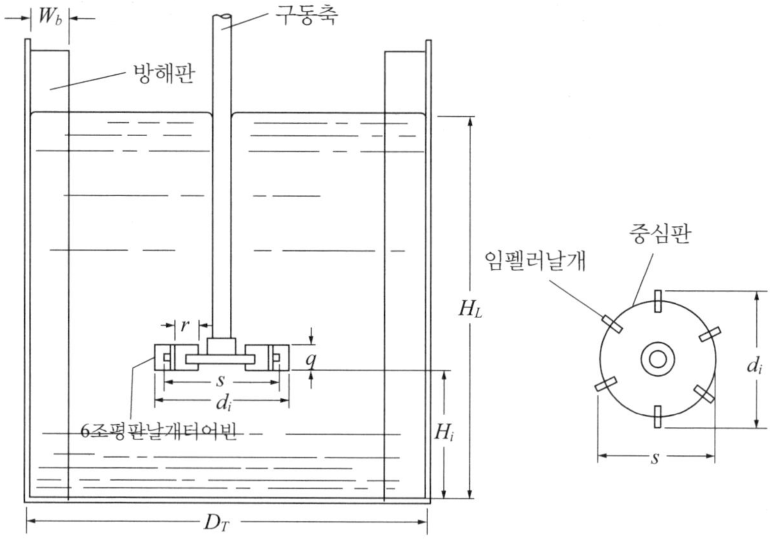

그림 5.2.6 혼화성능 분석을 위한 표준탱크 구성도

특기사항

1. 교반기는 6조 평날 터어빈 임펠러
2. 임펠러 직경, $d_i = 1/3$탱크직경
3. 바닥으로부터의 임펠러 높이, $H_i = 1.0$임펠러직경
4. 교반날개 폭, $q = 1/5$임펠러직경
5. 교반날개 길이, $r = 1/4$임펠러직경
6. 중심판 위에서의 교반날개 길이 $= r/2 = 1/8$임펠러직경
7. 수심, $H_L = 1.0$탱크직경
8. 방해판 수 $=4$, 탱크벽에 직각으로 탱크바닥에서 수면까지 설치
9. 방해판 폭, $W_b = 1/10$탱크직경
10. 중심판 직경, $s = 1/4$탱크직경

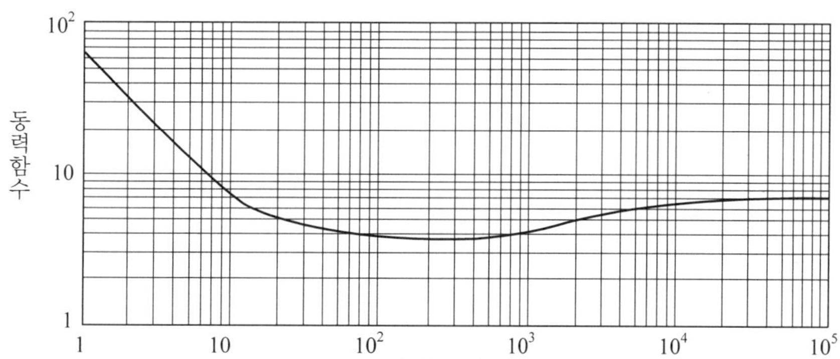

그림 5.2.7 그림 5.2.6의 표준탱크에 대한 혼화 동력함수 곡선

표 5.2.2 혼화를 위해 요구되는 동력을 계산하는 데 사용되는 k값

임펠러 형태	층류영역	난류영역
프로펠러, 사각피치, 3날개	41.0	0.32
프로펠러, 2피치, 3날개	43.5	1.00
터어빈, 6평판날개	71.0	6.30
터어빈, 6곡형날개	70.0	4.80
팬 터어빈, 6날개	70.0	1.65
터어빈, 6화살촉날개	71.0	4.00
평판 패들, 6날개	36.5	1.70
현수 터어빈, 2곡형날개	97.5	1.08
고정자 부착 현수 터어빈(방해판 없음)	172.5	1.12

충분한 난류흐름의 경우 지수 x의 값은 0이므로 $p = k\rho n^3 d_i^5$가 된다. 층류 및 난류조건의 다양한 혼화기에 대한 k값을 표 5.2.2에 정리하였으며, 다음 예제를 통해 식 (5.2.7)을 적용해 보자.

예제

3 m 직경, 6조 평판날개 터어빈 임펠러로 표준구성의 10 m 직경의 탱크에서 15 r/min으로 혼화할 때 소요되는 동력을 용적 1,000 m³당으로 계산하라. 혼화되고 있는 액체는 물이며, 수심은 9.0 m, 온도는 15℃로 가정하라.

풀이

1. Reynolds수를 산출한다.

$$N_R = \frac{n\rho d_i^2}{\mu} = \frac{(15/60\,\mathrm{r/s})999.1\,\mathrm{kg/m^3}(3\,\mathrm{m})^2}{1.139\,\mathrm{N{\cdot}s/m^2}} = 1{,}974$$

2. 소요동력을 계산한다.
   a. 그림 5.2.7로부터 Reynolds수 1,974에서의 동력함수를 구하면 4.6이 된다.
   b. 식 (5.2.7)을 정리하여 소요동력을 계산한다.

$$p = N_p\,\rho n^3 d_i^5 = 4.6(999.1\,\mathrm{kg/m^3})(0.25\,\mathrm{r/s})^3(3\mathrm{m})^5 = 17{,}450\,\mathrm{W}$$

3. 단위용적당 동력을 계산한다.
   a. 혼화탱크의 용적은

$$V = (\pi/4)(10\,\mathrm{m})^2(9\,\mathrm{m}) = 706.5\,\mathrm{m^3} = 0.71\times10^3\,\mathrm{m^3}$$

   b. 탱크용적 1,000 m³당 소요동력은

$$p = \frac{17.45\,\mathrm{kW}}{0.71\times10^3\,\mathrm{m^3}} = 24.5\,\mathrm{kW/10^3\,m^3}$$

혼화에 필요한 동력은 혼화할 약품, 혼화기 종류, 혼화조의 기하학적 형태 및 액체 특성에 영향을 받는다. 용수처리에 사용하는 표준 급속혼화의 체류시간은 30~60 s, 소요동력은 50~200 $kW/10^3m^3$ 이며, 이에 상응하는 속도경사는 300~1,000 s^{-1}의 범위가 된다. 인라인 기계식 혼화기의 경우에는 체류시간은 거의 0.5~1.0 s, 소요동력은 약 100 $kW/10^3\ m^3$이다. 이때의 속도경사는 3,500 s^{-1}에 달한다. 하·폐수처리에서는 완전혼화에 필요한 소요동력은 약 10~30 $kW/10^3\ m^3$의 범위가 된다.

5.2.4 응집(凝集, Flocculation)

응집은 전형적으로 회전 패들을 이용하여 수리동력학적인 입자 충돌이 일어나게 하는 처리 조작이다. 용수 및 폐수 중에서 응결된 입자들이 충돌하면 서로 집합하여 응집함으로써 커다란 입자로

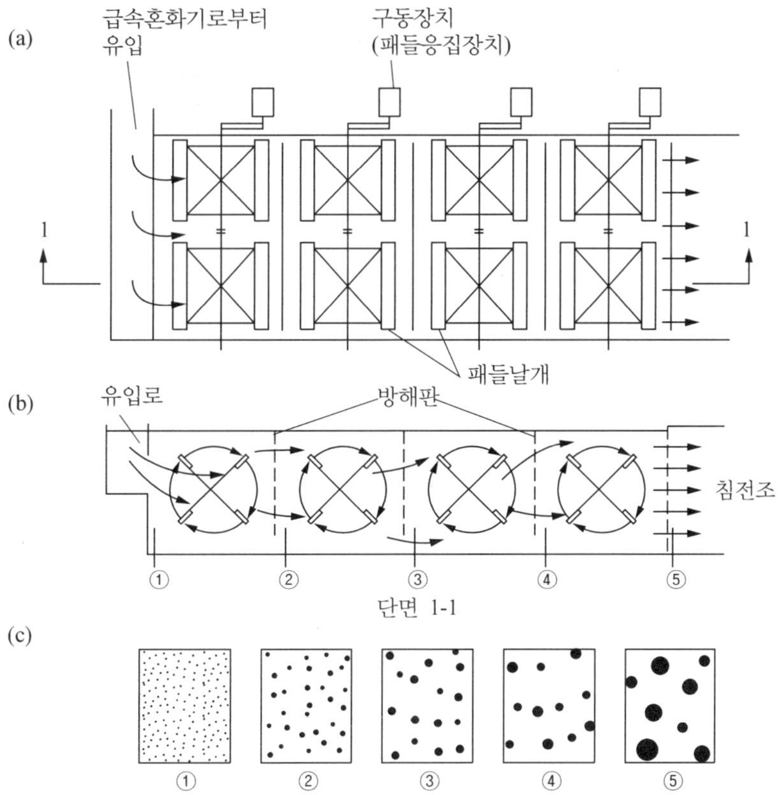

그림 5.2.8 응집공정 개요도
(a) 4조 응집조의 평면도, (b) 응집조의 1-1 단면도, (c) 각 지점에서의 입자 크기

성장하게 된다(그림 5.2.8c). 큰 입자들은 점성으로 인한 저항력으로 인해 작은 입자들보다 빠르게 침강하기 때문에 집괴가 매우 필요하다. 응집은 대상 1차 입자가 화학적으로 불안정한(응결되는) 콜로이드가 되는 폐수처리에서 매우 중요하다. 응결 공정에 관하여는 화학적 반응이므로 5.3절에서 취급하고 있다. 응집공정에 관한 많은 확률론적 및 동력학적 모델이 개발되어 있으나 실제로는 대상수의 특성, 사용하는 응집제, pH, 온도 등의 여러 가지 변수가 중요하며 설계를 위해서는 실험적 연구가 도움이 된다.

(1) 응집에 투입하는 동력

정통 동력학적 응집은 액중에서 발생하는 속도경사에 영향을 받는다. 다른 속도로 움직이고 있는 입자들은 더 쉽게 충돌하여 큰 입자로 결합된다. 이러한 이유로 응집 운전은 일반적으로 속도경사에 의해 그 특성이 파악된다. 실제로 평균 속도경사는 혼합동력의 함수로서 이것을 기초로 이 단위조작을 설계하고 있다. 사용되는 평균 속도경사는 평균값이고, 상당한 양의 위치에 따른 변동이 있을 수 있다는 것을 기억해야 한다. 평균 속도경사는 그림 5.2.9 및 이하 식에서 보는 바와 같이 액면에 작용하는 전단강도 τ로 나타내는 투입동력과 관련이 있다 :

$$\tau = \mu \overline{\frac{dv}{dy}} \tag{5.2.11}$$

여기서, τ : 전단강도, Pa (N/m^2)

μ : 점성계수, N · s/m^2

v : 유체속도, m/s

$\overline{\frac{dv}{dy}}$: 평균속도경사, s^{-1}

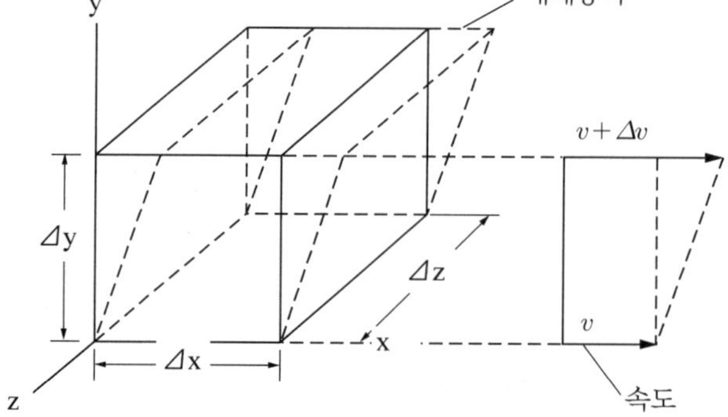

그림 5.2.9 속도차에 대한 유체항

유체에 투입되는 동력은 평균속도경사 $\overline{dv/dy}$ 의 항으로 정리할 수 있다.

$$p = \tau \Delta x \ \Delta y \ \Delta z \ \frac{\overline{dv}}{dy} \tag{5.2.12}$$

여기서 p 는 watt로 나타낸 투입동력이다.

이를 단위용적당 투입동력으로 표현하면 다음과 같다.

$$P = \tau \frac{\Delta x \ \Delta y \ \Delta z}{\Delta x \ \Delta y \ \Delta z} \frac{\overline{dv}}{dy} = \tau \frac{\overline{dv}}{dy} \tag{5.2.13}$$

여기서 P 는 단위용적당 투입동력으로서 W/m^3로 나타낸다. 식 (5.2.11)을 식 (5.2.13)에 대입하여 정리하면 단위용적당 동력값을 전단강도와 평균속도경사에 관하여 나타낼 수 있다.

$$P = \mu \left(\frac{\overline{dv}}{dy} \right)^2 \tag{5.2.14}$$

$$\frac{\overline{dv}}{dy} = \left(\frac{P}{\mu} \right)^{1/2} \tag{5.2.15}$$

응집이론에서 문자 G 는 평균속도경사를 나타내므로 식 (5.2.14)는 다음과 같이 된다.

$$P = \mu G^2 \tag{5.2.16}$$

따라서 평균속도경사는 다음과 같이 정리할 수 있다.

$$G = \sqrt{\frac{P}{\mu}} = \sqrt{\frac{p}{\mu V}} \tag{5.2.17}$$

여기서, V 는 용적이다.

(2) 응집 시스템

실제로 유체 내에서 에너지를 분산시켜야 하는 응집은 기계적으로 패들이나 터빈 혼합기(그림 5.2.10a 및 c)에 의하거나 수리학적으로 방해판이 있는 조에서(그림 5.2.10b) 이루어지기도 하고 또한 공기 주입(그림 5.2.10d)에 의해 이루어지기도 한다.

그림 5.2.10(b)의 상하 방해판에 대한 투입동력은 식 (5.2.18)을 이용하여 계산할 수 있다.

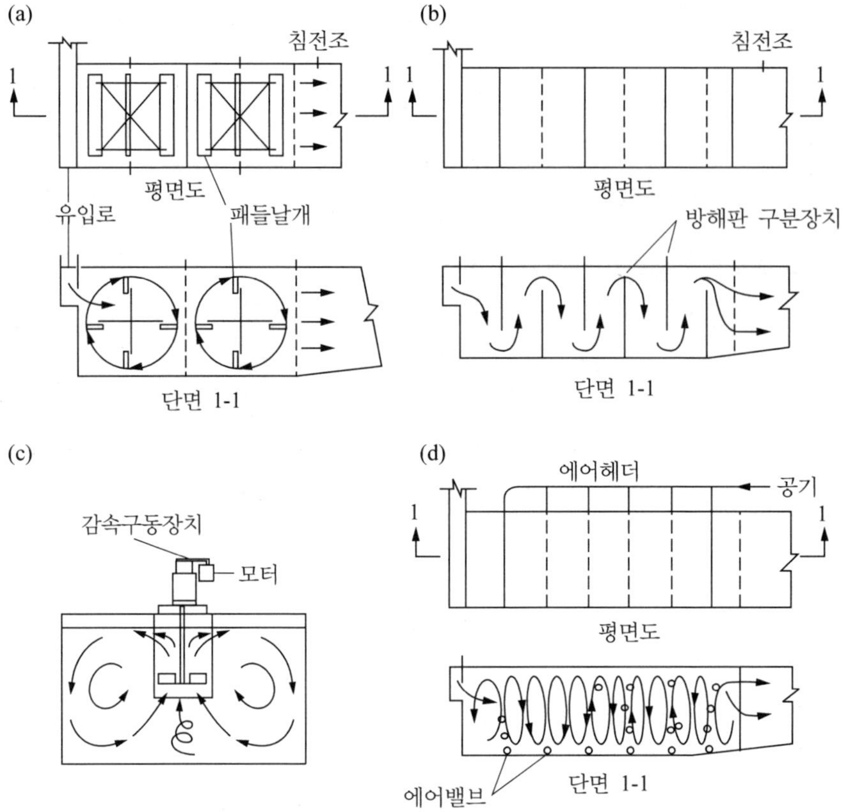

그림 5.2.10 대표적인 응집 반응조
(a) 패들 응집조 (b) 방해판 응집조 (c) 터어빈 응집조 (d) 공기 응집조

$$p = \rho g Q h \tag{5.2.18}$$

여기서, ρ : 유체밀도, kg/m^3
g : 중력가속도, $9.81\ m/s^2$
Q : 유량, m^3/s
h : 수두손실, m

이에 상응하는 속도경사는 다음과 같다.

$$G = \sqrt{\frac{\rho g Q h}{\mu V}} = \sqrt{\frac{gh}{\nu \theta_H}} \tag{5.2.19}$$

여기서, ν : 동점성계수, m^2/s

θ_H : 수리학적 체류시간, V/Q, s

기계식 패들 시스템에서의 소요동력은 응집패들에 작용하는 인력과 과계되는데 모터의 표시동력으로 나타낸다.

$$F_D = C_D\, A\, \rho_w \frac{v^2}{2} \tag{5.2.20}$$

$$p = F_D\, v = C_D\, A\, \rho_w \frac{v^3}{2} \tag{5.2.21}$$

여기서, F_D : 인력, N

C_D : 저항계수(평판날개일 경우 1.8)

A : 응집패들의 총단면적, m^2

ρ_w : 유체밀도, kg/m^3

v : 유체속도, m/s

기어박스와 U-조인트부에서의 손실을 설명하는 모터 응결장치의 효율 E_f 를 이용하여 평균속도경사 G를 모터 표시동력 p_r 의 항으로 다음과 같이 나타낼 수 있다.

$$G = \sqrt{\frac{C_D A \rho_w v^3}{2\,V\mu}} = \sqrt{\frac{E_f\, p_r}{V\mu}} \tag{5.2.22}$$

응결공정의 화학반응은 매우 빠르며 원치 않는 부반응이 일어나지 않도록 반드시 급속혼합장치 내에서 수행해야 한다. 초기 응집단계 역시 급속 혼합장치 내에서 이루어진다. 플록입자의 크기가 커지면 급속 혼합장치의 난류가 상대적으로 커진 플록을 파괴하게 된다. 플록입자의 적정 성장을 이루기 위해서는 급속 혼합장치 후속으로 낮은 속도경사(20~50 s^{-1})와 30~60 min의 체류시간을 가진 응집장치를 이용하여야 한다.

설계를 하기 위해 pilot 시험을 할 경우에는 급속 및 완속 혼합단계를 모두 포함해야 한다. 완속 혼합단계에서는 일정범위의 속도경사를 이용해야 한다 응집의 성능은 표준 침강시험을 통해 분리된 유출수를 확인하여 판단할 수 있다. 가장 널리 이용되는 jar-test라고 부르는 시험장치는 1-L 비이커를 이용하는 실험실규모 시스템이다. Jar-test로 얻어진 자료는 유용하나 실규모로 적용할 경우에 정확하게 비례한다고 할 수는 없다.

예제

어느 용수처리공정의 평균 유량이 20,000 m^3/d이다. 30 min의 체류시간과 평균 속도경사가 40 s^{-1}인 응집장치를 설계하고자 한다. 모터 구동효율을 60%로 예상하고 소요동력을 계산하라.

풀이

1. 식 (5.2.22)로부터 동력을 나타내면 다음과 같다.

$$G=\sqrt{\frac{E_f p_r}{V\mu}}, \quad p_r=\frac{V\mu G^2}{E_f}$$

2. 주어진 값을 대입하여 p_r을 구한다.

$$V=20{,}000\,\text{m}^3/\text{d}\times\frac{30\,\text{min}}{1{,}440\,\text{min/d}}=417\,\text{m}^3$$

$$\mu\approx10^{-3}\,\text{kg/m}\cdot\text{s}, \qquad E_f=0.60, \qquad G=40\,\text{s}^{-1}$$

$$p_r=\frac{(417\,\text{m}^3)(10^{-3}\,\text{kg/m}\cdot\text{s})}{(0.60)}(40\,\text{s}^{-1})^2=1{,}112\,\text{W}$$

5.2.5 침전(沈澱, Sedimentation)

침전은 액상으로부터 부유물질이 중력침강에 의해 제거되는 단위공정이다. 역사적으로 침전은 용수나 폐수처리시스템에서 가장 보편적인 처리방법이었으며, 앞으로도 그러할 것이다.

(1) 침전의 적용

용수처리에서의 보편적 적용은 (1) 지표수에 대한 재래식 처리방법에 앞선 전처리, (2) 여과공정에 선행하는 응결 및 응집수의 침전, (3) 화학적 연수화에서의 응결·응집수의 침전, (4) 철 및 망간 제거를 위한 처리수의 침전 등이다.

하·폐수처리에서의 적용은 생물학적 처리를 하기 전 토사류와 기타 조대고형물 및 부유물질의 제거, 그리고 생물학적 처리가 진행되는 동안 발생하는 생물 고형물의 제거 등에 적용된다.

(2) 침전이론

개념적으로 침전공정은 용수나 폐수처리에서 매우 단순하다. 이상적인 시스템에서 입자들은 흐름에 따라 수평으로, 그리고 중력에 의해 수직으로 이동한다(그림 5.2.11a). 이상적인 독립입자 침전에서는 입자간의 상호작용이 발생하지 않는다. 그리하여 그림 5.2.11(b)에 표현한 것처럼 독립입자에 관해 다음과 같이 힘의 균형을 나타낼 수 있다.

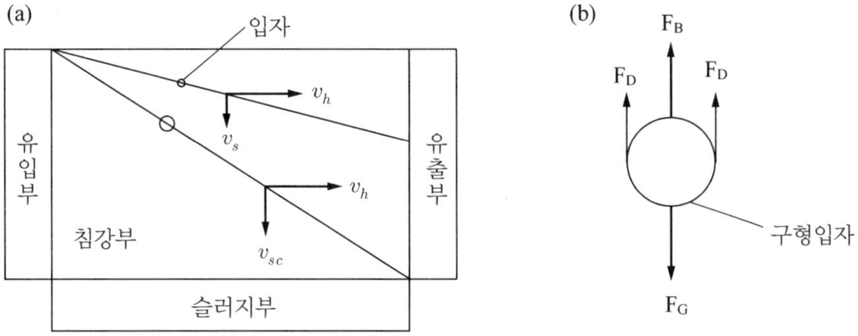

그림 5.2.11 구형입자의 침전 개요도
(a) 이상적인 구형(矩形) 침전조, (b) 부력, 중력, 저항력을 받는 입자

$$m_p \frac{dv_s}{dt} = F_G - F_B - F_D \qquad (5.2.23)$$

여기서, m_p : 침강입자 질량, kg
v_s : 입자침강속도, m/s
F_G : 중력, N
F_B : 부력, N
F_D : 저항력, N

한편 순중력은 다음과 같이 나타낸다.

$$F_G - F_B = (\rho_p - \rho_w) g V_p \qquad (5.2.24)$$

여기서, ρ_p : 입자밀도, kg/m^3
ρ_w : 물의 밀도, kg/m^3
g : 중력가속도, m/s^2
V_p : 입자부피($\pi dp^3/6$), m^3
d_p : 입자직경, m

저항력은 입자의 단면적, 침강속도, 액체의 밀도 및 저항계수의 함수이다.

$$F_D = C_D A_p \rho_w \frac{v_s^2}{2} \tag{5.2.25}$$

여기서, C_D : 저항계수

A_p : 입자단면적$\left(\frac{\pi d_p^2}{4}\right)$, m^2

ρ_w : 물의 밀도, kg/m^3

v_s : 입자침강속도, m/s

구형 입자의 경우 저항계수는 다음과 같은 식으로 계산할 수 있다.

$$C_D = \frac{24}{N_R} + \frac{3}{\sqrt{N_R}} + 0.34 \tag{5.2.26}$$

여기서, N_R : Reynolds수, 무차원$= \frac{v_s d_p \rho_w}{\mu}$

μ : 액체밀도, kg/m · s

이상적인 시스템(ideal system)에서 최종 침강속도는 빠르게 얻어지고, 가속도 항목은 무시할 수 있을 정도가 되어 식 (5.2.23)은 다음과 같이 나타낼 수 있게 된다.

$$F_G - F_B = F_D \tag{5.2.27}$$

식 (5.2.24)의 $F_G - F_B$와 식 (5.2.25)의 F_D를 여기에 대입하여 풀면 침강속도 v_s는 다음과 같다.

$$v_s = \sqrt{\frac{4}{3} \frac{g(\rho_p - \rho_w) d_p}{C_D \rho_w}} \tag{5.2.28}$$

여기서, d_p는 입자 직경(m)이다. $N_R < 0.3$일 때 식 (5.2.26)의 제1항이 주도하게 되어 독립입자 침강속도와 같아진다(Stokes의 법칙).

$$v_s = \frac{g(\rho_s - \rho_s) d_p^2}{18\mu} \tag{5.2.29}$$

여기서, ρ_p : 입자밀도, kg/m^3

μ : 액체점성계수, kg/m · s

용수 및 폐수처리에서 입자밀도는 매우 큰 폭의 차이를 나타내나 명확한 범주로 나눌 수 있다. 유기물질(박테리아, 음식입자 및 분변입자)은 통상 1,030~1,100 kg/m^3 범위에 있으며, 침전반응에서 생성된 화학적 플록은 1,400~2,000 kg/m^3, 무기물 입자는 통상 2,500 kg/m^3 부근의 값을 갖는다. 물의 점도는 20℃에서 약 0.001 kg/m · s이나 온도에 따라 크게 달라진다.

예제

20℃의 물에서 침강하는 평균 입경 0.5 mm, 밀도 2,600 kg/m^3인 모래입자의 최종 침전속도를 구하라.

풀이

1. 식 (5.2.29)(Stokes의 법칙)를 이용하여 최종 침전속도를 계산한다.

$$v_s = \frac{g(\rho_s - \rho_w)d_p^2}{18\mu} = \frac{9.81\,\mathrm{m/s^2}(2{,}600 - 998.2)\mathrm{kg/m^3}(5\times10^{-4}\,\mathrm{m})^2}{18\times1.002\times10^{-3}\,\mathrm{N\cdot\ s/m^2}} = 0.22\,\mathrm{m/s}$$

2. Reynolds수를 확인한다.

$$N_R = \frac{\phi v_s d_p \rho_w}{\mu}$$

여기서, ϕ는 모래의 비정규도를 나타내는 형상인자로, 0.85를 적용하여 계산한다.

$$N_R = \frac{0.85(0.22\,\mathrm{m/s})(5\times10^{-4}\mathrm{m})(998.2\,\mathrm{kg/m^3})}{1.002\times10^{-3}\,\mathrm{N\cdot s/m^2}} = 93.2$$

3. 2번에서 계산한 Reynolds수가 0.3보다 크므로 식 (5.2.26)을 이용하여 침강속도를 구해야 한다.

a. 위에서 계산한 N_R값을 식 (5.2.24)에 대입하여 저항계수를 구한다.

$$C_D = \frac{24}{N_R} + \frac{3}{\sqrt{N_R}} + 0.34 = \frac{24}{N_R} + \frac{3}{\sqrt{93.2}} + 0.34 = 0.91$$

b. 식 (5.2.26)을 이용하여 속도를 구한다.

$$v_s^2 = \frac{(4/3)(9.81\,\mathrm{m/s^2})(2{,}600 - 998.2\mathrm{kg/m^3}(5\times10^{-4}\,\mathrm{m})}{0.91(998.2\,\mathrm{kg/m^3})}$$

$$v_s = 0.11\,\mathrm{m/s}$$

4. 2번과 3번 단계를 반복하여 3b.의 속도가 정확한지 확인한다.

a. 3b.에서 계산된 속도를 적용하여 다시 Reynolds수를 계산한다.

$$N_R = \frac{0.85(0.11)(5\times10^{-4})(998.2)}{1.002\times10^{-3}} = 46.5$$

b. C_D값을 다시 계산한다.

$$C_D = \frac{24}{46.5} + \frac{3}{\sqrt{46.5}} + 0.34 \;= 1.30$$

c. 속도를 다시 계산한다.

$$v_s^2 = \frac{(4/3)(9.81)(2{,}600-998.2)(5\times10^{-4})}{1.30(998.2)} \;= 0.0081\,\mathrm{m^2/s^2}$$

$$v_s = 0.09\,\mathrm{m/s}$$

5. 4번 결과를 이용하여 2번과 3번 단계를 반복한다.

$$N_R = 38.1, \quad C_D = 1.46, \quad v_s = 0.085\,\mathrm{m/s}$$

6. 5번 결과를 이용하여 2번과 3번 단계를 반복한다.

$$N_R = 36.0, \quad C_D = 1.51, \quad v_s = 0.083\,\mathrm{m/s}$$

이 결과는 충분히 정확하다고 할 수 있다.

(3) 침전유형

위에서 설명한 이상적인 침강시스템은 실제와는 주요한 차이점을 많이 가지고 있다. 우선 입자들이 상호작용하지 않는다는 것이 다른데 실제로는 입자간에 여러 형태의 상호작용이 일어난다. 두 번째는 실제 운전탱크에서의 흐름의 형태가 이상적 조건과는 큰 차이가 있다.

1) 입자의 상호작용

입자간에는 세 가지 유형의 상호작용이 발생한다 : (1) 입자간에 충돌 및 부착하여 응집함으로써 입자가 커진다. (2) 유체 내에서 입자들은 매우 근접하여 있으므로 흐름이 제한되고 입자들은 하나의 블럭으로 움직이게 된다. (3) 입자들이 물리적으로 상호 작용하는, 특히 압축모드로 작용하는 역학으로서 물이 플록의 외부로 빠져 나오게 되고, 입자 용적이 감소할 수 있게 된다(그림 5.2.12). 이 세 가지 유형의 상호작용은 결국 독립침강 외에도 침전의 세 가지 분류를 가능하게 하며(유형 Ⅱ, Ⅲ 및 Ⅳ), 각각 집합(또는 응집), 방해 및 압축(또는 농축) 침강으로 부르기도 한다. 응집침강은 시스템 내에 화학적 또는 생물학적 플록이 형성될 때에만 발생하며 보편적으로 용수처리 플랜트에서 볼 수 있다. 무기물질의 부유와 폐수처리에서의 1차 침강은 가장 전형적인 독립입자 침강 시스템이다.

입자의 성장은 응결침강에서 이루어지기 때문에 침강속도가 증가하게 되고, 제거효율은 독립입자 분석으로 예측하는 것보다 높아진다. 방해침강은 특정 속도에서 침강하는 뚜렷한 물-고형물간 계면의 형성으로 구분된다. 이것이 바로 최대허용OFR을 결정하는 데 사용하는 계면침강속도이다. 방해침강속도는 개별 입자 침강속도보다 훨씬 낮기 때문에 고형물 농축이 필요한 경우를 제외하고는 보통 방해조건을 설계에 이용하지 않는다.

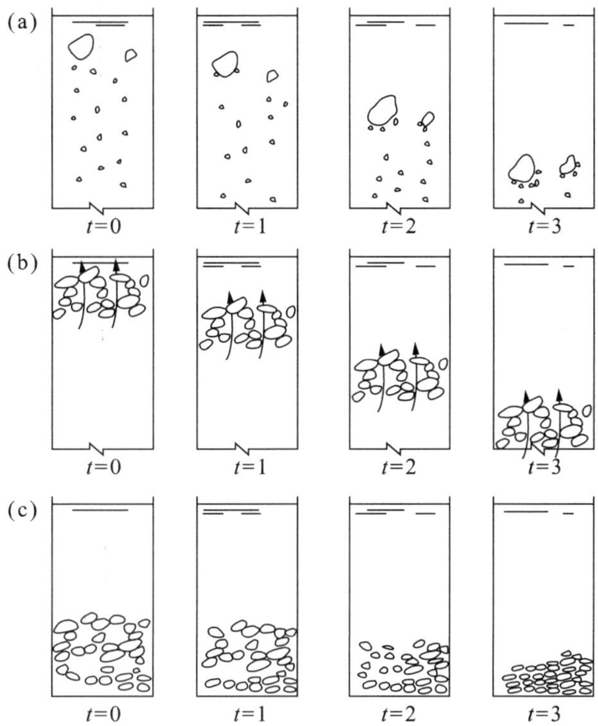

그림 5.2.12 침전시스템에서의 입자의 상호작용
(a) 침전하는 동안 입자의 크기가 커지는 응결, (b) 입자플록 사이를 통해 흐름으로써 침강속도를 제어하게 되는 유체흐름, (c) 합체를 통해 입자용적이 작아지는 기계적 현상

(4) 흐름유형

실제 사용되는 침강조는 그림 5.2.12(a)의 이상적인 장치와는 확실하게 다르다. 유입부는 보통 방해판에 이은 위어로 구성되며, 균등 유입부라기보다는 오히려 슬롯(slot)과 같은 역할을 한다. 유출수는 경험적으로 정해진 침강조 내에 경험적으로 위치시킨 배수구로 모아진다. 따라서 유입과 유출의 조건이 이상적인 배열과는 매우 달라진다. 전형적인 구형(矩形) 및 원형의 침강조를 그림 5.2.13에 나타냈으며, 대표적인 규격을 표 5.2.3에 정리하였다.

침강조 내에서 순환셀이 형성되면 사공간과 단축회로(short circuiting)가 형성된다. 순환셀을 형성하게 하는 가장 보편적인 원인으로는 바람, 온도 및 약간의 밀도차 등을 들 수 있다. 온도와 관련되지 않는 밀도차는 보통 농도가 높은 부유고형물이 존재하거나, 염분을 함유하는 물이 하수도로 침투하였을 경우의 부유고형물과 총 용존고형물의 결합에 의해 발생할 수 있다. 순환셀은 매우 안정하며, 이것이 존재하면 고형물 제거효율이 크게 저하한다. 지난 10여년간 침강조의 흐름특성을 평가하고 내부 방해판의 배치를 결정하여 흐름 유형을 개선하기 위한 상당한 노력이 있었다. 일반적으로 순환셀을 형성하기 쉬운 구형탱크 및 원형탱크의 성능을 향상시키기 위하여 탱크의 사공간에 유출 웨어를 설치할 것을 권장하고 있다.

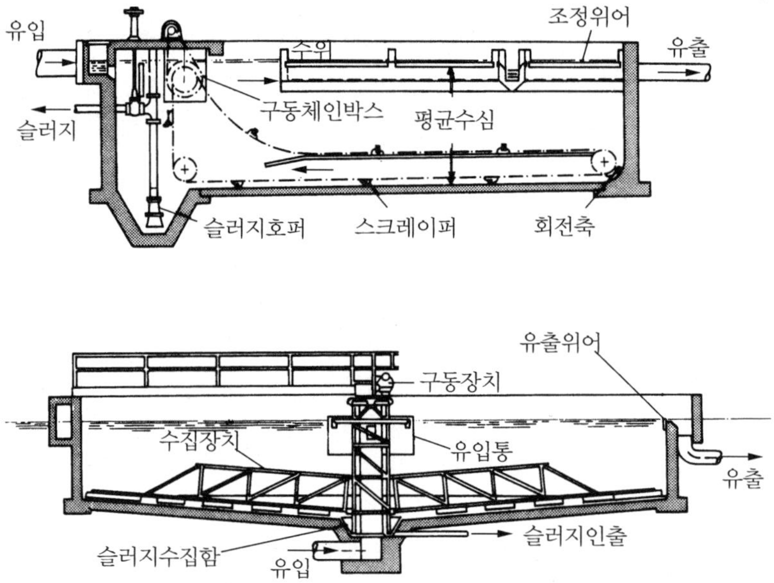

그림 5.2.13 전형적인 침전조 : (a) 구형(스키머가 없는 세로측 단면), (b) 원형 방사흐름

표 5.2.3 대표적인 침전조 규격

형 태	규 격	
	범 위	대표값
구형		
깊이, m	3~5	3.5
길이, m	15~90	25~40
폭, m	3~24	6~10
원형		
깊이, m	3~5	4.5
직경, m	4~60	12~45
바닥경사, mm/m	60~160	80

(5) 부상농축

침강시스템은 물보다 밀도가 큰 입자들을 침강하도록 하여 입자를 분리한다. 이들 입자에 작은 기포가 부착하게 되면 입자는 부상에 의해 침강조 표면층으로 이동하게 된다. 부상시스템에는 두 가지 유형이 이용되는데 용존공기법과 미세기포법이 그것이다. 두 가지 형태의 용존공기 부상시스템이 보편적으로 사용되고 있다(그림 5.2.14). 첫째는 모든 유입수를 가압하는 형태이며, 두 번째 형태는 순환수를 가압하는 형태이다. 두 경우 모두 가압수가 대기압 조건하에 배출됨으로써 작은 기포가 형성되며, 이 작은 기포들이 고형물에 부착하게 되어 결과적으로 고형물이 부상하게 된다. 미세기포부상에서는 작은 기포들을 미소공극 산기관을 통해 유입시켜 용존공기 부상과 동일한 원리로 고형물 부상을 이루도록 한다. 미세공극 산기관에는 가압펌프 및 공기 용해탱크 시스템이 필요하지 않다.

부상이 아직 보편적으로 이용되고 있지 않으나 날이 갈수록 용존공기 부상시스템이 폐수처리에 비중 있게 적용되고 있다. 부상시스템의 설계는 일반적으로 경험인자와 pilot-plant 실험을 기준으로 이루어지며, 슬러지 특성에 기초한 공정수행 예측에 관한 확실한 방법은 아직 개발되지 못하고 있다.

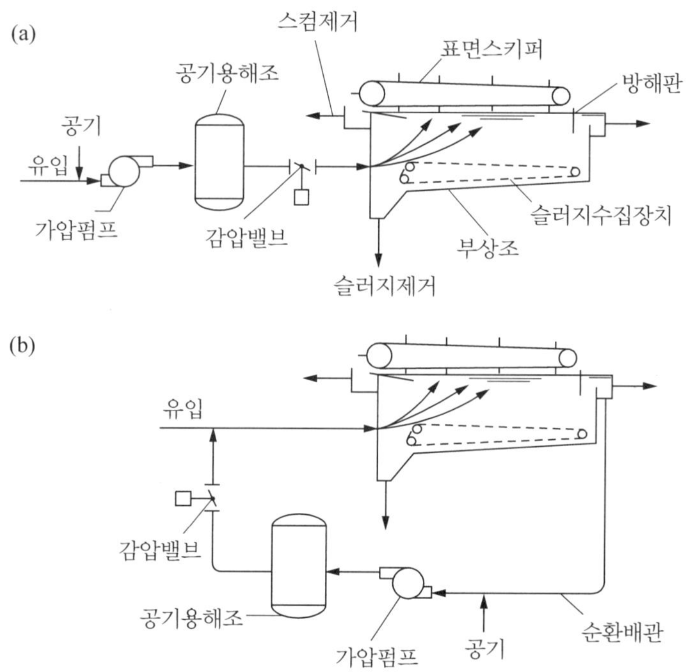

그림 5.2.14 용존공기부상시스템의 개요도 : (a) 순환없는 전유량 가압, (b) 순환수 가압

5.2.6 여과(濾過, Filtration)

여과공정은 부유고형물의 제거와 농축의 두 가지 목적을 가지고 수행되는데 여기서는 부유고형물의 제거에 한하여 소개하고자 한다. 역사적으로 여과는 수처리에 있어서 고도세척(polishing) 단계로서 적용되어 왔다. 수처리에서 여과지는 침전공정에서 제거되지 않고 잔류하는 부유물질을 제거하며 폐수처리에 있어서도 유사하게 적용되는데, 전형적으로 물리화학적 처리나 생물학적 처리의 후속처리로 채택하고 있다.

(1) 여과의 형태

두 가지의 일반적인 형태, 즉 입상여재(granular-medium)여과와 표면여과가 이용된다. 대부분의 입상여재여과지는 여러 가지 형태의 재료로 구성된 단순한 여과상(bed)이다. 입상여재여과지에서

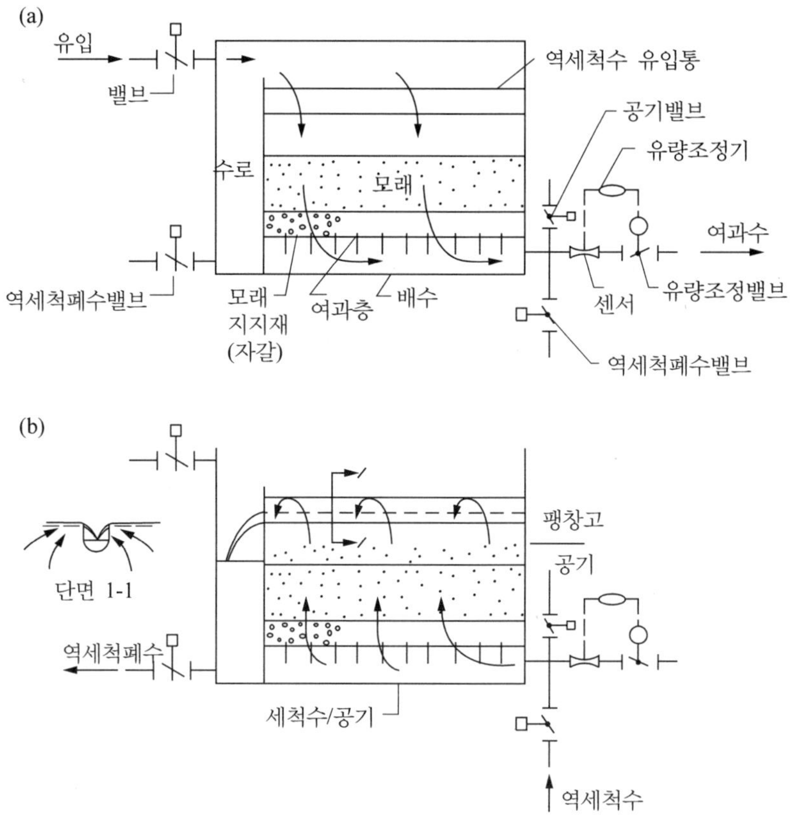

그림 5.2.15 급속모래여과지 개념도 (a) 여과중, (b) 역세척중

부유고형물의 제거는 여과상의 내부와 표면에서 이루어진다. 표면여과지는 보통 얇은 여과막이나 여과표층(straining surface)으로 부유물질을 걸러주는 형태이다. Polycarbonate 여과지는 수중 부유물질의 농도를 산정하는 데 이용되는데 주방의 거름장치는 표면여과지의 대표적인 예이다. 여기서는 입상여재여과지에 한하여 다루고 있다.

(2) 구조

급속 입상여과지의 일반적인 형상을 그림 5.2.15(a)에 나타내었다. 그림에서 보는 바와 같이 여재(여기서는 모래)는 자갈층에 의해 지지되며, 이 자갈층은 배수시스템에 의해 지지된다. 배수시스템에 모아진 여과수는 저장탱크나 분배시스템으로 보내지게 된다. 배수시스템은 또한 여과기를 역세척할 물을 저장하는 역할도 한다. 여과될 물은 유입채널을 통해 여과지로 들어오게 된다.

(3) 여과공정

여과하는 동안 부유물질을 함유하고 있는 용수나 폐수는 여과상의 상부로부터 유입된다(그림 5.2.15a). 물이 여재를 통해 여과될 때 흐름 중의 부유물질은 기계적 임의접촉거름, 압착, 차단, 흡착, 응집, 침전 등의 다양한 기작에 의해 제거된다(그림 5.2.16). 시간이 경과하면서 여재 틈 안에 물질이 축적되면 그림 5.2.17과 같이 여과지의 손실수두가 처음 값보다 높아지기 시작한다. 어떤 시점에서 운전 손실수두가 미리 설정된 손실값에 다다르게 되고 이때에 이르면 여과지를 세척하여야 한다. 최종 손실수두는 시스템 조절변수이며 또한 처리수질에도 관련이 된다. 여과공정이 진행

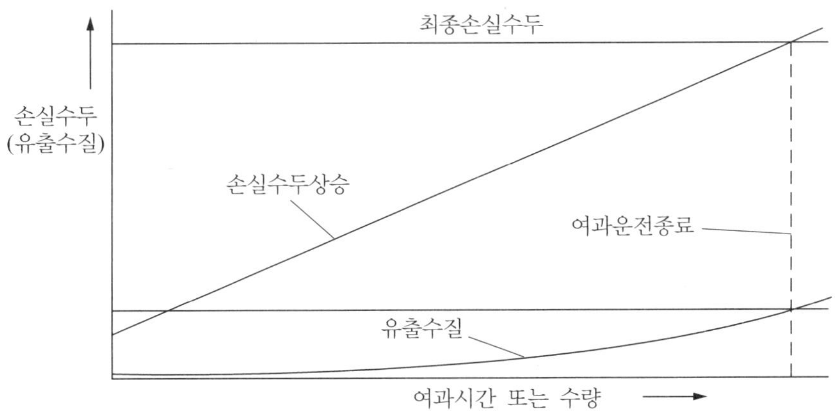

그림 5.2.16 수두손실과 유출수질(탁도)에 따른 여과운전길이

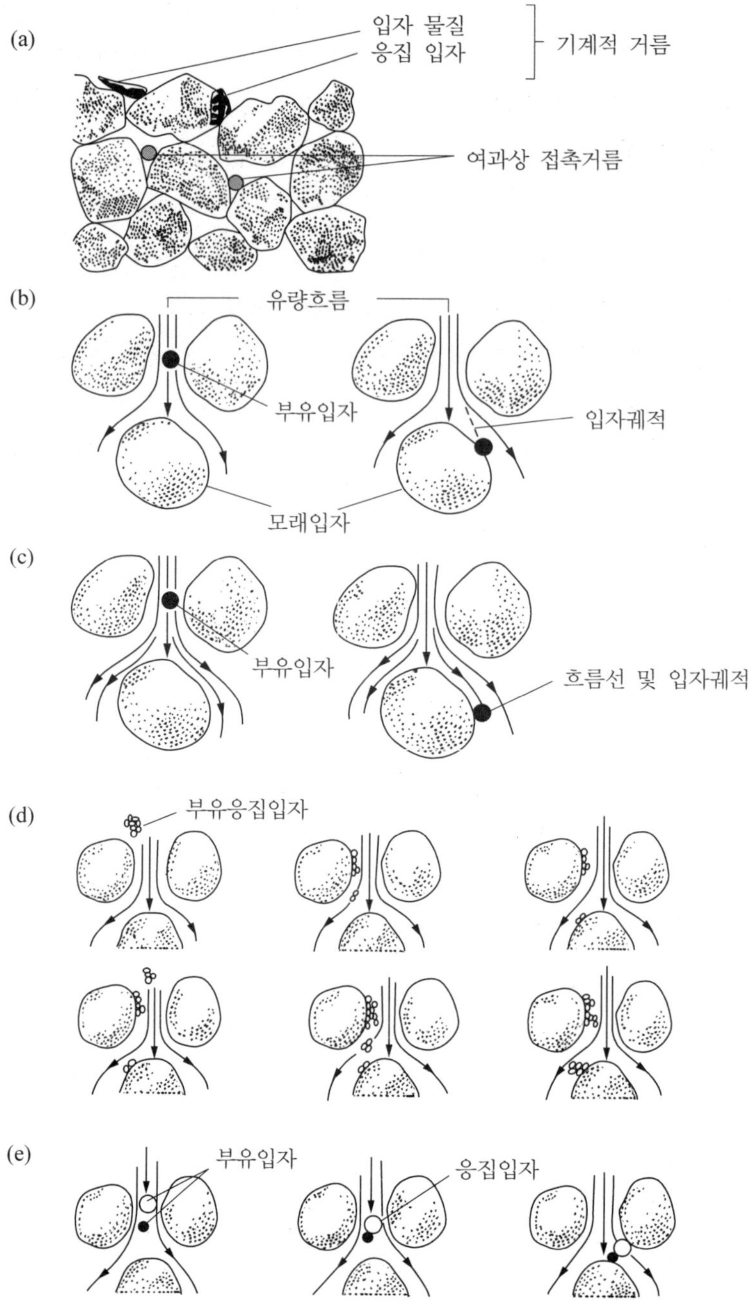

그림 5.2.17 입상여재 여과지에서의 부유물질 제거 개념도 :
(a) 체거름에 의한 제거, (b) 침전 및 내부충돌에 의한 제거, (c) 차단에 의한 제거,
(d) 부착에 의한 제거, (e) 응집에 의한 제거

되면서 여재 사이사이의 공극이 채워지게 되어 부유고형물의 제거효율이 감소되고, 부유물질의 유출량이 증가하게 된다. 미리 설정된 수질에 도달하게 되면 여과지를 세척하여야 한다. 손실수두값이 설정치에 도달하는 데 소요되는 시간과 여과수 중에 유출되는 부유물질 농도가 허용치까지 도달하는 데 소요되는 시간이 동일할 경우가 이상적인 여과지 운전이 된다.

(4) 역세척공정

최종 손실수두나 부유물질 허용치에 도달하면 여과지를 세척하여야 한다. 대개의 입상여과지는 여과상의 흐름을 반대로 하여 세척한다(그림 5.2.15b). 여과수를 여과상에 양수하는 때의 유량은 여과상을 충분히 팽창시킬 수 있어야 한다. 역세척수로 생긴 전단력에 의해 여과지 내에 걸러져 있던 부유물질은 여과상을 통해 상향으로 움직이게 된다. 추가의 세척은 여과재 입자들의 상호 마찰에 의해 이루어진다. 여과지에서 제거된 부유물질은 세척수와 함께 세척수관으로 제거된다.

5.2.7 흡착(吸着, Adsorption)

흡착은 두 상 사이의 계면에 물질이 축적되는 현상이다. 대개의 수중 용질은 계면에 축적되는데, 흡착공정은 액상으로부터 물질을 제거하기 위해 이러한 현상을 이용하는 것이다. 산업적으로 많은 흡착제가 이용되고 있으나, 값이 비싸지도 않고 비극성인 흡착제는 활성탄 뿐이다. 극성을 갖는 흡착제는 물에 대하여 인력이 작용하므로 그다지 유용하지 않다. 활성탄은 두 단계의 공정을 거쳐 제조된다. 먼저 유기물질(석탄, 뼈, 단단한 나무, 견과 껍질)이 열분해(무산소 조건에서의 가열)되며, 탄소와 탄화수소로 이루어진 잔재물이 남게 된다. 다음으로 스팀이나 공기를 이용하여 탄화수소를 산화시키면 활성표면을 갖는 다공체를 얻게 된다. 세공의 크기는 10 Å 정도이며, 총 표면적은 보통 500~1,500 m^2/g, 건조밀도는 약 500 kg/m^3이다.

상업적으로 유용한 활성탄이 다른 물질로부터 제조되어 기본적인 활성화 공정으로 다양하게 생산되고 있다. 이러한 이유로 흡착특성 역시 제조사와 품명에 따라 매우 다양하다. 활성탄은 분말 또는 입상으로 구매할 수 있으며, 실질적으로 원하는 체경(sieve-size)을 얻을 수 있다. 제품간의 비교는 보통 요오드수나 당밀수와 같은 지표를 이용하여 수행한다. 요오드는 10 Å까지의 공극에 침투하며, 설탕과 기타의 유기성분 혼합체인 당밀은 약 30 Å까지의 공극에 침투한다. 10 Å 이상과 30 Å 이상에서 각각의 유효 표면적 값으로 평가하게 된다.

(1) 흡착모델

용수 및 폐수처리에서 이용되는 흡착모델은, 평형이 실제로는 이루어지기 어렵지만, 평형조건에 기초한다. 가장 보편적으로 이용되는 모델은 Freundlich 및 Langmuir의 등온흡착식이다. 두 모델의 차이는 다음 예제에서 보이는 바와 같이 자료의 적용과 표현에서 찾을 수 있다.

예제

두 활성탄 시료 A와 B를 이용하여 아래와 같은 흡착자료를 얻었다. 1.0 g의 탄소와 액량 1.0 L를 사용하였을 때 각각의 경우에 적절한 모델을 결정하라.

초기농도 g/m^3	평형농도, g/m^3	
	A	B
1.0	0.010	0.053
2.0	0.020	0.124
4.0	0.040	0.290
8.0	0.081	0.677
16.0	0.165	1.58
32.0	0.344	3.67
64.0	0.751	8.52
128.0	1.843	19.66

풀이

1. Freundlich 및 Langmuir의 흡착식의 선형화된 식은 다음과 같다.

a. Freundlich $$\log\left(\frac{x}{m}\right)=\log K_F+\frac{1}{n}\log C_e$$

b. Langmuir $$\frac{C_e}{(x/m)}=\frac{1}{ab}+\frac{C_e}{a}$$

2. 각 실험결과로부터 x/m 값을 구하여 선형으로 도식한다.

a. A탄소의 경우 :

TOC, g/m^3		x/m (g/g)	$\frac{C_e}{x/m}$ (g/m^3)	$\ln C_e$	$\ln(x/m)$
C_i	C_e				
1.0	0.010	0.001	10.0	−6.92	−6.91
2.0	0.020	0.002	10.0	−3.91	−6.22
4.0	0.040	0.004	10.0	−3.22	−5.53
8.0	0.081	0.008	10.1	−2.51	−4.84
16.0	0.165	0.016	10.3	−1.80	−4.15
32.0	0.344	0.032	10.8	−1.07	−3.45
64.0	0.751	0.063	11.9	−0.29	−2.76
128.0	1.843	0.127	14.5	−0.61	−2.07

b. B탄소의 경우 :

TOC, g/m^3		x/m (g/g)	$\frac{C_e}{x/m}$ (g/m^3)	$\ln C_e$	$\ln(x/m)$
C_i	C_e				
1.0	0.053	0.0009	56.0	−2.94	−6.96
2.0	0.124	0.0019	65.2	−2.09	−6.28
4.0	0.290	0.0037	78.4	−1.24	−5.60
8.0	0.677	0.0073	92.7	−0.39	−4.92
16.0	1.58	0.0144	109.7	0.46	−4.24
32.0	3.67	0.0283	129.7	1.30	−3.56
64.0	8.52	0.0555	153.5	2.14	−2.89
128.0	19.66	0.1080	182.0	2.98	−2.22

3. 선형 등온식은 그림 5.2.18에 나타낸 바와 같고, A탄소의 경우 Langmuir 등온흡착식이, B탄소의 경우 Freundlich 등온흡착식이 최선이다.

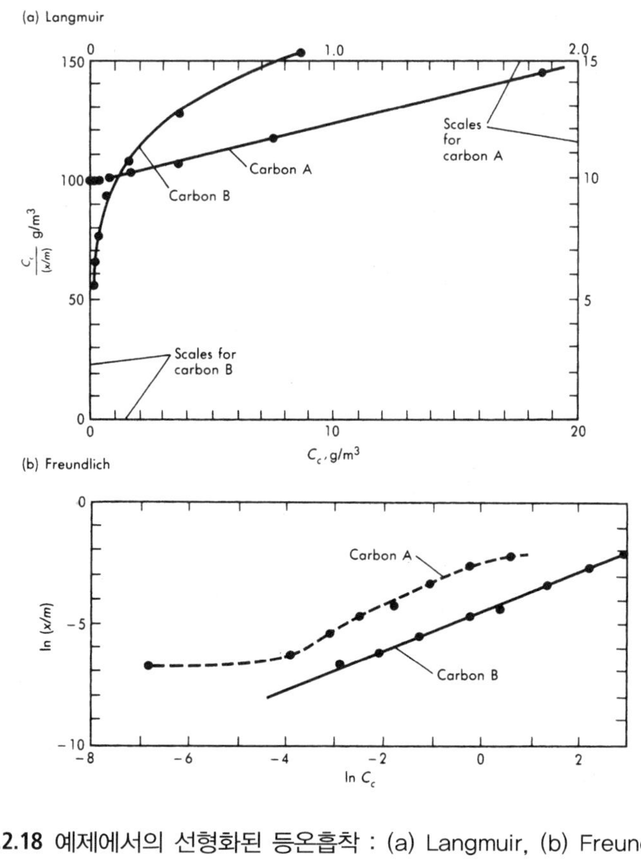

그림 5.2.18 예제에서의 선형화된 등온흡착 : (a) Langmuir, (b) Freundlich

4. 경험계수는 다음과 같이 산정한다.

a. A탄소에 대한 Langmuir계수 :

$$\frac{1}{a} = \frac{5}{2} \qquad a = 0.4$$

$$\frac{1}{ab} = 10 \qquad b = 0.25\,\mathrm{g/m^3}$$

b. B탄소에 대한 Freundlich계수 :

$$\frac{1}{n} = \frac{4}{5} \qquad n = 1.25$$

$$\ln K_F = -4.6 \qquad K_F = 0.01$$

(2) 공정의 적용

현재 입상활성탄 및 분말활성탄 흡착공정은 용수 및 하·폐수처리에 이용되고 있다. 분말활성탄은 음용수에서 맛과 냄새를 제거하는 데 이용되고 있는데 이 경우 활성탄은 급속혼합장치에 투입되었다가 입상여과지에서 제거되어 재생되기보다는 역세척수와 함께 폐기된다.

어떤 경우에는 사용된 활성탄이 현장에서 재생되기도 한다. 대부분의 재생시스템은 물이 배출되고 흡착제가 열분해되는 열적단계와, 스팀을 이용하는 활성화단계로 구성되어 있다. 재생비용은 새 제품 제조비용의 약 1/10이나, 재생공정 중 5~10%의 탄소가 유실된다.

5.2.8 탈기(脫氣, Gas Stripping)

수중으로부터의 용존가스 탈기는 기체이전에서 간단하게 논의된 바 있다. 상수도에서는 거의 유해가스가 함유되지 않으므로 최근까지도 탈기는 전적으로 폐수처리에 국한되어 적용되었다. 암모니아, 황화수소, 이산화황, 페놀 등이 가장 보편적인 탈기 대상가스이며, 이 네 가지 가스 모두 산업과 관련되어 있다. 이제 탈기는 가정용수 공급에 앞서 지하수로부터, 그리고 화학물질 저장소나 매립지로부터 새어나오는 TCE와 DBCP와 같은 휘발성 유기물질의 제거에 이용되고 있다.

탈기공정은 일반적인 산업 냉각탑과 유사한 형태로 수행된다. 대부분의 시스템은 물로 판체(slats), 환체(rings), 구체(spheres), 주름표면 등에 살수하도록 되어 있다. 청정공기나 기타 운반기체(carrier gas)가 대향류 또는 교차류로 불어 넣어진다(그림 5.2.19). 탈기탑의 유공도는 95% 정도, 표면적-용적비는 80~100 m^2/m^3 범위를 갖는다. 탈기공정 분석에서 기액평형은 통상 합리적인 근사치로 가정하게 된다. 질량이전율은 기체유속과 장치규격을 선정할 때 종종 경험인자보다 작다. 전형적으로 충분한 기체유속은 1~2 m/s이며, 대개의 탈기장치 높이는 5~10 m이다.

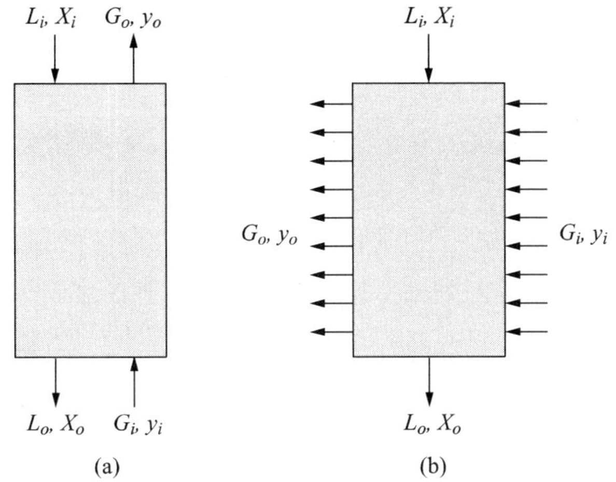

그림 5.2.19 탈기공정 개요도 : (a) 대향류형, (b) 교차류형

(1) 필요 기체량

필요 기체량은 Henry의 법칙을 이용한 총 물질수지로부터 계산할 수 있다. 그림 5.2.19의 대향류시스템에 대한 필요 물질수지는 다음과 같다.

$$L_i x_i - L_o x_o = G_o y_o - G_i y_i \tag{5.2.30}$$

여기서, L_i : 액체의 몰유입률, mol/s

L_o : 액체의 몰유출율, mol/s

x_i : 액상으로 들어오는 용존기체의 몰분율

x_o : 액상에서 유출되는 기체의 몰분율

G_i : 기체의 몰유입률, mol/s

G_o : 기체의 몰유출율, mol/s

y_i : 가스상에서 유입용존기체의 몰분율

y_o : 가스상에서 유출용존기체의 몰분율

기체 및 액체의 몰유입률과 몰유출률은 유입상태, 증발 및 응축에 의해 차이를 보이게 된다. 총 유체 중 생성된 에어로졸의 분율이 매우 높아질 수 있으므로 완전한 분석을 위해서는 그 분율을 계산해 주어야 한다. 대개의 경우 $y_i = 0$, x_o는 방출 필요량에 의해 결정된다. 어느 기체의 분압은 1 atm에서 몰분율과 같으므로 y_o 값은 Henry의 법칙과 x_i 값을 이용하여 산정한다. 예로서 NH_3와 H_2S의 Henry상수는 표 5.2.4에서 찾을 수 있다.

표 5.2.4 수중 NH_3 및 H_2S의 Henry상수

T, ℃	K_H, atm^{-1}	
	NH_3	H_2S
0	2.08	0.003731
10	1.28	0.002725
20	0.80	0.002070
25	0.64	0.001830
30	0.51	0.001642
40	0.34	0.001342

용존기체는 이온 형태로 평형상태에 있으므로 처리시스템 운영에서 pH값이 중요한 인자가 된다. NH_3와 H_2S의 평형상수를 표 5.2.5에 제시하였다. 다음의 관계식을 이용하여 비이온의 NH_3와 H_2S의 분율은 표 5.2.5에 주어진 K_{NH_3} 및 K_{H_2S} 값을 이용하여 pH와 온도의 함수로서 계산할 수 있다.

표 5.2.5 NH_3 및 H_2S의 평형상수

T, ℃	$K_{NH_3} \times 10^5$ (mol/L)	$K_{H_2S} \times 10^7$ (mol/L)
0	1.374	0.262
5	1.479	
10	1.570	0.485
15	1.652	
20	1.710	0.862
25	1.774	
30	1.820	1.480
35	1.849	
40	1.862	2.440

암모니아에 대하여 :

$$[NH_3] = \frac{[NH_4^+][OH^-]}{K_{NH_3}} \tag{5.2.31}$$

$$\frac{[NH_3]}{[NH_3][NH_4^+]} = \frac{1}{1 + K_{NH_3}[H^+]/K_w} \tag{5.2.32}$$

황화수소에 대하여 :

$$[H_2S] = \frac{[HS^-][H^+]}{K_{H_2S}} \tag{5.2.33}$$

$$\frac{[H_2S]}{[H_2S]+[HS^-]} = \frac{1}{1 + K_{H_2S}/[H^+]} \tag{5.2.34}$$

(2) 온도의 영향

NH_3와 H_2S의 이온화에 대한 온도의 영향을 그림 5.2.20과 5.2.21에 각각 나타내었다. 주어진 pH값에서 두 시스템에 대한 온도의 영향이 같지 않음을 알 수 있다. 낮은 온도에서 H_2S의 이온화는 낮은 반면에 K_H는 온도에 따라 증가하기 때문에 H_2S의 탈기는 복합적이다. 질량이전율을 높이고, H_2S가 이온화된 형태로 전환되는 것을 "막기" 위해 보통 증기가 이용된다. 물로부터의 H_2S 탈기에는 상당한 크기의 동력이 유입되어야 하나 탈기의 결과 대기 방출보다 더 바람직한 농축된 응축흐름이 발생하게 된다.

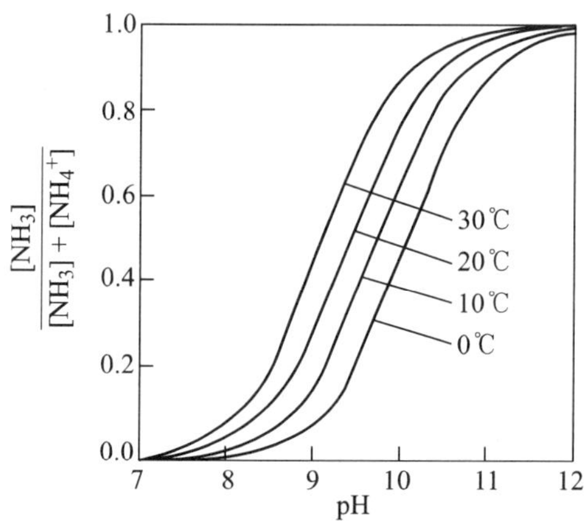

그림 5.2.20 온도와 pH의 함수로서 NH_3 형태의 암모니아 분율

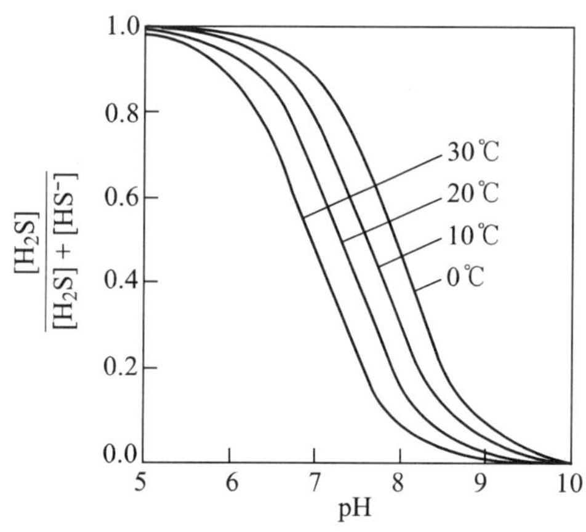

그림 5.2.21 온도와 pH의 함수로서 H_2S 형태의 황화수소 분율

(3) 암모니아 제거

암모늄이온(NH_4^+)과 암모니아가스(NH_3) 사이에 존재하는 평형관계로 인해 암모니아 탈기는 비교적 높은 pH값(보통 10.5 적용)에서 수행한다. 보통 pH가 9 이상인 폐수는 많지 않으므로 pH조정이 필요하다. 석회(CaO)가 pH값을 상승시키는 데 실용적인 염기 중 가장 저렴하지만 이를 사용할 때 결과적으로 슬러지 처분이라는 2차적인 문제가 발생한다. 탄산칼슘(및 인산칼슘) 슬러지가 또한 탈기 표면에 축적하므로 정기적으로 제거해 주어야 한다. 고도 폐수처리 플랜트인 South Lake Tahoe의 삼나무 장치에서는 이 스케일이 너무 심하게 축적되어 공정을 계속하여 운영할 수가 없었다. 암모니아 제거에 필요한 유량의 계산에 관하여 다음의 예제에서 설명하고 있다.

예제

30 g/m³의 암모니아성 질소를 함유하고 있는 도시하수를 5 g/m³의 방류허용치에 맞추어야 한다. 하수 유량이 0.5 m³/s이며, 온도는 0~30℃ 범위에 있을 때 필요한 기체 유량을 계산하라.

풀이

1. 운전 pH를 계산한다.

   a. 제거해야 할 NH_3-N의 분율은 $\dfrac{25}{30} = 0.83$.

   b. 그림 5.2.19로부터, 0℃에서 제거하려면 pH값이 약 11이 되어야 함을 알 수 있다.

2. 온도의 함수(pH＝11에서)로서 제거량을 계산한다.

T, ℃	$\dfrac{[NH_3]}{[NH_3]+[NH_4^+]}$	$(NH_3-N)_i$		$(NH_3-N)_o$	
		g/m³	mol/m³	g/m³	mol/m³
0	0.89	26.70	1.91	4.45	0.32
10	0.95	28.50	2.04	4.75	0.34
20	0.98	29.40	2.10	4.90	0.35
30	0.99	29.70	2.10	4.95	0.35

3. 식 (5.2.30)을 이용하여 온도의 함수로서 기체유량을 계산한다.

   a. $L_i = L_o$ 및 $G_i = G_o$라고 가정하면 식 (5.2.30)은 다음과 같이 정리할 수 있다.

$$G = \frac{L(x_i - x_o)}{(y_o - y_i)} \quad (L\ :\ \text{몰유량, mol/s})$$

$$= (0.5\ \text{m}^3/\text{s})(1/18\ \text{g/mol})(10^6\ \text{g/m}^3) = 27{,}778\ \text{mol/s}$$

$$x_i \approx \frac{[NH_3-N]_i}{55.6\,\text{mol}\ \ H_2O/L}\ (\text{액상})$$

$$x_o \approx \frac{[\mathrm{NH_3-N}]}{55.6}\text{(액상)}$$

$$y_o = P_{\mathrm{NH_3}} = \frac{x_i}{K_H}$$

y_i =0(청결한 공기로 가정)

참고사항 : 기체의 분압은 1 atm에서의 그 기체의 몰분율과 같다

b. 위의 값을 대입하여 기체유량 G를 계산한다.

$$G = L\left(\frac{x_i - x_o}{y_o}\right) = L\left(\frac{[\mathrm{NH_3-N}]_\mathrm{i} - [\mathrm{NH_3-N}]_0}{[\mathrm{NH_3-N}]_i}\right)K_H$$

Q_g =(G mol)(기체몰용적, m^3/mol)

T, ℃	G, mol/s	Q_g, m^3/s
0	48,098	1,077*
10	26,629	664
20	18,518	415
30	11,805	264

* Q_g =48,098 mol/s (22.4×10^{-3} m^3 /mol)

5.3 화학적 처리방법

수질 개선을 위한 화학적 처리방법은 화학반응을 통해 이루어지며, 당연히 화학약품들이 첨가된다. 중요한 화학적 처리방법에는 소독, 콜로이드의 응결(불안정화), 산화, 이온교환 등이 있다. 소독은 가정하수나 폐수의 처리에 모두 이용된다. 산업에 있어서 소독은 배관내 생물막 형성이나 식품공정 중 세균번식 등의 제어를 위해 이용된다. 응결은 대개 지표수 중에서 발견되는 콜로이드 물질의 불안정화를 위해 이용된다. 실제로는 염소소독과 오존반응을 포함하는 화학적 산화는 Fe^{2+}, Mn^{2+}, CN^- 등과 같은 이온의 제거나 분해를 위해 이용된다. 철과 망간은 대개 +3가의 상태보다는 +2가의 형태로 훨씬 더 많이 용존되어 있기 때문에 산소에 의해 산화되기가 쉽다. 따라서 이들의 제거를 위해 산화-침전의 연계공정이 적용된다. 시안의 제거를 통해서는 무해한 최종산물인 CO_2와 N_2가 생성된다. 이온교환이 보편적으로 적용되는 예로는 가정용수 공급을 위해 경도성분의 제거를 들 수 있다.

5.3.1 소독(消毒, Disinfection)

소독이란 병원성 유기체의 선택적 사멸에 사용하는 용어이다. 모든 유기체의 완전한 사멸은 살균(sterilization)이라고 한다. 용수 및 폐수처리에서의 소독은 수중의 병원성 유기체를 파괴적인 물질에 노출시키는 것도 포함한다. 소독의 주요 방법과 수단으로는 (1) 화학약품의 첨가, (2) 열과 빛 등 물리적 적용, (3) 기계적 방법, (4) 전자기, 음향, 특별한 방사선 등에의 노출 등이 있다. 이 중 화학약품의 첨가가 세계적으로 가장 보편적인 방법이다.

미국에서 가장 널리 이용하는 방법은 염소가스(Cl_2) 이용이다. 그러나 불행하게도 염소의 사용은 트리할로메탄과 클로로포름 등과 같은 발암성분을 생성시킬 수 있다는 중요한 단점을 갖고 있다. 많은 유럽국가에서는 염화탄화수소의 형성 가능성 때문에 폐수에 대한 염소사용을 실용화하지 않고 있다. 할로겐족 물질인 브롬과 요오드도 훌륭한 소독제이지만 값이 비싸고 그 적용기술이 쉽지 않아 광범위하게 이용되지 못한다. 오존은 여러 국가에서 1차 소독제로 이용되고 있으나 현장생성의 필요성과 안전성의 충분한 확보문제로 미국에서 일반화되지 못하고 있다. 오존은 또한 소독된 물의 재오염을 방지하는 잔류농도를 유지하지 못하는 단점을 갖고 있다. 그러므로 염소와 오존의 사용은 각각의 경우를 고려하여야 할 것이다.

(1) 염소소독

염소소독은 지표수에서 공급되는 모든 가정용수와 역시 가정용으로 이용되는 대개의 지하수, 순환되는 냉각수와 공정수, 그리고 많은 하·폐수 처리수에 실제로 필요하다. 용수 및 폐수처리에서의 소독은 전형적으로 바이러스, 세균, 원생동물의 사멸을 포함한다. 염소는 산화제이기 때문에 소독에 필요한 양은 유기 및 암모니아성 질소의 함수가 된다. 예상할 수 있는 것처럼 하수의 소독에 필요한 양(40~60 g/m^3)은 상수의 경우(2~5 g/m^3)보다 훨씬 많다.

염소는 보통 Cl_2가스, 이산화염소(ClO_2), 차아염소산나트륨(NaOCl), 그리고 차아염소산칼슘($Ca(OCl)_2$)의 형태로 투여한다. 차아염소산나트륨이나 차아염소산칼슘이 염소가스를 사용하는 것보다 경비가 많이 들지만 많은 도시에서 이 약품들로 교체하여 사용하고 있는데 이는 취급에 있어서 염소가스에 비하여 훨씬 안전하기 때문이다. 차아염소산나트륨과 차아염소산칼슘은 통상 소규모 처리장에서 사용된다.

(2) 염소화학

염소가 가스의 형태로 수중에 투입되면 가수분해와 이온화의 두 가지 반응이 일어난다. 가수분해

반응에서 차아염소산(HOCl)이 형성되고, 이온화반응에서는 염소산이온(OCl^-)이 형성된다. 두 반응식과 평형관계는 다음과 같이 표현된다.

가수분해반응 :

$$Cl_2 + H_2O \rightleftharpoons HOCl + H^+ + Cl^- \tag{5.3.1}$$

$$K_1 = \frac{[HOCl][H^+][Cl^-]}{[Cl_2]} = 4.5 \times 10^{-4} \, (25℃ \text{에서}) \tag{5.3.2}$$

이온화반응 :

$$HOCl \rightleftharpoons H^+ + OCl^- \tag{5.3.3}$$

$$K_2 = \frac{[H^+][OCl^-]}{[HOCl]} = 3.7 \times 10^{-8} \, (25℃ \text{에서}) \tag{5.3.4}$$

식 (5.3.1) 및 (5.3.3)에서 알 수 있는 바와 같이 염소는 물에 산도를 가하게 되나 pH를 크게 변화시킬 정도는 아니다.

(3) 유리잔류염소

유리잔류염소는 [HOCl]과 [OCl^-]의 합으로 정의되는데 종종 염소소독의 효과를 측정하는 데 사용된다. 특정의 유리잔류염소값을 유지하는 것은 상수공급시스템에서 표준 목표가 된다. 식 (5.3.1)에서 (5.3.4)까지를 통해 대부분의 염소가 [HOCl]이나 [OCl^-]의 형태로 존재함을 알 수 있다.

[HOCl]은 세 가지의 형태 중에서 가장 효과가 뛰어나기 때문에 종류별 분포가 매우 중요하며(그림 5.3.1), 이미 설명한 바와 같이 용존되어 있는 가스상의 염소는 무의미하다. [HOCl]의 백분율 분포는 식 (5.3.5)를 이용하여 pH의 함수로서 계산할 수 있다.

$$\frac{[HOCl]}{[HOCl] + [OCl^-]} = \frac{1}{1 + [OCl^-]/[HOCl]} = \frac{1}{1 + K_2/[H^+]} \tag{5.3.5}$$

25℃에서 pH에 따른 [HOCl]과 [OCl^-]의 분포를 그림 5.3.2에 나타내었다. 다른 온도에서의 염소종별 분포는 표 5.3.1에 주어진 이온화상수값을 이용하여 계산할 수 있다.

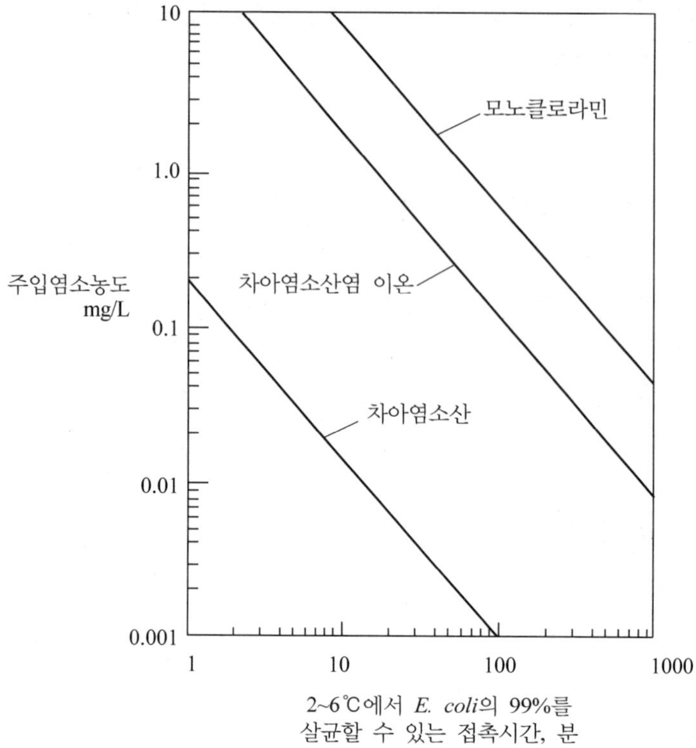

그림 5.3.1 차아염소산, 차아염소산염이온 및 모노클로라민의 *E. coli*에 대한 살균효과 비교도(2~6℃에서 99% 사멸)

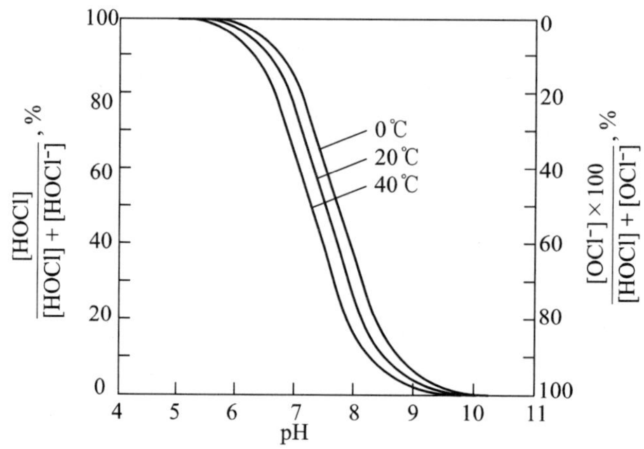

그림 5.3.2 pH와 온도에 따른 [HOCl] 및 [OCl⁻] 분포

표 5.3.1 온도에 따른 차아염소산의 이온화상수값

온도, ℃	$K_2 \times 10^8$, mol/L
0	2.0
5	2.3
10	2.6
15	3.0
20	3.3
25	3.7

(4) 암모니아와의 반응

차아염소산염과 암모니아가 반응하면 클로라민과 가스상 질소(N_2) 및 아산화질소(N_2O)를 생성하게 된다. 클로라민의 생성은 염소의 추가 투여가 필요한데 그 반응은 다음과 같다.

$$HOCl + NH_3 \rightleftharpoons NH_2Cl(\text{monochloramine}) + H_2O \tag{5.3.6}$$

$$HOCl + NH_2Cl \rightleftharpoons NHCl_2(\text{dichloramine}) + H_2O \tag{5.3.7}$$

$$HOCl + NHCl \rightleftharpoons NCl_3 + H_2O \tag{5.3.8}$$

위의 반응들은 전적으로 pH, 온도, 접촉시간 및 초기 염소/암모니아비 등에 의존한다. 대부분의 경우 주요종은 모노클로라민(NH_2Cl)과 다이클로라민($NHCl_2$)이다. 이들 화합물에 존재하는 염소를 결합유효염소(combined available chlorine)라고 부른다. 클로라민들도 소독제이나 그 반응속도는 차아염소산염에 비해 매우 느리다.

(5) 파괴점 염소주입

파괴점 염소주입은 충분한 염소를 주입함으로써 물중에 유리염소가 잔류하도록 하는 방법이다. 개념적으로는 그림 5.3.3에 보인 바와 같이 네 단계로 구성된다. 첫 번째 단계에서 Fe^{2+}, H_2S, 유기물질 등 쉽게 산화되는 물질들이 염소와 반응하여 염화물로 환원시킨다. 두 번째 단계에서는 클로라민과 염화유기화합물이 생성된다. 계속 염소를 주입하면 식 (5.3.9) 및 (5.3.10)에 나타낸 것과 같이 이들이 산화하여 N_2O, 염화물, N_2 등을 생성시킨다.

$$NH_2Cl + NHCl_2 + HOCl \longrightarrow N_2O + 4HCl \tag{5.3.9}$$

$$2NH_2Cl + HOCl \longrightarrow 2N_2 + H_2O + 3HCl \tag{5.3.10}$$

파괴점에서 실질적으로 모든 클로라민과 염화유기화합물의 많은 양이 산화되며, 계속하여 추가로 염소를 주입하면 유리하여 잔류하는 [HOCl]과 [OCl^-]이 되는 것이다.

위에서 언급한대로 반응으로 N_2O 및 N_2가 생성되는 반응은 복잡하고 상세히 설명하고 있지 않으나 폐수처리에서 용액중 질소 제거에 널리 이용하고 있다.

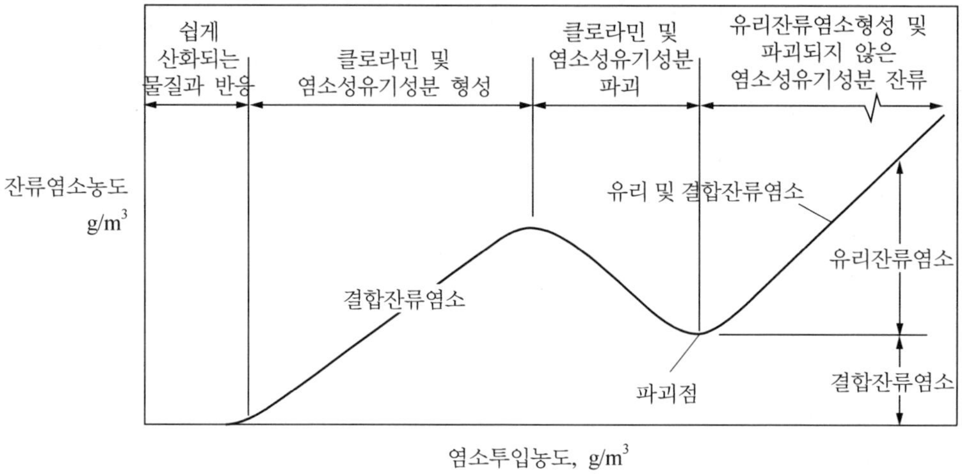

그림 5.3.3 파괴점 염소소독 개요도

(6) 영향인자

용수 및 폐수의 소독공정, 특히 염소소독에서 영향을 미치는 중요한 인자는 (1) 접촉방법, (2)접촉시간, (3) 소독제의 형태와 농도, (4) 미생물 형태와 수, (5) pH, 온도와 같은 환경변수 등이다.

1) 초기접촉방법

염소가 소독제로 사용될 때 염소성분과 파괴되어야 할 미생물간의 초기접촉이 중요한 것으로 검증되어 왔다. 불행하게도 이러한 소독의 측면은 아직 실질적으로 충분히 최적화되어 있지 못하다.

2) 접촉시간

목적하는 살균작용을 위해 요구되는 접촉시간은 잔류염소농도, 온도, 방해물질의 존재 및 대상 미생물 등에 따라 달라진다. 같은 HOCl농도에서도 Coxackie virus의 살균에는 adenovirus의 살균에 요구되는 접촉시간의 약 500배가 필요하다. 일반적으로 박테리아는 바이러스보다 살균이 훨씬 용이하지만 포낭 박테리아는 염소소독에 저항력이 매우 강하다. 수질관리에 관련되는 많은 원생동물들 역시 포낭에 싸인 상태이므로 소독에 저항력이 강하다. 다행스러운 것은 원생동물은 비교적 크기 때문에 여과공정에서 대부분 제거된다는 것이다.

많은 소독속도 모델식이 제안되어 있는데 대부분의 실용데이터는 다음의 식 (5.3.11)과 같이 1차 함수 또는 1차 지수함수로 되어 있다.

$$\frac{N_t}{N_0} = e^{-kt^m} \tag{5.3.11}$$

여기서, N_t : 시간 t에서의 미생물수

N_0 : 시간 t_0 미생물수

k : 세균감소계수, t^{-1}

t : 시간, min

m : 경험상수, 보통은 1임

세균감소계수 k는 양대수그래프 상에서 t에 대하여$(-\ln N_t/N_0)$을 도식함으로써 구할 수 있다.

3) 염소 농도

염소 농도의 영향은 다음의 경험식을 이용하여 모델화한다.

$$C^n t = \text{상수} \tag{5.3.12}$$

여기서, C : 소독제의 농도, g/m^3

n : 상수

t : 시간, min

n값이 1보다 클 때, 소독제의 효율은 희석에 의해 급격히 감소한다. n이 1보다 작을 때 접촉시간이 주입량보다 중요하게 된다. n이 1일 때 농도와 주입량이 모두 중요하게 된다.

4) 미생물 농도

미생물 농도의 영향은 다음의 식 (5.3.13)을 이용하여 모델화한다.

$$\frac{C^m}{N_r} = \text{상수} \tag{5.3.13}$$

여기서, C : 소독제의 농도, g/m³

m : 경험상수

N_r : 주어진 시간에 일정한 비율로 감소한 미생물농도

5) 환경변수

소독공정에서의 주요 환경변수는 온도와 pH이다. 이 변수들의 효과는 Butterfield 등의 고전논문에 의해 이미 연구되었다. 그들의 연구에 근거하여, 온도에 따라 같은 비율의 살균에 필요한 시간비를 식 (5.3.14)로 나타내었다.

$$\ln\frac{t_1}{t_2} = \frac{E(T_2 - T_1)}{RT_1T_2} \tag{5.3.14}$$

여기서, t_1, t_2 : 온도 T_1 및 T_2에서 같은 살균비율을 나타내는 시간

E : 활성화에너지, J/mol

T_1, T_2 : 온도, K

R : 기체상수, 8.314 J/mol · K

각 pH값과 염소성분에 대한 E값이 표 5.3.2에 주어져 있다.

표 5.3.2 *E. Coli*의 살균에서 염소효과에 대한 대표적인 활성화에너지값

염소형태	pH	*E*, J/mol
액상염소	7.0	34,330
	8.5	26,800
	9.8	50,240
	10.7	52,800
클로라민	7.0	50,240
	8.5	58,600
	9.5	83,740

(7) 탈염소처리

염소 소독된 물이 물고기 등 수중동물에게 접촉하는 경우 그 독성 때문에 탈염소처리가 중요한 공정이 된다. 이를 목적으로 이산화황, 황산나트륨(sodium sulfite), 황산수소나트륨(sodium metabisulfite), 활성탄 등이 사용되는데 이산화황을 가장 널리 사용한다. 이산화황, 황산수소나트륨, 활성탄을 이용한 탈염소 반응은 다음과 같다. 클로라민과도 유사한 반응이 일어난다.

이산화황을 이용한 탈염소 반응 :

$$SO_2 + Cl_2 + 2H_2O \longrightarrow H_2SO_4 + 2HCl \quad (5.3.15)$$

황산수소나트륨을 이용한 탈염소 반응 :

$$NaHSO_3 + Cl_2 + H_2O \longrightarrow NaHSO_4 + 2HCl \quad (5.3.16)$$

활성탄을 이용한 탈염소 반응 :

$$C + Cl_2 + 2H_2O \longrightarrow 4HCl + CO_2 \quad (5.3.17)$$

5.3.2 침전물 생성(Precipitation)

침전물 생성은 Ca^{2+} 및 Mg^{2+}와 같은 금속이온들과 PO_4^{3-}와 같은 중요 음이온들의 제거에 이용되는 공정이다. 수중에서 Ca^{2+}와 Mg^{2+}는 중요한 경도물질이며, 경도는 비누와 반응하여 침전물을 생성하고 온도가 상승하면 스케일을 형성하므로 매우 중요하다. 인산염은 많은 호수에서 성장제한 영양물질이므로 배출량이 증가하면 급속한 부영양화를 가져올 수 있다.

(1) 침전반응

일반적인 침전반응과 그들의 용해도곱을 표 5.3.3에 정리하였다. 표에 있는 모든 양이온들은 수질관리상 중요한 물질들로서 비교적 제거하기 용이하나, pH와 같은 인자들이 제한인자가 된다(그림 5.3.4). 평형농도 역시 중요한데 예를 들면 소석회[$Ca(OH)_2$]는 값이 싸고 경도 제거에 이용될 수 있으나 그림 5.3.4에서 보는 바와 같이 pH 12 이하에서는 용해성이 매우 높아진다.

표 5.3.3 일반적인 침전반응과 용해도곱

반 응	pK_{sp}(25℃에서)
$Al(OH)_3 = Al^{3+} + 3OH^-$	31.2
$AlPO_4 = Al^{3+} + PO_4^{3-}$	22.0
$CaCO_3 = Ca^{2+} + CO_3^{2-}$	8.4
$Ca(OH)_2 = Ca^{2+} + 2OH^-$	5.4
$Ca_3(PO_4)_2 = 3Ca^{2+} + 2PO_4^{3-}$	26.0
$CaSO_4 = Ca^{2+} + SO_4^{2-}$	4.6
$FeCO_3 = Fe^{2+} + CO_3^{2-}$	10.4
$Fe(OH)_2 = Fe^{2+} + 2OH^-$	14.5
$Fe(OH)_3 = Fe^{3+} + 3OH^-$	38.0
$FePO_4 = Fe^{3+} + PO_4^{3-}$	21.9
$MgCO_3 = Mg^{2+} + CO_3^{2-}$	4.9
$Mg(OH)_2 = Mg^{2+} + 2OH^-$	9.2

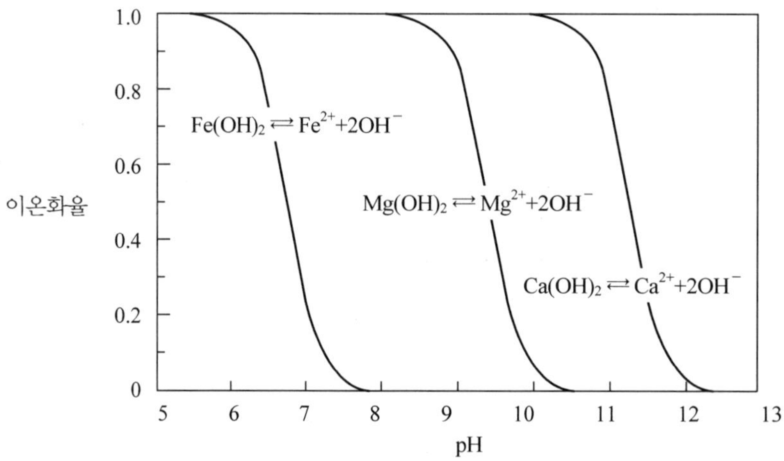

그림 5.3.4 순수에서 $Fe(OH)_2$, $Mg(OH)_2$, $Ca(OH)_2$의 용해도

$$Ca(OH)_2 \rightleftarrows Ca^{2+} + 2OH^- \tag{5.3.18}$$

표 5.3.3으로부터,

$$[Ca^{2+}][OH^-]^2 \le K_{sp} = 3.98 \times 10^{-6} \tag{5.3.19}$$

다른 물질이 존재하지 않는다면,

$$[H^+][OH^-] = 10^{-14}$$

$$[Ca^{2+}] \leq \frac{3.98 \times 10^{-6}}{(10^{-14}/[H^+])^2} = 3.98 \times 10^{22}[H^+]^2$$

pH=12에서,

$$\begin{aligned}[Ca^{2+}] &\leq 3.98 \times 10^{-2}\ \text{mol/L} \\ &\leq 1.59\ \text{g/L} = 1{,}590\ \text{g/m}^3\end{aligned}$$

이는 아직 용액 중에 Ca^{2+}의 잉여량이 존재한다는 것이다. 예를 들어, 경도가 3.18 eq/L 또는 3,180 meq/L이고, 4~10 meq/L의 범위에 있는 물은 매우 센물이다.

(2) 경도 제거

경도 제거에는 소석회와 소다회(Na_2CO_3)를 이용한 침전과 이온교환의 두 가지 방법이 있다. 칼슘과 마그네슘의 제거에 이용하는 소석회 - 소다회 공정은 식 (5.3.20)~(5.3.23)과 같다.

원수 중의 이산화탄소 전환 :

$$CO_2 + Ca(OH)_2 \longrightarrow \underline{CaCO_3} + H_2O \tag{5.3.20}$$

어떤 종류의 연수화공정을 적용할지라도 수중 이산화탄소를 전환시켜야 한다. 소석회를 투입하면 CO_2는 침강으로 제거될 수 있는 침전물인 $CaCO_3$로 전환된다.

칼슘 및 마그네슘 탄산경도 제거 :

$$Ca(HCO_3)_2 + Ca(OH)_2 \longrightarrow \underline{2CaCO_3} + 2H_2O \tag{5.3.21}$$

$$Mg(HCO_3)_2 + 2Ca(OH)_2 \longrightarrow \underline{2CaCO_3} + \underline{Mg(OH)_2} + 2H_2O \tag{5.3.22}$$

칼슘 및 마그네슘의 비탄산경도 제거 :

$$Mg^{2+} + Ca(OH)_2 \longrightarrow \underline{Mg(OH)_2} + Ca^{2+} \tag{5.3.23}$$

잉여 소석회의 제거와 pH 조정(pH ≃ 9.5)을 위한 재탄산화 :

$$Ca(OH)_2 + CO_2 \longrightarrow \underline{CaCO_3} + H_2O \tag{5.3.24}$$

$$Mg(OH)_2 + CO_2 \longrightarrow MgCO_3 + H_2O \tag{5.3.25}$$

pH 조정(pH ≃ 8.5)을 위한 재탄산화 :

$$CO_3^{2-} + CO_2 + H_2O \longrightarrow 2HCO_3^- \tag{5.3.26}$$

1) 화학양론적 약품소요량

식 (5.3.20)~(5.3.23)에 정의된 연수화반응을 고려하여 소석회와 소다회의 화학양론적 소요량을 m^3당 당량으로 나타내면 다음과 같이 된다.

$$\text{소석회 소요량, } eq/m^3 = CO_2 + HCO_3^- + Mg^{2+} + \text{잉여량} \tag{5.3.27}$$

$$\text{소다회 소요량, } eq/m^3 = Ca^{2+} + Mg^{2+} - \text{알칼리도} \tag{5.3.28}$$

화학양론적 소요량의 잉여분으로서 약 1 eq/m^3을 첨가하여야 pH값이 11 이상이 되어 $Mg(OH)_2$의 완전한 침전을 보장하게 된다. 침강 및 여과에 의해 침전생성물을 제거할 때 잉여 소석회를 제거하는 재탄산화가 수행되며 pH값이 9.2~9.7의 범위로 내려가게 된다. 그 목적은 물에 가벼운 외피조건을 형성하려는 것이다. 즉, 배관 위에 부식을 방지할 수 있는 얇은 $CaCO_3$층이 점차로 형성될 것이다. 소석회-소다회 공정의 실제적인 한계치는 약 1 eq/m^3이다.

예제

다음과 같은 성상의 물을 잉여 소석회-소다회 방법으로 연수화하고자 한다. 처리수 m^3당의 각 약품 소요량을 산정하라.

성 분	농도, eq/m^3
Ca^{2+}	4.50
Mg^{2+}	1.50
HCO_3^-	3.00
CO_3^{2-}	0.02
Cl^-	2.00
SO_4^{2-}	1.00
T ℃	25

풀이

1. 탄산염 평형관계식으로부터 용액의 pH와 알칼리도를 계산한다.

a. 다음 식을 이용하여 pH를 계산한다.

$$[H^+] = \frac{K_2\,[HCO_3^-]}{[CO_3^{2-}]}$$

$$[CO_3^{2-}] = (\tfrac{1}{2}\,\text{mol/eqCO}_3^{2-})(0.02\,\text{eq/m}^3)(10^{-3}\,\text{m}^3/\text{L}) = 10^{-5}\,\text{mol/m}^3$$

$$[H^+] = \frac{4.68\times10^{-11}(3.00\times10^{-3}\,\text{mol/L})}{(10^{-5}\,\text{mol/m}^3)^2} = 1.41\times10^{-8}\,\text{mol/L}$$

$$\text{pH} = 7.85$$

b. 알칼리도(eq/m^3)를 계산한다.

$$\text{알칼리도} = (HCO_3^-) + (CO_3^{2-}) + (OH^-) - (H^+)$$

$$= 3.00 + 0.02 + \left(\frac{10^{-14}}{1.4\times10^{-8}}\times10^3\right) - 1.41\times10^{-8}$$

$$= 3.00 + 0.02 + 0.0007 - 1.41\times10^{-8} = 3.02\,\text{eq/m}^3$$

2. 식 (5.3.27)을 이용하여 소석회 소요량을 산정한다.

$$\text{소석회 소요량} = CO_2 + HCO_3^- + Mg^{2+} + \text{잉여량}$$

$$= [0.0 + 3.0 + 1.5 + 1(\text{잉여분})]\,\text{eq/m}^3$$

$$= 5.5\,\text{eq/m}^3 = 203.5\,\text{g/m}^3 = 275\,\text{g/m}^3\,\text{as CaCO}_3$$

3. 식 (5.3.28)을 이용하여 소다회 소요량을 산정한다.

$$\text{소다회 소요량} = Ca^{2+} + Mg^{2+} - \text{알칼리도}$$

$$= (4.5 + 1.5)\,\text{eq/m}^3 - 3.02\,\text{eq/m}^3$$

$$= 2.98\,\text{eq/m}^3 = 157.9\,\text{g/m}^3 = 149\,\text{g/m}^3\,\text{as CaCO}_3$$

(3) 인 제거

인에 대한 관심은 비교적 최근에 높아지고 있는데 거품의 원인일 뿐 아니다 부영양화의 원인물질이기도 하다. 1960년대 초까지 처리시설, 방류수역 및 여울에서의 거품은 심미적 문제였다. 1965년 ABS를 대체하여 생물분해 가능한 세제인 선형알킬술폰산염(LAS)을 사용하도록 법령이 제정되어 실제로 오늘날 판매되는 모든 세제들(생물분해 가능함을 표시하고 비싼 가격에 판매하는 것 포함하여)은 생물분해 가능하다. 공교롭게도 LAS의 친수영역은 인산염기를 갖고 있어서 생물분해를 통해 인산염이 용액중으로 방출된다. 미국 가정하수의 경우 인 농도의 대표치가 약 10

g/m^3이다. LAS에 대체할 적절한 성분은 발견되지 않고 있다. 가능성 있는 대안으로 강한 킬레이트제인 니트릴로트리아세트산(NTA)이 있는데, 이것은 유아에게 뇌손상을 일으키는 것으로 밝혀졌다. 거품에 대한 현재의 해결방안과 인에 기인하는 부영양화의 원인은 LAS세제의 사용인데, 부영양화 지역에서의 Fe^{3+}, Al^{3+}, Ca^{2+} 등과의 인산염 침전물 형성이 또 하나의 문제가 된다.

인 제거는 연수화공정과 유사한 방법으로 수행한다. 침전이온의 선택은 방류수 기준치, 하수의 pH, 그리고 약품비용 등에 의존한다. 황산반토와 소석회와의 인산염 침전에 관한 적절한 반응식은 다음과 같다.

alum과의 침전반응(간략식) :

$$Al_2(SO_4)_3 + 2PO_4^{3-} \longrightarrow 2AlPO_4 + 3SO_4^{2-} \tag{5.3.29}$$

석회와의 침전반응(간략식) :

$$5Ca^{2+} + 4OH^- + 3HPO_4^{2-} \longrightarrow Ca_5(OH)(PO_4)_3 + 3H_2O \tag{5.3.30}$$

전형적으로 석회는 대량으로 투입되는 유일한 약품인데 응집을 촉진시키기 위해 적은 량의 alum을 사용할 수 있다. PO_4^{3-} 제거를 위한 석회에 의한 pH조작 정상치는 11 이상인데 이는 이 범위에서 응결이 가장 잘 되기 때문이다. 그러므로 석회 소요량은 하수의 알칼리도에 의해 조절되는 것이며, 침전생성에 관한 화학양론적 소요량에 따르는 것이 아니다.

5.3.3 응결(凝結, Coagulation)

응결은 입자가 응집하면서 성장할 수 있도록 콜로이드 입자들을 불안정화시키는 공정이다. 콜로이드 입자들은 전형적으로 음의 표면전하를 띠고 있으며, 그 크기 때문에(0.001~1μm) 입자간의 인력이 전기적 부하에 의한 반발력보다 훨씬 작다. 이러한 안정한 조건하에서는 입자의 성장은 이루어지지 않고, 브라운운동에 의해 입자들은 부유상태를 유지하게 된다. 입자가 성장하면 중력침전, 여과 및 기타 비싸지 않은 입자분리공정의 적용이 적합하게 된다.

(1) 응결기작

응결기작에는 (1) 이중층 압축, (2) 전하 중화, (3) 입자간 가교, (4) 침전물 거름작용의 네 가지가 있다. 이중층 압축(double-layer compression)은 총 이온농도를 증가시킴으로써 이루어지며(그림 5.3.5), 전기적 이중층의 압축을 통해 표면의 부하효율이 입자 주위의 얇은 층으로 제한되어지고,

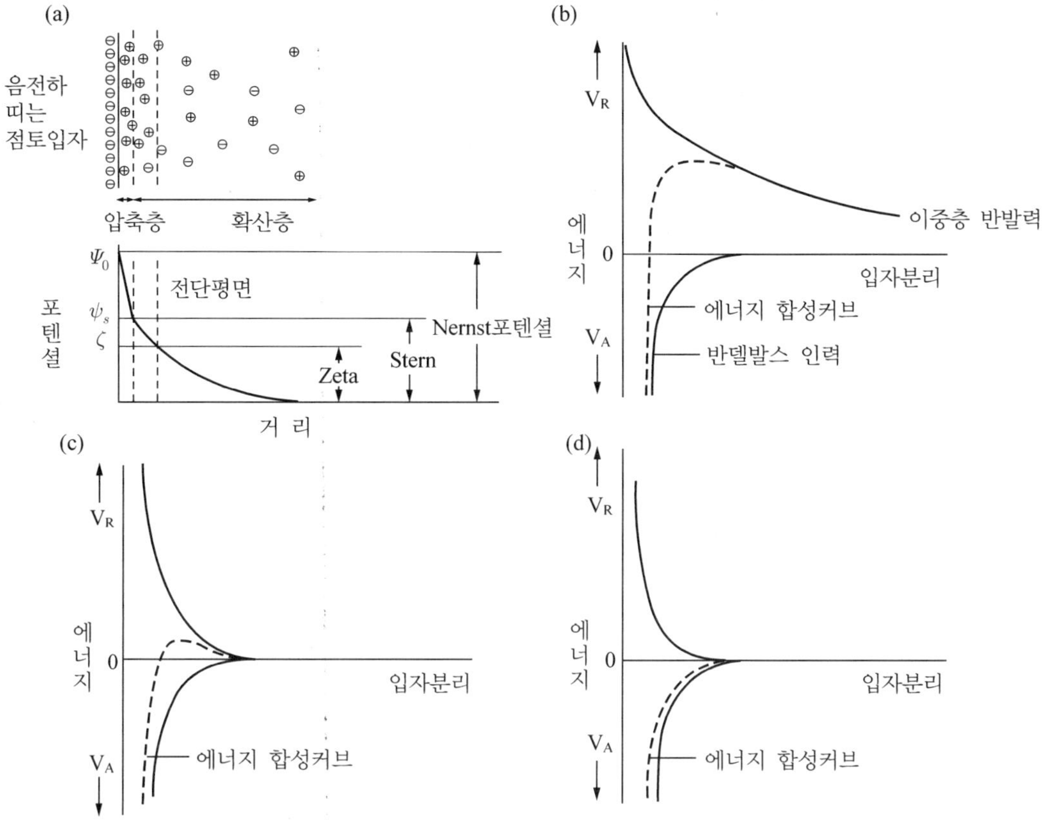

그림 **5.3.5** 반대이온물질에 의한 전기적 이중층 압축

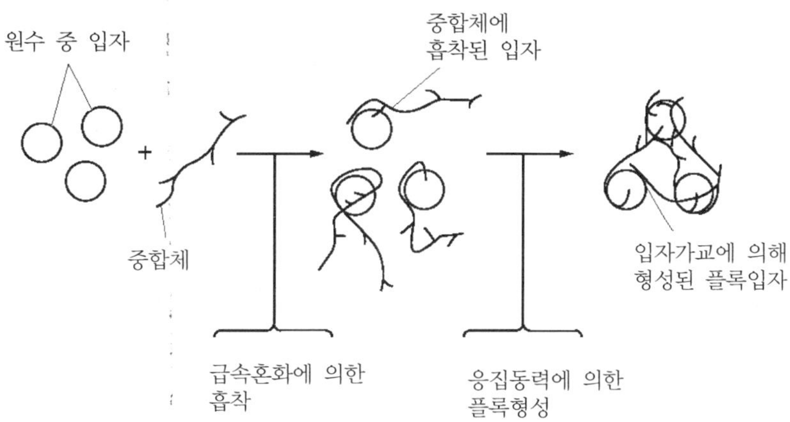

그림 **5.3.6** 중합체와 입자간 가교에 의한 응결

결과적으로 입자간 인력이 반발 전기력보다 커져 응집하면서 입자들이 성장하게 되는 것이다. 전하중화(charge neutralization)는 pH조정을 통해, 또는 입자표면에 흡착하는 양이온을 가함으로써 효과를 높일 수 있다. 입자간 가교(interparticle bridging)는 중합체가 형성되어 여러 입자에 흡착할 때 발생하여 플록으로서 수중에서 작용하도록 한다(그림 5.3.6). 이중층 압축을 제외한 모든 기작은 용수 및 폐수처리에 적용되는 응결에서 매우 중요하며, 어느 기작이 주요작용을 하는지는 응결제(coagulant)의 선정과 운전조건에 의해 결정된다.

(2) 회분식 응결시험(jar testing)

회분식 응결시험(그림 5.3.7)은 최적의 응결제와 운전 pH, 그리고 응결제 투여량 등을 결정하는 방법으로 개념은 간단하다. 여러 개의 수질시험시료를 미리 선정해 둔 pH값으로 각각 조정하고, 급속혼합 조건하에서 모든 시료에 같은 양의 응결제를 투여한다. 응결반응과 함께 초기 입자결합이 발생하는 짧은 시간이 경과된 후 완속으로 혼합하면 응집이 시작되면서 입자들이 성장한다. 혼합이 끝나면 입자들을 침강시키고, 상징액의 탁도를 측정한다. 최저 탁도값을 나타낸 적정 pH값을 알아낸 후 이 값을 일정하게 한 조건에서 응결제의 투여량을 다르게 하여 시험한다.

그림 5.3.7 회분식 응결시험장치(jar-tester)

(3) 응결제(coagulant)

많은 응결제들을 시험에 사용하는데 가장 보편적인 것은 alum[$Al_2(SO_4)_3 \cdot 18H_2O$], 염화제이철[$FeCl_3$], 석회[$CaO$ 또는 $Ca(OH)_2$] 및 여러 종의 폴리머(다중전해질, polyelectrolytes) 등이다. 각각의 응결제는 좋은 효율을 보이는 pH 범위를 갖고 있다. Alum에 관한 적정반응식은 다음과 같다.

$$Al_2(SO_4)_3 \cdot 18H_2O + 3Ca(HCO_3)_2 \rightleftarrows 3CaSO_4 + 2Al(OH)_3 + 6CO_2 + 18H_2O \quad (5.3.31)$$

황산알루미늄	중탄산칼슘	황산칼슘	수산화알루미늄	이산화탄소	물
(666.7)	(3×162)	(3×136)	(2×78)	(6×44)	(18×18)

다중전해질들은 많은 이온화 그룹을 가진 합성 중합체로 음이온계, 양이온계, 혹은 무이온계로 제조될 수 있다. 이온화 형태에 있어서 중합체들은 매우 큰 이온으로 작용한다. 그리하여 음전하를 띤 콜로이드를 함유하는 용액에 양이온계의 중합체를 투입하면 전기화학적 응결이 발생하게 된다. 상용 중합체들은 각각의 특성이 있으며, 적용 시 이론적인 분석보다는 경험에 근거한 선택에 따른다. 용수 및 하·폐수의 처리는 그 수질의 복잡성으로 인하여 양이온계 중합체가 오랜 경험에 의한 직관적 선택이라 하더라도 음이온 또는 무이온계 중합체가 적합한 것으로 나타나고 있다. 다전해질들은 종종 다른 응결제들과 조합하여 사용하기도 하고, 매우 드물게는 매우 적은 양의 응결제 투입량에 의해 개선된 응결효과가 나타나기도 한다.

5.3.4 화학적 산화(Chemical Oxidation)

화학적 산화제로 산소, 염소, 과망간산염, 오존 및 과산화수소 등은 어느 정도 용수 및 폐수처리에 이용되고 있다. 유기물질과 암모니아성 질소가 함께 산화되는 파괴점 염소소독을 예로 설명한 바 있다. 수중에 함유되어 있는 철, 망간, 시안 등의 제거가 세 가지의 중요한 산화반응에 포함된다. 철과 망간은 +2가의 상태로 수중에 쉽게 용존함으로써 수질에 문제를 일으킨다. 철은 산화의 결과 붉은 색을 띠게 하고 녹을 형성시키므로 특히 좋지 않다. 상당한 농도의 철을 함유하는 물은 보통 잠재적 독성 물질인 망간도 함유하게 되는데 다행히 철과 망간은 쉽게 산화되어 비용존물질이 된다.

(1) 철 및 망간의 제거

철과 망간의 제거는 보통 공기 중에 존재하는 산소로 산화시킴으로써 이루어진다. 공기는 수중에 기포상태로 공급하며 다음과 같은 반응이 일어난다.

$$2Fe^{2+} + \frac{1}{2}O_2 + 5H_2O \longrightarrow 2Fe(OH)_3 + 4H^+ \quad (5.3.32)$$

$$Mn^{2+} + \frac{1}{2}O_2 + H_2O \longrightarrow MnO_2 + 2H^+ \quad (5.3.33)$$

대개의 경우 이 반응에서 H^+의 생성은 그다지 중요하지 않다. 예를 들어, 0.9 g/m^3 Fe^{2+}의 농도는 1.6×10^{-5} mol/L이며, $Fe(OH)_3$로 산화되면 3.2×10^{-5} mol/L의 H^+를 생성한다. 철 및 망간을 함유하고 있는 물의 알칼리도는 보통 산을 중화시키기에 충분하다.

Fe^{2+}의 산화는 Mn^{2+}의 산화에 비해 매우 빠르다. 중성 pH 부근에서 Fe^{2+}가 90~95% 전환되는데 필요한 시간은 약 15분이다. pH를 높이면 반응속도가 빨라지며, 필요한 경우 촉매를 첨가하기도 한다.

(2) 시안의 제거

시안산염은 금 및 은의 추출, 금속표면의 경화, 그리고 금속도금에 이용된다. CN^-은 이들 공정으로부터 발생하는 폐수의 한 성분으로서 매우 높은 독성을 갖고 있으므로 도시하수도나 수용하천으로 배출되기 전에 제거해야 한다. 헤모글로빈 중의 철과 비가역반응 결과 생성되는 시안의 독성은 혈중에서 산소 운반능력을 잃게 한다.

CN^-을 Cl_2나 NaOCl에 의해 CNO^-로 산화시키는 것이 가장 일반적인 처리방법이다. Cl_2를 이용할 때는 NaOH가 첨가되어야 하며, 그 반응은 다음과 같이 된다.

$$CN^- + 2NaOH + Cl_2 \longrightarrow CNO^- + 2NaCl + H_2O \qquad (5.3.34)$$

또한 NaOCl로 산화할 때의 반응은 다음과 같다.

$$CN^- + NaOCl \longrightarrow CNO^- + NaCl \qquad (5.3.35)$$

위의 반응들은 보통 8.5~11의 알칼리성 pH 범위에서 일어나며, 만약 pH가 7보다 낮게 되면 시안은 가수분해된다.

$$CNO^- + 2H^+ + H_2O \longrightarrow NH_4^+ + CO_2 \qquad (5.3.36)$$

중간의 염기성 pH 수준에서 Cl_2를 초과하여 첨가하면 반응식 (5.3.37)과 같이 CNO^-는 N_2와 CO_2로 산화된다.

$$2CNO^- + 3Cl_2 + 4NaOH \longrightarrow N_2 + 2Cl^- + 4NaCl + 2H_2O + 2CO_2 \qquad (5.3.37)$$

시안의 산화에 오존이 이용되기도 하는데 소형 시스템에서 오존을 사용하는 것이 염소를 사용하는 경우보다 비용이 높게 든다.

5.3.5 이온교환(Ion Exchange)

이온교환공정은 용수 및 폐수 중에 있는 Ca^{2+}, Mg^{2+}, Fe^{2+}, NH_4^+ 등 수질에 좋지 않은 영향을 미치는 이온들을 제거하기 위해 이용되고 있다. 이온교환매체는 고상의 천연 광물질, 부동성 산 또는 염기 그룹에 부착된 이동성이온을 갖는 합성수지로 되어 있다. 교환공정에서 이동성이온들은 작용기(예 ; Ca^{2+}는 Na^+로, SO_4^{2-}는 Cl^-로 치환)에 대해 강한 친화력을 갖는 용해이온과 교환된다.

제올라이트(zeolites)로 알려진 천연 이온교환물질은 경수의 연수화와 암모늄이온의 제거에 이용되고 있다. 연수화에 이용되는 제올라이트는 이동성이온인 나트륨과 결합된 복합 알루미늄규산염이다. 암모늄이온의 교환은 천연 제올라이트 클리놉틸로라이트(clinoptilolite)에 의해 이루어진다. 합성 알루미늄규산염이 제조되기도 하는데 대부분의 합성 이온교환물질은 수지나 페놀계 폴리머이다. 현재 이용되고 있는 이온교환수지의 종류에는 (1) 강산성 작용기를 갖는 강산성 양이온 교환수지, (2) 약산성 작용기를 갖는 약산성 양이온 교환수지, (3) 강염기성 작용기를 갖는 강염기성 음이온 교환수지, (4) 약염기성 작용기를 갖는 약염기성 음이온 교환수지 등의 4가지 형태가 있다.

(1) 이온교환반응

천연 및 합성의 이온교환물질을 통한 이온교환반응은 전형적으로 다음과 같다.

천연 제올라이트(Z)의 경우 :

$$Na_2Z + \begin{Bmatrix} Ca^{2+} \\ Mg^{2+} \\ Fe^{2+} \end{Bmatrix} \rightleftharpoons \begin{Bmatrix} Ca^{2+} \\ Mg^{2+} \\ Fe^{2+} \end{Bmatrix} Z + 2Na^+ \quad (5.3.38)$$

합성수지(R)의 경우

강산성 양이온 교환 :

$$RSO_3H + Na^+ \rightleftharpoons RSO_3Na + H^+ \quad (5.3.39)$$

$$2RSO_3Na + Ca^{2+} \rightleftharpoons (RSO_3)_2Ca + 2Na^+ \quad (5.3.40)$$

약산성 양이온 교환 :

$$RCOOOH + Na^+ \rightleftharpoons RCOONa + H^+ \quad (5.3.41)$$

$$2RCOONa + Ca^{2+} \rightleftarrows (RCOO)_2Ca + 2Na^{+} \quad (5.3.42)$$

강염기성 음이온 교환 :

$$RR'_3NOH + Cl \rightleftarrows RR'_3NCl + OH^{-} \quad (5.3.43)$$

$$2RR'_3NCl + SO_4^{2-} \rightleftarrows (RR'_3N)_2SO_4 + 2Cl^{-} \quad (5.3.44)$$

약염기성 음이온 교환 :

$$RNH_3OH + Cl^{-} \rightleftarrows RNH_3Cl + OH^{-} \quad (5.3.45)$$

$$2RNH_3Cl + SO_4^{2-} \rightleftarrows (RNH_3)_2SO_4 + 2Cl^{-} \quad (5.3.46)$$

(2) 처리공정

연수 및 탈염수를 생산하기 위한 이온교환수지의 적용 공정을 그림 5.3.8에 나타내었다.

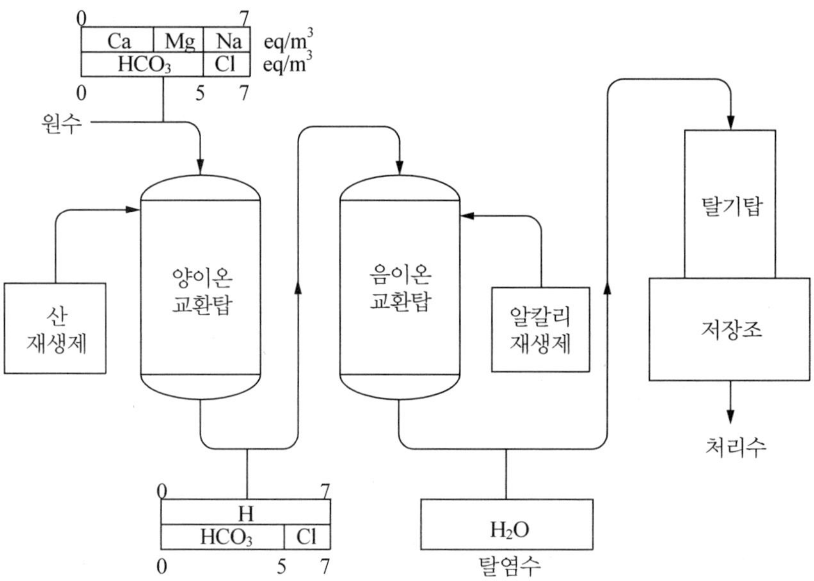

그림 5.3.8 연수화 및 탈염을 위한 이온교환공정도

(3) 이온교환장치의 재생

운전주기가 지난 후 이온교환시스템은 포화상태, 즉 유입원수와의 평형상태에 접근하게 된다. 재생은 매우 간단하다. 본래의 이동성이온의 염수를 수지에 접촉시킴으로써 평형상태를 원래의 조건으로 전환시키게 된다. 연수화를 비롯한 대부분의 양이온 교환에는 NaCl 염수를 사용한다. 만약 모든 양이온이 제거되어야 한다면 재생을 위해 H_2SO_4와 같은 강산을 사용한다. 사용한 염수의 처리가 어려운 문제로 남을 수 있다. 가정용수 연수화장치가 많이 설치되어 있는 지역에서는 발생되는 재생염수를 하수도로 배출하는데 이러한 지역의 수중 TDS 농도는 연수화장치를 사용하지 않는 지역의 약 2배가 되는 것으로 추정된다.

(4) 이온의 선택성

작용기에 대한 이온들의 친화도는 이온의 전하와 크기에 따라 달라진다. 전하량이 큰 이온(Na^+에 대한 Ca^{2+})은 큰 친화도를 가지므로, 평형은 고상에서 전하량이 큰 이온에 선택적으로 작용하게 된다. 친화도는 유효경에 따라 역으로 변화한다. 그러므로 많은 수화물과 결합한 이온, 결과적으로 큰 유효경을 갖는 이온들이 작용기에 대하여 비교적 약한 친화도를 갖게 된다. 일반적인 이온들에 대한 상대적 친화도는 다음과 같다.

$$Ag^+ > Cs^+ > K^+ > Na^+ > Li^+$$

$$Ba^{2+} > Sr^{2+} > Ca^{2+} > Mg^{2+}$$

$$I^- > NO_3^- > CN^- > HSO_4^- > NO_2^- > Cl^- > HCO_3^-$$

수지상의 작용기간 및 용질이온과의 상호작용 역시 친화도에 영향을 미친다. 예를 들어 작용기가 침전성이온과 유사하면(예 ; 인산수지와 Ca^{2+}) 친화도는 증가한다. 약산과 약염기 이온교환수지의 효과는 용액의 pH와 관계가 있는데 이는 작용기의 이온화는 본질적으로 일정 pH범위에서만 완성되기 때문이다. 예를 들어 약산성 수지(RCOOH)는 pH 4 이상에서만 충분히 이온화되므로 이러한 수지는 pH 7 부근에서는 사용하지 말아야 한다.

친화도는 선택도계수에 의해 양적으로 표현할 수 있다. 이동성이온 H^+와 용질이온 Na^+간의 이온교환반응은 다음과 같이 나타내게 된다.

$$RH + Na^+ \rightleftarrows RNa + H^+ \tag{5.3.47}$$

$$\frac{x_{\mathrm{RNa}}[\mathrm{H}^+]}{x_{\mathrm{RH}}[\mathrm{Na}^+]} = K_{\mathrm{H}\to\mathrm{Na}} \tag{5.3.48}$$

여기서, x_{RNa} : 수착된 종에 관하여 나타낸 교환수지상의 Na^+ 몰분율

x_{RH} : 수착된 종에 관하여 나타낸 교환수지상의 H^+ 몰분율

$[\mathrm{H}^+]$: 용액중의 H^+ 농도

$[\mathrm{Na}^+]$: 용액중의 Na^+ 농도

$K_{\mathrm{H}\to\mathrm{Na}}$: 선택도계수

선택도계수는 이온의 특성과 당량, 용액중의 이온농도 등에 따라 달라진다. 실제로 선택도계수는 실험실 분석에 의해 산정되는데 보통 해당 측정조건에 대해서만 유효하다.

(5) 이온교환능력

제올라이트와 수지는 단위질량당 교환할 수 있는 양이온이나 음이온의 당량으로 나타낸 이온교환능력을 근거로 등급이 분류된다. 대표적인 수지의 이온교환능력은 2~10 eq/kg의 범위에 있으며, 제올라이트 양이온교환기는 0.05~0.1 eq/kg의 교환능력을 갖는다. 교환능력은 기지의 형태의 이온으로 수지를 치환시킴으로써 측정한다. 양이온수지는 강산으로 씻어 모두 H^+의 형태로 치환하거나, 강 NaCl 염수로 씻어 Na^+의 형태로 치환시킨다. 농도를 아는 교환가능한 이온(예 ; Ca^{2+})은 교환이 완전하게 될 때까지 투입하여 그 교환능력을 측정할 수 있으며, 산의 경우에는 강염기로 적정하여 측정한다.

5.4 생물학적 처리공정

생물학적 처리공정은 기본적으로 폐수에서의 유기물질 제거에 사용되며, 그 외에 보편적으로 적용되는 네 분야가 있는데 암모니아성 질소의 산화(질산화), 산화질소의 가스상 질소(N_2 및 N_2O)로의 환원(탈질산화), 인 제거, 그리고 유기성 슬러지의 산화/안정화 등이다.

생물학적 처리공정은 많은 방식으로 분류할 수 있다. 보편적인 구분은 호기성 및 혐기성, 즉 대사작용에 의한 것과 부유 및 부착증식, 즉 미생물의 증식위치에 의한 것이다. 대개의 시스템에서 이 두 가지 분류방식이 조합되어 있다.

각각의 처리공정에는 장점과 단점이 있다. 활성슬러지 공정으로 대표되는 부유증식공정은 최소한의 공간을 필요로 하며 운전에 있어서 유동적이다. 부유증식공정의 성능은 부착증식시스템보다 가변적이며, 운전 역시 보다 복잡하다. 부착증식시스템은 비교적 운전이 단순하고, 성능이 보편적으로 매우 안정적이다. 부착증식공정에서의 방류수질은 부유증식공정만큼 양호하지는 않으며 산소이전에 대한 한계가 유입수 농도를 제한하게 된다.

산화지와 같이 조류의 광합성에 의해 산소를 생산하는 시스템은 건설과 운전이 단순하나, 증식된 조류를 제거하는 것이 어려워 방류수의 BOD와 SS농도가 유입수의 농도를 초과하는 경우가 많다.

5.4.1 생물학적 처리의 원리(Fundamentals of Biological Treatment)

생물학적 처리의 기본적인 기작은 모든 공정에서 같다. 미생물, 주로 박테리아는 유기물질을 이용하며, 하·폐수 중의 무기 이온들은 박테리아의 증식을 지원한다. 물질의 일부가 산화되고, 방출되는 에너지가 남아 있는 물질을 새로운 세포질로 전환시킨다. 여기서 산화반응을 이화작용(catabolism), 새로운 세포질의 생산 또는 합성을 동화작용(anabolism)이라 부른다. 한편 이화작용과 동화작용은 개념적으로 다르지만 많은 방식으로 관련되어 있고, 이들이 조합된 공정을 대사작용(metabolism)이라 한다.

폐수중의 유기 및 기타물질은 부유 및 콜로이드입자, 그리고 용존분자들의 형태로 존재한다. 입자들과 거대분자들은 세균에 의해 직접 섭취되지 않고 세포벽을 통과될 수 있도록 우선 작은 하위물질로 가수분해된 후 사용된다. 예를 들어 전분(글루코오스분자의 분기중합체)은 glucose로 쪼개지고 세포외 효소에 의해 maltose분자로 되는데 이 하위물질들이 대사작용이 진행되는 동안 세포 내로 이송된다. 박테리아에 의한 오염물질 제거공정은 다음과 같이 여러 단계로 나타낼 수 있다.

오염물질이 세포표면으로 액상이동 → 세포막 위 또는 내에서 오염물질 수착 →
오염물질이 하위물질로 가수분해 → 하위물질이 세포벽으로 이동 →
가수분해된 하위물질이 세포벽을 통과하여 세포 내로 이동 → 대사작용 (5.4.1)

이들 단계 중 어느 한 단계가 공정의 종류, 제한 영양물질, 수리체계 및 환경조건에 의해 반응속도를 제어한다.

세포는 항상 대사산물, 즉 생물학적 하·폐수처리의 산물임을 기억해야 한다. 매일 생산되는 잉여세포를 처분하는 방법이 지원되지 않으면 미생물 배양체의 질량은 시스템이 실패할 때까지 증가하게 된다. 가장 보편적인 실패의 양태는 중력 침강조에서 높은 미생물농도를 조절하지 못하는 경우와 높은 미생물농도에 의해 요구되는 높은 산소 이전율을 보장하지 못하는 경우이다. 두 경우에 의해 모두 방류수의 유기물 농도가 증가하게 된다. 제 기능을 하지 못하는 미생물 질량은 또 다른 처리문제를 일으키게 된다는 것 또한 기억해야 된다.

5.4.2 활성슬러지공정(Activated Sludge Processes)

(1) 개요

활성슬러지공정에서는 유입폐수를 처리하기 위해 부유 호기성 미생물군이 이용된다. 이 미생물군은 반응기간의 종점에서 처리수로부터 분리된다. 그림 5.4.1에 나타낸 바와 같이 대개의 미생물군은 반송되어 유입폐수와 혼합된다. 활성슬러지공정의 조건하에서 미생물군은 성장하여 덩어리 또는 플록(flocs)을 이루게 되는데, 플록이란 미생물들의 세포막에서 분비된 고분자 물질에 의해 서로 엉기어 있는 많은 숫자의 박테리아 덩어리를 일컫는다.

최대플록의 크기는 반응기에서 작용하는 전단강도에 의해 결정되며, 최소 크기는 처리수에서 미생물군을 분리할 때 이용하는 중력침전공정에 의해 결정된다. 박테리아 외의 미생물들(균류, 원생동물 등)도 수중에, 혹은 플록에 함께 존재하는데 많은 숫자는 아니다.

Nematode와 rotifer 같은 자유유영미생물 역시 활성슬러지에서 찾아볼 수 있다. Protozoa와 rotifer는 박테리아를 포식함으로써 처리수의 탁도를 낮추는 역할을 한다.

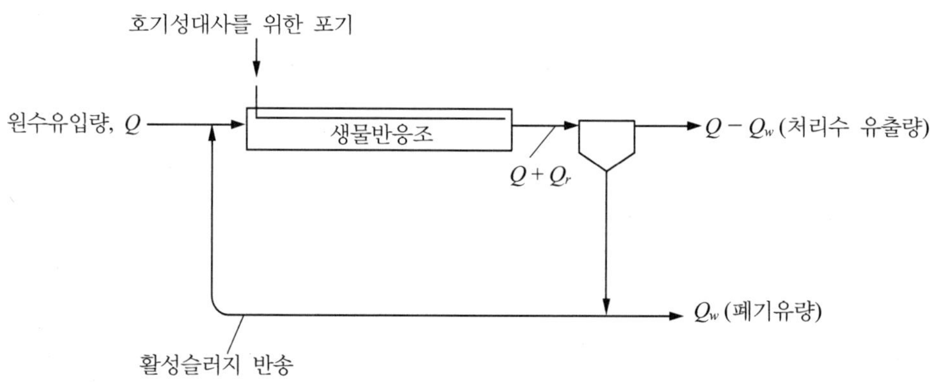

그림 5.4.1 활성슬러지공정의 개요도

실제적인 박테리아의 숫자를 측정하는 것은 매우 어렵기 때문에 세포 농도의 산정에는 포기조내의 부유고형물이나 휘발성부유고형물농도를 이용한다. 폐수와 부유 미생물군의 혼합체를 혼합액(mixed liquor)이라 하는데 부유고형물농도를 MLSS(mixed-liquor suspended solids), 휘발성부유고형물농도를 MLVSS(mixed-liquor volatile suspended solids)라고 한다.

(2) 공정의 구성

활성슬러지 공정에서 기본적으로 이용되는 공정 구성에는 플러그흐름(PF : plug-flow), 연속혼합류(CFSTR : continuous-flow, stirred-tank), 그리고 회분식(batch)의 세 가지가 있다. 반응기 내에서의 혼합은 보통 포기시스템에 의해 이루어진다. 원래의 활성슬러지 구성은 하나의 반응기로 된 회분식이었는데 운전 사이클 중 배수공정에서의 수리학적 문제로 미생물군과 액의 분리를 꾀하는 분리조를 적용하는 연속흐름시스템을 개발하게 되었다. 1950년대까지 실제로 모든 활성슬러지공정은 분리 침전조를 갖춘 플러그흐름방식이었으며 최근에는 연속혼합류 방식이 매우 보편적인 것이 되고 있다. 또한 회분식공정은 발전된 배수공법을 갖추고 특히 연속회분식으로 재등장하고 있다.

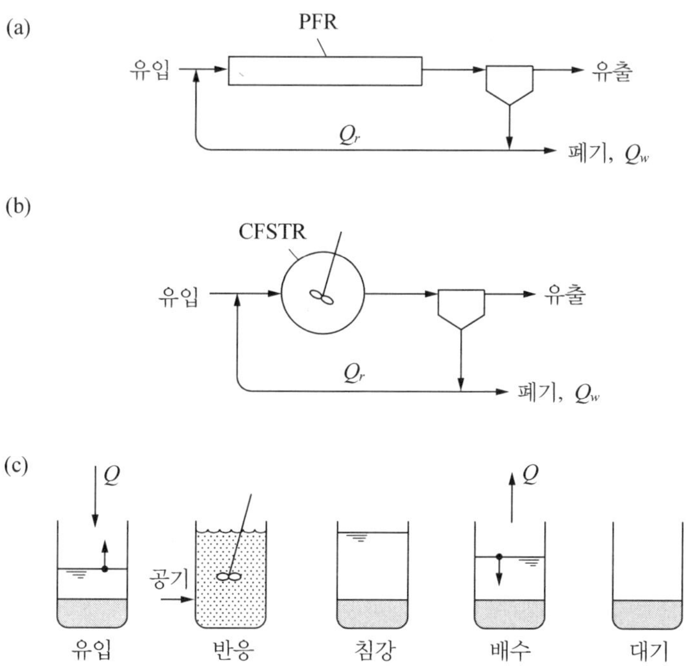

그림 5.4.2 활성슬러지 공정의 구성 : (a) 플러그흐름, (b) 연속 완전혼합류, (c) 회분식

(3) 포기 방법

활성슬러지 반응기나 포기조 내 액중으로의 산소이전은 여러 가지 방법에 의해 수행된다. 가장 보편적인 것은 포기조 저부에 설치한 산기장치를 통해 압축공기를 유입시키는 방법이다. 기계식 표면 또는 수중 터어빈 역시 광범위하게 이용되는데 수중 터어빈은 종종 압축공기 공급시스템과 연계하여 사용함으로써 압축공기 기포와 폐액의 접촉을 더욱 긴밀하게 한다. 표면 터어빈은 펌프로서 작용, 폐액을 상부로 끌어 올린 후 공기와 접촉할 수 있는 작은 방울들로 분사하게 한다.

(4) 공정이론

활성슬러지 공정에서 일어나는 전체 반응은 BOD 공정의 반응과 같다.

$$\text{유기물질} + O_2 + \text{영양물질} \xrightarrow{\text{박테리아}} \text{새로운 세포} + CO_2 + H_2O \tag{5.4.2}$$

유기물질, 산소의 소비율과 새로운 세포의 생성률은 공정 설계에 밀접하게 관련이 되어 있다. 대부분의 경우 포기시스템에 의한 혼합으로 액상의 물질이동에 대한 한계성이 제거된 것으로 가정한다. 물질대사를 통해 이루어지는 흡수의 모든 단계(식 5.4.1 참조)에 이용되는 반응속도는 보통 총괄적으로 표현된다.

1) 유기물질의 제거속도

유기물질의 제거속도 r_o는 포화형태의 함수로 나타난다.

$$r_o = -\frac{k\,C\,X}{K + C} \tag{5.4.3}$$

여기서, r_o : 유기물질제거속도, g/m³·d
k : 최대 비증식속도, d^{-1}
C : 유기물 농도(통상 BOD_u), g/m³
X : 혼합 휘발성부유고형물농도, g/m³
K : 반포화상수, g/m³

반포화상수 K값은 대상으로 고려되는 유기물질 종에 따라 달라지는데 glutamic acid와 glucose와 같은 순수한 성분의 K값은 보통 1~10 g/m³이며, 유기물질의 농도가 BOD_u나 COD로 나타낼 때 K값은 대개 20~30 g/m^{3}의 값을 적용한다. 도시1차하수의 BOD$_u$ 값은 350 g/m^{3}을 초과하는 경우는 매우 드물다. 결국 유기물제거속도(r_o)를 완전하게 가정하기는 어렵다.

2) 세포 증식속도

새로운 세포의 증식속도는 휘발성 부유고형물의 증식속도 r_g로 산정된다. 화학양론적으로 고려해볼 때 증식속도는 제거율과 유사하나 하나의 항목, 즉 기초 신진대사를 계산하는 내생호흡율 $-k_dX$이 포함되어야 한다.

$$r_g = Y\frac{kCX}{K+C} - k_dX \tag{5.4.4}$$

여기서, r_g : 세포증식속도, g/m^3· d

Y : 세포생산계수, g-생산세포/g-제거유기물

k_d : 내생호흡속도계수, d^{-1}

내생호흡률은 배양액의 유지에 필요한 최소 유기물 농도를 효과적으로 정하게 한다. 유기물 농도가 최소값 이하로 감소하게 되면 증식속도는 음의 값이 되고 배양은 악화되기 시작한다. 매우 낮은 증식속도에서 운전되는 폐수처리시스템으로부터의 유출수는 침전에 의해 제거되기 어려운 가늘거나 작은 플록을 포함하게 된다.

3) 산소이용속도

산소이용속도는 화학양론적으로 유기물 제거속도 및 세포 증식속도와 관련되어 있다. 유기물 농도가 BOD$_u$로 주어진다면 식 (5.4.2)에서 보인 전환을 수행하기 위해 필요한 산소는 초기 BOD$_u$ 값과 생산된 세포의 산소당량과의 차이가 된다. 휘발성 부유고형물 농도와 산소당량 사이의 전환계수는 약 1.42 g-산소/g-휘발성 고형물이 된다. 이 1.42라는 값은 세포조직($C_5H_7NO_2$)이 이산화탄소와 암모니아, 그리고 물로 산화되기 위해 요구되는 산소량으로부터 얻어진다. 따라서 산소이용속도는 다음과 같이 표현된다.

$$r_{O_2} = r_o^* + 1.42\,r_g \tag{5.4.5}$$

여기서, r_{O_2} : 산소이용속도, g/m^3· h

r_o^* : 유기물(BOD$_u$) 제거속도, g/m^3· h

식 (5.4.5)에서의 산소이용속도가 유기물 제거속도와 증식속도의 합이라 하더라도 r_o^*이 음의 값을 갖는다는 것을 잊지 말아야 한다. 그리고 r_o^*의 값은 r_g의 값보다 항상 크기 때문에 산소이용속도는 항상 음의 값이 된다.

4) 공정계수의 대표값

활성슬러지 공정의 대표적인 계수와 변수값들이 표 5.4.1에 정리되어 있다. 대부분의 활성슬러지 공정은 MLSS값으로 1,500~3,000 g/m^{3}의 범위에서 운전되고 있다. MLVSS값은 보통 MLSS농도의 80~90%에 해당하는데 MLSS농도는 운전조건과 폐수의 특성에 따라 달라진다.

표 5.4.1 하·폐수온도 13~18℃인 활성슬러지 공정별 설계인자 및 대표적인 계수값

설계인자	반응기의 종류		
	CFST	PF	Batch
θ_H, hr	3~8	3~8	2, 4, 1*
θ_c, d	4~10	4~10	$> 10^{\dagger}$
k, g BOD$_u$/g cells·d	2~4	2~4	2~4
K, g BODu/m^3	10~40	10~40	10~40
k_d, d^{-1}	0.04~0.06	0.04~0.06	0.04~0.06
MLSS, g/m^3	1,500~3,500	1,500~3,500	1,500~3,500
MLVSS, g/m^3	1,100~2,500	1,100~2,500	1,100~2,500
X_r, g/m^3	5,000~10,000	5,000~10,000	N/A
X_e, g/m^3	10~35	5~35	5~35
Y, g cells/g BOD$_u$ removed	0.3~0.65	0.3~0.65	0.3~0.65

(5) 슬러지일령

활성슬러지 공정에서 MLSS의 반송에 의해 폐수와 미생물 집단의 평균체류시간을 구분할 수 있다(그림 5.4.1 참조). SRT(solids retention time)나 MCRT(mean cell residence time)이라고도 하는 슬러지일령 θ_c는 시스템 내에의 미생물 군집의 평균 체류시간으로 정의하며, 기본적으로 폐기율 Q_w에 의해 조절된다. 폐기율은 통상 슬러지일령이 3~10 d가 되도록 맞추어진다. 슬러지일령은 전체 시스템 중의 질량수지로부터 산출되는데(그림 5.4.3) 질량수지의 계산에 있어서 실제 현장의 자료를 적용할 수 없을 때는 침전조에서의 평균 부유고형물 농도를 포기조 내의 MLSS와 같은 값으로 가정하여 계산한다.

$$\theta_c = \frac{(V_A + V_s)\overline{X}}{Q_w X_r + (Q - Q_w) X_e} \tag{5.4.6}$$

여기서, θ_c : 슬러지일령, d

V_A : 포기조 용적, m^3

V_s : 침전조 용적, m^3

$\overline{X}$: 폭기조내 평균 부유고형물 농도, g/m^3

Q_w : 폐기유량, m^3/d

X_r : 반송슬러지농도, g/m^3

Q : 폐수유량, m^3/d

X_e : 유출부유고형물농도, g/m^3

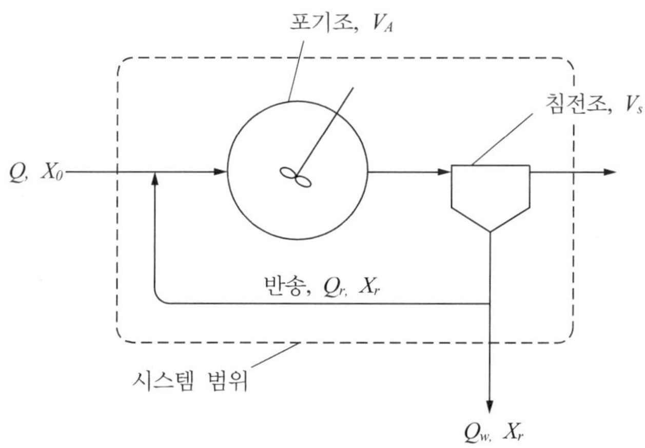

그림 5.4.3 활성슬러지 공정에서의 슬러지일령 산정도

예제

다음의 운전인자를 적용하는 활성슬러지 공정의 슬러지일령을 계산하라.

$Q = 2\,m^3/s$, $Q_w = 0.015\,m^3/s$, $Q_r = 0.50\,m^3/s$, $V_A = 43{,}000\,m^3$, $V_s = 7{,}000\,m^3$

$X_e = 20\,g/m^3$, $X = 2{,}000\,g/m^3$

풀이

1. 침전조를 기준으로 한 고형물 질량수지를 이용하여 반송/폐기 슬러지 농도 X_r을 구한다.
   a. 정상상태를 가정하고 세포 생산을 무시하면 개략의 질량수지는 다음과 같이 된다.

$$\underset{\text{축적}}{0} = \underbrace{(Q+Q_r)X}_{\text{유입}} - \underbrace{(Q_r+Q_w)X_r - (Q-Q_w)X_e}_{\text{유출}} + \underset{\text{생산}}{0}$$

   b. 세포 생산량 X_r을 구하는 식으로 변경한다.

$$X_r = \frac{(Q+Q_r)X - (Q-Q_w)X_e}{Q_r+Q_w}$$

   c. 주어진 값을 X_r의 산정식에 대입한다.

$$X_r = \frac{(2.5\,m^3/g)(2{,}000\,g/m^3) - (1.985\,m^3/s)(20\,g/m^3)}{0.515\,m^3/s} = 9{,}632\,g/m^3$$

2. 식 (5.4.6)을 이용하여 슬러지 일령을 계산한다. 2차 침전조에서의 고형물 농도를 포기조 내의 부유 고형물 농도인 2,000 g/m^{3}과 같은 것으로 가정한다.

$$\theta_c = \frac{(43{,}000\,m^3 + 7{,}000\,m^3)(2{,}000\,g/m^3)}{(0.015\,m^3/s)(9{,}632\,g/m^3) + (1.985\,m^3/s)(20\,g/m^3)} = 5.43\times10^5\,s = 6.28\,d$$

참고사항 :

보통 침전조 내의 고형물과 유출된 고형물은 편의상 계산에서 제외한다. 이 경우의 계산 결과는 약 10% 높은 값이 되는데 이는 만족할 만한 값이 된다.

$$\theta_c \simeq \frac{(43{,}000\,m^3)(2{,}000\,g/m^3)}{(0.015\,m^3/s)(9{,}632\,g/m^3)} = 5.95\times10^5\,s \simeq 6.89\,d$$

(6) 2차 침전

처리된 폐수로부터 미생물 군집의 분리는 활성슬러지 공정에서 필요한 단계이다. 앞의 절에 표기한 바와 같이 침강 미생물 슬러지의 반송이 수리학적 체류시간과 고형물 체류시간의 구분을 가능하게 한다. 유입 BOD의 30~50%가 세포로 전환된다고 했을 때 미생물 군집 역시 수용수체에 가해지는 주요한 오염원이 될 수 있다는 것은 중요한 사실이다. 방류수에 존재하는 미생물을 이루는 물질은 시간이 지남에 따라 부패하여 약 1.42 g · O_2 / g · cell의 BOD_u로 작용하게 된다.

활성슬러지의 전형인 응집침전은 입자간의 불안정하고 기계적인 상호작용으로 인해 독립입자침전보다 복잡하다. 2차 침전조의 설계는 독립입자침전의 경우와 같이 월류율에 기초한다. 대표적인 설계치는 평균 건조기후 흐름에 근거하여 15~32 $m^3/m^2 \cdot d$로 하고 있다. 유량에 편차가 심한 경우(예 : 작은 지역이나 하수도에서 침투율이 높은 지역)에는 신중하게 월류율을 선정해야 한다. 최대유량을 근거로 한 월류율이 60 $m^3/m^2 \cdot d$를 초과해서는 안된다. 고형물 부하율 역시 2차 침전조의 설계에 이용한다. 대표값은 반송을 고려한 평균유량을 기초할 때 70~140 $kg/m^2 \cdot d$이며, 최대 부하율은 200 $kg/m^2 \cdot d$이다.

활성슬러지는 침전조 내에서도 여전히 생물학적으로 활성을 갖고 있다. 만약 어느 기간 동안 침전조의 바닥에 침강 고형물이 남아 있다면 가스가 발생하여 플록의 내부에 포함되어 결과적으로 부상 슬러지로서 방류수로의 고형물 유출이 일어나게 된다. 질산화가 일어나는 활성슬러지 시스템에서 탈질산화가 또한 일어날 수 있으며 부가적인 슬러지 부상문제를 발생시킬 수 있다. 부상 슬러지 문제는 슬러지 스크레이핑 시스템에 장착된 흡입다기관을 이용하여 바닥으로부터 침강된 고형물을 제거함으로써 해결할 수 있다. 평균유량에 기초한 2차 침전조에서의 체류시간은 침전조의 깊이에 따라 2~5 hr이 되도록 한다.

5.4.3 활성슬러지공정의 변법

기본적인 세 가지 활성슬러지 공정의 계통도의 변법이 많이 존재한다. 가장 중요한 것으로는 접촉안정, 점층포기, 산화구, 순산소 및 최소포기 시스템 등이 있다.

(1) 접촉안정 프로세스

접촉안정 활성슬러지 시스템은 Texas주의 Austin에 있는 폐수처리 플랜트에서 Ulrich와 Smith에 의해 개발되었다(그림 5.4.4a). 접촉안정 프로세스에서는 유기물 흡착단계가 대사단계와 물리적으로 구분된다. 작은 접촉포기조(θ_H =0.5 hr) 뒤에 침전조가 위치한다. 침강슬러지를 재포기조에서 수 시간 동안 포기시킨다. 침강슬러지는 접촉조에 존재하는 슬러지에 비해 3~6배 농축되므로 전체 공정은 표준공정보다 작아지게 된다. Niku와 Schroeder는 접촉안정 시스템이 표준 활성슬러지 공정에 비해 덜 안정한 것으로 밝힌 바 있다.

(2) 점층포기 프로세스

원폐수는 명목상 층류의 포기조에 그 길이를 따라 몇 부분으로 배치된 지점으로 유입된다(그림 5.4.4b). 부하량이 시스템 전체에 보다 고르게 분배됨으로써 공정은 CFST 활성슬러지 공정에 더욱 가깝게 운영된다.

(3) 산화구 프로세스

네덜란드의 Pasveer에 의해 개발된 이 시스템은 표준 PF 활성슬러지 공정의 한 변법으로서 연속 루프식 PF 반응기가 이용된다(그림 5.4.4c). 반응기의 내용물은 브러쉬 포기기에 의해 연속적으로 폭기, 혼합, 순환된다. 원래 산화구는 작은 지역에서 적은 비용으로 처리할 수 있도록 개발되었다. 산화구는 보다 확장된 포기모드(예 ; 긴 수리학적 체류시간과 높은 고형물 체류시간 및 낮은 유기물 부하율)로 운전된다. 산화구 프로세스는 그 수행능과 단순성, 그리고 적은 비용으로 인해 전 세계적으로 널리 적용됨을 볼 수 있다.

(4) 순산소 프로세스

순산소 활성슬러지 공정은 1947년에 Okun에 의해 처음으로 연구되었다. 20년이 지난 후 Union Carbide사에서 실용차원의 순산소 공정을 개발하였다(그림 5.4.4d). 1970년 이래 많은 수의 순산소 공정이 400,000 m^3/d 이상을 처리하는 플랜트를 포함하여 운전에 적용되어 왔다. 큰 규모의 플랜트(40,000 m^3/d 이상)에서는 한제(寒劑)를 이용하여 산소를 발생시킨다. 작은 플랜트에서는 불균등한 규모와 큰 유입량 편차를 극복하고자 산소의 발생을 위해 선택수착공정(가압변동흡착(PSA ; pressure swing adsorption))을 이용한다.

순산소 시스템의 이점은 높은 산소이전속도와 농도경사, 그리고 작은 반응조이다. 이러한 장점은 고농도의 산업폐수를 처리하는 데 적합하다. 전체의 경비와 에너지에 관한 이점은 공기나 순산소 시스템 모두에 성립하지 않는다. 공기 시스템들은 pH조절 역할을 하는 과잉의 CO_2를 탈기시키는 장점을 갖고 있다.

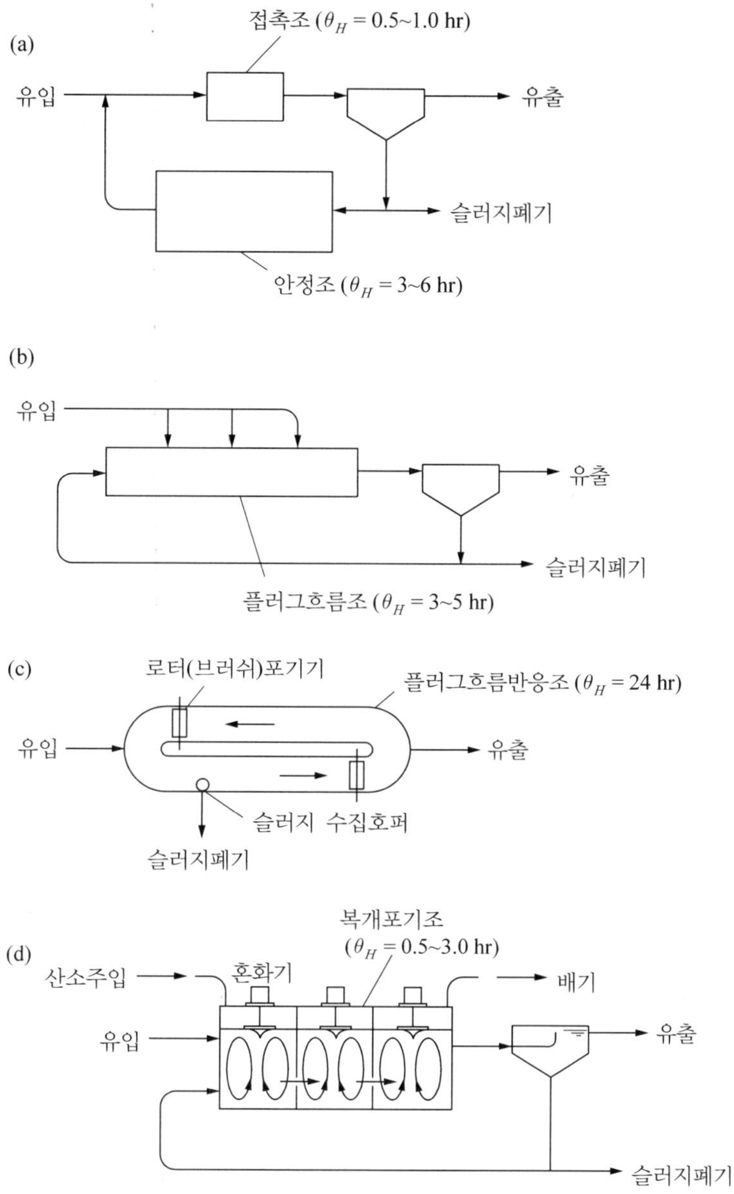

그림 5.4.4 활성슬러지 공정의 변법 : (a) 접촉안정, (b) 점층포기, (c) 산화구, (d) 순산소법

(5) 최소포기 프로세스

이 변법은 활성슬러지 공정에 필요한 공기를 최소화하는 독특한 방법으로서 둘 이상의 포기조를 사용하는 데 적용할 수 있다. 각 포기조로 유입되는 유량은 설계치에 근사하게 유지한다. 유량 변동으로 인해 모든 포기조에 24시간 같은 유량을 유지한다는 것은 불가능하여 어떤 포기조는 1일 수 시간 정도 오프라인 상태로 둔다. 오프라인 탱크에 대하여는 포기하지 않고, 결과적으로 상당한 포기에너지를 절약할 수 있다. 이 프로세스의 장점을 살리기 위해 포기 시스템이 부분적으로 구분되어 공급되도록 설계하여야 한다.

5.4.4 살수여상(Trickling Filter)

살수여상은 공학적으로 설계된 생물학적 처리법 중 가장 오래된 형태이다. 생물여과로도 불리는 이 시스템은 자연적으로 수행된 도시하수 및 기타 폐수의 여과작용을 통해 개발되었다. 여상에서의 미생물 성장은 빠르게 여상을 막히게 하므로 50~100 mm 정도의 큰 매체를 사용함으로써 막힘을 최소화하였다. 이 경험적 설계조작에 맞춘 수리학적 및 유기물 부하조건 하에서는 우수한 성능을 나타내나 이렇게 큰 재료를 사용하면 이른바 저율(표준) 살수여상이 되어 큰 유량에 적용하기에는 비경제적이 된다(임계치는 약 4,000 m^3/d). 기본 공정으로부터 개선된 두 가지의 주요 변법이 있는데 고율살수여상과 플라스틱매체 살수여상이다.

고율의 쇄석이나 플라스틱여재 살수여상의 효율은 방류수 BOD와 SS농도 면에서 일반적으로 저율 시스템보다 낮다. 대개 저율 시스템의 경우 두 항목 모두 약 20 g/m^3의 농도를 방류수에서 나타내는 한편 고율 시스템의 경우 30 g/m^3 이상의 농도를 나타내고 있다.

(1) 구조

대부분의 살수여상은 폐수를 상부에 골고루 살포하는 회전분배장치를 사용하도록 설계한다. 쇄석 살수여상은 깊이가 보통 1~3 m, 직경은 부하변수에 따라 선정하나 50 m를 넘지 않도록 한다. 플라스틱 여재인 경우에는 깊이가 보통 3~12 m이다. 회전식인 경우 분배장치는 폐수가 표면에 골고루 살포될 수 있도록 기하학적 공간을 확보하여야 한다. 고정 노즐식과 왕복형 구형(矩形)분배장치도 있으나 대부분 회전식으로 설계한다. 재래식 쇄석 살수여상에서는 필요 압축강도, 내구성 및 내식성 등을 고려하여 틈이 있는 경질점토 타일의 배수장치를 이용한다. 플라스틱 매체 여상에서는 필요강도가 훨씬 작으므로 다른 재질이 사용될 수 있다. 높은 수리학적 부하율을 적용하는 데는 배수장치를 통한 기류(airflows)가 충분히 확보되도록 주의하여야 한다.

(2) 침전

살수여상의 유출수에 존재하는 대부분의 부유고형물은 탈리된 미생물 덩어리이다. 발생되는 고형물 양은 매우 긴 SRT에서 운전되는 활성슬러지 공정에서 발생되는 양과 대략적으로 같다. 탈리현상은 전단력과 슬라임-매체 계면부 부근의 무산소 조건 등 많은 인자에 의해 발생된다. 저율 시스템에서 슬라임 두께는 보통 수 밀리미터까지의 깊이로 형성되고 고형물은 주기적으로 탈리되는 반면에 고율에서는 탈리가 거의 연속으로 일어난다. 그러나 두 경우 모두 침전조를 반드시 설치하여야 한다.

탈리된 생물 고형물은 활성슬러지의 플록보다 밀도가 커서 정지조건 하에서 잘 침강한다. 고율 시스템에서 발생하는 고형물은 크기가 작은 경향이 있어 저율 시스템이나 활성슬러지 공정의 경우만큼 침전에 의한 제거가 만족스럽지 못하다.

(3) 반송

고율 시스템에서의 유출수 반송은 플라스틱 여상 매체의 경우를 포함, 침전조의 전단이나 후반부로부터 시행한다. 침전조 전단의 반송은 탈리 미생물들이 유입 폐수와 혼합되는 이점을 제공하며, 반응속도를 높이게 되나 여상의 막힘 가능성을 증가시키는 역할도 하게 된다. 침전조 후단의 반송은 침전조 부하를 증가시키며 반응제의 첨가 없이 폐수를 희석하는 효과가 있으나 예비침전조 순환형에서의 막힘 가능성은 갖지 않게 된다. 두 형태 모두 유량의 균등화를 제공한다.

(4) 수리학적 부하율

수리학적 부하율은 경험적으로 유도된 설계인자 및 운전변수로서 저수율, 표면전단율 및 수리학적 지체시간 등과 관계된다. 통상 수리학적 부하율은 1일 단위횡단면적당 반송량을 포함하는 폐수 용적단위로 나타낸다. 대부분의 쇄석여상은 1~2 m의 깊이를 가지므로 일부 국가에서 사용되는 용적부하율은 단위면적-단위시간당 유량으로 쉽게 환산된다. 보편적으로 이용되는 수리학적 부하율은 저율여상인 경우 0.5~3.0 $m^3/m^2 \cdot d$, 고율여상인 경우 8~30 $m^3/m^2 \cdot d$이며, 고율의 플라스틱매체 여상의 경우 50 $m^3/m^2 \cdot d$까지 적용한다. 살수여상에 보편적으로 사용하는 설계식은 다음의 식 (5.4.7) 및 식 (5.4.8)이다.

Velz식

$$\frac{C_e}{C_i^*} = e^{-kz} \tag{5.4.7}$$

여기서 C_e: 유출 BOD농도, g/m^3

C_i^* : 유입 BOD농도(반송포함), g/m^3

k : 제거율 상수, m^{-1}

z : 깊이, m

Eckenfelder식

$$\frac{C_e}{C_i^*} = \exp\left\{ -k\left[\frac{A_s}{(1+\alpha)Q}\right]^n z\, a_v^m \right\} \tag{5.4.8}$$

여기서 C_e : 유출 BOD농도, g/m^3

C_i^* : 유입 BOD농도(순환포함), g/m^3

k : 제거율 상수, 변동단위

A_s : 여상의 횡단면적, m^2

α : 반송율

Q : 유입유량, m^3/d

z : 깊이, m

a_v : 여상매체의 비표면적, m^2/m^3

m, n : 경험상수

(5) 표준 설계변수

이미 많은 변수들, 즉 깊이, 면적, 공극률, 비표면적, 부하율, 순환율 등에 관하여 설명하였다. 이들에 관한 표준 설계변수와 대표적인 수행특성을 표 5.4.2에 정리하였다. 범위로 나타낸 이유는 폐수의 특성과 유량변동에 따르기 때문이다. 예를 들어 고농도의 폐수를 처리하기 위해 설계한 시스템은 높은 유기물 부하량과 낮은 수리학적 부하를 갖게 할 수 있다. 연평균 유량이 사용된 이유는 부하율과 시스템 규격을 산정하기 위함이다.

(6) 산소이전

살수여상으로의 공기 공급은 통상 내부공기와 외기의 온도차에 의해 발생하는 자연적인 흐름에 의해 이루어진다. 깊은 플라스틱 매체 여상에서는 종종 강제적인 흐름을 위해 압축공기를 필요로 하기도 한다. 자연적인 흐름에서의 최대 산소이전율은 약 28 g/m^2·d이며, 이는 약 400 g/m^{3}의 BOD$_u$ 농도에 대한 생물막에 요구되는 산소이용률에 대응하는 값이다.

표 5.4.2 평균 폐수온도 13~20℃인 살수여상의 대표적인 설계변수

항 목	저율쇄석	고율	
		쇄 석	플라스틱
깊이, m	1~3	1~2.5	3~12
비표면적, m^2/m^3	40~70	40~70	80~100
공극률	0.45~0.55	0.45~0.55	0.90~0.97
수리학적 부하율, $m^3/m^2 \cdot d$	0.5~3.0	8~30	10~50
유기물 부하율, kg $BOD_5/m^3 \cdot d$	0.1~0.4	0.4~1.8	0.5~3.0
반송율	0	1~4	1~4
탈리	간헐	연속	연속
질산화	발생	유기물 부하율이 낮을 때 발생	경제적 운전범위에서 발생치 않음
유출 BOD_5, g/m^3	<25	≥ 30	≥ 30
유출 SS, g/m^3	<25	≥ 30	≥ 30

$$BOD_u \approx \frac{1}{0.67}\,\frac{(400\,g/m^3)(1)+(30\,g/m^3)(2)}{3} = 229\,g/m^3$$

여기서 $\frac{1}{0.67}$은 BOD_5를 BOD_u로 전환하는 계수이다.

많은 산업폐수는 400 g BOD_5/m^3보다 훨씬 고농도이므로 살수여상 내에 무산소 조건이 발생할 수 있으며 그 결과 상당히 불쾌한 악취문제를 일으킬 수 있다. 그러한 예로 6 m 깊이의 플라스틱 매체 살수여상이 운전되는 시기와 그 지역의 통조림 제조시작시기가 때를 같이 하여 발생한 경우를 들 수 있다. 고농도 폐수와 취약한 폐수분배 및 빈약한 공기공급 능력 등이 결부되면 공정의 성능은 매우 떨어져 심한 악취문제가 2 km 이상 떨어진 곳까지 미치게 된다. 악취문제를 제어하기 위해서는 분배장치의 개선, 시스템 천개(지붕)설치, 강제공기공급, 배출가스의 활성탄 흡착 등이 필요하다.

5.4.5 회전생물접촉공정(Rotating Biological Contactor Processes)

회전생물접촉조(rotating biological contactors ; RBCs)는 부착미생물배지의 지지매체로 다공판이나 주름판을 이용하는 공정으로 회전원판법으로도 부른다(그림 5.4.5). 여러 개의 원판이 축에 설치되어 하폐수가 담겨진 탱크 내에서 회전하는데 대개의 RBC공정은 몇 개의 단계로 운전하도록 설계하며 각각의 원판축이 단계별로 구성되어 있다. 원판의 침수율은 보통 직경의 40%이며, 각 주간 고속도로 통행 제한높이에 따라 3.6 m를 초과하지 않도록 되어 있다. 중심축의 길이는 통상 7~8

m, 원판의 총 표면적은 약 8,400 m^2로 95% 이상이 생물막 성장에 이용된다. 회전속도는 보통 1.5~2 rpm으로 원주속도로는 0.09~0.13 m/s이 된다.

RBC공정에서 각 단계의 유기물 농도는 일정하다고 가정하며 유기물 제거율은 비균일(heterogeneous)반응모델로 설정된다. 많은 설계치들이 제안되어 있으나 실제 공정상 적정성은 증명되지 않았다.

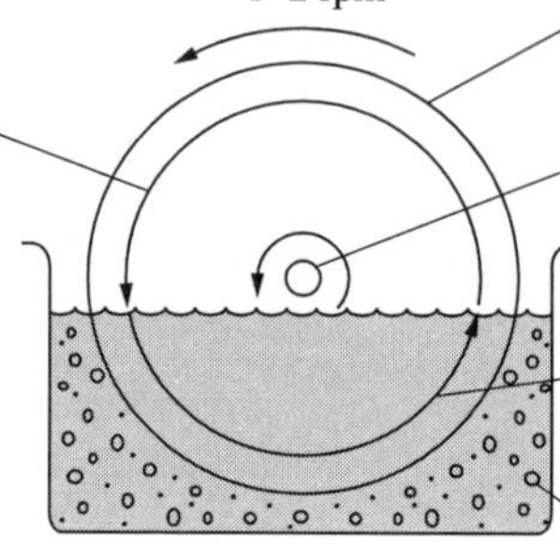

그림 5.4.5 RBC시스템의 처리 개요도

(1) 효율

RBC시스템을 통한 처리수의 수질은 경제적 부담이 중요하나 단계적으로 충분히 준비되어 있다면 활성슬러지 공정을 이용한 처리수의 수질 정도를 얻을 수 있다. 플라스틱(폴리에틸렌, 폴리프로필렌, 폴리우레탄 등) 원판과 중심축의 손상이 초기에 발생하는 주요 문제인데 플라스틱의 손상은 햇빛(자외선)에의 노출, 그리고 생물체 성장으로 인한 기계적 과부하에 의해 발생한다. 후자의 문제는 중심축의 손상이다. 이들 문제는 천개설비(강제통풍설비가 필요할 수 있다)와 엄격한 유기물 부하율 적용으로 해결할 수 있다.

(2) 설계부하량

RBC시스템은 유기물 부하(kg BOD/m^2· d)와 수리학적 부하율에 기초하여 설계한다. 설계치는 경험에 근거하므로 디스크의 형태에 따라 달라진다. 대표적인 유기물 부하율은 총 원판면적을 기준으로 0.03~0.15 kg BOD_u/m^2· d이다. 수리학적 부하율은 보통 0.2 m^3/m^2· d 이하이며, 수리학적 체류시간은 단계당 0.5시간이 대표값이다. 초기 단계에서 과부하에 의하여 명백한 문제가 생기면 산소이전의 제한과 생물체의 과도성장을 초래하게 된다. 이러한 문제는 단계별 접촉판의 숫자를 점차 줄임으로써 완화시킬 수 있다.

5.4.6 산화지공정(酸化池, Oxidation Pond Processes)

산화지는 그 안에서 자연 공정에 의해 폐수가 처리되는 흙으로 된 저류조라 할 수 있다. 이 산화지 공정에는 네 가지 주요 형태가 있는데 임의성산화지, 숙성산화지, 혐기성 전처리지, 고율산화지가 그것이다. 네가지 모두 소개되겠지만 이 절의 후단부는 임의성산화지에 할애하였다.

라군(Lagoon)으로도 불리는 임의성 산화지는 간단한 생물학적 처리공정으로서 조류와 종속영양세균 간의 공생관계로 이루어진다. 표준산화지들은 스크린 처리되거나 때로는 파쇄처리한 폐수나 1차 처리수로 채운다. 조대 고형물은 혐기성 슬러지층을 형성하여 침강 제거되며, 용해성 및 콜로이드성 유기물질은 표층부에서 풍부하게 증식하고 있는 조류에 의해 생산된 산소를 이용하는 호기성 및 임의성 세균에 의해 산화된다. 유기물의 산화로 생성된 이산화탄소는 조류의 탄소원으로 제공된다. 슬러지층에서 이루어지는 고형물의 혐기성 분해로 용존 유기물과 CO_2, H_2S, CH_4 등과 같은 가스가 생성되는데 이들은 호기성 세균에 의해 산화되거나 대기 중으로 방출된다. 임의성 산화지의 개요도를 그림 5.4.6에 나타내었다.

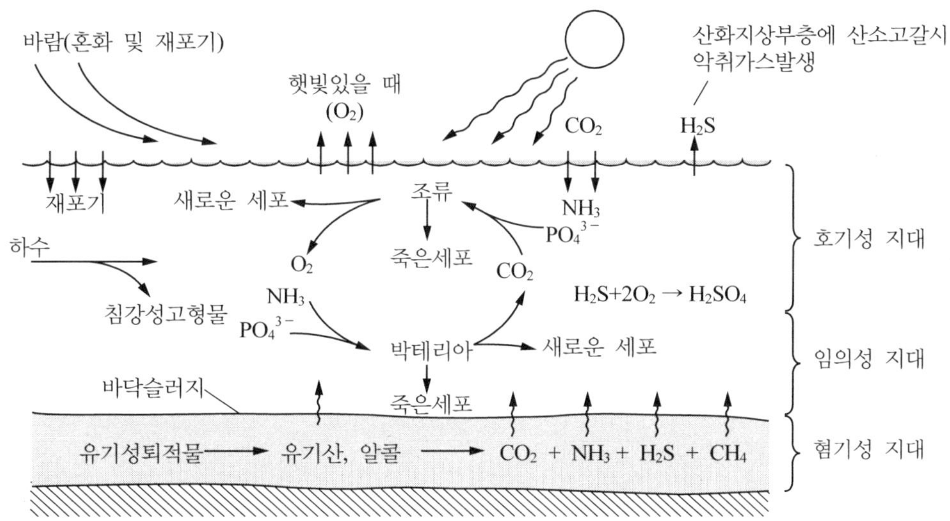

그림 5.4.6 임의성 산화지

혐기성 산화지는 높은 고형분율을 갖는 고농도 폐수를 처리하기 위해 이용된다. 유기물 부하율이 크므로 그 수심을 통해 혐기성으로 운영한다. 악취를 제거하기 위해 지내 혐기층 위에 뚜껑처럼 맑은 물을 이용하여 수표면층을 유지시키기도 한다. 표층부 호기조건을 유지하기 위해 특수하게 설계된 작은 포기장치를 이용하는 경우도 있다. 일부 정화된 방류수는 보통 임의성 산화지로 보내어 처리한다.

고율산화지는 고율의 단백질 생산을 위해 조류 증식이 최대가 되도록 설계하는데 수심이 얕으며 (0.15~0.5 m), 적정한 운전을 위한 효과적이고 연속적인 관리가 필요하다. 조류 단백질의 생산이 1차 목표가 아니라면 대개는 운영하지 않는다.

(1) 운전

이 공정의 운전은 제어할 수 없다. 조류에 의한 산소 생성량이 세균에 대한 산소요구량에 상당하지 못하면 문제가 발생한다. 이러한 "과부하" 또는 "불균형" 조건 하에서는 유기물 제거가 불충분하게 되고, 또한 악취문제를 야기한다. 그러므로 조류 증식과 광합성이 설계공정에 포함되어야 한다. 대개의 경우 동절기 조건이 설계공정에 영향을 주게 되는데 이는 햇빛과 광합성은 적어지는 반면 유기물 유입률은 비교적 일정하기 때문이다. 어떤 경우에는 하절기의 이른 아침시간에 단기적으로 혐기성 조건이 발생할 수 있다. 조류는 야간에 호흡하며 햇빛이 없으므로 산소를 생산할 수 없다. 하절기에 조류의 숫자가 매우 많아져 일조시간 동안 저장된 산소를 박테리아와 함께 호흡을 통해 고갈시킬 수 있다. 거꾸로 많은 조류에 의한 광합성으로 일조시간 동안에 산소의 과포화를 가져올 수도 있다.

산화지의 기본적인 장점은 건설과 관리의 용이성에 있다. 흙벽은 잡석으로 쌓아 파도의 충격을 막고, 지하수로의 유출을 방지하기 위해 점토를 바른다. 대부분의 산화지는 사각형이나 특별한 곳에서는 다른 형태로도 만든다. 체류시간은 6~30 d이며, 온도와 일조시간에 따라 유기물 부하량은 15~80 kg BOD_5/ha · d의 범위로 한다. 산화지의 깊이는 보통 1.5~2 m이다.

(2) 관리

산화지는 종종 소규모 지역에 적용되므로 결국 최소의 관리를 목표로 설계되어야 한다. 정상적인 유지관리가 수행되지 않으면 오히려 구조적인, 그리고 성능에 있어서의 하자가 발생할 수 있다. 기본적인 유지상의 문제는 그늘 지역과 둑 위에서의 식물 성장을 제어하는 일이다. 식물의 뿌리가 둑을 파괴하고 점차적으로 전체의 구조를 파괴할 수 있다. 수생식물은 모기유충의 보호지 및 찌꺼기의 축적 장소가 되므로 모든 시설에서 정기적인 식물 제거가 필요하다. 대부분의 산화지는 염소소독 외에 어떤 형태의 처리공정이든지 전단이나 후단에 두지 않는다. 폐수의 고형물은 바닥에 침강하여 간헐적으로 수행하는 고형물 제거시기까지 쌓이게 된다. 산화지에 단 하나의 유입부가 있게 되면 여러 유입부가 있는 경우보다 더 자주 국지적인 고형물 제거가 필요하게 될 수 있다. 다중 유출부 역시 요구되는데 이는 사공간(dead volume)과 단락류(short circuiting)를 최소화하기 위함이다.

(3) 성능

산화지로부터의 방류수질은 매우 편차가 크다. 폐수중 유기물 제거효율은 매우 높으나 많은 분율의 조류가 침강하지 않고 잔존하여 유출된다. 하절기의 유출 SS와 BOD 농도는 종종 100 g/m^{3}을 초과하기도 한다. 동절기 유출수는 보통 30~50 g/m^3 범위이다. 임의성산화지 및 숙성산화지에서의 병원성 미생물의 제거효과는 긴 체류시간으로 인해 매우 뛰어나며, 앞에서 언급한 바와 같이 이것이 개발도상국에서 이 시스템을 이용하는 기본적인 이유가 된다.

(4) 공정 설계

공정의 설계는 통상 유기물 부하율과 수리학적 체류시간에 의거한다. 표 5.4.3에 보인 바와 같이 보편적인 적용값은 각각 15~80 kg BOD_5 /ha · d 및 6~30 d이다. 산화지에서는 상당한 크기의 사공간이 생기게 되는데 특히 단일유입 시스템인 경우에 그러하다. 산화지 공정의 설계에 CFSTR이나 분산PFR모델을 적용하는 경우, 1차 반응 동력학식과 대표적인 BOD율 계수값(예 ; 0.2~0.4 d^{-1})이 일반적으로 사용된다.

표 5.4.3 대표적인 산화지의 설계변수와 운전특성

항 목	산화지 공정			
	임의성산화지	숙성산화지	혐기성산화지	호기성산화지
깊이, m	1~2.5	1~1.5	3~6	2~4
산화지 규격 (복수지의 경우), ha	1~4	1~4	0.1~1	1~4
체류시간, d	6~30	4~12	10~50	2~10
유기물부하율*, kg BOD_5/ha·d	1~-80	5~20	200~1,000	—*
BOD_5 전환율	80~95	40~80	50~85	80~95
유출 SS, g/m^3	30~100	10~40	80~200	60~200
적용대상	도시하수 및 산업폐수 처리	임의지 후단의 후처리 단계	고농도폐수, 임의지의 전처리	도시하수 및 산업폐수 처리

* 유기물 부하는 포기 시스템의 산소이전 성능에 따른다.

5.4.7 혐기성 처리(Anaerobic Biological Treatment)

혐기성 처리공정은 유기성 슬러지(약 95%의 함수율)와 같이 고형물 농도가 높은 폐수 및 높은 BOD농도의 산업폐수의 처리에 거의 항상 이용된다. 중요한 예외로서 탈질공정을 들 수 있는데 이는 통상 도시 하수처리에 연계되는 혐기성 공정이다. 그러나 질산염과 아질산염은 산소와 유사하게 최종 전자수용체로 작용하므로 탈질산화는 기능적으로는 호기성 공정으로 운영된다. 원래의 혐기성 처리공정에서는 고농도의 유기성 폐수의 처리를 위해 내부적으로 발생되는 유기성분과 CO_2가 일련의 복잡한 반응을 통해 최종 전자수용체로 이용된다. 많은 박테리아종들 중 유일한 절대 혐기성균 그룹인 메탄생성균은 메탄가스를 생산하는데 이는 경제적으로 회수가능한 양으로 약 36,500 kJ/m^3의 열량을 갖는다.

(1) 혐기성 발효

혐기성 발효공정의 반응과정이 그림 5.4.7에 제시되어 있다. 이 공정은 어느 단계에도 포함될 수 있으나, 혼합물이나 대부분의 폐수 중에 함유되어 있는 복합 유기물질은 제 1단계의 성분으로 제한되고 있다. 복합 유기물질은 가수분해되어 용해성분으로 되는 입자물질들을 포함하고 있다. 용해성 물질들은 초산 등의 저분자량 유기산으로 산화되는데 이는 메탄의 기본 전구물질이 된다. 그림에 나타나 있는 바와 같이 여기서 생성되는 수소가스는 이 시스템의 생태계에 매우 중요한 성분이 된다. 알콜과 휘발산들이 아세트산으로 전환하는 반응에서의 열역학적 균형은 수소의 분압에 매우 민감하다. 수소의 분압이 충분히 낮은 수준으로 유지된다면 아세트산 전환시의 자유에너지는 음의 값이 되고 따라서 반응이 진행된다. 따라서 CH_4를 생산하기 위해 H_2와 CO_2를 이용하는 박테리아와 아세트산을 이용하여 생산하는 박테리아 사이에 공생관계가 존재하게 된다. 기본적인 메탄발효반응은 다음과 같이 정리할 수 있다.

$$H_2 + \frac{1}{4}CO_2 \longrightarrow \frac{1}{4}CH_4 + \frac{1}{2}H_2O \qquad (5.4.9)$$

$$CH_3COOH \longrightarrow CH_4 + CO_2 \qquad (5.4.10)$$

메탄화는 혐기성 처리에 있어서 반응속도 제어단계이므로 메탄생성균의 특성을 숙지하는 것이 공정의 효율적인 설계와 운전에 매우 중요하다. 이들 박테리아(현재는 Archaebacteria그룹으로 분류됨)는 매우 느리게 성장할 뿐 아니라 매우 특이한 영양물질을 필요로 하기 때문에 이들에 관한 지식의 축적 또한 느리게 진행되어 왔다. 특히 중요한 미량원소에는 철, 코발트, 니켈, 황 등이 포함된다. 니켈은 메탄생성균에 유일하게 보조요인으로 필요한 성분이다. 황의 존재가 혐기성 시스템에서 미량 금속영양물질의 침전을 일으킨다는 점에서 그 필요성이 흥미로우나 과잉의 황농도는 메탄발효를 중단시킬 수도 있다.

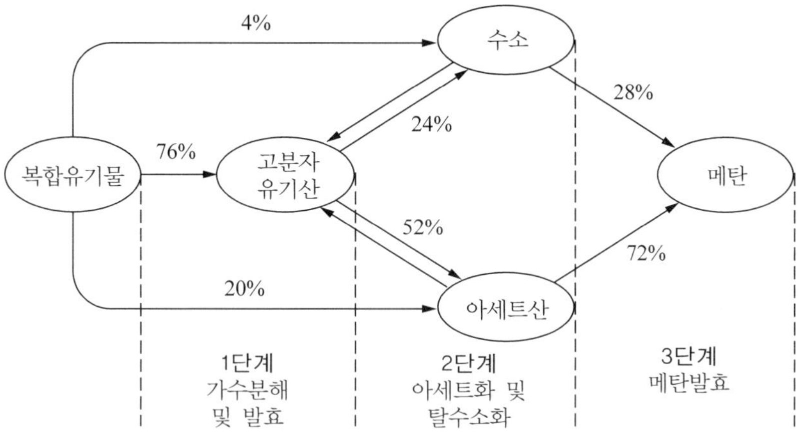

그림 5.4.7 COD %로 에너지 흐름을 나타낸 혐기성 발효공정의 단계

(2) 메탄생성량

메탄생성의 화학양론과 속도는 혐기성 처리가 적합한지를 판정하는 주요 인자이다. Buswell과 Mueller는 화학양론 관계식을 식 (5.4.11)과 같이 제시하였다.

$$C_nH_aO_b + \left(n - \frac{a}{4} - \frac{b}{2}\right)H_2O \longrightarrow \left(\frac{n}{2} - \frac{a}{8} + \frac{b}{4}\right)CO_2 + \left(\frac{n}{2} + \frac{a}{8} - \frac{b}{4}\right)CH_4 \qquad (5.4.11)$$

이 식에 의해, 탄수화물에 있어서 제거 COD kg당 0.35m^{3}의 CH_4가 생산되는데 이 식에서는 세포합성량은 고려하지 않았음을 주의하여야 한다. CFSTR에서는 세포생산량을 고려한 가스 생성량을 산정하기 위해서 다음 식이 이용되기도 한다.

$$M_{CH_4} = 0.35(nQC_i - 1.42\,r_g\,V) \qquad (5.4.12)$$

여기서, n : 생분해가능한 COD의 전환율(보통 약 0.85)

Q : 유량, m^3/s 또는 m^3/d

C_i : COD농도, kg/m^3

r_g : 증식속도, g/m³·s 또는 g/m³·d

V : 반응조 용량, m^3

M_{CH_4} : 1기압 하에서의 메탄생성률, m³/s 또는 m³/d

증식속도는 일반적으로 낮기 때문에 무시될 수 있다. 전형적인 메탄발효시스템에서 가스 생성량의 60~70%(용량비)가 메탄이며, 나머지는 거의 CO_2이다.

예제

200,000수의 닭을 기르고 있는 양계장이 있다. 1 마리당 배설물량은 평균 1.9×10^{-4} m³/d이며, 배설물의 COD는 150,000 g/m³이다. Pilot plant 연구를 수행하고 있는데 그 형식은 CFSTR소화조로 12일의 수리학적 체류시간을 갖는다. 연구 결과 증식속도는 600 g/m³·d였으며, 전환COD비율은 0.79, COD kg당 CH_4 생성량은 0.37 m³이 되었다. 이 조건을 이용하여 메탄생성률을 산정하라.

풀이

1. 폐수량을 계산한다.

$$Q=(1.9\times10^{-4}\ \mathrm{m^3/hen\cdot d})\ (200{,}000\ \mathrm{hens})\ =\ 38\ \mathrm{m^3/d}$$

2. 소화조 용적을 계산한다.

$$V= Q\cdot\theta_H\ =(38\,\mathrm{m^3/d})(12\,\mathrm{d})=456\,\mathrm{m^3}$$

3. 메탄생성률을 계산한다.

a. 식 (5.4.12)를 다음과 같이 변형한다.

$$M_{CH_4}=0.37(nQC_i-1.42r_gV)$$

b. 주어진 값을 대입하여 계산한다.

$$M_{CH_4}=0.37\,\mathrm{m^3/kg}\ [0.79(38\,\mathrm{m^3/d})(150\,\mathrm{kg/m^3})-1.42(0.6\,\mathrm{kg/m^3\cdot d})(456\,\mathrm{m^3})]$$

$$=1{,}522\,\mathrm{m^3/d}$$

참고사항 :

메탄은 20℃, 1 atm에서 약 3.65×10^4 kJ/m³의 열량을 갖고 있다. 그러므로 총 생성가능 에너지는 5.6×10^4 kJ/d 또는 648 kW가 된다. 전환율을 30%로 가정하면 사용가능 에너지 생성량은 194 kW가 되는 것이다.

(3) 공정의 구성

초기의 혐기성 공정은 비혼합, 비가온 탱크에서 수행되었다. 고형물들이 바닥에 가라앉았고, 용해성 유기물이 상징액에 포함되었다. 메탄발효가 느리게 진행되어 가스의 제조를 위해서는 거의 사용되지 않았다. 소화조의 혼합과 가온으로 발효율이 크게 증가하였다. 혼합조작으로 박테리아 배양체가 유기물질의 보다 큰 분율과 접촉하게 되었고, 30~35℃에서의 운전은 전체 전환율을 크게 증가시켰다. 완벽하게 혼합 및 가온되는 반응조가 이제 도시하수슬러지의 소화를 위한 표준공정의 구성이 되었다. 증식률이 낮기 때문에 수리학적 체류시간으로부터 고형물 체류시간을 분리하는 방법이 계속적인 관심분야가 되고 있다.

현재 이용되고 있는 여러 공정들을 그림 5.4.8에 소개하였다. 초기의 변법은 활성슬러지 공정에 용이하게 연결, 적용된 혐기성 접촉공정이었는데 운전상의 중요문제는 고액분리조에서의 가스제거였다. 상향류 충전상(혐기성 살수여상이라 부름)이 1960년대 초에 소개되었다.

슬러지층 시스템은 원래의 성층 혐기성 소화조에 대한 실질적인 가온 고율 변법인데 보다 큰 유량과 유기물 부하율을 적용함으로써 기존의 장치들에 비해 훨씬 효율이 높은 장치가 되었다.

(4) 운전변수

혐기성 소화시스템에 관한 기본적인 운전변수는 온도, pH, 가스생성률, CH_4/CO_2비, 알칼리도, 휘발산 농도 등이다. 가온 혼합되는 혐기성 소화조는 통상 10~15 d의 수리학적 체류시간으로 운전된다. 충전 및 유동상 시스템은 대표값으로 수 시간의 체류시간을 갖는다. 알칼리도와 휘발산 농도는 200~500 g/m^3의 범위를 갖는데 효율적인 운전은 이보다 높은 값에서 이루어진다. 메탄발효율은 온도가 30℃ 이하일 때, 그리고 pH가 6.5 이하 및 8.5 이상에서 급격히 감소한다.

(5) 성능

혐기성 소화공정의 성능은 전환율, 유출수질, 시스템 신뢰도 등으로 평가된다. 표준 공정은 대체로 다른 생물학적 공정만큼 신뢰할 수 있는데 악취발생으로 실패여부를 쉽게 알 수 있다. 충전상은 실험실 및 pilot 연구에서는 매우 신뢰도가 높으나 실규모 경험이 부족하다. 현재 많은 식품관련폐수에 대하여 혐기성 접촉공정이 이용되고 있는데 장기간에 걸친 신뢰도는 아직 보고되지 않고 있다.

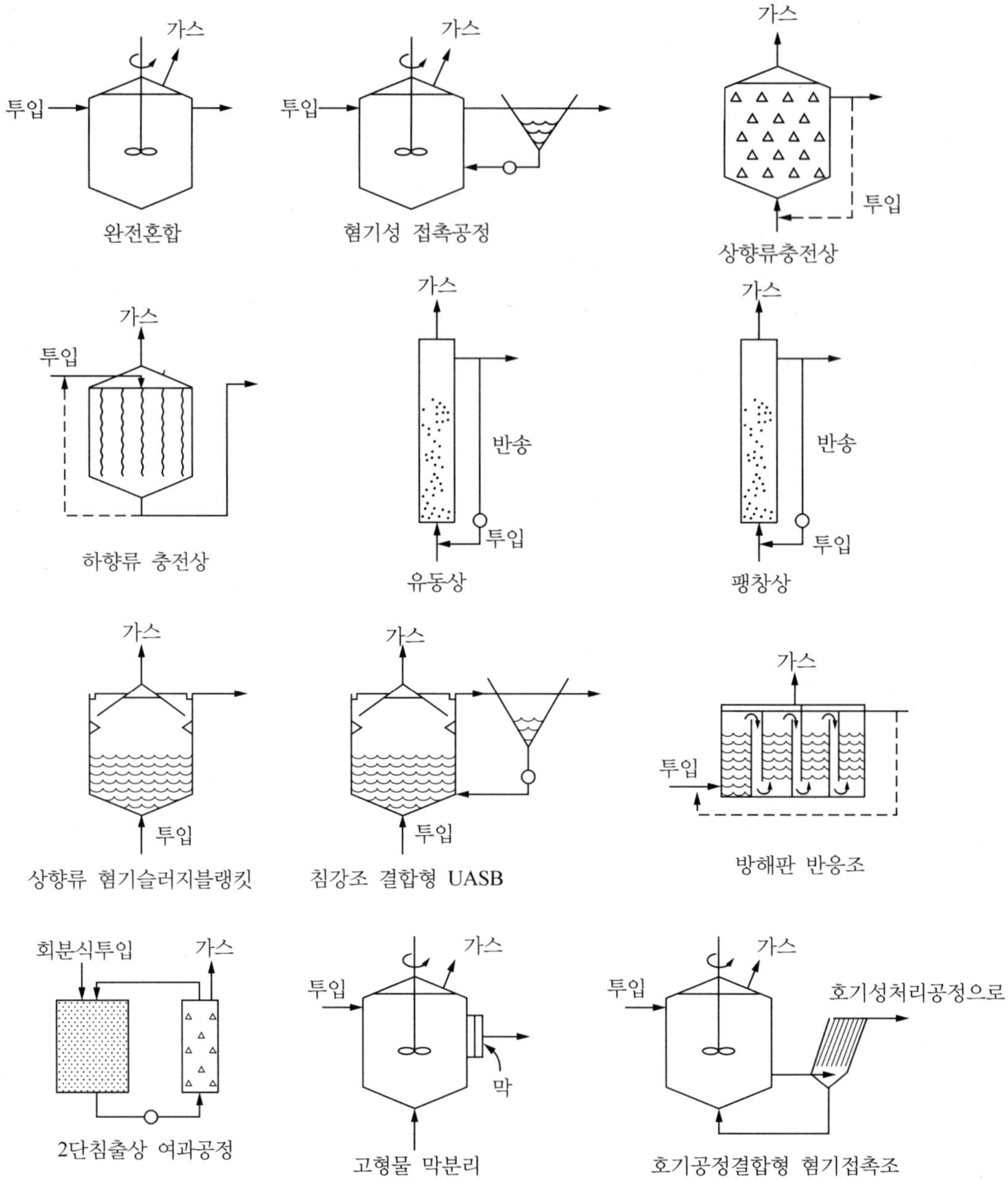

그림 5.4.8 혐기성 하폐수처리에 이용되는 대표적인 반응조

5.4.8 습지처리(濕地, Wetland Treatment Systems)

수생처리시스템에는 자연적 또는 인공적으로 조성된 습지에 하폐수를 적용하여 처리하는 습지처리시스템이 있다. 습지는 비교적 좁고(대개 0.6 m 이하) 유속이 느린 수체로서 이곳에서는 부들, 애기부들, 수생히야신스 등 물을 많이 머금는 식물들이 자라고 있다. 수중처리를 위한 설계습지에는 인공의 늪, 연못, 도랑 등이 이용되고 있다. 습지는 여러 가지 원인에 의해 폐수처리공정에 효과적이다. 습지에서 자라는 수중식물의 뿌리와 줄기에 부착하고 있는 박테리아는 폐수중의 용해성 및 부유성 BOD의 제거에 있어서 매우 중요하다. 또한 습지의 정적인 수체조건은 수중 고형물을 침전하게 한다. 수생식물의 뿌리와 줄기의 흡착과 여과능, 습지 퇴적물과 수생식물의 침수부분에서의 이온교환과 흡착능력 등은 기후변화에 따른 효율변동을 적게 함으로써 습지처리시스템의 효과를 증진시킨다.

(1) 성능

가정하수의 처리에 관한 여러 연구와 실험프로젝트의 수행 결과 처리수의 BOD_5, SS, 총질소의 농도가 각각 5, 5, 1 g/m^3 정도로 낮아지는 것으로 나타났다. 인, 중금속, 난분해성 유기물, 병원균 등 다른 오염물질의 제거는 현장 및 하폐수 특성에 따라 크게 달라진다. 확실한 것은 이 습지처리시스템이 2차(유출수 BOD_5 및 SS 농도 <30 g/m^3) 또는 고도 2차 하폐수 처리공정으로 사용될 수 있다는 것이다.

1) BOD 제거

실제의 성능에 있어서 습지 시스템은 따뜻한 계절 동안, 그리고 박테리아 질량이 수생식물의 뿌리나 줄기인 구조물에 최대로 증식할 때 110 kg/ha · d 이상의 높은 BOD_5 제거가 가능한 것으로 나타난다. 추운 계절 동안에는 습지시스템의 BOD 제거능이 감소하게 되는데 이는 박테리아와 박테리아의 유지체로서의 식물의 대사활성도가 느려지기 때문이다. 온도가 식물이 죽거나 또는 자기분해를 시작하게 되는 점까지 떨어지면, 시스템의 BOD 제거능은 더욱 감소하게 된다. 이 성능저하는 비단 박테리아의 대사활동의 저하에 의한 것 뿐 아니라 식물구조가 유실됨으로써 유입하수와 즉각적으로 접촉해야 할 박테리아의 질량이 감소하기 때문이기도 하다.

2) 부유고형물 제거

습지시스템에서의 SS 제거는 통상 BOD가 크게 감소되는 전형적인 하폐수처리 시스템의 설계에 있어서 부차적 측면이다. 그러므로 습지 시스템에서 발생하는 고형물 침전과 퇴적의 문제를 시스템의 설계시 고려하여야 하지만 일반적인 개념으로서는 SS의 제거나 그 자체의 농도를 설계변수로 고려하지 않는다.

3) 질소 제거

습지시스템에서 총질소의 제거는 최대 45 kg/ha · d로 나타난다. 습지 시스템에서의 기본적인 질소 제거 메카니즘은 세균에 의한 질산화 및 탈질산화(식물에 의한 섭취가 아닌)이며, 결과적으로 BOD 제거의 경우와 마찬가지로 기후조건의 함수가 된다. 그러나 질소 제거는 보다 더 민감하여 하·폐수 환경 중 약 10℃ 이하에서는 질산화균의 효율성이 떨어지게 된다.

(2) 선정 시 고려사항

습지시스템의 선정에는 민감하게 고려해야 할 사항으로 모기대책, 하·폐수의 전처리, 그리고 유입 하·폐수의 분배유입이 있다. 이 세 가지 중 모기대책이 가장 중요하며, 또 이 대책이 다른 두 가지에 대하여도 상당한 영향을 미친다.

1) 모기대책

하수늪지와 기타 습지시스템들은 수중의 부생 및 뿌리를 내린 식물들과 여기에 얕게 흐르는 오염된 물로 조합되어 있는데 이는 모기 번식에 이상적인 서식지가 된다. 대부분의 습지 하·폐수 처리 시스템 지역에서 모기의 번식을 제어하는 것은 필요조건이 된다. 이에 가장 좋은 방법은 모기유충의 천연 포식동물(예 ; 모기물고기, 잠자리와 왕파리(damselfly) 약충, 여러 수생벌레 등)이 성장하도록 설계하는 것이다. 모기유충의 천연 포식동물들은 거의 절대 호기성이므로 습지시스템이 혐기성 조건이 되지 않도록 설계하여야 하며, 특히 유입점 부근이 모기가 가장 발생하기 쉬우므로 유의하여야 한다. 혐기성 조건을 피하려면 유입수의 BOD 부하량을 낮게(예 ; 110 kg/ha · d 이하) 유지하고, 또한 습지 표면에 잘 분배되도록 하여야 한다.

2) 전처리

습지시스템의 설계에서 전처리의 필요기능은 토사류, 플라스틱, 그리이스와 같이 생물분해가 가능하지 않은 폐수물질을 제거하는 것이다. 토사류는 습지시스템의 유입 다기관과 습지 자체의 퇴적지대에 쌓이게 된다. 다기관과 습지에 특히 그리이스와 플라스틱과 섞인 토사가 퇴적하면 어떤 습지지역에서는 수심을 얕게 하여 유기물 과부하를 야기하게 되고, 어떤 지역에서는 수리학적으로 정체조건을 일으킬 수도 있다. 이 조건들은 또한 모기의 번식을 조장하기도 한다.

3) 분배유입

습지시스템에서 바람에 의한, 그리고 열에 의한 혼합은 수중식물의 존재로 인해 산화지와 같은 유사 시스템과 비교하여 매우 적다. 불행하게도 안정화지의 경우보다 훨씬 많은 습지시스템에서 "과부하" 지역이 발생하고 있다. 이러한 이유로 기존의 유입분배 시스템을 확장 개선하지 않고 습지시스템으로 전환하고 있는 많은 안정화지에서 모기와 악취문제가 발생하게 된다. 습지로의 유입폐수가 비교적 높은 BOD 및 SS 농도를 포함하고 있을 경우 모기의 번식과 악취문제를 막기 위해서는 습지의 넓은 표면에 걸쳐 확산유입될 수 있도록 기계적인 방법을 이용하여야 한다.

(3) 시스템 설계

그림 5.4.9에 습지를 이용한 하폐수 처리시스템이 소개되어 있다. 그림에서 보는 바와 같이 다른 전처리 방법이 사용되고 있다. 하폐수처리를 위한 습지는 형상비(길이 대 폭) 15 이상의 층류반응기로 설계하여야 한다. 바람직한 설계범위는 (1) BOD_5 부하율 110 kg/ha·d, (2) 깊이 약 0.3 m, (3) 온도계수 1.10 등이다. 지리적 위치에 따라 부들이나 수생히야신스를 사용할 수 있다. 이런 조건하에서는 양호한 기능을 발휘할 수 있도록 베어내기나 식물관리가 필요하게 된다. 또한 습지시스템은 얼음이 다소간 덮일 때에라도 얼음층의 아래에서 충분한 체류시간이 유지되도록 함으로써 효과적으로 기능할 수 있어야 한다.

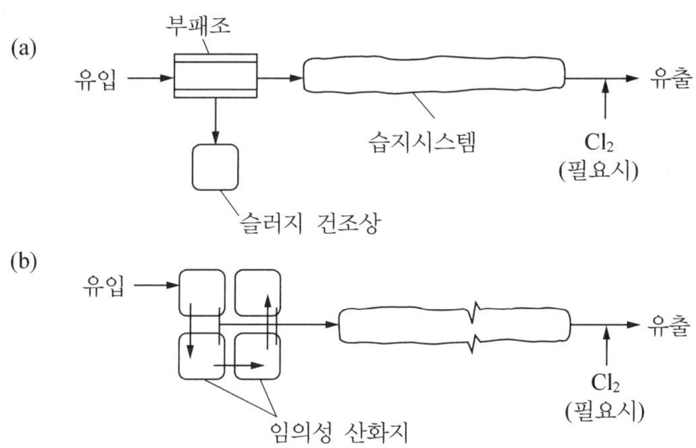

그림 5.4.9 소규모 습지처리시스템 : (a) 부패조 연결, (b) 임의성 산화지 연결

5.5 고도처리공정

통상적으로 하·폐수의 처리에서 스크린과 침사조, 부유물 제거를 위한 화학적 응결 및 응집과 침전 등의 물리·화학적 처리를 1차처리라 하며, 활성슬러지공정을 대표로 하는 미생물에 의한 용존 유기물 분해, 즉 생물학적 처리를 2차처리라 하고, 2차 처리수의 수질을 보다 더 개선시키거나 특정 물질을 추가로 제거하기 위해 2차 처리공정의 후단에 연속하여 설치, 처리하는 것을 고도처리(Advanced Treatment)라 하는데 3차처리라고도 한다.

5.5.1 고도처리개요

고도처리는 기존 처리방법에 의한 처리수질보다 더 나은 수질을 얻기 위해 추가의 공정을 갖추어 수중 잔류물질을 제거하는 것인데 2차 처리수 중에 함유되어 있는 부유물질, 용해성 유기물, 질소 및 인, 중금속 등이 해당된다. 이 중에서도 부영영화의 원인물질인 영양염류, 즉 질소와 인의 처리를 주목적으로 하고 있다.

(1) 부유물 제거

우선 이미 설치된 침전지의 강화가 고려되고 있는데, 침전만으로는 100%의 효과를 얻을 수 없으므로 2차 처리수에 의한 약품침전, 급속모래여과를 수행하면 오염물을 거의 100% 제거할 수 있다. 그러나 약품침전의 효과는 그다지 크지 않으므로 최근에는 2차 처리수를 직접 여과하는 방식을 채택하고 있다. 특히 막분리는 고도처리 분야 외에도 정수, 하·폐수 재이용 분야에 폭넓게 적용되고 있다.

(2) 용해성 유기물 제거

부유물이 없어도 용해성 유기물은 잔존하고 있는데 활성탄과 오존처리의 병용이 가장 유효한 것으로 알려져 있다. 활성탄은 분말상과 입상으로 적용할 수 있으며, 재생이용의 관점에서는 입상 활성탄의 사용이 경제적이나 처리효율 면에서는 분말 활성탄이 높은 편이다.

활성탄 여과수에 오존을 불어넣고, 다시 활성탄 여과를 하게 되면, 처리수는 더욱 양호하게 되는데 이는 활성탄 흡착에 의하여 용해성 유기물이 상당히 제거되기 때문인 것으로 보고되고 있다.

(3) 무기염류, 중금속 제거

대부분의 무기염류나 중금속은 응집, 모래여과, 활성탄 흡착으로는 완전히 제거할 수 없으므로 이온교환, 전기투석, 역삼투, 증발, 냉동 등의 방법을 적용할 수 있으나, 모두 비용이 고가인 것이 단점이다. 특히 이러한 처리법 적용 전에 부유물질을 제거할 필요가 있다.

(4) 질소 및 인 제거

질소와 인은 주로 농업용 비료, 사람이나 가축의 분뇨, 합성세제로부터 발생되며, 더욱이 미처리된 하수 또는 공장폐수에 의해 강이나 댐을 포함한 호소로 다량 유입될 경우 부영양화로 인한 연안의 적조현상, 암모니아의 어류독소, 수중의 용존산소 결핍 등을 야기하며, 상수 중의 암모니아는 염소요구량을 증가시키고, 질산성 질소는 음용수 중에 높은 농도로 존재하는 경우 건강에 위해를 미치기도 한다.

수중에서 질소는 요소와 아미노산과 같은 유기질소(Organic nitrogen), 암모니아성 질소(Ammonia/Ammonium), 아질산성 질소(Nitrite) 및 질산성 질소(Nitrate)의 형태로 존재하며, 인은 단백질, ATP 등과 같은 유기인(Organic phosphate)과 인산염(Phosphate)의 형태로 존재한다.

또한 질소와 인의 상수원 유입으로 인한 조류의 과잉성장은 정수장에 다음과 같은 문제를 일으킬 수 있다. 첫째, 조류의 과다 번식으로 발생하는 대사물질인 Geosmin과 2-MIB (2-Methyl isoborneol) 등은 수돗물에서의 맛과 냄새 등의 불쾌감을 일으킴. 둘째, 정수공정인 모래여과지의 막힘 현상을 유발하여 여과지의 운전시간을 단축시킴. 수계로의 질소·인 유입은 정수비용의 증가에 따른 경제적인 손실발생, 공중보건상 안전하고 깨끗한 수자원확보의 어려움 등의 문제를 유발시키며, 따라서 수계로의 영양염류 유입을 근원적으로 차단하는 것이 가장 근원적인 해결책이므로 하·폐수 및 축산폐수에서 유기물의 제거와 더불어 질소·인의 처리가 더욱 강조되고 있는 실정이다. 질소와 인의 제거에는 물리·화학 및 생물학적 처리가 모두 적용되고 있는데 다음 항에서 상세하게 다루고 있다.

5.5.2 질소 제거이론

(1) 질소의 순환

자연계에 존재하는 질소는 산화의 단계에 따라 여러 가지 형태로 존재하는데 암모니아나 유기물 형태로 존재하는 질소는 식물이나 동물과 밀접한 관련이 있으며 산화단계는 −3임이다. 자연계에 존재하는 질소의 형태 중 가장 높은 산화단계를 나타내는 것은 질산성 질소로 +5임. 자연계에서 이러한 산화단계의 변화는 살아있는 미생물에 의해서 발생되며 이에 관련된 화학적인 현상들을 도식적으로 나타낸 것이 그림 5.5.1이다. 대기 중의 질소가스는 질소의 공급처 역할을 하는데 가스상태의 질소는 질소고정 미생물에 의해 고정되거나 화학적인 생산과정을 거쳐 가스상태에서 다른 형태로 전환되며, 이러한 현상과 반대로 질소는 탈질 미생물의 활동에 의해 질소가스 형태로 다시 대기 중으로 되돌려 진다.

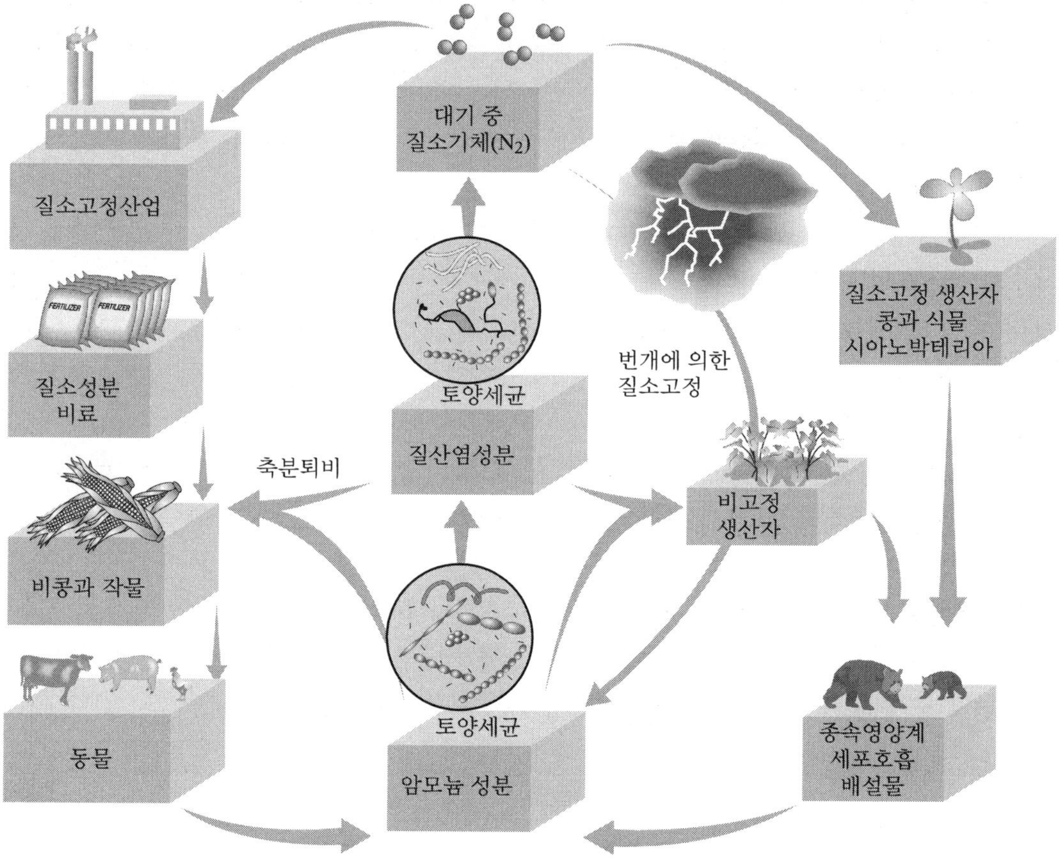

그림 5.5.1 질소의 순환

자연계에서 발생하는 질소의 순환현상에는 Fixation, Ammonification, Assimilation, Nitrification 그리고 Denitrification 등이 포함되며 이러한 현상들은 특정한 미생물에 의해서 발생되어 짐. 이러한 질소순환에 관계되는 질소의 형태에는 질소기체(N_2), 암모니아(NH_3), 유기질소

(Organic Nitrogen), 질산성 질소(NO_3^-) 그리고 아질산성 질소(NO_2^-)가 있음. 각 질소의 산화단계는 다음과 같다.

$$\begin{array}{cccccc} -3 & 0 & +1 & +2 & +3 & +5 \\ NH_3/NH_4^+ & N_2 & N_2O & NO & NO_2^- & NO_3^- \end{array}$$

자연계에 존재하는 물이 나타내는 pH 범위에서는 암모니아 형태로 존재하는 경우는 드물며 대부분 암모늄이온 형태(NH_4^+)로 존재한다. Ammonification은 유기질소가 암모니아 형태로의 전환하는 것을 의미하며, 이러한 현상은 동물이나 식물의 죽음 또는 동물의 배설에 의해 발생한다.

암모니아나 암모늄이온은 질산화(Nitrification)를 통하여 질산성 질소로 전환되고 질산성 질소는 탈질(Denitrification)에 의해 다시 가스상태로 대기 중으로 돌아가게 되는 것이다.

(2) 질소제거원리

물속에 존재하는 질소를 제거하는 방법에는 생물학적 방법, 화학적 방법 그리고 물리적 방법이 모두 사용될 수 있다. 폐수 내에 존재하는 질소의 형태에 따라 적용되는 방법이 달라지는데 유기질소 형태로 존재하는 침전이 가능한 질소는 침전에 의해서 제거가 가능하나 용존성 형태로 존재하는 암모니아성 질소나 암모늄이온형태의 질소는 침전에 의한 제거는 곤란하지만, 화학적 방법이나 생물학적 방법에 의해 제거가 가능하다. 질소제거를 위해 사용되는 화학적 방법에는 염소를 이용한 파괴점 염소주입(Breakpoint Chlorination)이 있다.

생물학적으로 질소를 제거하는 방법은 두 가지 경로를 통하여 이루어진다. 첫 번째는 미생물이 세포를 합성할 때 일정부분의 질소를 필요로 하게 되는데 이로 인하여 일정량의 질소가 제거되는 것이다. 즉, 종속영양미생물(Heterotrophs)이나 독립영양미생물(Autotrophs)들이 각각 유기물과 무기물을 이용하여 세포를 형성할 때 폐수 내에 존재하는 질소 중 생물학적으로 이용 가능한 질소를 세포합성에 이용하게 되는데 결과적으로 폐수내의 질소를 일정량 제거시키는 효과를 나타낸다. 앞의 질소순환에서도 언급했듯이 이러한 경로를 통한 질소의 제거를 세포합성에 의한 질소제거라고 한다. 그러나 미생물세포의 조성을 $C_5H_7O_2N$으로 가정할 때 미생물 내의 질소함량은 약 12.4%이므로 이러한 세포합성에 의한 질소 제거는 한계를 가지게 된다.

생물학적 질소제거방법 중 두 번째는 바로 자연계에서의 순환과정 중 탈질단계를 인위적으로 조성하는 것이다. 하폐수 내에 존재하는 암모니아성 질소를 아질산성 질소를 거쳐 질산성 질소로 산화시키는 질산화반응과 산화된 질소를 다시 질소가스로 환원시키는 탈질 반응을 연속적으로 일어나게 하여 질소를 제거시키는 것이다.

(3) 질산화

질산화 및 탈질에 의해서 질소제거가 이루어지기 위해서는 먼저 질소의 산화를 통한 아질산성 질소 및 질산성 질소가 형성되어야 한다.

물속에 존재하는 암모니아성 질소는 물속에서 대부분 암모늄이온 형태로 존재하므로 이후에 언급하는 암모니아성 질소는 암모늄이온 형태를 의미한다. 질산화는 독립영양 미생물에 의해 발생되며 암모니아성 질소가 아질산성 질소와 질산성 질소로 산화되는 것으로 이러한 암모니아성 질소의 산화는 2단계를 거쳐 발생하게 되며 1단계에서 암모니아성 질소가 아질산성 질소로 산화되는데 이 반응은 *Nitrosomonas*에 의해 수행된다. 2단계에서는 아질산성 질소가 질산성 질소로 산화되는데 이 반응은 *Nitrobacter*에 의해 수행된다. 이 반응들이 연속적으로 발생하게 되면 이를 질산화라 하며 이들 반응을 나타내면 다음과 같다.

a. 암모니아의 아질산화

$$NH_4^+ + 1\frac{1}{2}O_2 \xrightarrow{Nitrosomonas} NO_2 + H_2O + 2H^+ \tag{5.5.1}$$

b. 아질산의 질산화

$$NO_2 + \frac{1}{2}O_2 \xrightarrow{Nitrobacter} NO_3^- \tag{5.5.2}$$

c. 전체반응

$$NH_4 + 2O_2 \longrightarrow NO_3^- + H_2O + 2H^+ \tag{5.5.3}$$

통상 질산화 미생물의 증식계수는 *Nitrosomonas*가 0.04~0.13 g VSS / g NH_4-N 정도이고 *Nitrobacter*의 경우 0.02~0.07 g VSS / g NO_2-N 정도로 알려져 있다.

(4) 탈질

생물학적 질산화 반응을 통하여 생성된 질산성 질소를 생물학적 환원과정을 통하여 질소가스형태로 대기 중으로 방출함으로써 하수 중의 질소를 제거할 수 있게 되는데 이렇게 산화된 형태의 질소를 질소가스로 환원시키는 반응을 탈질반응이라고 한다. 생물학적 탈질 반응에서 질산성 질소는 두 가지 경로를 거쳐 제거되는데, 첫 번째는 질산성 질소형태의 질소를 암모니아성 질소형태로 바꾸거나 질산성 질소형태 그대로 세포 합성에 이용하는 것으로 이러한 형태의 질산성 질소의 환원고정을 합성이라고 한다. 합성은 세포합성에 필요한 질소가 부족할 때 일어나며, 용존산소농도에 관계없이 발생한다. 두 번째는 질산성 질소가 아질산성 질소의 형태를 거쳐 최종적으로 질소가스로 환원되는 'Denitrification(탈질)' 또는 'Dissimilation'이다. 탈질은 종속 영양 미생물이 용존산소가 존재하지 않는 무산소 조건에서 질산성 질소를 전자수용체(Electron Acceptor)로, 유기물을 전자공여체(Electron donor)로 이용하여 에너지를 획득하고 세포를 증식하는 현상이다.

질산성 질소를 탈질시키는 미생물에는 탄소원을 필요로 하지 않고, 산화된 형태의 질소를 환원시키는 독립영양 미생물과 유기성 탄소원을 필요로 하는 종속영양 미생물 두 종류가 있으나, 탈질 능력 면에서 독립영양 미생물은 종속영양 미생물보다 탈질 능력이 떨어져 보통 탈질 미생물은 종속영양 미생물로 분류한다. 탈질 미생물 중 *Pseudomonas* spp.와 같은 미생물은 질산성 질소를 탈질 시키지 못하고, 아질산성 질소에서 탈질을 수행하는 미생물도 존재함. 또 *Paracoccus* spp.는 전자공여체로 수소를 이용하고, *Thiobacillus denitrificans*와 같은 미생물은 전자공여체로 환원된 황화합물을 이용하기도 한다.

이론적으로 1g의 질산성 질소의 탈질을 위해서는 2.86 g의 유기물이 필요하나 이 값은 에너지를 얻기 위해 소모되는 유기물이며 에너지를 얻기 위하여 소모되는 유기물 이외에 세포합성에 유기물이 소모되므로 탈질에 소요되는 유기물의 양은 통상 이론적인 값보다 크다. 만약 탄소원이 부족하면 외부에서 추가적인 탄소를 공급해 주어야 하는데 특히 원수 내에 유기물이 부족할 경우 주입하는 외부 탄소원에는 여러 가지가 있으나 많이 사용 되는 것이 메탄올, 초산, 메탄, 하수 등이다.

5.5.3 질소제거방법

아질산염 및 질산염의 제거는 물리화학적 방법과 생물학적 처리방법을 사용할 수 있는데 물리화학적 방법은 총질소의 제거보다는 암모니아성 질소의 제거가 주된 목적이며, Nitrate나 Nitrite형태의 질소제거에는 생물학적 처리방법이 사용된다.

(1) 물리 · 화학적 질소제거방법

1) 암모니아 스트리핑(Ammonia stripping)

하 · 폐수의 pH를 10.5~11.5로 유지하면서 공기와 접촉시킴으로써 Free Ammonia를 제거하는 방법으로 상대적인 공기의 양, 온도 등에 영향을 받으며 Stripping Tower의 길이와 Packing 물질의 영향을 받는다.

2) 선택적 이온교환

이 방법은 자연산 Zeolite, Clinophloite가 선택적으로 암모니아를 치환하는 성질을 이용한 것이다. 이온교환에 의하여 암모니아를 제거하기 위해서는 고형물질에 영향이 없도록 여과를 거쳐야 하며 90~97%까지의 제거가 가능하나 NOx의 형태나 유기성질소는 전혀 되지 않는다.

3) 불연속점 염소화 (Breakpoint Chlorination)

Breakpoint chlorination은 암모니아성 질소가 포함되어 있는 물에 염소를 첨가하면 각 주입량에서의 잔류염소량은 최초에는 증대하나 곧 감소를 시작하여 다시 증가하는 성질을 이용하는 것이다. 이 극소점을 불연속점(Breakpoint)이라고 하며 이점에 달하는 데까지 염소를 주입하는 방법을 불연속점 염소주입법이라고 하며 불연속점까지 염소를 주입하면 수중의 암모니아성 질소는 다음과 같이 반응하여 질소가스가 된다.

$$3Cl_2 + 2NH_4^+ \longrightarrow N_2 + 8H^+ + 6Cl^- \tag{5.5.4}$$

물리화학적 방법들은 암모니아 농도를 거의 0에 가깝게 낮출 수 있는 장점이 있으나 운전비용이 과다하고 방류수 염소 독성의 제거를 위해 탈염소화가 필요하다. 암모니아 Stripping은 가스 상태로 수중에 녹아 있는 암모니아를 공기에 주입하여 분압을 감소시킴으로써 제거하는 방법으로 하폐수에 효과적으로 적용하기 위해서는 다량의 공기를 접촉하는 것이 필요한데 추운 계절에는 처리효율이 떨어지고, 탄산칼슘 스케일이 생성되는 단점이 있다.

(2) 생물학적 질소제거방법

1980년대 이후 질소의 제거를 위해 가장 활발하게 연구, 개발되고 있는 분야가 생물학적 질소제거방법이다. 제거원리에서 알아 본 바와 같이 질산화 및 탈질반응을 적용하는 것인데 효율과 경제성을 고려한 기술들이 속속 개발되고 있는 실정이다. 이 기술들은 주로 혐기-호기-무산소 공정을 근간으로 배열과 운전특성에 따라 효율을 높이고자 하는 것이 대부분이다.

5.5.4 인 제거방법

하폐수에서 인은 유기인과 무기인의 형태로 존재하며, 무기인은 보통 PO_4^{3-} 형태로의 정인산과 다중인산(Poly-P)으로 구분된다. 종래에는 화학적인 처리방법이 인 제거에 주로 사용되었으나 경제적이면서 효율이 높은 생물학적 인 제거방법이 개발되면서 생물학적 제거방법이 단독으로 사용되거나 화학적인 방법과 함께 사용되어 좋은 효과를 보고 있다.

(1) 화학적 인 제거

인의 화학적 제거는 침전제거가 용이한 수용성의 Ortho-인산(Orthophosphate)의 형성에 의존하는데 인은 생 슬러지 및 2차 슬러지와 함께 분리, 제거된다. 인의 침전제거에 사용되는 화학약품은 주로 금속염이며 적절한 투여 위치는 원하는 처리 정도에 따라 정해진다. 도시하수 처리의 경우 투여되는 지점에 따라 얻을 수 있는 효과가 다르다. 일반적으로 처리수의 인 농도가 1 mg/L 이상이어도 무방한 경우는 2차 처리에서 금속염을 투여할 수 있으나 1 mg/L 이하를 유지하여야 하는 경우는 2차 처리수에 금속염을 투여하는 3차 처리 과정이 필요하며 화학응집 침전조나 화학제 투입 후 여과지를 거치도록 하여 인을 포함하는 고형물질을 제거함으로써 처리수의 인 농도를 낮게 할 수 있다.

가장 널리 사용되는 금속염은 Lime($Ca(OH)_2$), Alum, $NaAlO_2$, $FeCl_3$, $Fe_2(SO_4)_3$, $FeSO_4$, $FeCl_2$ 등이다. Alum의 경우는 최적 pH가 6.5 정도이고 철염의 경우에는 최적 pH가 4 정도이나, Lime을 사용하는 경우에는 pH가 10 이상은 되어야 하므로 생물학적 처리과정에서 직접 Lime을 투여하는 것은 불가능하며 그 밖에 투여지점의 경우에도 pH의 조정이 꼭 필요하다 하겠다.

(2) 생물학적 인 제거

인의 생물학적 제거는 혐기상태에서 인을 과잉 방출한 미생물이 호기상태에서 인을 섭취하는 원리를 이용하는 것으로 인을 섭취한 미생물을 정기적인 슬러지 인출을 통하여 인을 제거하는 방법이다. 인을 좀 더 효율적으로 제거하기 위하여 생물학적 원리에 화학적침전법을 함께 병행하는 공정도 개발되어 있다.

5.5.5 A^2/O 공정

(1) 개요

생물학적 영양염류 처리는 질소 및 인의 처리에 관여하는 미생물의 특성을 이용하여 성장조건, 즉 호기, 무산소 및 혐기조건을 적절하게 조절함으로써 효과적으로 이루어질 수 있다. 호기성 상태에서는 질산화 및 인의 흡수가 이루어지며, 무산소 상태에서는 질산화 반응으로 생성된 질산염을 질소가스로 방출시키는 탈질산화 반응이, 그리고 혐기성 상태에서는 인의 방출이 이루어진다.

질소처리공정은 반응조의 순서와 운영방식에 따라 전탈질과 후탈질 공정으로 나눌 수 있다. 생물학적 탈질공정은 Wuhrmann 등에 의해 후탈질 공정이 최초로 개발되어 이용되었다(그림 5.5.2).

BOD 제거균, 질산화 세균, 탈질균이 하나의 혼합상태로 시스템 내를 순환하고 있는 방식으로, 이와 같은 전통적인 후탈질 공정에서는 질산화 과정 중 폐수 내 유기물이 고갈되므로 후속 탈질과정에서 미생물의 활성도가 낮아지므로 무산소 반응조의 수리학적 체류시간이 길어야 함에 따라 상대적으로 큰 반응조가 요구되며, 또한 외부에서 유기탄소원을 주입해야 할 필요가 있다.

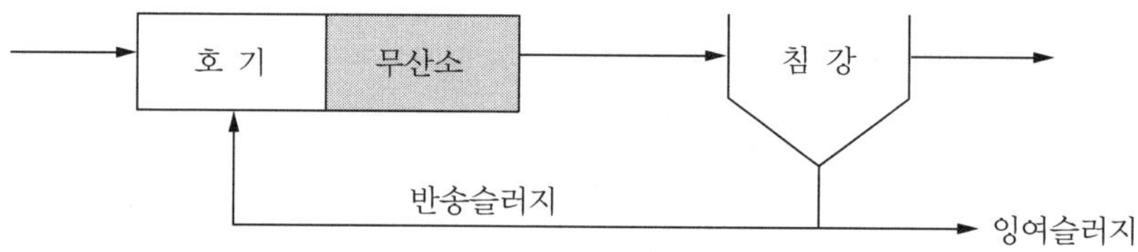

그림 5.5.2 Wuhrmann Process의 개요도

이러한 문제점들을 극복하기 위해 하폐수 중의 유기물을 이용하는 전탈질 공정들이 개발되었다. 최초의 전탈질 공정은 그림 5.5.3의 Ludzack-Ettinger process로 탈질산화 반응시 전자공여체로 폐수중 유기물을 사용한 시스템이다. 이는 무산소 반응조가 호기성 반응조보다 앞단에 위치하며, 폐수중의 암모니아는 호기성 반응조에서 산화되고 mixed liquor 반송을 통해 무산소 반응조로 이송된다. 이 공정에 의한 질소 제거효율은 슬러지 반송률과 관계가 있다.

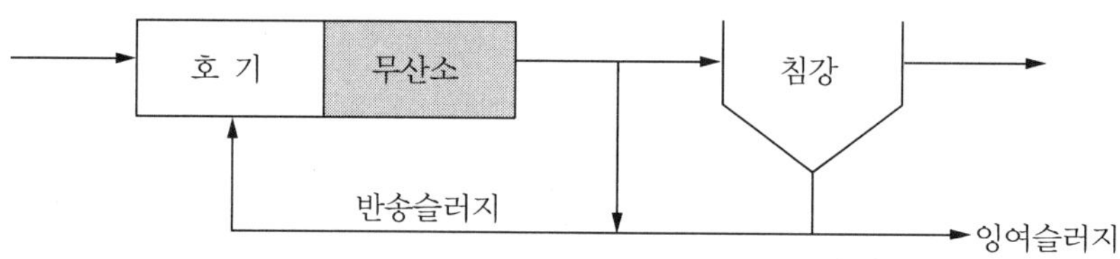

그림 5.5.3 Ludzack–Ettinger Process의 개요도

Barnard는 Modified Ludzack-Ettinger(MLE) process를 제시했으며. 이 방법은 그림 5.5.4와 같이 내부 순환을 추가함으로써 탈질률과 질소제거율을 증가시킨 것이다. NO_3-N의 제거율을 제거할 수 있고, 무산소조가 생물학적으로 분해가 용이한 COD를 수용하기 때문에 보다 높은 탈질률을 얻는다. MLE법은 알칼리도를 회복하고, 전체적 산소요구량을 줄이고, 슬러지의 침전성을 양호하게 하기 위하여 사용되고 있다.

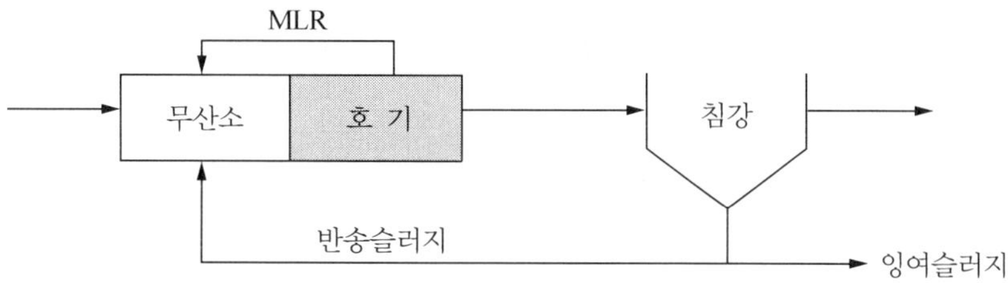

그림 5.5.4 Modified Ludzack-Ettinger Process의 개요도

탈질산화에 대한 또 다른 single-sludge system은 air products and chemicals, Inc.에 의해 제안된 A/O 및 A^2/O 시스템이다. 이 공정은 그림 5.5.5와 같이 각각의 반응조에 여러 개의 칸막이를 두어 완전 혼합조와 plug flow type의 혼합형으로 몇 개의 완전 혼합조를 anaerobic zone과 anoxic zone 그리고 aerobic zone으로 하여 탈질산화와 생물학적 인의 과잉섭취를 유도하게 한 공정이다. 질산화 시킨 폐수는 첫 번째 호기성 지역에서 무산소 반응조로 반송된다. 일반적인 A^2/O에 의해 얻을 수 있는 T-N 제거 효율은 40~70% 정도이고 인의 제거는 A/O와 비슷한 수준으로 알려져 있다.

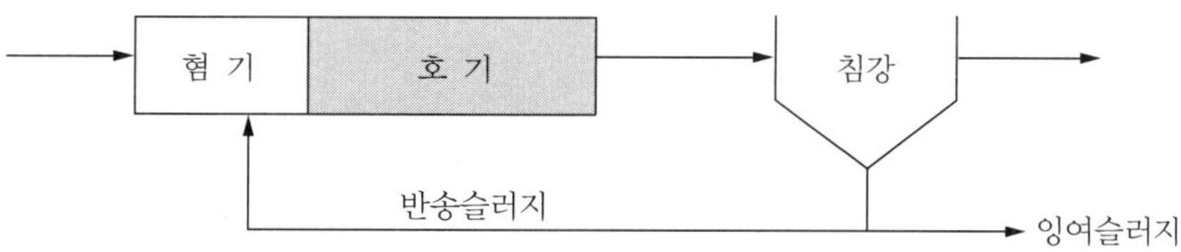

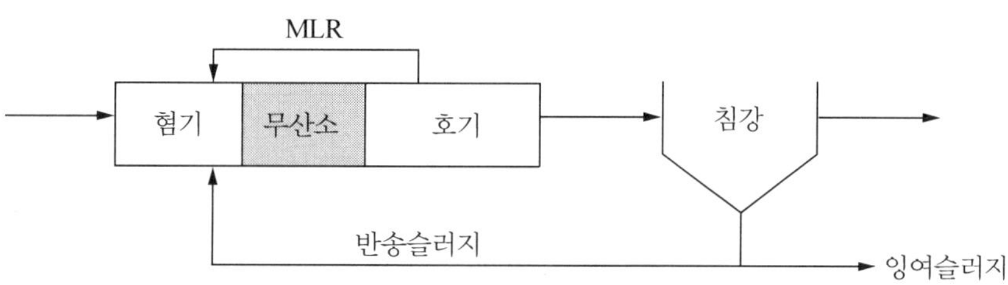

그림 5.5.5 A/O 및 A^2/O Process의 개요도

(2) 혐기-호기 활성슬러지법

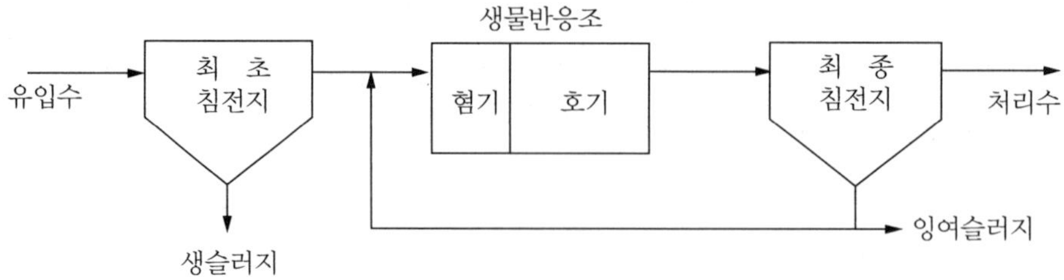

그림 5.5.6 혐기-호기 활성슬러지법 흐름도

혐기-호기 활성슬러지법은 혐기상태를 도입하여 활성슬러지 중 인의 함유량을 증대시킴으로써 잉여슬러지를 계 외로 배출하는 것으로 인의 제거량을 증가시킨다.

인제거 효과이외에도 bulking 제어 효과도 있으며 사상성세균중 절대호기성은 혐기조에서 증식이 불가능하다. 질화와 탈질속도는 높은 MLSS 농도쪽이 커진다.

1) 혐기조의 기능

혐기조 체류시간중에 활성슬러지에서 인을 혼합액중으로 방출시키면 동시에 활성슬러지내의 유기물을 섭취하게 되고 호기조는 활성슬러지가 혐기조에서 섭취한 유기물과 혼합액 중에 잔존한 유기물의 산화분해를 행함과 동시에 인을 활성슬러지 내에 섭취시키는 기능을 행한다. 혐기조 체류시간이 3시간 이상이 되면 황산이온의 환원이 진행되어서 황화수소냄새가 발생하는 경우가 있다. 혐기-호기법에서는 수온이 인제거에 큰 영향을 미치지는 않는다.

2) 인 제거성능 유지

인 제거성능은 우천시에 저하하는 경향이 있기 때문에 보다 안정적이 방류수의 T－P 농도를 확보할 필요가 있는 경우에는 강우때 마다 대책방법을 변경시키기 어려우므로 보완적설비로서 응집제 첨가 등의 물리화학적인 인제거 공정의 병용이 필요하다.

3) 생물반응조

유입된 유기물 농도가 낮고 혐기조에서 충분한 반응이 일어나지 않는 경우에는 생물반응조에 유입되는 유입수질의 검토를 행하여야 한다. 양호한 인제거를 위해서는 BOD/P > 10이 요구되고 있으나 EPA의 설계매뉴얼에서는 BOD/P > 20~25 이상을 추천하고 있다.

4) 혐기조와 호기조 간벽

혐기조와 호기조 사이의 간벽은 수면보다 높게 설치하여 호기조에서의 혼합액 역류로 인한 용존산소의 유입을 억제하는 구조로 해야 한다. 혐기조는 수면이 공기와 직접 접촉하고 있어도 문제는 없고 혐기상태는 유입수중에 유기물이 충분히 존재하고 있으면 쉽게 형성되기 때문에 조를 반드시 밀폐구조로 할 필요는 없다.

5) 호기조

호기조 내에 용존산소가 부족하면 활성슬러지 내부가 부분적으로 혐기상태가 되어, 섭취된 인이 재방출됨으로써 인의 농도가 높아질 염려가 있으므로 호기조의 용존산소농도에 많은 주의가 필요하다. DO 농도는 2~3 mg/L 이상, MLSS 농도는 2,000 mg/L 이상으로 유지하는 것이 바람직하다.

6) 최종침전지의 관리

① 반송슬러지는 고농도로 관리하는 것이 바람직하다.
반송슬러지 농도를 고농도로 유지함으로써 반송슬러지량을 적게 하고 혐기조에서의 실직 체류시간을 적정히 유지할 수 있다. 또한, 반송량을 적게 하는 것이 질산이온 반송량을 적게 해 혐기상태의 유지에도 효과가 있다.

② 최종침전지에서 처리수질의 악화를 방지하기 위해 슬러지의 계면을 적절히 관리한다.
슬러지 계면하에서 슬러지가 혐기성 상태가 되면 섭취한 인을 재방출해 처리수의 인의 농도를 높인 우려가 있다.

③ 표준활성슬러지법과 비교하여 스컴이 발생하기 쉽고 스컴제거가 필요하다.

7) 탈수공정

고분자 응집제만을 이용한 벨트프레스 등 에서는 인제거 효과가 없으나, 소석회나 염화제이철을 사용하는 경우 이들 탈수 보조제에 의한 응집효과에 의해 탈수여액 중의 인농도는 낮아진다.

(3) 혐기-무산소-호기법

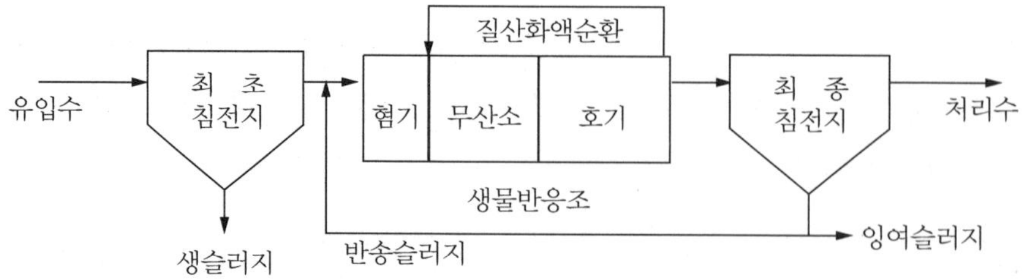

그림 5.5.7 혐기–무산소–호기법 흐름도

이 공정의 원리는 생물학적 인제거 공법인 혐기-호기 활성슬러지법과 생물학적 질소 제거공정의 하나인 순환식 탈질법을 조합시킨 것으로 인과 질소를 동시에 제거하는 공정이다.

1) 생물반응조 유입수질의 조정

생물반응조에 유입된 유기물 농도가 낮고 무산소조에서 탈질반응이 충분히 일어나지 않는 경우에는 생물반응조 유입수질의 검토를 해야 한다. 최초침전지의 운전지수를 줄여 유기물 제거율을 낮추거나, 최초침전지를 by-pass시키는 방안등을 적용할 수 있다. 또한 최초침전지의 슬러지를 공급하면 보다 유리하다고 알려져 있다. 메탄올 등의 약품을 주입하기도 한다.

2) 혐기조의 산화 환원전위

혐기조의 산화 환원전위(ORP)를 가능한 낮게 유지해야 한다. 혐기조에서는 용존산소나 질산성 질소가 존재하면 활성슬러지 내에서의 인 방출이 어려워지기 때문에 혐기상태의 유지가 중요하다.

3) MLSS 농도와 SRT의 관리

질산화 세균의 계내 본전과 인제거를 동시에 달성하기 위해서, 순환식 질산화 탈질법이나 내생탈질법과 비교하여 제어 가능한 SRT가 제한되어 있으므로 관리에 유의해야 한다.

동일한 활성슬러지 중에 탈인균, 질산화균, 탈질균과 생육조건이 다른 미생물이 생존하게 되므로 상대적으로 유지관리에 유의한다. 혐기조에서 유기물을 과잉섭취하게 되면 무산소조의 수소공여체가 부족해지고 탈질속도가 저하될 우려가 있다. 호기조의 질화에는 SRT를 길게 유지해야 하기 때문에 그만큼 체류시간이 길어지게 되고 이는 인의 제거시 잉여슬러지의 감소를 초래하며 자기산화를 통한 인 방출도 일어날 수 있어서 제거율 저하의 원인이 된다.

(4) 순환식 질산화 탈질법

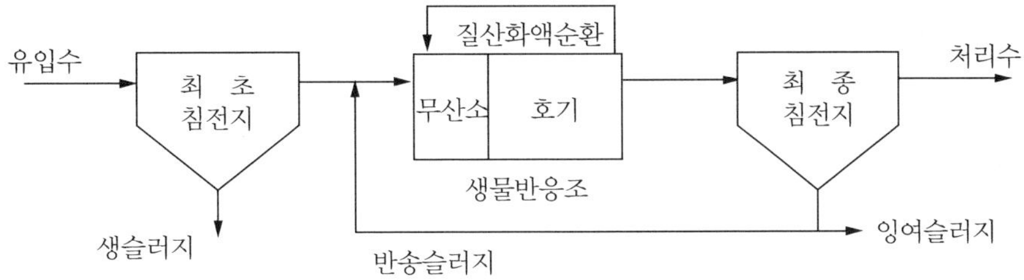

그림 5.5.8 순환식 질산화 탈질법 흐름도

본 법은 생물반응조의 전단에 무산소조로, 후단에 호기조를 설치하고, 질산화액을 순환펌프 및 반송슬러지펌프에 의해서 호기조에서 무산소조로 반송함으로써 질소제거를 향상시키는 공정이다. 순환비를 크게 하면 질소제거율은 증가하지만 운전동력비가 높아지며, 일반적으로 순환비는 2정도가 합리적이다.

1) 수질관리

질소제거를 원활하게 하기 위하여 표준 활성슬러지법에 있어서 통상 수질관리와 더불어 ORP, pH, MLDO, NH_4^+-N, NO_3^--N, Org−N 등의 항목에 관해서도 관리를 행할 필요가 있다.

2) 유입수질의 조정

생물반응조에 유입된 유기물의 농도가 낮고 무산소조에서 탈질반응이 충분히 일어나지 않는 경우에는 생물반응조 유입수질을 검토해야 한다. 최초침전지의 운전지수를 줄여 유기물 제거율을 낮추거나, 최초침전지를 by-pass시키는 방안 등을 적용할 수 있다.

3) 산화 환원전위

무산소조의 산화 환원전위(ORP)를 가능한 한 낮게 유지해야 한다. ORP가 낮을수록 무산소조내의 용존산소는 적고, 탈질반응이 양호하게 진행된다. ORP가 높고 탈질반응이 충분히 일어나지 않는다고 판단될 때에는 호기조후단의 DO가 지나치게 올라가지 않도록 산소공급량의 관리를 시행하며, 무산소조의 교반으로 표층의 공기가 유입되지 않도록 하고, 순환비를 작게 하여 질산화액에 의한 무산소조의 용존산소 흡수를 억제한다. 기계식 교반기에는 협잡물이 부착되는 경우가 있기 때문에 정기적으로 점검, 제거할 필요가 있다.

4) 용존산소

호기조내에 용존산소가 부족하면 질산화 반응이 억제되므로 호기조의 용존산소농도 저하에 의해 질산화 반응에 지장을 초래하지 않도록 관리에 주의를 요한다. 또한, 질산화세균의 증식속도, 탈질속도는 다른 생물학적 질소제거 공정과 같이 온도가 낮을수록 저하한다.

5) 최종침전지

① 반송슬러지는 고농도로 유지되도록 운전하는 것이 바람직하다.
생물반응조 내의 MLSS 농도를 고농도로 운전하게 되므로 반송슬러지를 고농도로 관리하여 고농도의 슬러지를 반송함으로써 슬러지 반송량을 적게 하는 것이 무산소조의 무산소 상태 유지 관리에 효과적이다.

② 최종침전지에서의 슬러지의 부상이 일어나지 않도록 유의해야 한다.
T-P 농도 0.5mg/L 이하를 확보하기 위해서는 Al(Fe)T-P의 몰비 2 이상을 항상 첨가해야 한다. 유입수의 용해성 총인 농도에 대한 응집제의 첨가 몰비는 목표처리수 인농도와 응집제 몰비의 관계로부터 설정할 수 있으며, 응집제의 종류에 따라 첨가 몰비는 달라진다. 처리수의 T-P 농도는 SS 농도에 의해서 좌우되는 경우가 많으므로 플록을 형성하도록 충분한 양의 응집제를 주입하는 것이 좋다.

5.5.6 SBR 공정

SBR의 처리공정은 하수의 유입(fill), 반응(react), 침전(settle), 배출(decant), 대기(idle)의 단계를 연속적으로 설정하여 하수내의 유기물을 제거하는데, 영양염류의 제거가 요구될 경우 주기내의 각 단계별 무산소 및 혐기조건을 조절하여 설정하여야 한다.

포기설비는 미세공기 산기관(fine bubble diffuser), 표면포기기(floating aerator), 믹서(mixer), 또한 제트 에어레이터(jet aeration devices) 등이 있으며, 전처리시설은 스크린설비, 파쇄설비. 침사제거설비 등이 있다.

SBR 공정은 일련의 설정된 단계별로 반응과 침전이 동일 반응조에서 진행되므로 침전조를 필요로 하지 않으며 폐수의 성상 및 농도에 따라 탄력적으로 대처할 수 있는 장점이 있는 공법이다. 포기시에는 질화가, 포기 정지시에 탈질이 일어나기 때문에 높은 질소 제거 효과를 거둘 수 있다. SBR 공정의 설비구성은 교반설비, 포기설비, 처리수 배출설비, 슬러지 배출설비, 계장기기를 포함한 제어설비(control system)등으로 구성된다.

표 5.5.1 생물학적 고도처리를 위한 일반적인 SBR 공정 구성표		
단계	조 건	목 적
비포기 유입	비포기 시간에서 원수유입 약 1.5hr 혼합	SBR에 원수 유입 Anoxic 또는 anaerobic 유지 Denitrification 조건 유지 인 흡수 bacteria의 증식 촉진
포기 유입	SBR 포기시간(DO >2mg/L) 원수유입 총 운전시간의 1/2	SBR에 원수 유입 BOD 제거, 질산화 인 흡수
반응	SBR 포기(DO >2mg/L) 원수유입 안됨 주로 슬러지가 폐기되어짐(1~2hr)	Biological BOD 제거 질산화 인 흡수
침전	원수유입 안됨. 비포기 슬러지 폐기 운전시간 : 약 1hr	Suspended solids 침전 상징수 분리 Denitrification을 위한 DO 감소 최대 인을 흡수한 호기성 조건에서 슬러지 폐기
배출	원수유입 안됨 비포기 처리수 배출(약 1~2hr)	반응조로부터 처리수 배출 탈질강화를 위한 DO 농도 감소 인 흡수 bacteria의 증식
대기	원수유입 안됨 비포기 1~15min(주로 처리수 배출 후)	탈질반응을 위한 낮은 DO 농도 유지 인 흡수 bacteria의 증식 Multi tank system의 cycle조건 제공

A typically total cycle time is 6~8hr

5.5.7 산화구 공정

산화구(oxidation ditch)법은 네덜란드의 Pasveer에 의해 개발된 공법으로 원리적으로는 장기포기법과 같지만 최초침전지를 설치하지 않고, 타원형 무한수로의 반응조를 이용하여 기계식 포기장치에 의해 포기를 행하며, 최종침전지에서 고액분리가 이루어지는 저부하형 활성슬러지 공법이다.

분리침전지가 없는 경우도 있으나 최근의 시설은 별도의 분리 침전지를 설치하고 있다.

국내에는 재래식 산화공정이 분뇨처리시설 등에 적용되어 있으나. 하수처리시설에 설치되는 형태는 산화구를 응용한 MLE 공정과, PID 공정이다.

호기조건에서는 인의 흡수 및 유기물질과 질소와 산화, 분해가 진행되고, 무산소조건에서는 환원에 의한 질산염의 탈질이 진행된다. 산화구 상부에 절치된 횡축표면 포기장치인 로터는 oxic상에서 필요한 산소를 공급하고 하부에 설치된 믹서는 anoxic상 가동시 산소공급을 중단하기 위해 로터가 멈출 때 혼합액의 플록 침전을 막기 위해 가동된다.

산화구 공정 중 P.I.D(Phased Isolation Ditch) process는 혐기, 무산소, 호기조건이 한 탱크 내에서 또는 몇 개의 탱크 내에서 따로따로 일어난다는 점에서 SBR과 유사한 측면이 있으나, 유입, 유출이 지속적으로 진행되는 점에서는 SBR과 다르며 상분비법이라 할 수 있다. Denmark에는 75개 이상의 시설이 가동되고 있는데 유출수의 총 질소 농도가 8 mg/L 이하로 처리되고 있다고 한다.

유입수의 유기물질 부하량, 온도변화, 유출수 농도 등으로 포기기에 의해 공급되어야 하는 총산소요구량을 결정하고, 이에 의해 포기기 용량 및 수량이 결정되며, 프로그램으로 정해진 최저, 최고 용존산소 농도가 PLC(Programmable Logic Controller)에 입력되어 가동된다.

산화구의 처리수는 항상 호기성조에서 방류되며 가동주기의 수심모드에 따른 웨어조정에 의해 유출라인이 조절된다. 기계식 포기장치는 처리에 필요한 산소를 공급하는 이외에, 산화구내의 활성슬러지와 유입하수를 혼합, 교반시키고, 혼합약에 유속을 부여하여 산화구내를 순환시켜 활성슬러지가 침강되지 않도록 하는 기능을 갖는다.

표 5.5.2는 일반적인 산화구 공정의 설계치이다.

표 5.5.2 대표적인 산화구 공정의 설계값

항 목	제 원
HRT(hr)	24~48
MLSS농도(mg/L)	3,000~4,000
F/M비(kgBOD/kgSS·day)	0.03~0.05
슬러지 반송비(%)	100~200
필요산소량(kgO_2/kgBOD)	1.4~2.2
SRT(day)	8~50*
질산화속도(mgN/gMLSS·hr)	0.2~0.7
탈질속도(mgN/gMLSS·hr)	0.1~0.4

주) 1. 산화구내의 호기적 조건하의 용량에 대한 SRT값을 나타냄.

5.5.8 막분리 공정

막분리란 막여과를 말하는데, 천연이나 인공막을 이용하여 수중에 존재하는 미세 부유물질, 콜로이드물질, 나아가서는 용존 무기 및 유기물질까지도 제거하는 수처리 기술이다. 최근 세계적인 물부족 사태와 관련하여 쓰고 난 물의 재이용과 중수도의 보급, 하·폐수처리수의 재활용 등에 활발하게 적용되고 있다.

(1) 막의 종류

'막'이라는 용어가 의미하는 것은 관련 전문분야에 따라 다를 것이다. 일반적으로 알려져 있는 막의 명칭, 즉 여과입자의 크기 범위에 따라 정밀여과막(MF ; 10~0.03μm), 한외여과막(UF ; 0.1~0.005μm), 나노여과막/ 역삼투막 /투석막 /이온교환막(NF/ RO/ ED/ IE ; 0.005~0.001μm), 기체분리막(GP ; 0.001μm~10^{-10} m) 이외에, 그 본질적인 관점에서의 용어에 따라 생체막과 합성막(인공막), 다공질막과 비다공질막(非多孔質膜), 대칭막과 비대칭막, 단일막과 복합막, 유기막과 무기막, 친수성막(親水性膜)과 소수성막(疏水性膜), 하전막과 비하전막(非荷電膜), 중공사막과 평막 등으로 분리하고 있다.

중공(中空)의 사상(絲狀) 또는 가는 원통상(圓筒狀)으로 성형한 막을 중공사막이라고 하는데 통상 다수본의 중공사막을 묶어서, 한쪽 혹은 양단을 수지 등으로 고정(Potting)하여 사용한다. 이에 대하여 제조된 막의 형상이 평평한 쉬트형인 막을 평막(平膜)이라고 하며, 보통 사각형이나 원형의 평판형 모듈에 가공을 하여 사용하고 있다(그림 5.5.9).

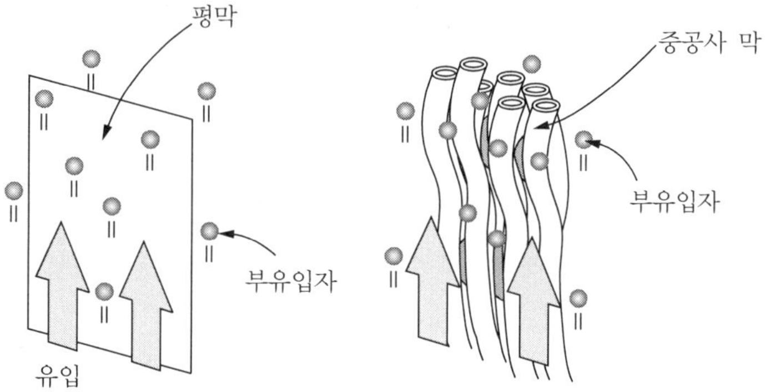

그림 5.5.9 중공사막과 평막의 여과 개요도

(2) 막 모듈

막을 용기에 넣은 여과기를 막 모듈(membrane module), 막을 수납하는 용기를 하우징(hosing) 또는 케이싱(casing), 막 모듈 내에서 단위가 되는 막을 엘리먼트(element) 혹은 일체화한 것을 카세트(cassettes)라고 한다. 액중에 막을 침지(浸漬)하여 사용하는 경우에는 직접 막엘리먼트를 이용한다. 그림 5.5.10은 현재 사용되고 있는 막 모듈의 종류와 특징을 나타낸 것이다.

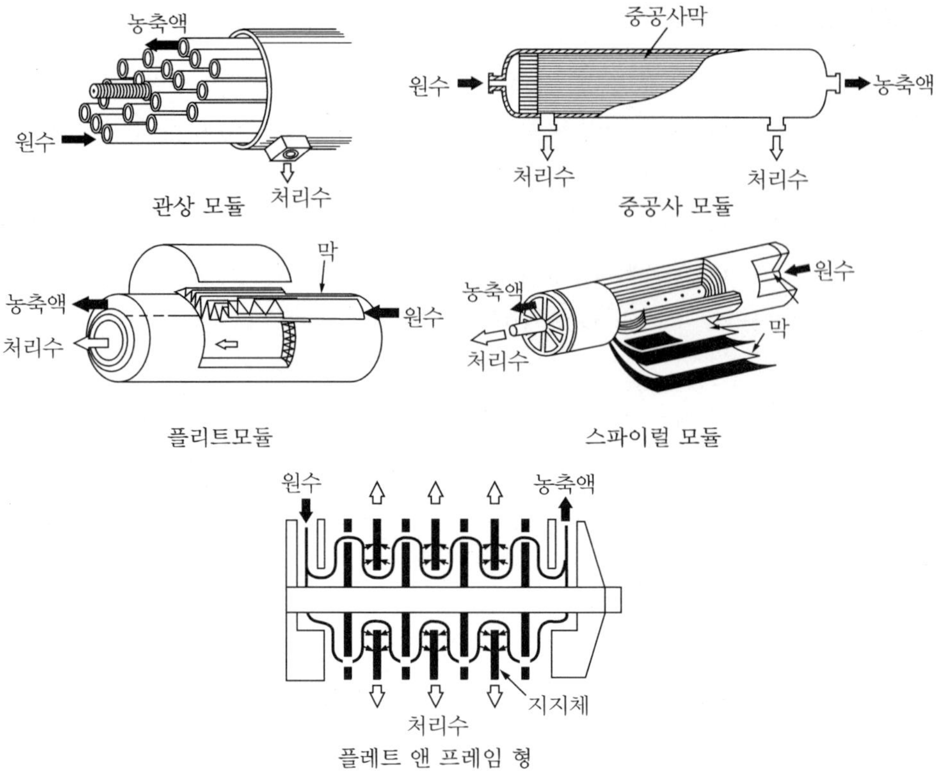

그림 5.5.10 막 모듈의 종류와 특징

1) 관상(管狀) 모듈

관상(tabular) 모듈은 내압용기의 내측에 관상의 막 엘리먼트를 수십본 채운 것이다. 막의 충전밀도는 작지만 원액측 유로단면(流路斷面)이 크기 때문에 현탁입자를 함유하는 액에 대해서도 사용할 수 있다. 단관 내압식 여과의 경우에는 스폰지볼 세정이 가능하다. 관상막에는 유기막과 무기막이 있으며, 유기막 엘리먼트는 다공질 지지관에 막을 고정한 단관이 이용되는데 무기막 엘리먼트에는 단관 이외에 1본의 막 엘리먼트에 다수의 소혈(멀티채널)을 갖는 모노리스(monolith)가 있다. 모노리스에서 원액은 관내를 통과하여 투과액은 모듈의 외표면으로 유출한다. 관상모듈의 특징은 다음과 같다.

- 농도분극(分極)이 작다.
- 물리적 세정이 용이하다.
- 고형분을 함유한 액에 적합하다.
- 막의 충전밀도가 작다.

2) 중공사(中空絲) 모듈

중공사 모듈은 다수의 중공사(hollow fiber) 막을 묶어 만든 것으로 모듈 단위용적당 막면적을 크게 할 수 있다. 통수방식에는 원액을 막 내측으로 흐르게 하는 내압식과, 외측으로 하는 외압식이 있다.

내압식은 적은 유량으로 높은 막면유속(膜面流速)을 얻을 수 있는데 내경이 작은 중공사를 사용하면 압력손실도 커져서 현탁입자가 있으면 막 내에서 유로폐색이 생길 염려가 있다. 외압식은 원액에 현탁입자가 존재하는 경우에 이용된다. 이 경우에는 막의 양단, 중공사 막간 등의 흐름이 지체되는 곳에 현탁물질의 퇴적 염려가 있다. 또 용질이나 가스의 분리에서도 중공사막의 충전밀도가 너무 높으면 모듈 중심부에 액 또는 가스의 흐름이 극단적으로 감소하기 때문에 유효 막면적이 감소한다. 따라서 중공사막 모듈을 이용할 때 충전된 막 면적을 유효하게 활용할 수 있도록 중공사막의 배열구조와 유로조작의 작업이 중요하다.

중공사 모듈의 특징은 다음과 같다.

- 막의 지지설비가 필요 없다.
- 막의 충전밀도가 최대이다.
- 장치의 콤팩트화가 가능하다.
- 잔류액이 적다.
- 농도분극이 크다.

3) 스파이럴 모듈

스파이럴(spiral-wound) 모듈은 자루상의 평막(2매의 평막을 겹쳐 3변을 봉하고, 남은 1변을 열어놓은 자루모양) 사이에 투과액의 통로가 되는 스페이서를 넣고, 그 자루상의 개구부에 설치한 여액 집수관축을 중심으로 하여 평막 양측에 있는 원액의 통로가 되는 망목상의 스페이서와 함께 말아 권상(捲狀)으로 모듈화한 것이다.

막의 충전밀도는 높으나 막의 간극이 좁기 때문에 현탁입자가 함유된 원액을 직접 처리하기 어려워 SS 제거 등의 전처리를 필요로 한다. 스파이럴 모듈은 일반적으로 가스분리 또는 RO용으로 사용된다.

스파이럴 모듈의 특징은 다음과 같다.

- 막의 충전밀도가 크다.
- 수처리 정제에 최적이다.

- 농도분극이 크다.
- 고형분을 함유하는 액에는 부적합하다.

4) 평막 모듈

평막 모듈에는 플레이트앤프레임(plate and frame)형과 플리트(pleated)형이 있다. 플레이트앤프레임형은 플레이트형 지지판의 양면에 평막을 달고, 스페이서를 넣어 일정한 간격으로 적층시켜 모듈화한 것이다. 막의 충전밀도는 크지 않으나 스페이서 간격을 조정함으로써 고농도 현탁물질을 함유하는 원액에도 적용할 수 있다. 또 모듈의 분해·조립이 가능하므로 세정이 용이하여 의약품이나 바이오 관련 등 위생성을 요구하는 여과에도 적합하다. 플리트형은 여과면적을 크게 하기 위해 평막을 플리트상으로 꺾어 겹친 것으로 막의 충전밀도는 크다. 데드엔드 여과방식으로 사용되기 때문에 현탁입자 농도가 높은 용액에는 적합하지 않다.

플레이트앤프레임 모듈의 특징은 다음과 같다.

- 농도분극이 작다.
- 고형분을 함유하는 액에 최적이다.
- 막의 충전밀도가 작다.

(3) 막의 기능

분리기술로서 막의 주요 기능은 분리, 농축 및 분획이다. 막의 기능은 저차원에서부터 고차원에 이르는 기능으로 설명할 수 있는데 막의 세공경(細孔徑) 및 막표면의 성질 차에 의해 구분될 수 있다.

1) 분리 · 농축

분리대상으로는 보다 작은 이온성 물질로부터 큰 미립자나 미생물에 이르기까지 다양하며, 대상에 따라 사용하는 막의 종류도 달라진다. 분리막의 기본은 상변화(相變化)를 일으키지 않고, 혹은 침전제 등의 첨가물을 투입하지 않고 고액분리나 용질-액 또는 가스분리 등의 상분리가 가능하다는 것이다.

분리작용으로서 MF막이나 UF막에서는 막의 세공경 차에 의해 거름작용을 이용하며, RO막, IE막, DD막, GP막에서는 막 소재(素材) 또는 막구조와 용질의 친수성 및 확산성의 차에 의한 막내이동속도(膜內移動速度) 차이를 이용한다. 막의 종류에 따라 분리작용은 반드시 한 종류에 한하지 않고 복수의 작용으로 분리를 행하는 경우도 있다.

2) 분획

분획(分劃, fractionation)이란 용질이나 미립자를 그 분자량이나 크기에 따라 분리하는 것을 말한다. MF막의 분획기능(세공경의 평가, pore rating)은 지표균에 의한 세균여과법(예 ; 공칭공경 0.2μm 막의 검정에는 Pseudomonas diminuta IF014213 사용)이나, 균일입경 또는 입경분포를 아는 입자(주로 라텍스입자)의 여과시험에 의해 구한다.

UF막에서는 분획분자량(分劃分子量, Molecular Weight Cut-off)으로 분획성이 평가되는데 이상적으로는 M, W, C, O 이하의 용질은 UF막을 통과하고, 그 이상의 용질은 막에 남는 것을 의미한다. UF막의 M, W, C, O 결정은 분자량을 아는 단백질이나 폴리에틸렌글리콜(PEG), 덱스트란의 막 저지특성(沮止特性)으로부터 결정되는데 동일한 M, W, C, O를 갖는 막의 저지특성은 막의 소재나 구조에 따라 조금씩 다른 경우가 많다. UF막의 분획성능은 실제로는 겔침투크로마토그래프(GPC)에 의한 분자량 측정치 및 스토크스 반경과 밀접한 관계가 있다고 알려져 있으므로 이 값에 대응시켜야 할 것이다.

3) 격리(隔離)

막에 의한 격리(isolation)란 성질이 다른 액체나 물질이 막에 의해 양자가 혼합되지 않고 분리상태로 있는 것을 말한다. 격리 가능막을 이용하여 다른 액체와 액체(水相 혹은 油相), 액체와 기체를 접촉시킬 수 있다. 예를 들면 PP나 PE 등의 친수성 다공질막을 이용하면 한쪽은 수상(수용액)으로 하고, 다른 쪽은 기상 혹은 유상으로 하여 양자가 혼합되지 않고 유지될 수 있다. 이 특성을 이용하여 가스교환, 가스흡수, 액-액추출 및 반응 등이 가능해진다.

IE막은 양, 음이온성 물질을 격리시킬 수 있고, UF나 MF막으로는 세공경 이상의 것을 격리할 수 있다.

4) 고정 · 흡착

UF나 MF막은 일종의 다공질이기 때문에 큰 비표면적을 갖고 있다. 막의 세공경 내표면에 하전성 또는 친수성을 갖는 관능기나 리간드(ligand)를 결합시키면 막의 분리작용과 흡착을 동시에 수행할 수 있다. 이는 하전막(荷電膜)이나 리간드를 결합시킨 어피니티(affinity)막으로 이용되고 있다. 하전성막에서 부호가 다른 하전성 물질은 막표면에서 정전적 결합이 생기며, 같은 부호의 하전성 물질은 정전적 반발을 받아 막표면으로의 부착이 억제되므로 막오염 방지법의 하나로 이용되고 있다.

어피니티막은 간편성으로 어피니티크로마토그래프를 대신하는 분리법으로 이용될 뿐 아니라, 세공 내에서의 차단작용 등에 의해 물리적 포착(고정)도 일어나므로 효소의 고정(immobilization) 등에 이용되고 있다.

(4) 막분리 기술의 적용

막을 이용하는 여과·분리 기술에는 제거 대상물질의 크기와 성질에 따라 정밀여과(MF), 한외여과(UF), 나노여과(NF), 역삼투여과(RO), 기체분리(GS), 전기투석(ED) 등으로 구분할 수 있다. 표 5.5.3은 이 중에서 고-액분리 계열에 주로 적용되고 있는 정밀, 한외, 역삼투 여과의 적용사례를 정리한 것이다. 이것은 주로 산업계에서 적용하고 있는 예를 나타낸 것인데 최근 하수처리수의 재이용을 위해 세계적으로도 MF, UF가 주로 이용되고 있으며, RO 역시 적용사례가 급증하고 있다.

표 5.5.3 고-액 분리계열의 막여과 적용사례

분리목적	적용사례	막여과기술
분리·정제	발효공정에서의 고액분리	MF
	분뇨처리	UF
	콜로이달 실리카의 농축	UF
정제	전자공업용 초순수 제조	MF, UF, RO
	의료용 무균순수 제조	UF, RO
	원자력발전소의 방사성폐액 처리	UF
	자동판매기용 음용수 정화	MF
	생맥주 제조	MF
	포도주의 제균(除菌)	MF
	효소제제의 정제	UF
	식용유의 정제	MF
	화장품, 의약품의 정제	MF, UF, RO
회수재이용	맥주폐수의 재이용	UF
	전자공업폐수의 재이용	UF, RO
	광학초자연마폐수의 재이용	UF
	실리콘폐수의 재이용	UF

(5) 막분리 기술의 특징

동일 피분리물질을 분리하는 경우 경쟁하는 분리프로세스가 있으므로 화학프로세스 등에서는 어떻게 최적의 분리·정제법을 선정하는지가 경쟁력이 되는 중요한 포인트가 된다. 막분리프로세스는 표 5.5.4에 나타낸 바와 같은 장점을 갖고 있으므로 적용범위가 넓고, 규모에 관계없이 처리가 가능하기 때문에 최근 급속히 발전하고 있다.

그러나 막분리 공정을 채용하는 경우 피처리물의 공정의 전후(前後)성상에 따라 적용성이 매우 크게 다르다. 즉, 전체 프로세스의 어느 단계에 막분리법을 투입할 것인지가 중요하므로 분리효율 및 막 수명을 향상시키기 위해 전처리공정에 별도의 분리법을 조합시키는 등 막분리법의 장점과 단점을 충분히 고려하면서 최적의 기능을 발휘할 수 있는 합리적인 프로세스 구성이 요구된다.

표 5.5.4 막분리법의 장단점

장 점	단 점
· 열, 약품에 의한 변성, 불활성화가 거의 없음 · 짧은 처리시간 · 대량처리 가능 · 막 선정에 의해 각종 분리모드 선택가능 · 분자량 분획이 어느 정도 가능 · 유·무기물 동시제거 가능 · 비이온물질 처리 가능 · 분리, 분획, 농축, 정제 동시에 가능 · 동물세포 분리에서 성장력 유지한 대로 분리가능 · 후처리공정의 부하를 경감 · cross flow 여과 가능 · 상변화가 없으므로 에너지 절약 · 장치, 설비가 간단 · 소요공간 작음 · 증설 및 확대 용이 · 연속조작 가능 · 자동화 용이	· 막 수명의 예측이 어려움 · 막힘, 오염에 따라 분리효율 저하 · 막 교환에 따르는 운영비 소요 · 농도분극이 일어나며 농축한계가 있음 · 고순도품의 획득이 어려움 · 고온, 높은 pH 등 극한조건에 부적절 (세라믹막 제외) · 정기적인 세정 필요 · 휴지기에 성능유지 위한 관리 필요 · 규모에 따른 이점은 없음 (처리량은 막면적에 비례)

6 수질관리

6.1 수자원 관리

6.1.1 수자원 관리 개요

(1) 댐의 건설

수자원의 근본이 되는 강수는 강우, 강설, 우박, 서리 등을 총칭하는 것으로, 우리나라의 연평균 강우량은 1,274 mm이고 수자원 총량은 1,240억m^3/년, 이용가능량은 337억m^3/년으로 비교적 수자원이 부족하지는 않지만 인구 1인당 강수량은 세계평균의 1/11 정도로 물부족 국가로 분류되고 있다. 또한 연간 강수량의 2/3가 6~9월에 편중되어 있고 지형학적 특성상 우리나라의 하천들은 급경사를 이루고 특히 서남해안의 하천은 상류가 급경사여서 강수가 일시에 유출되고 완만한 중하류부에 이르러서는 홍수피해를 가중시키게 된다. 즉, 우리나라의 하천은 하상계수, 즉 최대유량과 최소유량의 비가 매우 커서 수자원 관리차원에서 상대적으로 불리하기 때문에 일시에 유출되는 물을 저수하여 이용하기 위한 시설이 반드시 필요하다.

우리나라의 전체 수자원 이용량의 약 1/3(106억m^3/년)을 담당하는 댐은 계곡 또는 하천을 콘크리트나 토석 등에 의해 구조물로 막고 풍수시 하천수를 저류하고 방류량을 조절하여 하천유지용수를 조절하며 하천수의 유효한 이용을 꾀한 것으로, 특수 목적의 전용댐과 다목적댐 등이 필요하고 가장 적합한 장소에 건설하여 부족한 수자원을 저수하여 여러 가지 목적으로 적절하게 이용한다면 수자원 관리상 중요한 역할을 담당하게 할 수 있다.

(2) 상수원 보호

우리나라의 상수원은 주로 표류수와 지하수의 형태이며, 표류수로 하천수와 호소·저수지(댐)수, 지하수는 깊은 우물, 얕은 우물, 용천수, 복류수로 이용되고 있다. 그 중 가장 큰 비중을 차지하는 하천수와 저수지수는 오염에 쉽게 노출될 수 있으며, 특히 산업화와 도시화가 급격하게 이루어지면서 상수원 보호구역의 무제한적 개발이 진행되었고, 이에 따른 오염물의 유입으로 우리의 젖줄은 몸살을 앓고 있다. 또한 공장폐수의 무단방류, 각종 폐기물의 불법투기, 영세축산농가로부터 축산폐수의 유입, 농경지에서 무절제한 농약과 비료의 남용으로 인한 농경폐수의 유입 등으로 수역의 부영양화가 가속되어 자정작용의 한계를 벗어나고 있는 실정이다. 또한 지하수 역시 무분별한 온천개발, 비양심적인 지하수개발업자의 폐공방치, 사용중지 우물 등을 통해 빗물에 포함된 각종 오염물질이 지하로 유입되어 자정작용을 거의 기대하기 어려운 지하수는 전국곳곳에서 심각한 문제를 야기하고 있다.

게다가 더 시급한 것은 상수원보호구역의 설정과 이 구역의 개발제한, 이에 따른 지역주민의 반발 또한 간과할 수 없는 문제이다. 보호구역 설정시 엄밀한 조사를 통해 구역을 설정해야 하며, 지역주민의 생계유지나 감세혜택, 문화시설 설치 등 다각적인 대책을 수립하여 불협화음을 없애고 지역주민을 끌어안아 상수원 보호의 주체가 되도록 하여야 한다.

(3) 중수도

우리가 이용하고 있는 수돗물은 수원으로부터 취수하여 정수과정을 통해 수돗물로 바뀌고 우리가 사용한 뒤 하수가 되어 처리장을 거쳐 하천으로 방류된다. 중수도는 수자원의 부족과 상수원의 오염으로 인한 수돗물 부족 등을 해결하기 위해 등장한 것으로, 수돗물로 공급되고 있는 많은 용도 중에서 먹는 물과 같은 정도의 청정도를 필요로 하지 않으므로 그 각각의 용도에 알맞는 물로 처리·공급하는 것을 말한다. 즉, 사용한 수돗물을 생활용수, 공업용수 등으로 재활용할 수 있도록 다시 처리한 물로서 주로 사용될 수 있는 용도로는 수세식 화장실 용수, 공기조화·냉각용 보급수, 세차용수, 가로 청소용수, 조경용수, 소화·융설용수 등으로 인체와 직접적인 접촉이 없는 안전하고 사회적으로 용인될 수 있는 용도로 사용된다. 물론 각 용도에 따른 수질기준을 엄격히 지켜서 안전성에 문제가 없어야 하며, 경제적인 관점에서도 확대시행의 범위나 규모 등에 대한 면밀한 조사가 필요하다.

이와 같이 중수도 개발을 적극적으로 추진하여 수돗물의 공급량과 사용량을 감소시킬 수 있고 이에 따라 댐건설 수요나 하수 발생량 감소는 물론 각종 예산을 절약할 수 있으며, 나아가서 수질보전과 대도시의 물부족을 해소할 수 있는 방안이 될 수 있다.

(4) 오염규제

물오염에 대한 규제는 용도에 따라 크게 먹는 물에 대한 것과 버리는 물에 대한 것으로 나눌 수 있다. 먹는 물을 위한 것으로 상수원의 보호와 상수원수에 대한 수질환경기준, 수돗물에 대한 먹는 물 수질기준을 들 수 있다. 이것은 상수원 관리규칙, 환경정책기본법, 수도법 등에서 그 규정을 명시하고 있다. 또한 버리는 물에는 하·폐수처리장에서 처리수에 대한 방류수 수질기준, 개별 사업장의 폐수배출허용기준 등을 수질환경보전법에서 그 기준을 설정하고 있다.

이러한 각종 규제기준을 위반하였을 때는 경제규제방법으로 범칙금이나 행정규제로 처벌이나 개선명령, 조업정지, 시설이전, 폐쇄 등 행정명령을 통해 수질오염을 야기시킬 수 있는 요소를 강력히 규제하고 있다. 그러나 이러한 현행기준들을 계속적으로 고수할 수는 없으므로 장래 도달하기 바라는 수준의 수질목표를 설정하여 단계적이고 체계적으로 현실적 여건을 감안하여 규제를 강화시켜 나가는 정부의 일관된 노력이 필요하다.

(5) 개발과 규제

우리 인간은 잠시라도 물 없이는 생활할 수 없으므로 예로부터 물을 구하기 위해 우물을 파고, 농경지에 물을 대기 위해 하천에 보를 만들고, 이 물을 농경지에 송수하기 위해 수로를 만들고, 홍수로부터 피하기 위해 둑을 쌓았다. 이러한 모든 행위들은 물이라는 주체 속에 우리 인간이 길들여 가는 행위들이었으나 현재는 무절제한 사용과 무분별한 개발로 인해 인간과 자연과의 유대관계가 끊어졌으며, 그 마지막 고리를 잡기 위해 우리 인간들은 각종 수질규제법안을 마련하여 오염물 배출을 규제하고 부영양화를 방지하여 자연의 자정작용을 최대한 유지하면서 우리에게 불가피하게 필요한 물을 최대한 이용하였다. 이러한 시점에 하천을 죽어있는 수로가 아니라 물이 살아있는 자연으로 인식하고 생태계의 범위 내에서 개발하는 치수와 이수철학의 정립이 필요하다.

6.1.2 하천 관리

(1) 자연하천

자연하천에는 여울과 웅덩이가 교대로 나타나 깊이의 변화가 심하며, 깊이가 얕고 유속이 빨라 공기의 용존유입이 용이하여 용존산소(溶存酸素)의 양이 대체로 많다. 수중의 용존산소는 수중생물에 필수적일 뿐 아니라 오염물질제거에 있어서의 결정적 조건이므로 자연하천에는 규조류나 녹조류, 물이끼 등이 생산활동을 하며 여러 가지 유충들이 살고 있고 오염물질의 분해가 촉진되어 하천 자체로서 역동적 안정성을 유지하고 또한 다양한 동·식물의 서식처를 제공하는 풍부한 자정능력을 갖고 있다.

(2) 도시하천

도시하천은 도시지역 내에 있는 하천으로서 도시의 기능 및 발전에 밀접하게 연관되어 있고 이수(理水) 및 치수(治水)의 기능을 지닌 유수통로(流水通路)로 매년 1회 이상 물이 흐른 흔적을 나타내고 있는 토지구역을 말하며 다음과 같은 특성을 지닌다.

① 유역이 협소하여 토지이용이 단순하다.

② 국지적인 집중호우시 피해가 크다.

③ 홍수도달시간이 짧다.

④ 많은 토사의 운반으로 둔치가 발달된다.

⑤ 상수도정비로 인한 취수량 증가, 도로포장률 증가에 의한 지하유입수량의 감소, 하수도정비 등으로 인해 평상수량이 감소한다.

⑥ 하수도정비가 미흡하면 생활오수의 유입으로 수질이 악화된다.

(3) 도시하천의 오염

산업화와 도시화가 급격하게 진행됨에 따라 이러한 도시하천은 오늘날 심하게 오염되었으며, 하천생태계는 무시된 채 용수공급과 재해대비 측면만의 이수와 치수관리로 인해 도시하천은 그 오염도가 심화되고 있다.

(4) 자연친화형 하천

이처럼 도시하천의 오염도가 높아지면서 도시하천이 하천 본래의 기능을 상실하였거나 상실할 우려가 많아지면서 자연친화형의 하천조성사업이 전개되고 있다.

도시하천의 이수 및 치수기능을 저해하지 않는 범위 내에서 자연하천에 가까운 상태로 만드는 것은 도시하천의 생태계를 복원시키는 작업이 된다. 생태계의 다양성을 창출하고 자연하천의 속성을 살림으로써 주변과 조화로운 경관을 연출하여 도시민의 위락·경관지로서, 그리고 환경교육의 장으로서 개선해 나가야 하는 것이다.

최근 들어 우리나라에서도 여의도 샛강살리기와 양재천의 정화된 모습, 그리고 중랑천에서의 낚시광경 등은 이러한 자연친화형 하천가꾸기의 성공적 사례라고 할 수 있다.

6.2 오염 관리

물 오염의 가장 근본이 되는 문제는 물 사용과 관련된 우리의 생활양상이다. 농작물 경작, 주거지의 폐수배출방법, 산업활동 등과 같은 활동들이 오염물질을 축척하여 수질을 더욱 악화시키고 있는 실정이다. 본 절에서는 오염 총량관리에 대해서, 그리고 점오염원과 비점오염원에 대한 관리에 대해 소개하고자 한다.

6.2.1 수질오염 총량관리

(1) 개요

오염 총량관리란 오염원으로부터의 국부적 배출 농도가 아닌, 방류구역 전체에 배출 또는 방류된 전체의 양을 기준으로 관리하는 것을 말한다. 우리나라 환경부에서는 수질오염총량관리제도의 안정적 시행기반 마련을 위해 2008년 2월에 제2단계 수질오염총량관리 기본계획 수립 매뉴얼을 개정하였고, 2단계 기술지침 역시 2008년 9월에 개정하여 제2단계 오염총량관리 대상물질인 총인에 대하여 금강 3개 지점, 영산강 6개 지점의 목표수질을 확정·고시하였으며, 22건의 시·도별 총량관리 기본계획(변경)을 검토하였다.

수질오염총량관리제도는 과학적 바탕 위에서(scientific), 수질관리의 효율성을 제고하고(efficient), 각 경제 주체들의 책임성을 강화하여(responsible), 목표수질을 적기에 달성하고자 하는 제도로서, 목표수질 한도 내에서 오염물질 배출총량을 할당하고 "환경과 개발"을 함께 고려하여 지속가능성을 확보함으로써, 공공수역의 수질보전은 물론 유역공동체의 경제적·환경적 형평과 상생을 꾀하는 선진 유역관리제도이다.

우리나라 수계 특성상 하천의 환경기준 달성에는 근본적으로 한계가 있기 때문에, 오염부하량의 양적 증가를 적정하게 통제하기 위하여 1998년 수립된 '팔당호등한강수계상수원수질관리특별종합대책'에서 처음 도입된 이후 낙동강 등 3대강 종합대책에 반영되고 4대강 특별법에서 제도적으로 뒷받침되었다.

낙동강, 금강, 영산강·섬진강 등 3대강 수계는 지자체에서 목표수질을 달성하지 못하는 경우 의무적으로 오염총량관리제를 시행하도록 규정하였고, 2004년 8월 낙동강수계 부산 및 대구광역시를 시작으로 2008년말 현재 63개 지자체에서 오염총량관리제가 시행되고 있다.

(2) 유역관리

한강 등 4대강 물환경연구소에서는 오염부하의 체계적인 관리, 오염수역의 중점관리, 수질오염총량관리제 실시 등 4대강 수계의 물환경 보전을 위한 유역관리 정책수립 및 이행평가의 과학적인 근거자료를 확보하기 위하여, 2009년 145개 단위유역(한강 49개, 낙동강 41개, 금강 32개, 영산강 23개)내 169개 조사지점에서 수질변화와 유량 변동 추세를 측정·분석 및 평가하였다.

조사항목은 유량 및 BOD, 총인 등 9개 수질항목과 총유기탄소, DOC, 클로로필-a 등 관심항목을 추가 조사하였으며, 연간 30회 이상 특정 요일에 집중되지 않도록 평균 8일 간격으로 6,756건을 조사하였다.

조사결과는 월 단위로 국립환경과학원과 각 유역환경청 등에 보고하고, 분기마다 환경부를 비롯하여 각 수계 내 시·도·군 행정기관에 제공하여 관련 업무에 활용하도록 하였으며, 수질오염총량관리 목표수질 달성도 평가 및 기타 동 자료를 학계, 연구기관 등에서 활용할 수 있도록 <수질·유량측정망 등 DB 및 웹시스템> (http://smat.nier.go.kr)을 통해서도 제공하고 있다.

(3) 호소관리

건강한 수중 생태계 보전과 복원에 관한 연구로는 환경부 호소조사지침(2001년 12월)에 따라 팔당호 등 4대강 수계의 36개 호소의 수질, 생물서식현황, 오염원 분포 등 환경 전반에 대한 조사를 실시하였고, 충주호 등 41개 호소의 수질 및 동·식물플랑크톤 군집구조를 조사하여 호소 수질 보전에 필요한 기초자료를 확보 하였다. 그리고 1998년부터 시작하여 현재 20개 호수에서 시행 중인 조류예보제의 발령기준이 과학적 근거 부족으로 국내 수계 특성을 반영하지 못함에 따라 국내 수계 실정에 맞는 발령기준을 재설정하고 조류예보제 개선안을 마련하고자 과학적 실측조사를 실시하였다. 국내 주요 호수의 남조류 발생경향을 분석하고 국내출현 유독 남조류의 독소함량 및 세포수간 상관관계 분석을 통한 국내 수역에 적절한 조류예보제 발령기준을 제안하였으며 군체형성 남조류 계수법, 남조류 독소 분석방법 비교, 평가 등을 통한 조류예보제 운영 기법을 체계화하여 현행 조류예보제 운영지침의 개정에 활용할 예정이다.

또한, 4대강 물환경연구소에서는 유역환경자료 확보를 위한 연구개발(R&D) 사업인 환경기초조사사업을 추진하여, 2008년도 유역환경조사평가, 담수생태계기능해석, 오염부하의 정량화와 예측, 종합유역관리 등 4개 분야에서 총 58과제를 추진하였으며, 유역관리연구센터 운영을 통한 물관리 연구네트워크를 구축하여 환경자료의 정보화 및 유역내 전문가 역량을 결집하는 창구 기능을 수행하였다. 이를 통해 유역내 당면문제 도출·해결 및 수질오염총량관리제 등 선진 유역관리기법 조기 정착, 새로운 유역관리기법 개발 등 수환경 보전정책 수립에 필요한 기초자료 생산과 정책으로의 환류 역할을 할 수 있게 되었다.

(4) 수질개선을 위한 연구

수질 개선을 위한 물환경분야 연구로는 수질측정망 중권역 대표지점을 포함하여 2008년 현재 전국 하천의 540개 지점에서 부착조류, 저서성 대형무척추동물, 어류, 서식·수변환경 및 수변식생 분포 상황을 조사하고 건강성을 평가하였으며, 이를 기초로 수생태계 건강성 조사 및 평가 지침(안)을 마련하였다. 그리고 사람의 건강보호를 위한 수질환경 기준 35개 예비항목의 오염도를 조사하고 위해도를 평가하였으며, 퇴적물 관리를 위해 하천 111지점, 호소 28지점을 대상으로 퇴적물 오염도모니터링을 시범적으로 실시하였다. 또한 수돗물 중의 냄새물질인 지오스민과 2-MIB (Methyl isoborneol)를 먹는물 수질감시항목에 추가하였고, 6개 특·광역시 및 수자원공사에서 생산하고 있는 병입 수돗물 중의 소독부산물과 낙동강 수계의 원·정수에 대한 미규제 미량유해물질인 퍼클로레이트를 조사하여 먹는물의 안전성을 확보하고자 하였다.

6.2.2 점오염원 관리

물 오염을 일으키는 오염원은 자연적인 요인과 인위적인 요인이 있으나 오염물질의 처리 및 관리의 측면에서 오염원을 점오염원과 비점오염원으로 구분하고 있다.

점오염원(Point source)은 특정 오염원이라고 하며 오염물질이 특정의 지점 혹은 좁은 지역내에서 발생하는 것을 가리키며 배출지점을 분명하게 알 수 있다. 점오염원의 대표적인 것에는 생활하수, 산업폐수, 축산폐수 등이 있다.

(1) 생활하수

생활하수란 가정이나 사업활동에서 발생되어 하수 관거를 통하여 하천이나 해역등의 공공수역으로 방류되는 물을 말한다. 생활 하수 중 큰 비중을 차지하는 유기물은 동식물에서 나오는 단백질, 지방 탄수화물과 그 분해물이다. 특히 생활하수에 포함되어 있는 많은 양의 합성세제는 수질오염의 중요한 요인이 되고 있다. 이들은 분해가 쉽지 않고 물속에서 거품을 형성하여 햇볕을 차단하고 세제에 포함된 인산염이 강이나 호소에서 자라는 조류에 비료와 같은 역할을 하여 부영양화현상을 일으킨다. 또한 조류가 죽게 되면 박테리아가 이를 부식시키는 과정에서 많은 양의 산소를 필요로 하므로 물 속 생물이 산소 부족으로 살 수 없게 되고 결국 강이나 호소가 자정능력을 잃게 된다.

우리나라의 생활하수 발생 현황을 연도별로 살펴보면 인구가 증가함에 따라 생활 하수량도 비례해서 증가해 왔다. 1980년 우리나라 총 하수 발생량은 6,759천m^3/일이던 것이 매년 일정률로 증가하여 10년 후인 1990년에는 약 2배인 12,323천m^3/일로 늘어났고 2000년에는 또 약 64.2%가 더 늘어난 20,233천m^3/일로 증가했고, 2008년에는 24,430천m^3/일이 되면서 하수도 보급률도 88.6%에 이르게 되었다. 1인당 급수량과 1인당 하수 배출량도 일정한 비율로 계속 증가해 왔는데 매년 1인당 급수 증가율보다 1인당 하수 배출 증가율이 높은 비율을 보여주므로 우리의 생활 패턴이 해가 갈수록 오염 지향적이었다고 볼 수 있다.

각 도시별 하수 발생량, BOD 발생량, 인구당 하수 발생량, 하수 발생량당 BOD 배출량을 산출, 정리하여 표 6.2.1에 나타내었다. 먼저 하수 발생량을 볼 때 전국의 총 하수 발생량은 13,972천톤/

일로 추정되며 그 중 도시지역이 약 90%, 농촌지역이 10%를 차지하는 것으로 나타났다.

표 6.2.1 시·도별 하수 발생 현황(2008년)

	인구 (천명)	하수발생량 (천톤/일)	BOD부하발생량 (톤/일)	1인당 하수발생량 (kg/인·일)	하수발생량 BOD배출량(g/일)
	총계	총계	총계	총계	총계
전국	50,394	13,972	2,518	314	180
서울	10,456	4,546	649	395	143
부산	3,596	1,483	232	361	156
대구	2,513	836	133	354	159
인천	2,741	739	117	356	158
광주	1,435	337	70	271	208
대전	1,495	378	65	328	172
울산	1,127	1,653	360	260	218
경기	11,549	399	88	258	221
강원	1,521	354	77	263	218
충북	1,542	414	100	235	242
충남	2,054	545	114	275	209
전북	1,875	543	127	245	234
전남	1,939	712	157	259	221
경북	2,710	901	201	254	223
경남	3,277	132	28	257	212
제주	566				

전국 1인당 하수 발생량은 314 kg/인·일이고 도시지역은 326 kg/인·일, 농촌지역은 236 kg/인·일로서 도시지역이 농촌지역보다 하수 발생량이 1.4배 높았다. 또한 대도시로 갈수록 1인당 하수 발생량이 높게 나타나 서울이 395 kg/인·일로 가장 높았다. 또한 6대 도시의 1인당 하수 발생량이 9개 도의 도시지역보다 훨씬 높게 나타났다. 따라서 생활 수준과 소득 수준이 높을수록 물 사용량이 많아져 하수발생량도 높게 나타났다.

하수 발생량당 BOD 배출량에 있어서는 전구의 하수 발생량당 BOD 배출량은 180 g/톤·일이고 도시지역은 전국 평균치 보다 낮은 173 g/톤·일, 농촌은 평균치보다 높은 246 g/톤·일로 나타났다. 이는 도시지역이 상대적으로 훨씬 많은 물을 사용하기 때문에 하수 발생량 자체가 많아서 단위 BOD 발생량의 비율은 낮게 나타나 6개 광역시 보다는 9개 도, 9개 도보다는 농촌지역의 비율이 높게 나타났다. 따라서 서울이 가장 낮은 단위 BOD 발생량을 보여주었다.

(2) 산업폐수

산업폐수는 생활하수에 비하여 배출량은 적으나 상당히 높은 농도의 오염물질을 함유하고 있기 때문에 물의 오염에 상당한 영향을 미칠 수 있다. 특히 산업폐수를 발생하는 산업체는 공단과 같은 일정 지역에 많이 모여 있기 때문에 일시에 대량의 폐수를 배출할 수 있다. 한편 산업폐수는 불특정 다수의 생활하수와는 달리 특정배출업체에 한하기 때문에 개선을 위한 효과는 생활하수에 비해 오히려 쉽게 나타날 수도 있다.

산업폐수는 산업의 다양화, 고도화로 인하여 각종 중금속을 비롯한 고농도 유기물질이나 난분해성 물질을 많이 함유하고 있기 때문에 처리하는데 많은 주의를 요하게 된다. 처리하지 않은 산업폐수의 유출은 이른바 물파동을 일으키는 주원인이 되는데 1991년 낙동강 페놀사건은 우리가 실제로 겪었던 것이다.

산업폐수 중 중금속 함유 폐수는 생물농축 과정을 거쳐 인간의 몸에 중대한 질병을 일으키므로 이와 같은 폐수를 배출하는 도금, 화학, 피혁공장 등에서의 수질관리는 세심한 주의와 많은 노력이 필요하다. 산업폐수가 지하수를 오염시킬 경우 그 피해는 지표수와 마찬가지로 막심하며 원상복구를 위해서는 오히려 지표수에서 보다 더 많은 노력이 필요하다. 특히 크롬과 시안 등의 유독물질을 비롯하여 산업의 고도화에 따른 각종 발암성 물질의 오염은 외국에서의 일이 아니라 우리나라에서도 발생할 수 있으므로 주의를 필요로 한다.

폐수배출업소의 배출량은 산업체 규모와 형태, 물 재사용 정도, 폐수처리방법 등에 따라 달라지게 되는데 여러 가지 공정에서 사용되는 용수의 85~95%가 보통 폐수로 배출된다. 한편 2007년말

표 6.2.2 폐수배출업소 및 폐수량추이 (단위 : 개소)

구 분	계	1종	2종	3종	4종	5종
1997(96.12)	39,939	275	427	986	2,002	36,249
1998(98.01)	37,621	241	433	1,034	2,036	33,877
2002(01.01)	48,876	297	458	1,125	1,823	45,173
2003(01.12)	51,469	303	540	1,128	1,834	47,664
2004(02.12)	53,851	306	555	1,117	1,829	50,044
2005(03.12)	55,405	307	558	1,135	1,889	51,516
2006(04.12)	39,012	317	480	979	1,686	35,550
2007(05.12)	40,409	318	477	1,071	1,764	36,779
2008(06.12)	45,163	324	508	1,220	2,054	41,057
2009(07.12)	47,155	342	551	1,197	2,195	42,870
2010(08,12)	46,860	323	523	1,186	2,264	42,564
2011(09,12)	46,860	323	523	1,186	2,264	42,564

※ ( )는 통계작성기준 시점임

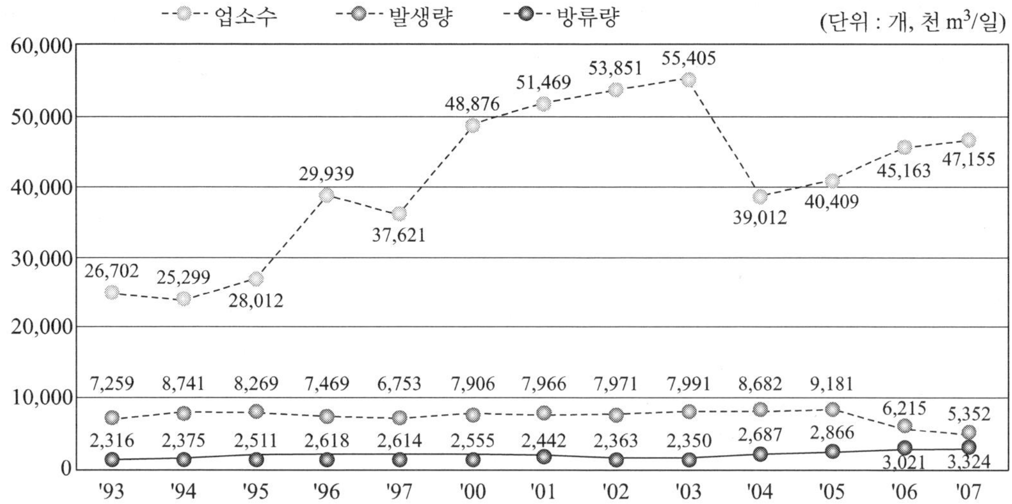

그림 6.2.1 폐수배출업소 및 배출 현황 비교

기준 전국폐수발생량은 5,352천m^3/일로 전년 대비 863천m^3/일(13.9%)이 감소하였는데, 폐수방류량은 2006년 12월 대비 303천m^3/일(10.0%) 증가하였다. 이는 폐수발생량이 많은 신규 배출업소의 누락 보완 등이 발류량 증가원인이라고 환경부에서는 보고 있다(그림 6.2.1).

현재 우리나라는 산업폐수의 배출시설 설치허가를 받은 시설에서 배출되는 폐수와 기타 산업활동에서 발생되는 폐수로 구분하고 있으며 배출시설 이외의 산업시설에서 발생되는 폐수는 생활하수에 포함시키고 있다. 수질환경보전법은 수질오염을 유발하는 공장과 사업장, 가축시설 중 일정 규모 이상을 폐수 배출시설로 정하여 관리하고 있다.

우리나라의 「수질 및 수생태계 보전에 관한 법률」에서는 수질오염의 원인이 되고 있는 사업장 중 일정 규모 이상의 시설을 폐수 배출시설로 정하여 이를 관리하고 있다. 폐수 배출량은 폐수량을 기준으로 1종부터 5종까지 구분되고 있는데, 그 내역은 다음과 같다.

표 6.2.3 우리나라 폐수 배출량의 구분

종별	폐수배출량 또는 처리능력
1 종	2000 m^3/일 이상
2 종	700 m^3/일 ~ 2,000 m^3/일
3 종	200 m^3/일 ~ 700 m^3/일
4 종	50 m^3/일 ~ 200 m^3/일
5 종	50 m^3/일 미만

특기할 사항은 다량의 폐수를 배출하는 1~3종이 업소수는 전체 업소수의 6.1%에 불과하나 폐수 배출량이 93.9%에 달하고 있다는 것이다. 대형업체가 수질오염의 발생원인임을 알 수 있다.

(3) 축산폐수

폐수 발생량은 크게 생활하수, 산업폐수 그리고 축산폐수 등으로 크게 대별된다. 그 중 생활하수와 산업폐수는 우리나라 폐수 발생량의 대부분을 이루고 있으므로 일반 국민의 관심은 이들 폐수 발생량 억제에 집중되어 왔다. 반면 축산폐수는 발생량이 적어서 큰 관심을 끌지 못했으나 최근 그 피해가 알려지면서 축산폐수의 처리문제가 사회적 관심사가 되고 있다. 우리나라 축산농가는 대부분 규모가 영세하고 농업의 부업으로 운영되는 것이 일반적이어서 축산폐수 처리시설을 제대로 갖추고 있는 농가가 거의 전무한 실정이다.

근래에는 대규모 축산농가에서는 반드시 축산폐수 처리시설을 설치하도록 되어있기 때문에 축산폐수의 처리를 어느 정도 기대할 수 있다. 그러나 처리시설이 제대로 가동되지 않거나 처리시설을 갖추지 못한 곳이 대부분이기 때문에 공동 정화시설을 설치하는 등의 노력이 필요하다. 토지면적이 넓은 나라에서는 축산폐수의 농지 환원방법을 사용하고 있으나 우리나라에서는 토지면적이 좁고 부분적으로 토지에 살포하거나 그대로 방류되는 경우가 발생되고 있다. 특히 상수원 보호구역이나 특별대책지역에서 축산폐수의 발생은 부영양화 현상을 불러 일으켜 상수원의 오염과 함께 사회적인 문제로까지 부각될 수 있다. 따라서 소, 말, 돼지, 닭을 사육하는 축산농가에서 배출되는 폐수는 무방비상태로 강이나 하천, 호수로 흘러들어가 수질 악화와 부영양화를 초래하고 있으며, 특히 상수원 지역에 위치하고 있을 경우 상수원 및 농업용수를 오염시키고 악취와 해충 발생을 초래하여 환경을 파괴하는 중요 요인이 되고 있다.

이러한 축산폐수의 오염원이 되고 있는 우리나라 가축사육의 연도별 추이는 표 6.2.4와 같다.

표 6.2.4 축산농가 및 사육두수 현황(단위 : 천가구, 천두)

구 분		2006	2007	2008	2009	2010	2011
한 우	농가수	190	184	181	175	172	174
	두 수	2,020	2,201	2,430	2,634	2,921	2,950
젖 소	농가수	8	8	7	7	6	6
	두 수	464	453	446	445	430	414
돼 지	농가수	11	10	8	8	7	6
	두 수	9,382	9,606	9,087	9,585	9,880	8,171

2011년말 현재 19만 축산농가에서 소, 돼지 등을 1,153만두 사육하고 있고, 이중 돼지 사육은 꾸준히 증가하고, 젖소는 줄어들고 있다. 한편, 축산농가의 전업화, 기업화로 인하여 사육농가는 감소 추세에 있다.

소·돼지의 가축분뇨 발생량은 1일 97,318 m^3/일이며, 이 중 돼지 41,672 m^3/일, 젖소 15,231 m^3/일, 한우 40,415 m^3/일로 돼지사육농가에서 발생되는 가축분뇨가 43%로 가장 많은 양을 차지하고 있다.

사육규모별로는 대규모 사육농가인 허가대상이 57%, 중규모 사육농가인 신고대상이 33%로 축산농가가 대규모화하고 있다.

표 6.2.5 가축분뇨발생현황 (단위 : m^3/일)

구 분	계	허가대상	신고대상	신고미만
계	97,318	55,194	32,029	10,095
돼 지	41,672	31,254	9,168	1,250
한 우	40,415	14,954	17,378	8,083
젖 소	15,231	8,986	5,483	762

(4) 점오염원 관리

환경 기초시설을 계속 확충하고 수질환경 기준을 보강하여 점오염원에서 배출되는 오염물질을 감소시켜 수질의 저하를 방지할 수 있다. 가장 널리 사용되는 도시오염의 측정은 처리된 폐수의 유기물 함량으로 감소된 산소량을 측정하는 것이다. 유기물 분해로 인한 산소의 감소로 물고기나 다른 수중 새물들이 사용할 산소량이 감소하게 된다. 이외에도 여러 지표를 사용하여 오염은 측정 평가된다. 지속적인 폐수처리 기술의 개발 및 도시 종말 처리장 등을 포함한 환경기초시설의 건설로 도시 오염물질의 유입을 극적으로 감소시켜 처리시설의 하류와 주변의 생물학적 상태를 향상시킨다. 하지만 여전히 남아있는 문제점은 도시 하수처리장으로 흘러가는 산업폐수의 전 처리, 때때로 발생하는 처리장의 용량을 초과하는 합류오수와 우수의 유입, 폐수처리 시 발생되는 다량의 슬러지 처분, 부영양화의 원인이 되는 영양염류의 제거, 질병을 유발하는 미생물의 제거, 하수관거의 정비, 그리고 기존 처리장들의 최적운전 등이다.

특히, 산업폐수가 도시 하수처리장으로 방류되기 전에 전처리를 확실하게 하도록 하기 위한 프로그램을 발전시키는 것이 중요하다. 산업오염물질은 합성유기물질, 중금속과 독성 화학물질과 같은 해로운 물질을 포함하고 있을 뿐만 아니라 용존물질, 유기물 그리고 영양분과 같은 일반적인 오염물질도 포함하고 있다. 철광산업(예를 들어 채광, 쇠와 철의 제조, 금속 마무리 그리고 석유 정제)이 지표수에 부유물질과 중금속을 많이 배출하고 있다. 섬유, 펄프와 종이, 식품 그리고 음료산업체도 많은 양의 부유물질을 방류하고 생화학적 산소 요구량을 유발하는 유기물질을 발생시키는 주된 요인이다. 에나멜 채색과 코일 코팅산업체와 더불어 플라스틱 성형과 제작 산업체는 지표수에 인을 방류하는 주된 근원지 이다. 이와 같은 산업폐수 관리의 목표는 산업체가 폐수를 도시 하수처리장으로 보내기보다 산업체 내에서 적절하게 처리하도록 하는데 있다. 이것은 대부분의 도시 하수처리장이 산업폐수에 들어있는 맹독성 물질들을 적절하게 처리할 수 없기 때문이다. 이를 위해서 산업체는 가장 적절한 전처리 기술에 대해 자체적으로 계속 연구하여야 할 것이다.

6.2.3 비점오염원 관리

(1) 비점오염원이란?

비점오염원(non-point source)은 비특정 오염원 또는 면오염원이라고 하며 점오염원과는 달리 오염물질의 배출이 넓은 범위에 걸쳐 발생하는 것을 말한다. 따라서 비점오염원은 특정 지점이나 좁은 지역에서 발생하지 않고 오염물질이 면의 형태로 분포하고 있으며, 처리시설에 의해 처리되지 않고 있기 때문에 오염원의 확인이 불분명하고 관리가 쉽지 않다.

비점오염원에 의한 오염은 빗물이나 눈 녹은 물이 지표면을 지나 지표수로 유출될 때와 오염된 토양을 통해 지하 대수층으로 침투하는 과정에서 오염물질이 유출되어 발생한다. 넓은 면적으로부터 일정한 관로를 통하지 않고 유출된다는 특징이 있다. 지표수를 오염시키는 주된 비점오염원은 농경지, 목초지, 산림지, 사육장, 건축현장, 관산과 벌채지, 폐기물 처분현장이나 매립지 그리고 도시의 도심지와 도로 등이다. 이들에 의해 생성되는 모든 오염물질을 포함한 채 배출되는 빗물이 실제로 주된 비점오염원이 된다. 도시지역에서 유출되는 빗물은 SS 및 유해 중금속의 함유도가 높으며 농경지 및 목초지 등에서는 질소·인과 같은 영양염류가 많이 배출되고 있다. 비점오염물은 계속적인 방류에 의해서라기보다 주로 비나 폭풍과 같은 집중적인 강우에 의해 유발된다. 같은 의미에서 도시 합류오수의 월류(Combined Sewer Overflow) 또한 주요 비점오염원이 된다. 비가 오므로 합류식 하수관거들의 용량이 초과되어 하수처리장까지 다 운송하지 못하고 그 중간에서 넘쳐 다른 하천이나 강으로 합류오수를 유출시키는 것을 합류오수의 월류라 한다. 도시 합류오수는 성분이 가정오수 및 배출되는 산업폐수와 거의 같으므로 이의 월류는 곧 오염을 의미한다.

(2) 오염부하량과 원단위

일반적으로 오염부하량은 일정 기간에 각종 오염원으로부터 배출되는 오염물질의 총량을 말하는데 오염부하량은 오염원의 형태 및 배출시기에 따라 달라지기 때문에 정확한 오염부하량을 구하기 위해서는 장기간에 걸쳐 각각의 오염원에 대한 발생량을 측정하여야 한다. 그러나 많은 오염원을 모두 측정한다는 것은 현실적으로 어려운 실정이다.

원단위는 일반적으로 오염물질의 오염부하 발생원 단위(pollutant load factor)를 간단하게 가리키는 것으로 오염부하량을 단위기간당 사람수, 가축두수, 유역면적 등으로 나눈 값을 사용한다. 단위기간으로는 일(day)과 년(year)을 많이 사용하고 있다. 원단위는 처리시설 설계에 있어서 기본 자료로 이용되고 있으며, 각각에 있어 그다지 큰 차이가 없다고 생각될 때에는 문헌 또는 조사 사례의 원단위를 참고하기도 한다.

자연계의 비점오염원 중에서 강우에 의한 오염발생량과 원단위를 표 6.2.6에 나타내었다.

표 6.2.6 10mm 강우에 의한 오염발생량과 원단위

유역번호	1	6	8	9	13	연간배출량(kg)	원단위(kg/ha·년)
예상유출고(mm)	5.15	2.82	4.08	3.02	0.49		
유역면적(ha)	78	800	227	59	189		
고형물	11.0	5.3	9.0	17	4.0	217,000	270
용해성잔류물	5.2	2.5	4.9	4.0	4.2	112,000	140
TOP	2.7	0.60	0.99	0.55	0.13	28,000	35
Pb	0.016	0.017	0.007	0.012	0.0001	750	0.9
Zn	0.13	0.029	0.020	0.014	0.0001	1,270	1.6
T−P	0.044	0.013	0.014	0.014	0.0014	520	0.65
NH_3-N	0.017	0.009	0.002	0.009	0.0002	390	0.49
NO_2-N	0.023	0.0015			0.0006	60	0.07
NO_3-N	0.064	0.080	0.047	0.18	0.009	3,700	4.7
킬달질소	0.19	0.095	0.060	0.098	0.01	3,900	4.9

(3) 우리나라의 오염 부하량

우리나라는 비점오염원인 도시지역, 농경지역, 산림지역이 90% 이상을 차지한다고 여겨지나 실측자료가 없어 비점오염 부하량을 추정하기가 어렵다. 자료에 따르면 도시지역 유출로부터 배출되는 BOD 부하량이 생활하수 부하량에 육박하며 하천이나 호소로 유입되는 총인(T−P)과 총질소(T−N)가 전체 부하량의 상당한 양을 차지한다고 한다.

우리나라 환경부의 자료(2004년)에 의하면 4대강 수계에 대한 BOD 오염부하에서 전체의

22~37%가 비점오염원에 의한 것으로, 또한 하천 및 호소 부영양화에 영향을 미치는 영양물질을 기준으로 분석한 경우 팔당호의 오염 부하량 중 44.5%가 비점오염원에 기인한다고 한다.

(4) 오염원 관리

우리의 문화, 경제생활 및 기타 생태계의 생존을 최적으로 영위할 수 있도록 지표수, 지하수 등 우리 주변의 수질환경을 오염으로부터 보호하며 가장 효율적으로 사용하기 위하여 수질의 합리적이고 계획적인 관리가 필요하다. 참고로 표 6.2.7에 집중관리를 요하는 주요 오염원들이 하천, 호수, 연안별로 구분되어 제시되었다. 오염원의 분류에 따라 수질관리도 크게 둘로 대분되어 점오염원 관리 및 비점오염원 관리로 나누어 생각할 수 있다.

표 6.2.7 하천, 호소, 연안의 5대 주요 오염원

순위	하천	호수	연안
1	농경지	농경지	도시 점오염원
2	도시 점오염원	홍수, 폭풍시 월류	홍수, 폭풍시 월류
3	홍수, 폭풍시 월류	수리, 지리학적 변화	농경지
4	자원개발	도시 점오염원	산업 점오염원
5	산업 점오염원	폐수의 방류	자원개발

환경기준에 의해 점오염원으로부터 배출되는 오염물질들은 그 양이 규제되고 있는 반면, 비점오염원들은 그다지 명확하게 드러나 있지 않고 상당히 넓게 분포되어있어 현재로서는 규제가 여러 모로 미흡하여 상당량의 오염물질들이 유입되고 있다. 따라서, 점오염원들에 대한 규제가 계속 강화되고 환경 기초시설들이 확충됨에 따라 비점오염원이 수질에 미치는 영향이 점점 증가할 것이다. 이에 따른 비점오염원의 효율적 관리도 그 비중을 더하게 될 것이다. 미국연방환경청(USEPA)의 보고에 의하면 Clean Water Act가 1970년대 초에 통과한 후 점오염원에 대한 집중적인 관리로 오염물질의 유입이 감소되어 수질의 악화가 둔화되었으나 비점오염원의 영향으로 여전히 수질은 향상되지 않고 완만하나마 계속적으로 나빠진다고 하였다(USEPA, 1984). 따라서 미국 국회는 Water Quality Act라는 법을 만들어 비점오염원의 관리를 법제화하여 모든 주정부로 하여금 비점오염원의 수질에 미치는 영향을 파악하고 그 대책을 수립하도록 규정하였다. 가장 환경친화적이고 경제적인 관리방안을 수립하기 위하여 비점오염이 수질에 미치는 영향이 보다 정확하게 이해되어야 하며 현재 이를 위한 연구가 활발히 진행되고 있다.

비점오염원들은 토지이용 형태에 따라 편의상 몇 가지로 분류가 된다. 여러 형태의 부류 중 미국

연방환경청은 다음의 8개의 분류를 사용한다. 이들은 농업(축산포함, agriculture), 임업(silviculture), 건설(construction), 도시 빗물 유출(urban runoff), 광산(mining), land disposal, hydrologic modification 그리고 기타를 말한다. 이들을 보다 크게 분류하여 농업(agriculture), 도시(urban), 그리고 광산(mining)의 3분류로 나누기도 한다(WPCFRF, 1990). 중요한 것은 지역의 사정에 따라 분류하여 오염원의 특성을 잘 파악하는데 있다 하겠다.

이들 비점오염원들이 수질에 미치는 가장 중요한 영향은 침전물, 영양염류, 미생물 특히 병원 미생물, 살충제, 독극물, 염도(salinity), 생태계 변이(habitate alteration), 그리고 산소 요구량이다(ASIWPCA, 1985). 이들 이외에도 지역에 따라 유량, pH, 수온, 그리고 특정한 화학물질 등에 영향을 미치는 것으로 밝혀져 있다. 그러나 이들 영향의 정확한 기작에 대해 우리가 아직 충분히 이해하고 있지 못하다. 보다 효율적인 수질관리를 위해서는 이에 대한 많은 연구가 앞으로 진행되어야 할 것이다.

현재 많이 적용되고 있는 비점오염원의 관리방안들은 Best Management Practices(BMPs)라 불린다. 이들 BMPs는 오염원의 종류, 토지이용 형태, 지역의 특성 등을 고려하여 선정된다. 때로는 복합적으로 이용되기도 한다. 현재까지의 예를 보면 비용이 많이 드는 구조물이나 설비 등을 설치하는 방안들이 관리방법 및 관습의 개선을 통한 방법보다 그렇게 효율적이라고 말할 수 없다. 3가지(농업, 도시와 광산)로 분류된 비점오염원들에게 각각 적용되는 주요 BMPs는 다음과 같다. 농업지역에 있어서는 보전 경장(conservation tillage), 수로 때 입히기(grassed waterways), 강변완충지대 설정(buffer zones near riparian habitats), integrated pest, nutrient and irrigation management plans, 농업화학물질 관리계획(agrichemical management practices) 등이 시행된다.

도시지역에 주로 적용되는 BMPs는 배출되는 빗물의 양을 관리하고 빗물과 함께 유출되는 오염물질을 줄이는 데에 중점을 둔다. 하수관거가 분리식 또는 합류식이냐에 따라 시행될 BMPs의 방법들이 다르다. 합류식 시스템은 평상시 오수를 처리장으로 운반하는 차집관거(INTERCEPTOR)를 갖고 있다. 비가 오는 경우, 차집관거 또는 처리장의 용량이 넘쳐 합류오수가 주변으로 월류를 하게 된다. 몇몇 보고서에 따르면 이들 월류되는 합류오수를 저장하여 나중에 처리장의 용량이 여유 있을 때 처리하는 것이 하수관거를 분리하는 방안보다 수질에는 더 좋은 영향을 미친다고 한다(WPCFRF, 1990). 이와 같은 합류오수의 월류(combined sewer overflow)를 방지하는 방안과 더불어 도시지역 BMPs는 토양의 침식방지, 침전물 유출제어, 빗물 유출제어, 습지보호를 위한 많은 방안들을 포함한다(NIPC, 1992).

광산지역에서 비점오염원으로부터 배출되는 오염물질은 장소에 따라 그 양과 조성이 다양하여 관리방안도 지역에 따라 차이가 많다. 채광활동에 따라 관리방안이 전채광(pre－mining), 채광중(during－mining)과, 채광후(post－mining) 방안으로 나뉠 수 있다. 채광전에는 나중을 대비해 지질, 토양, 그리고 다른 천연자원에 관해 가능한 많은 양의 데이터를 수집해 놓을 필요가 있다. 채광 중에는 깨끗한 물을 채광지역에서 분리시킬 방안이 마련되어야 하며 또한 오염되어 유출되는 빗물을 처리할 시설이 필요하다. 광산지역으로부터 배출되는 산폐수 및 기타 독성을 함유한 폐수는 가능한 한 편정에서 처리하는 것이 바람직하다. 이들 처리로부터 배출되는 슬러지는 대부분의 경우 금속의 함량이 높다. 채광후에는 주로 재이용을 위한 관리 방안들이 적용된다. 예를 들면 오염된 지역의 표피를 다른 깨끗한 흙으로 바꾸고 표면에 대를 입히거나 녹색지대로 만드는 것과 같은 방안들이 사용된다.

비점오염원은 경제수준이 향상되고 토지 이용수준이 고도화될수록 배출량이 증가하는 경향을 나타내므로 점오염원의 부하량이 경감된다 해도 비점오염원에 의한 부하비율은 더욱 커질 수밖에 없다. 따라서 비점오염원의 특성에 따른 체계적인 관리 없이는 수질관리에 성공할 수 없다.

이에 따라 우리나라는 2004년 3월 '수질개선기획단' 의 주관 하에 「4대강 비점오염원 관리 종합대책」을 수립하여 제1단계(2004~2005년)에서 제도 개선 및 시범사업, 제2단계(2006~2011년)에서 수계별 소유역단위의 최적관리사업, 제3단계(2012~2020년)에서 비점오염관리의 전국화 추진으로 단계별 주제를 정하여 구체 시안을 마련, 시행하고 있다.

6.3 수량 관리

산업의 발달과 생활의 향상으로 인한 물의 수요가 증가하였으며 그 결과 폐수량도 많이 증가하였다. 오염원의 정확한 특성을 파악하기 위해서는 오염발생원별 폐수량 변동 특성이 매우 중요하며, 특히 하수처리장의 규모결정에 매우 중요한 결정 변수가 된다. 그러므로 본 절에서는 여러 형태의 물 수요상태를 살펴보고 유량의 변동 특성에 대하여 설명하고자 한다.

6.3.1 수요량과 폐수 발생량

폐수량과 그 성격은 오염발생원에 따라 달라지며, 산업폐수의 경우 폐수량은 제조공정과 제품의 생산량에 따라 달라지게 된다. 표 6.3.1은 공장내부에서 순환수량에 상당히 의존하고 있는 대표적인 산업용수의 수요를 설명하고 있다. 대부분의 산업용수는 음용수 수질과 같은 양질의 물을 요구하고 있지 않으며, 산업용으로서 하수처리장의 유출수와 같은 보다 저급의 물이 점점 많이 사용되고 있다. 대부분의 경우에 어떤 지역의 산업용수의 수요는 1인당 기준으로 이용되고 있으며 이것으로서 총 수요량을 계산할 수 있다. 산업용수의 수요는 생산량의 증가에 따라 증가될 것이나 물 값에 대한 높은 부담 때문에 경제성을 고려하게 되므로 단위 생산량 당 사용되는 용수의 양은 다소 줄어들 것이다.

표 6.3.1 산업용수의 수요

산업 또는 생산품	대표적인 물 수요량 L/kg 생산품
알루미늄 제련	1,350
제과	3
양조	15
버터	11
석탄채굴	4
치즈	20
과실통조림	20
유리	70
세탁	30
정유	10
종이	160
철강	45
제당	9
황산	10
합성석유	200
채소통조림	10
인조벽판	100

사람은 생리적으로 1일 2.5 L의 물을 필요로 하는 것으로 알려져 있지만 현대의 도시인들은 2.5 L 만으로는 생활할 수 없다. WHO(세계보건기구)의 보고서에 의하면 음료와 조리목적으로 한 사람은 하루에 최저 5 L의 물이 필요하다고 한다. 실제로 유목민 중에는 이 정도의 물로 오랜 기간 생활하는 사람들이 있으며 위생상태를 좋게 하기 위하여 세면, 목욕 등을 포함하면 약 50 L의 물을 사용하게 된다. 여기에 일상생활을 유지하기 위하여 필요한 물과 산업용수 및 소방용수 등을 더하면 평균적으로 농업국에서 1일 1인당 100 L, 공업과 농업이 발달한 국가에서는 1일 1인당 200~500 L의 물이 사용되고 있다.

1일 1인당 200 L의 생활하수를 배출하는 일본의 경우 용도별 수량은 표 6.3.2와 같다. 표에는 세차, 정원용 및 레크리에이션, 급수 중이 손실 등은 나타나지 않았으며 산업용수 및 기타용수의 추가를 고려하면 실제 1일 1인당 배출량은 늘어날 것이다.

가정하수 배출량은 주로 인구와 용도별 택지구분에 따라 달라지는데 근본적으로는 용수의 사용량 또는 급수량과 밀접한 관계가 있다. 가정하수의 대부분은 거주지구와 상업지구이며, 기타 공공기관과 레크리에이션 시설등도 배출량의 일부를 차지하고 있다.

표 6.3.2 가정용수의 용도별 사용량

구분	사용량(L/인·일)
화장실	50
주방	30
목욕	60
세탁	40
세면	10
기타	10
계	200

표 6.3.3 거주지에서 나오는 평균 폐수량(L)

오염원	단위	유량	
		범위	평균
아파트	인	200~340	260
호텔	투숙자	150~220	190
개인주택 :			
일반주택	인	190~350	280
고급주택	인	250~400	310
호화주택	인	300~550	380
근대식 주택	인	100~250	200
여름별장	인	100~240	190
이동주택주차지	인	120~200	150

표 6.3.4 공공기관에서 나오는 평균 폐수량(L)

오염원	단위	유량	
		범위	평균
내과병원	침대	500~950	650
	고용인	20~60	40
정신과병원	침대	300~550	400
	고용인	20~60	40
교도소	수감자	300~600	450
	고용인	20~60	40
요양소	거주자	200~450	350
	고용인	20~60	40
학교(하루)			
간이식당, 체육관, 샤워실이 있는 곳	학생	60~115	80
식당이 있고 체육관, 샤워실이 없는 곳	학생	40~80	60
모두 없는 곳	학생	20~65	40
기숙학교	학생	200~400	280

표 6.3.5 상업지구원에서 나오는 평균 폐수량(L)

오염원	단위	유량	
		범위	평균
공항	승객	8~15	10
자동차주유소	주유차	30~50	40
	고용인	35~60	50
바	고객	5~20	8
	고용인	40~60	50
호텔	손님	150~220	190
	고용인	30~50	40
산업용빌딩(공장과 식당을 포함)	고용인	30~65	55
자가 세탁소	기계	1800~2600	2,200
	세척	180~200	190
모텔	인	90~150	120
부엌이 있는 모텔	인	190~220	200
사무실	고용인	30~65	55
식당	식사	8~15	10
하숙집	거주자	90~190	150
상가, 백화점	화장실	1600~2400	2,000
	고용인	30~50	40
쇼핑센타	주차면적	2~8	4
	고용인	30~50	40
	고용인	30~50	40

표 6.3.6 레크리에이션원에서 나오는 평균 폐수량(L)

오염원	단위	유량	
		범위	평균
휴양지아파트	인	200~280	220
휴양지방가로	인	130~190	160
식당	고객	4~10	6
	고요인	30~50	40
양외집합장(개발된)	인	80~150	120
칵테일라운지	의자	50~100	75
커피숍	고객	15~30	20
	고용인	30~50	40
골프장	현재회원수	250~200	400
	고용인	40~60	50
일일캠프	인	40~60	50
대식당	제공되는 식사	15~40	30
합숙소	인	75~175	150
관광지호텔	인	150~240	200
전기세탁소	기계	1800~2600	2,200
관광상점	고객	5~20	10
	고용인	35~50	40
수영장	고객	20~50	40
	고용인	30~50	40
극장	의자	10~15	10
응접실	방문객	15~30	

6.3.2 폐수량의 변동

일반적으로 평균 물 수요량과 하수의 유량은 시계열별로 변동한다. 이 변동의 크기는 관련되는 인구수에 의존하며, 매우 작은 지역사회라 하더라도 최대유량과 최소유량의 비는 10 : 1 이상이다. 폐수의 유량변동에는 단기간 변동, 계절적 변동 및 산업에 따른 변동 등이 있다.

(1) 단기간 변동

처리장에서 관찰되는 폐수량의 변동은 그림 6.3.1에서 보는 바와 같이 일주기양상에 따르는 경향을 보인다. 최소유량은 이른 아침 시간대에 생기는데, 이때는 물의 소비가 가장 적으며, 또한 기본유량이 누출, 침투 및 소량의 위생폐수로 구성되고 있다. 최초에 나타나는 최대유량은 보통 정오 가까운 시간대이며, 이때는 오전 중 최대의 물 사용으로 인한 폐수가 처리장에 도달한다. 두 번째의 최대 유량은 오후 7~9시 사이의 초저녁 시간대에 나타나지만 이것은 지역사회의 크기와 하수관의 길이에 따라 변한다.

가정하수량의 주간변동을 보면 그림 6.3.2와 같으며, 이것은 요일에 따라 변동함을 잘 나타내고 있다. 건기 중에는 일요일에 유량이 감소하였다가 그 밖의 요일은 소폭으로 변동하는데 비하여 우기 중에는 유량이 불규칙함을 보여주고 있다. 외부요인에 의해서 유량이 최소로 될 때에는 하수의 배출곡선은 물 소비곡선과 거의 평행하지만 몇 시간의 지연을 가진다. 가정에서 세탁을 하는 특수한 날이 없으면 평일 유량의 변동은 무시할 수 있다.

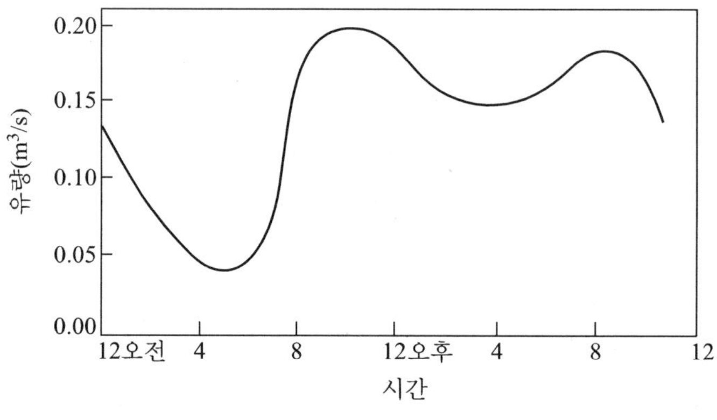

그림 6.3.1 가정하수량의 대표적인 시간변동

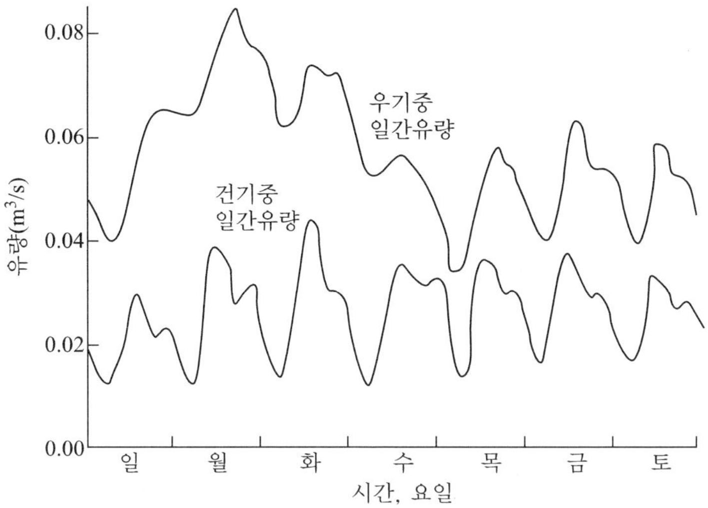

그림 6.3.2 가정하수량의 대표적인 주간 변동

(2) 계절적 변동

하폐수량의 계절적 변동은 보통 휴양지, 대학캠퍼스가 있는 소규모의 지역사회와 계절적인 상업 및 산업활동이 있는 지역사회에서 볼 수 있다. 예상되는 변동의 크기는 지역사회 및 계절활동의 크기에 의존한다. 통조림공장과 기타 농산물 가공활동에서 나오는 산업폐수는 그 양이 상당하기 때문에 극단적인 예가 될 수 있으며, 특히 우리나라에서는 초겨울에 접어들면서 김장과 관련된 오수량이 가정과 특수기능집단 및 단체급식시설 등에서 엄청나게 배출된다.

침투·유입량도 역시 계절적으로 변동한다. 폭우와 지하수가 갈라진 틈, 잘못되거나 파손된 연결점, 무허가 접속배수관 및 불량주택의 연결부위 등을 통해서 하수도 시스템으로 흘러 들어갈 수 있으며, 이 효과의 크기는 분리식이든 복합식이든간에 집수시스템의 형태에 의존할 것이다. 또한 침투·유입량의 변동은 장소와 위치에 따라서도 달라진다. 즉, 강우양상이 주기적인 지역에서는 여름철 또는 겨울철, 기타 어떤 계절에 강우가 거의 없는가 하면, 지역에 따라서는 강우양상이 연중 균일한 경향을 보이는 곳도 있다.

(3) 산업적 변동

산업폐수의 배출에 대해서는 간단한 절차라는 것이 없다. 내부적인 공정변경으로써 배출을 감소시킬 수 있는가 하면, 공장의 확장이 결과적으로 배출량을 증가시킬 수도 있다. 그러나 일반적으로 폐수량의 주간변동을 보면 주말부터 감소하며 주중에는 증가한다. 계절변동은 업종별로 다르지만 연휴기간에는 뚜렷이 감소한다. 공동처리시설을 하게 되어있는 곳에서는 산업체 단독으로나 또는 정부 담당관이나 엔지니어링 고문기사와 합동으로든 산업폐수의 배출계획에 특별한 주의를 기울여야 한다.

6.4 우리나라의 물환경 관리

우리나라 환경부는 2009년 환경정책을 수립, 제시하면서 물환경 관리의 기본방향을 본류와 점오염원·BOD 중심에서 지류·지천·하구와 비점오염원·COD·유해물질 중심으로 전환하고, 깨끗하고 안전한 먹는물 공급, 하수도 서비스 확충, 지하수 오염관리 강화 등을 통해 지속가능한 물이용 체계를 확립하고자 계획하였다.

첫 번째로 생태적으로 건강한 물환경 조성 및 유역관리체계 선진화를 추진하기 위해 환경기초시설 투자 확대 등 수질개선 및 수생태계 보전·복원대책을 수립하여 추진할 계획으로 도심 복개하천의 복원, 수생태계 건강성 평가지표 개발 등 훼손된 하천·도랑·실개천의 수생태계 복원대책을 마련하고, 한강수계 수질오염총량제를 임의제에서 의무제로 전환할 계획이다.

두 번째로 수질오염 관리체계 최적화를 추진해 나갈 것이다. 4대강 살리기 사업과 관련하여 4대강 수질오염사고 방제센터를 설립하고 갈수기 수질오염사고 관리대책을 수립·추진하면서 완충저류시설 및 수질자동측정망 확충을 통해 낙동강수계 수질오염사고 대응체계를 강화하고, 상·하류 지자체간 비용분담협약을 통해 하구 부유쓰레기에 대한 효율적인 수거·처리체계를 구축해 나갈 계획이다. 그리고 한탄강유역 한센인 정착지역을 산업단지로 지정하여 무허가 폐수배출을 근절하고 지역현안을 해소시킬 계획이다.

세 번째로 안심하고 마실 수 있는 먹는물 공급을 위해 막여과 시범사업 지속 추진, 낙동강수계에 대한 강변여과수 취수가능지역 조사 등을 통해 최수원 다변화 및 먹는물 수질관리를 강화할 것이다.

네 번째로 토양과 지하수오염에 대한 관리 강화를 위해 2008년 조류독감(AI) 살처분 지역에 대한 환경관리 및 먹는물 안전대책을 추진하고, 지하수 노로바이러스 분석시스템 구축을 추진하는 등 지하수 안전관리를 강화할 계획이며, 舊장항제련소 주변지역에 대한 토양오염 개선 종합대책을 수립하고 토양·지하수 오염방지기술 개발사업(GAIA Project)을 추진할 계획이다.

6.4.1 수질환경기준

(1) 환경기준

물환경 정책의 목표는 「헌법」 제35조에 규정된 환경권을 물환경 측면에서 구현하는 것으로 수질 및 수생태계 환경기준을 통해 계량적으로 표현된다.

수질 및 수생태계 환경기준은 국민의 건강 보호와 쾌적한 물환경 조성을 위한 국가의 수질관리 목표로서 배출허용기준 설정 등 수질오염에 대한 각종 규제수단의 근거가 되고 있다. 수질 및 수생태계 환경기준은 수자원 상태, 행정적 관리여건, 경제수준 및 국민의 의식수준에 따라 나라와 시대별로 그 항목과 기준치를 달리 정하고 있다.

현재 우리나라의 수질 및 수생태계 환경기준은 하천, 호소 및 지하수로 나누어 기준을 정하고 있다. 하천·호소의 경우 공통적으로 적용되는 건강보호항목(17개 항목)과 하천(5개 항목)·호소(8개 항목)에 달리 적용되는 생활환경항목으로 구분하되, 생활환경항목은 수질상태에 따라 7등급으로 구분하고 있으며, 오염물질의 이화학적인 농도 뿐 아니라 수생태계 내에 존재하는 생물이 받는 영향을 고려하였다. 이는 수많은 종류의 화학물질에 대한 개별적인 평가가 어려운 물리·화학 중심의 수질평가의 한계를 극복하기 위한 것으로 수질 등급별 생물지표종을 정하고 있다. 수질상태에 따라 서식하는 저서생물, 부착조류 및 어류, 즉, 하천·호소의 하부에서 주로 서식하는 다슬기·가재·지렁이 등을 조사하여 생태계의 건전성을 평가해 나가는 것으로 이미 선진국에서는 1990년대 초반부터 수질오염물질이 생태계에 미치는 영향을 평가하기 위하여 생태학적 수질평가기법을 도입하고 있다. 물등급별 생물지표종은 선진국의 예를 참조하여 수질을 4개 등급으로 구분하였고, 생물지표종은 물리화학적인 수질과의 연계성을 우선 고려하면서 하천 생태계의 건전성을 총체적으로 반영할 수 있는 것으로 선정하였다.

또한, 기후변화 등으로 증가하고 있는 조류와 화학적산소요구량(COD) 관리강화를 위해 2010년 1월 1일부터 하천환경기준에 화학적산소요구량(COD) 및 총인(TP)을 추가하여 시행하고 있다.

(2) 오염물질 배출기준

공공수역의 수질을 사람의 건강과 동·식물의 생육에 안전한 수준으로 관리하기 위하여 「수질 및 수생태계 보전에 관한 법률」 제2조의 규정에 따라 관리대상 오염물질을 지정하고 있다. 현재 수질오염물질로는 유기물질, 구리, 납, 니켈, 시안 등 41종이 지정되어 있으며, 특히 수질의 안정성 관리를 위해 중금속, 페놀류 등 24종의 특정수질유해물질이 지정되어 있다.

수질관리목표를 달성하기 위한 수단의 하나로써 생활하수, 산업폐수, 가축분뇨 등에 대한 오염물질 배출기준을 설정하고 있다.

산업폐수의 배출허용기준은 「수질 및 수생태계 보전에 관한 법률」에서 규정하고 있으며, 폐수배출량규모(2천톤/일 기준)에 따라 차등화하고, 또한 지역에 따라 '청정'지역(가장 엄격), '가'지역(보통), '나'지역(느슨함), 특례지역 등으로 차등화하여 4단계로 구분·적용하고 있다.

가축분뇨에 대한 방류수 기준은 「가축분뇨의 관리 및 이용에 관한 법률」에 의해 축사의 규모(허가대상과 신고대상)와 지역에 따라 차등적으로 설정하고 있으며 오염물질의 증가와 환경기술의 발전수준 등을 고려하여 단계적으로 강화된다.

(3) 오염원별 관리기준

생활하수, 산업폐수, 가축분뇨 등 일정한 배출형태를 보이는 점오염원은 오염원별로 법률에 의해 처리기준이 정해져 있다.

생활하수는 「하수도법」에 의해 관리되는데 도시화된 지역은 하수도정비기본계획을 수립하여 하수처리장에서 처리하고, 비시가화지역은 개별건축물별로 오수처리시설을 설치하도록 하고 있다.

산업폐수는 「수질 및 수생태계 보전에 관한 법률」에 의해 관리된다. 배출시설 설치에 대해 허가제와 신고제가 적용되고, 오염방지시설을 설치할 의무가 있으며, 법령이 정하는 배출허용기준을 준수하여야 한다. 산업단지의 경우 개별처리보다는 함께 처리하도록 유도하고 있으며, 수도권 이외의 지역은 처리시설 설치비의 100%를, 수도권 지역은 설치비의 50%를 국고에서 지원하고 있다.

가축분뇨는 「가축분뇨의 관리 및 이용에 관한 법률」에 의해 관리되고 있으며, 가축분뇨공공처리시설을 설치하여 소규모 축산농가에서 배출되는 축산폐수를 처리하고 있다.

비점오염원은 주로 도시노면배수, 농경배수 등에 의한 것이 높은 비중을 차지하고 있으며, 환경부는 2004년 3월에 '비점오염원관리 종합대책'을 가 건설교통부, 농림부 등 관련부처와 합동으로 수립한 바 있다. 비점오염원 관리제도 강화를 위해 2005년 당시의 「수질환경보전법」을 개정하여 국가 및 지방자치단체에 비점오염원 관리책무를 부여하고, 대규모 개발사업 및 폐수배출시설에 대하여는 비점오염저감시설 설치를 의무화하였다.

6.4.2 하천환경관리

(1) 관리정책

물환경 관리정책은 매체의 질을 뜻하는 '수질'만을 정책대상으로 하는 것은 아니며 '물'이라는 매체를 담고 있는 하천이나 호소의 환경을 개선하기 위한 노력도 병행하고 있다. 하천환경관리의 목표는 이·치수 목적의 하천정비 등으로 인해 훼손된 하천환경을 복원하여 하천을 자연 상태에 가깝고 생명이 건강하게 살아가는 하천으로 되살리는 것이다.

물에 대한 심리적 친숙도와 생태가치에 대한 욕구가 커짐에 따라 하천을 생활주변의 자연공간으로 가꾸려는 욕구가 날로 높아지고 있으나 현재의 하천사업이 하천의 공원화나 조경화에 중점을 두는 경향을 보이는 것은 경계해야 할 일이라 할 것이다. 궁극적으로 하천의 재자연화를 통한 하천생태의 복원이야말로 생태가치의 충족과 함께 이를 통해 하천의 친수기능도 보다 높은 차원에서 자연스럽게 충족될 수 있을 것이다.

(2) 감시 및 단속

하천을 오염시키는 사업이나 행위를 감시·단속하는 업무는 바로 법과 제도가 정한 기준과 절차가 잘 이행되고 있는지를 점검하는 활동이다. 현재 배출업소에 대한 감시단속 업무가 지방자치단체로 위임되어 있으며, 환경부는 본부의 환경감시팀과 환경청의 환경감시단에서 환경범죄에 대한 사법경찰기능을 담당하고 있다.

(3) 모니터링 및 평가

공공수역의 수질상태를 조사하기 위해 2009년 1월 현재 1,476개 지점에 수질측정망을 설치·운영하고 있으며, 오염사고를 효과적으로 관리하기 위해 52개소의 수질자동측정망을 운영하고 있다.

주요지점에 대해서는 주간단위로 측정하고, 그 외 지점은 월 1회 측정하고 있다. 수질조사결과는 매월 관보와 언론매체를 통해 공표하며 인터넷을 통해 수질데이터를 공개하고 있다. 매년 초에는 수질조사결과를 종합하여 환경기준 달성여부를 평가하고 목표성취도를 작성하여 수질계획 수립 등에 반영한다.

2007년부터는 4대강과 전국의 주요 하천을 대상으로 수생태계 건강성을 조사·평가하고 있다. 이는 하천과 공공수역을 수생태계 온전성(Integrity) 또는 건강성의 관점에서 평가·관리하기 위해 모니터링 분야를 이·화학적 수질 항목에서 하천 내외의 동·식물, 서식환경으로 확대한 것이다. '수생태계 건강성'은 물환경정책이 지향하는 핵심 개념으로 깨끗한 수질과, 하천 내에 서식하는 생물종의 다양성과 풍부성, 생물의 번식·생장·적응에 적합한 서식환경을 종합적으로 나타낸다.

수생태계 건강성 조사에서의 모니터링 분야는 부착조류, 저서성 대형무척추동물, 어류, 수변 및 서식환경, 식생(5년주기)이며, 건강성의 정도는 계량화된 지표를 통해 4등급(최적, 양호, 보통, 불량)으로 평가된다. 2007년도에는 540개 지점, 2008년에는 640개 지점에 대한 조사 및 평가가 실시되었으며, 2009년에는 720개 지점에서 실시되고 있다.

6.4.3 호소수질관리

(1) 수질현황

현재 우리나라에는 17,104개의 호소가 있으며 이들 대부분은 댐 등을 건설하여 조성된 인공호소로서 농업용 저수지가 대부분이다. 호소는 대부분 폐쇄성 또는 준폐쇄성 수역공간이라는 구조적 특성 때문에 하천에 비해 자체정화 능력이 떨어지며 영양염류의 축적이 용이하여 일단 오염이 되면 부영양화(eutrophication) 등 2차 오염이 유발될 우려가 크다는 특성을 지니고 있다. 따라서 부영양화를 방지하는 것이 중요하며, COD, 총인 및 총질소에 대한 환경기준도 두고 있다. 현재 49개 주요 호소에 대해 목표수질 기준과 달성기간을 설정하여 관리하고 있다.

표 6.4.1 우리나라의 호소현황

구 분	다목적댐	발전전용댐	생공용수전용댐	농업용저수지	하구호
개소	15	10	63	17,611	5

(2) 수질보전대책

1) 환경조사

호소별 특성에 적합한 호소수질 및 생태계보전대책을 수립·추진하기 위하여 1일 취수량 30만톤 이상과 만수위 면적이 0.5 km^2 이상인 호소에 대한 조사 및 측정을 정기적(매년 또는 3년 단위)으로 실시하고 있으며, 조사결과는 환경정보로 DB화하여 호소수질보전 기초 자료로 활용하고 있다.

2) 녹조방지대책

녹조발생의 원인물질인 질소, 인 등 영양염류의 유입을 사전에 차단하기 위하여 하·폐수처리시설 등 환경기초시설 방류수 수질기준을 강화하고, 하수처리장 등에 질소·인 제거를 위한 고도처리시설을 확충하고 있다. 또한 상수원으로 이용되거나 하류에 취·정수장이 있는 호소에서는 가두리양식장의 신규 및 면허연장을 금지하고 있으며, 낚시행위로 인한 오염방지를 위해 시장·군수·구청장이 낚시금지구역 또는 낚시제한구역으로 지정하여 정해진 시기에 정해진 방법으로만 허용하고 있다.

3) 조류예보제

조류가 다량으로 발생하게 되면 정수처리 과정에서 여과장치의 기능이 저하되는 등 용수 이용에 장애를 초래하고, 호소 내 산소고갈로 인해 어·패류 질식사 등의 피해가 나타나게 된다. 여름철에

표 6.4.2 주요 호소의 수질현황(2010년 기준) (단위 : mg/L)

수계	호소명	적용등급	COD	현재등급	T-N	T-P	chl-a	영양상태
한강	파로호	Ia	2.0	Ia	0.995	0.010	2.1	빈영양
	춘천호	Ia	2.5	Ib	1.376	0.050	5.3	중영양
	소양호	Ia	2.1	Ib	1.630	0.011	1.8	빈영양
	의암호	Ia	3.6	II	1.945	0.050	17.2	부영양
	청평호	Ia	3.1	II	1.681	0.029	13.0	중영양
	충주호	Ia	2.2	Ib	2.040	0.021	4.7	중영양
	충주조정지	Ia	2.3	Ib	2.039	0.027	3.7	중영양
	팔당호	Ia	4.3	III	2.266	0.039	17.7	부영양
	괴산호	Ia	3.1	II	2.086	0.023	2.7	중영양
	횡성호	Ia	2.2	Ib	2.634	0.018	6.6	중영양
	광동호	Ia	2.5	Ib	2.149	0.024	3.9	중영양
낙동강	안동호	Ia	2.6	Ib	1.149	0.015	2.7	중영양
	남강호	Ia	2.8	Ib	1.187	0.020	6.0	중영양
	합천호	Ia	2.6	Ib	1.493	0.016	1.7	중영양
	임하호	Ib	3.9	II	1.144	0.016	3.6	중영양
	낙동강하구	Ib	4.9	III	2.796	0.087	18.7	부영양
	영천호	Ib	4.8	III	1.075	0.019	6.6	중영양
	가창호	Ia	2.1	Ib	1.176	0.000	3.4	빈영양
	운문호	Ia	2.3	Ib	1.648	0.017	6.5	중영양
	밀양호	Ib	1.6	Ia	0.998	0.015	4.0	빈영양
금강	대청호	Ia	3.3	II	1.625	0.019	9.8	중영양
	탑정지	Ib	4.2	III	1.687	0.031	3.9	중영양
	금강하구	III	7.0	IV	3.247	0.110	36.8	부영양
	용담호	Ia	2.8	Ib	1.547	0.027	4.1	중영양
영산강	담양호	Ia	2.9	Ib	1.186	0.013	2.8	중영양
	광주호	Ib	4.4	III	1.103	0.029	4.7	중영양
	장성호	Ib	3.9	II	1.099	0.029	4.1	중영양
	나주호	Ib	4.4	III	1.043	0.031	4.0	중영양
	영산호	Ib	6.1	IV	3.330	0.111	9.9	부영양
섬진강	옥정호	Ib	3.2	II	1.477	0.020	3.2	중영양
	주암호	Ia	2.8	Ib	0.871	0.013	8.0	중영양
	보성호	Ia	4.5	III	1.532	0.055	5.1	중영양
	동복호	Ia	3.6	II	0.825	0.015	4.8	중영양
	동화호	Ib	2.6	Ib	1.278	0.015	1.8	중영양
만경강	경천지	II	4.2	III	1.873	0.021	3.21.	중영양
	대아지	Ib	2.6	Ib	1.425	0.012	39.9	빈영양
안성천	아산호	III	9.1	V	5.405	0.145	19.2	과영양
삽교천	삽교호	III	10.6	VI	5.006	0.245	14.7	과영양
	예당지	II	7.0	IV	1.383	0.086	10.9	부영양
태화강	사연호	Ib	3.8	II	0.955	0.018	34.0	중영양
	대암호	Ib	4.7	III	2.009	0.045	19.8	부영양
형산강	보문호	II	6.1	IV	0.6.6	0.030	5.6	부영양
	안계호	Ib	4.7	III	1.033	0.020	22.0	중영양
회야강	회야호	Ib	5.1	IV	1.944	0.050	3.0	부영양
이사천	주암조정지	Ia	2.5	Ib	1.043	0.013	4.9	중영양
기타	수어호	Ia	2.4	Ib	1.394	0.038	3.0	중영양
	경포호	II	5.1	IV	0.936	0.063	11.4	부영양
	부안호	Ia	4.3	III	1.324	0.009	5.6	중영양
	보령호	Ia	2.7	Ib	1.483	0.011	6.1	중영양

※ Ia : 매우좋음, Ib : 좋음, Ⅱ : 약간 좋음, Ⅲ : 보통, Ⅳ : 약간 나쁨, Ⅴ : 나쁨, Ⅵ : 매우 나쁨

※ TSI_{KO}(Trophic State Index) : 호소의 영양상태를 평가하기 위해 우리나라 호소 특성을 반영하여 주요 원인 물질에 가중치를 부여하는 방식으로 개발되었으며 현재 시범평가 중임

주로 발생하는 남조류 일부는 독소를 생성, 건강상 피해를 유발할 가능성이 있는 것으로 알려져 있으나, 정수처리를 강화하면 모두 제거되므로 아직까지 우리나라에서 남조류 독소로 인한 피해사례가 보고된 바는 없다. 그러나 이에 대한 적절한 사전 대응을 위해 1998년부터 주요 상수원으로 이용되고 있는 팔당호·대청호·충주호·주암호 등 4개 호소를 대상으로 조류예보제를 시행하기 시작하였고, 2006년도에는 한강 하류 5개 취수장 등 6개 시·도의 호소 및 하천까지 대상을 확대하는 등 조류 발생 가능성이 높은 호소를 중심으로 조류예보제를 연차적으로 확대하였으며, 2008년말 현재 20개 호소에서 조류예보제를 실시하고 있다.

조류예보제는 남조류 세포수를 기준으로 발생정도에 따라 주의보-경보-대발생의 단계로 구분하여 발령하고 있으며 그 기준은 아래와 같다.

표 6.4.3 조류예보제 발령기준

구 분	조류주의보	조류경보	조류대발생
Chl-a 농도(mg/m^3)	15이상	25이상	100이상
남조류세포수(세포/mL)	500이상	5,000이상	1,000,000이상

※ 발령기준 : 2회 연속 측정하여 Chl-a 농도와 남조류세포수 모두 해당될 때 발령
※ 해제기준 : 2회 연속채취 시 Chl-a 농도 15mg/㎥ 미만이거나, 남조류 세포수 500세포/mL 미만인 경우

조류예보제가 도입된 1998년 이후부터 2008년까지 총 1,530일간 조류예보(주의보1,280일, 경보 243일, 대발생 7일)가 발령된 바 있다.

6.4.4 수질보전대책

(1) 개요

우리나라에서 정부가 전국 단위로 수질보전대책을 수립한 것은 1989년 '맑은물 공급종합대책'이 처음이며 지금은 2006년에 수립한 '물환경관리 기본계획'을 시행하고 있다. 1990년대 상반기까지의 수질보전대책은 주로 대형오염사고에 대한 후속조치에 불과했다고 할 수 있으며, 유역특성에 대한 분석과 수질예측기법을 활용한 과학적인 대책의 수립은 1998년 '한강대책'과 1999년 '낙동강대책'이 시초라고 할 수 있다.

자세히 살펴보면 1989년초 수돗물 수질오염이 사회문제화되면서 총리실 주관으로 최초로 수립된 전국 단위의 수질보전대책이 1989년 9월의 '맑은물 공급종합대책'이다. 이는 1996년까지 2조 1,600억원을 투자하여 하수처리장 등을 건설하고, 1990년 7월 팔당호, 대청호 지역을 '수질보전특

별대책지역'으로 지정하는 등 대책을 추진하는 것을 주요내용으로 담고 있다. 그 이후 1991년 페놀오염사고 및 낙동강, 영산강 수질악화를 계기로 전면 수정(1993. 7)하게 되었고, 또한, 1994년초 낙동강 유기용제 사고를 계기로 1996년부터 2005년까지 약 27조원을 투입하는 '수질관리개선대책'(1994. 1, 국무총리실)을 수립하였다.

그러나, 이러한 종합대책 추진에도 불구하고 1990년대 후반 들어 시화호문제, 새만금호문제, 4대강 식수원 오염문제 등 환경 현안은 끊이질 않았고, 수도권 식수원인 팔당호를 비롯하여 4대강의 수질은 개선될 기미를 보이지 않았다. 이에 대한 대책으로 정부는 1998년부터 2002년까지 5년 동안 지역주민, 시민단체, 전문가 및 자치단체 등과 총 420여회의 각종 토론회 및 공청회 등을 거쳐 우리나라 환경정책사에 큰 획을 긋는 4대강 물관리 종합대책을 완성하였다.

(2) 4대강 물관리 종합대책

4대강 물관리 종합대책은 지속가능한 유역공동체 건설을 목표로 발원지에서 하구까지 맑은 물이 흐르는 하천, 생명력이 넘치는 건강한 유역, 아름다운 자연과 더불어 살아가는 쾌적한 환경, 그리고 유역구성원들이 수질보전을 위해 협력하는 사회를 건설하기 위한 계획이다. 이러한 목표달성을 위해 오염총량관리제도, 수변구역제도, 물이용부담금제도, 상수원지역 주민 지원 및 토지매수제도 등의 물관리 정책이 도입되었다.

그러나, 그간 추진해 온 '4대강 물관리 종합대책' 등은 생태적으로 건강하고 유해물질로부터 안전한 물 환경 조성을 원하는 국민들의 변화된 욕구를 충분히 반영하지 못하고 있는 한계가 있었으며, 이를 보완할 필요성이 제기되어 2006년에 정부는 BOD 등 이·화학적 오염지표 대상의 관리정책에서 "생태적으로 건강한 하천과 유해물질로부터 안전한 물환경 조성"을 목표로 10년간(2006~2015)의 정책방향을 담은 물환경관리 기본계획을 수립하여 시행하고 있다.

(3) 수계별 대책

전국을 수계영향권별로 관리하기 위하여 「수질환경보전법」 제22조 제2항의 규정에 따라 1991년 11월 16일 전국수계를 4개 대권역 및 11개 중권역으로 구분하여 수계영향권역을 설정·고시한 후 1992년에 처음으로 수계영향권별 관리대책을 수립하여 1997년에 마무리하였고, 1998년부터 2000년까지 4대강 특별대책을 수립하였다. 2005년 3월에는 당시의 「수질환경보전법」을 개정하여 대권역의 기본계획을 10년 단위의 장기계획으로 수립토록 함에 따라 2006년에 10년 단위의 물환경관리 기본계획을 수립하는 등 수계영향권별로 수질보전대책을 수립하게 되었다.

(4) 4대강 물관리 종합대책(1996~2005)

1996년에는 '맑은물 공급 종합대책'의 후속대책인 '물관리 종합대책'을 수립하였다. 이것은 물관리에 관한 장기계획으로 수질부문대책은 10개년 계획, 수자원부문대책은 15개년 계획으로 수립하였다. 모든 상수원의 수질을 Ⅱ급수 이상으로 개선하고, 용수 예비율을 9%까지 확대하며, 광역상수도 공급비율을 65%까지 제고하는 것을 목표로 하고 있다.

4대강 물관리 종합대책은 네가지 측면에서 큰 의의가 있다. 첫째, 단순히 법령에 정해진 행정계획을 수립한 것이 아니라 그간의 수질관리대책에 대한 철저한 자기반성을 통해 유역관리체제로 전환하기 위한 개혁작업이었다. 둘째, 종전의 상하류 지역 간 대립과 갈등구조를 상하류 공영(win-win), 상하류 간 대화와 합의에 기초한 협력의 관계로 발전시켜 상생의 길을 찾도록 하였다. 셋째, 참여와 협력을 통한 물환경 관리체제를 구축한 것이다. 유역구성원들의 실질적 참여기회를 확대하였을 뿐만 아니라 환경부장관과 광역자치단체장 등이 함께 정책을 논의하고 의사를 결정하는 분권적 공동의사 결정체인 '수계관리위원회'를 설치하였고, 수계관리기금을 조성하여 상수원지역 주민, 자치단체, 시민단체, 전문가의 유역관리활동을 지원하도록 하였다. 넷째, 오염총량관리제도, 수변구역, 토지매수제도, 물이용부담금 및 주민지원제도 등 선진적 정책수단을 도입하였다.

4대강 종합대책의 목표 달성을 위해 다음과 같은 몇 가지 제도를 도입 또는 마련하였다.

1) 오염총량 관리제도

물환경 보전과 환경친화적 지역개발을 동시에 고려할 수 있게 한다. 2008년 말 현재 총 63개 시·군(낙동강 23, 금강 23, 영산강·섬진강 17)에서 이행평가를 실시한 결과 목표수질 및 연차별 할당부하량을 준수하고 있는 것으로 나타났다.

2) 수변구역제도

하천 인접지역에서 완충역할을 수행할 수 있게 한다. 하천에 인접한 지역에서 발생되는 오염물질은 자정작용을 거치지 않고 바로 유입되기 때문에 수질을 악화시킬 우려가 크다. 따라서 하천에서 일정구간을 수변구역(Riparian Buffer Zone)으로 설정, 집중관리하고 있는데 먼저, 수변구역에서는 음식점, 숙박시설, 목욕탕, 공장, 축사 등의 고농도 수질오염원의 신규입지를 제한하여 점오염원 및 비점오염원으로부터의 수질오염영향을 줄일 수 있도록 하고 있으며, 또한 수변구역 내의 토지는 토지소유자와의 협의를 통해 단계적으로 매수해 나가고 있는데, 매수한 토지를 하천생태계와 육상생태계를 연결하는 완충지대인 수변녹지(Riparian Buffer Forest)로 복원하여 비점오염원 관리와 수원함양을 촉진시킴으로써 궁극적으로 맑은 물과 건강한 하천생태계를 보전해 나가고 있다.

한강수계의 경우 1999년 9월 팔당호, 남한강, 북한강 및 경안천의 양안 255 km^{2}이 수변구역으로 처음 지정되었으며, 2003년 7월까지 3차례의 변경을 거쳐 2008년말 현재 191.3 km^{2}로 조정되었다. 낙동강, 금강 및 영산강 수계의 경우에도 2002년 9월 상수원으로 이용하는 주요 댐, 하천 및 호소 주변지역이 수변구역으로 지정되었는데 낙동강수계는 5차례의 변경을 거쳐 339.9 km^2, 금강수계는 373.2 km^2, 영산강수계는 4차례의 변경을 거쳐 295.6 km^{2}가 지정되어 있다.

3) 물이용 부담금제도

상류지역 주민들의 재산권 행사제한을 보전하고 환경기초시설 설치를 촉진하는 한편 물절약을 유도한다. 상수원 상류지역에서의 수질개선과 상수원 보호를 위해 개인의 재산권행사 제한 및 각종 행위규제로 피해를 받고 있는 상수원관리지역 내 주민과 자치단체의 지원, 상수원 수질에 큰 영향을 주는 토지 등의 매수사업 등에 필요한 재원을 마련하기 위한 것으로 상수원의 수질개선이라는 특정한 행정과제의 수행을 위해 그 물을 사용하는 수혜집단에 대하여만 부과하는 조세외적 부담금으로서 사용료의 성격을 갖는다.

물이용 부담금제도는 물자원의 절약과 효율적 배분을 위하여 '사용자부담원칙(The User Pays Principle)'에 따라 공공수역으로부터 취수된 원수를 직접 또는 정수하여 공급받는 최종사용자에게 물사용량에 비례하여 부과하는데 환경부차관과 관계 시·도의 부시장·부지사, 한국수자원공사 사장 등으로 구성되어 있는 수계관리위원회에서 결정한다. 2009년의 경우 한강 및 금강수계는 톤당 160원, 낙동강 수계는 150원, 영산강 · 섬진강 수계는 170원이며 부과율은 2년 주기로 조정하게 되어 있다. 2008년도에는 한강수계에서 3,863억원, 낙동강수계에서 1,860억원, 금강수계에서 808억원, 영산강 · 섬진강 수계에서 639억원 등 총 7,171억원을 징수하였다.

4) 토지매수제도

토지매수제도는 수변구역 등 상수원 수질영향이 큰 지역과 수변생태계 복원에 필요한 지역의 토지나 건축물을 소유하고 있는 자와 협의하여 매수하는 제도로서 상수원관리지역 지정으로 행위가 제한되는 토지나 건물을 매수하여 국 · 공유화시켜 수질오염원 증가를 억제함과 동시에 수변완충녹지를 조성하여 상수원의 수질을 개선하고 수변생태계를 보호하는 것을 목적으로 하고 있다. 한강수계는 2000년부터, 나머지 3대강 수계는 2003년부터 토지매수를 시작하였으며, 2008년말 기준으로 771,606백만원을 투자하여 총 34,808천m^{2}의 토지를 매수하였다.

5) 상수원지역 지원제도

상수원관리지역 지원은 주민지원과 지방자치단체 지원으로 구분할 수 있다. 주민지원제도는 상수원관리지역에서 각종 규제로 불이익을 받고 있는 지역주민들의 생활환경을 개선하고 소득수준을 향상시킴으로써 규제에 따른 불이익을 최소화하는 한편 상수원 수질보호에 적극적인 협조와 참여를 유도하기 위하여 도입되었다. 소득증대사업, 육영사업, 복지증진사업 등 일반지원사업, 장학금, 주택개량사업 등 직접지원사업으로 구분하며, 사업비 배분은 수계관리위원회가 토지면적, 행위제한 정도, 주민 수 등에 따라 배분한다.

다음으로 상수원지역 지방자치단체의 환경기초시설 설치·운영비 중 일부를 수계관리기금에서 지원하고 있는데, 이는 환경개선특별회계에서 지원하는 하수처리시설, 고도처리시설, 하수관거 등의 시설설치·운영사업 지방비 부담분을 수계관리기금으로 지원함으로써 자치단체의 재정부담을 덜어주는 동시에 환경기초시설의 설치·운영을 촉진하여 상수원지역 수질개선을 도모하고 있다.

6) 민간수질감시활동지원제도

민간부문의 자발적인 참여 및 파트너십에 기초한 유역관리 추진을 유도하기 위하여 수계관리기금에서 민간수질감시활동을 지원하고 있다. 지원대상은 각 수계별로 지역적 기반을 두고 활동하고 있는 비영리민간단체이며, 지원 대상사업은 상수원수질보전 홍보·교육 및 각종 캠페인 등 대국민 환경의식고취 사업, 유역주민의 참여를 유도하기 위한 교육프로그램 개발 및 시행, 오염물질 배출 감시 및 모니터활동, 기타 상수원 수질개선에 도움이 된다고 인정되는 사업 등이다.

6.4.5 물환경관리 기본계획

그간 추진해온 "4대강 물관리 종합대책" 에 이어 달라진 물관리 여건과 국민 욕구 등을 반영하여 2015년까지 "물고기가 뛰놀고 아이들이 멱 감을 수 있는 물환경 조성"을 목표로 2006년 9월에 수립하여 시행 중인 계획으로 전국을 4개 대권역, 117개 중권역, 840개 소권역으로 구분하고, 대권역 계획(기본계획)은 환경부에서 수립하였고, 중권역계획은 유역·지방환경청에서, 소권역계획은 지자체에서 수립하여 시행하는데 2015년까지 전국 하천의 85% 이상을 좋은물 이상으로 개선하고, 훼손된 모든 하천의 25%를 자연형 하천으로 복원하며, 아울러 상수원 수변지역 30%를 수변생태벨트로 조성할 계획이며, 이를 달성하기 다음과 같은 8개 주요 정책과제를 선정하여 추진하고 있다.

1) 수생태계 건강성 복원사업

수생태계 복원사업을 위해 수계 서식생물, 수질·수온·하천 미지형 등 서식환경, 저수지·댐 현황 등에 관한 수생태 기초조사를 2007년부터 실시하고, 수생태 건강성에 대한 알기 쉽고 정확한 정보제공을 위해 수생태 건강성 평가지표를 개발할 예정이다. 아울러, 2015년까지 생태계가 훼손된 하천의 25% (3,019 km)를 복원할 계획이며, 이와 관련하여 2007년부터 3년간 수생태 건강성 복원을 위한 모델사업을 실시하고 있으며, 이러한 정책의 법적 근거를 위하여 2007년 5월에는 「수질환경보전법」을 「수질 및 수생태계 보전에 관한 법률」로 개정하였다.

2) 하천과 수변을 연계한 수변생태벨트(Riverine Eco-belt) 조성

수변구역 관리방향, 토지매수 우선순위, 수변녹지 조성계획 등을 담은 수변구역 관리 기본계획을 수립하고, 매수토지를 수체 보호기능과 수생태 건강성을 증진할 수 있도록 하천과 수변을 연계한 수변생태벨트(Riverine Eco-belt)로 조성할 계획이다. 2008년 말까지 수계관리기금을 투입하여 수변생태벨트 2,407천m^2를 조성하였다. 2015년까지 주요 상수원 상류 매수토지의 30%를 수변생태벨트로 조성하게 되면 유입되는 비점오염원 저감(질소 40～80%, 인 50～60% 등)과 함께, 양서·파충류 및 야생동물의 서식공간(Biotope) 형성, 수원 함량 제고로 인한 하천 유지용수 증가 등의 효과를 기대할 수 있다.

3) 특정수질유해물질 항목 확대

유해물질로부터 안전한 물환경 조성을 위해 특정수질 유해물질 항목을 현행 19종에서 2015년에는 35종(EU 수준)으로 확대할 계획이며, 산업폐수에 함유된 모든 유해화학물질에 대하여 배출허용기준을 설정하는 것이 현실적으로 불가능하기 때문에 "생태독성 통합관리제도(WET : Whole Effluent Toxicity)"를 도입, 산업폐수가 물벼룩의 생물체에 미치는 영향을 수치화하여 배출허용기준으로 설정할 방침이다.

4) 위해성 평가 및 생물학적 지표 도입

수질환경기준 및 평가기법도 정책환경 변화를 반영하여 인체 위해성 평가 관리를 강화하는 한편, 생물학적 지표 도입과 함께 생태, 이화학, 용수이용 등을 고려한 종합평가기법을 개발할 계획이다. 사람의 건강보호기준 항목을 8개 추가하여 총 17개로 늘려 2015년까지 30개 항목으로 확대하기 위하여 위해성 평가치가 높은 항목을 대상으로 단계적으로 모니터링을 실시 중이며, 수질상태에 대한 국민의 이해를 돕기 위해 2007년부터 수체의 특성 및 용도를 설명하는 서술적 수질상태 이해표를 제공("매우 좋음"부터 "매우 나쁨"까지 7개 등급화하여 구분)하는 등 알기 쉬우면서도 과학적이고 포괄적인 수질 및 수생태계 평가기준을 새롭게 시행하고 있다.

5) 통합적인 하구관리모델 개발

상수원 상류 중심의 수질정책으로 인해 관리의 사각지대였던 하구·연안의 물환경 관리를 위해 주요 하구별 종합대책을 수립하여 하구습지 및 배후습지 복원을 추진할 예정이며, 활용 및 조성 목적을 상실한 호소·저수지에 대한 친환경적 관리·이용 방안을 마련하고 호소·하구·연안지역의 통합적 관리체계를 구축할 예정이다.

6) 수질오염총량제의 확대 및 시행

수질오염이 심각한 수계지역을 오염총량제 대상지역으로 지정·확대하는 한편, 2단계 오염총량관리(2011～2015)를 위해 총량관리 대상항목을 현행 BOD 외에 T-P 등을 추가하고 낙동강 수계를 대상으로 수질오염물질 배출권 거래제도 시범사업을 실시(2014～2015)할 계획이다.

7) 비점오염원 관리 및 가축분뇨 발생량 저감

2007년 8월 소양호, 도암호, 임하호 유역 일부지역과 광주광역시 등을 비점오염원관리지역(특히 비점오염원 유출되는 오염물질로 인해 오염이 심각한 지역)으로 지정하고 비점오염저감사업을 추진하고 있다. 또한 가축분뇨는 처리한 후 하천 등으로 방류하는 정화위주의 법제로 운영하여 왔으나, 퇴비·액비(液肥) 등으로 자원화하도록 제도적으로 뒷받침하는 등 환경과 조화시키면서 지속가능한 축산업 및 자원순환형 농업의 발전과 환경보전이라는 새로운 패러다임의 전환을 위해 「오수·분뇨 및 축산폐수의 처리에 관한 법률」을 폐기(2007년 9월)하고, 「가축분뇨의 관리 및 이용에 관한 법률」을 새로이 제정(2006년 9월)하여 시행하고 있다.

8) 선진국 수준의 하수도 보급률 달성

농어촌 지역에 대한 환경기초시설 투자를 확대하여 2015년까지 선진국 수준의 하수도 보급률(90%)을 달성하고 하수이용 효율 개선을 위한 하수관거 정비사업을 본격 시행하여 하수관거 11,909 km를 신설, 5,080 km를 개·보수하여 목표년도인 2015년까지 관거보급률을 72.3%로 끌어올리는 한편, 종전 오수처리대책지역(331개소, 1,758 km^2)을 단계적으로 하수처리구역으로 지정하여 소규모(50톤/일 미만) 간이하수처리시설을 공공하수도로 관리('10)하며, 폐수종말처리시설의 처리효율을 개선하기 위해 고농도 폐수배출시설에 대한 비용부담 차등화 방안을 강구, 원격 실시간감시체계(TMS)를 구축하여 폐수처리실태를 과학적으로 관리·감독할 예정이다.

찾아보기 Index

최신 **수질관리** 정가 18,000원

인　쇄 2010년 9월 1일 초판 1쇄
발　행 2013년 3월 10일 2판 1쇄
저　자 박정규 · 김종찬 · 서유덕 · 오종민
이수구 · 이상호 · 이준호 · 이태호
발행인 정우용
발행처 도서출판 **동화기술**
경기도 파주시 문발동 파주출판도시 500-13(광인사길 201)
Tel (031)955-4211~6 donghwae@kornet.net
Fax (031)955-4217 www.donghwapub.co.kr
(등록) 1977년 12월 19일/9-16호

Printed in Korea
ISBN 978-89-425-1780-0